普通高等学校"十二五"规划教材

钢筋混凝土结构原理与设计

（下册）

主　编　王庆华　王伯昕
编　著　周林聪　朱　珊　胡忠君　暴伟（上册）
　　　　暴伟（下册）

国防工業出版社
·北京·

内 容 简 介

本书为高等院校土木工程专业本科生的专业基础课教材，分为上下两册，内容包括绪论、钢筋混凝土结构材料的基本力学性能、钢筋混凝土结构的设计方法、轴心受力构件正截面承载力设计、受弯构件正截面承载力设计、受弯构件斜截面承载力设计、偏心受力构件承载力设计、受扭构件承载力设计、构件的正常使用极限状态设计、预应力混凝土构件设计、钢筋混凝土梁板结构设计、单层工业厂房结构设计、多层和高层混凝土框架结构设计共十三章。本书是根据《混凝土结构设计规范》GB50010—2010 和《建筑结构荷载规范》GB50009—2012 编写而成。

本书对混凝土结构构件的受力性能和工作原理有充分的论述，基本概念清楚，计算方法明确，设计步骤详细，配有大量的设计实例，便于理解混凝土结构构件的受力性能和具体的设计计算方法。每章内容还配有内容提要、能力要求、知识归纳、独立思考、实战演练等内容，文字通俗易懂，论述由浅入深，循序渐进，便于学习理解。

本书可作为高等院校土木工程专业建筑工程方向、岩土工程方向、隧道与地下工程方向本科生的混凝土结构设计教材使用，也可作为水利工程、地质工程等相关专业和广大设计施工人员的参考用书。

图书在版编目(CIP)数据

钢筋混凝土结构原理与设计：全2册/王庆华，王伯昕主编.—北京：国防工业出版社，2015.9
普通高等学校“十二五”规划教材
ISBN 978-7-118-10278-9

Ⅰ.①钢... Ⅱ.①王...②王... Ⅲ.①钢筋混凝土结构-结构设计-高等学校-教材 Ⅳ.①TU375.04

中国版本图书馆 CIP 数据核字(2015)第 213086 号

※

国防工业出版社出版发行
(北京市海淀区紫竹院南路 23 号 邮政编码 100048)
北京嘉恒彩色印刷有限责任公司
新华书店经售

*

开本 787×1092 1/16 **印张** 15 **字数** 350 千字

2015 年 9 月第 1 版第 1 次印刷 **印数** 1—3000 册 **总定价** 68.00 元 (上册 35.00 元 / 下册 33.00 元)

(本书如有印装错误，我社负责调换)

国防书店：(010)88540777 发行邮购：(010)88540776
发行传真：(010)88540755 发行业务：(010)88540717

前　　言

2012 年教育部颁布了新修订的《普通高校本科专业目录和专业介绍》和《高等学校土木工程本科指导性专业规范》，对“钢筋混凝土结构设计原理”这门课的教学提出了新目标和新要求。本书为适应新的“混凝土结构教学大纲”的要求，根据国内最新修订的《混凝土结构设计规范》GB50010—2010 和《建筑结构荷载规范》GB50009—2012 编写而成，可作为高等院校土木工程专业建筑工程方向、岩土工程方向、隧道与地下工程方向本科生的混凝土结构设计教材使用，也可作为水利工程、地质工程等相关专业和广大设计施工人员的参考用书。

本书详细介绍了钢筋混凝土结构的材料力学性能、轴心受力构件设计方法、受弯构件设计方法、偏心受力构件设计方法、受扭构件设计方法、正常使用极限状态设计与验算方法、预应力混凝土构件设计方法、梁板结构设计方法、单层工业厂房设计方法、多层和高层框架结构设计方法等内容。书中每章开篇都设有课前导读（包括内容提要和能力要求），篇中都配有若干工程实际算例，篇末都设有知识归纳、独立思考、实战演练等环节，便于读者学习和掌握。

考虑到“荷载与结构设计方法”已单独作为一门本科生课程，故本教材仅对荷载与结构设计方法进行了简单阐述。对于“荷载与结构设计方法”未独立开课的院校，可以在使用本教材之余进行适当的知识补充。

本书分为上下册，为吉林大学本科“十二五”规划教材，是由吉林大学建设工程学院建筑工程系的部分教师根据多年混凝土结构设计教学的实践经验编写而成的。上册具体由王庆华（第 1 章）、王伯昕（第 5 章、第 6 章和上册附录）、周林聪（第 2 章和第 9 章）、朱珊（第 3 章和第 10 章）、胡忠君（第 4 章和第 7 章）、暴伟（第 8 章）执笔，下册具体由王庆华（第 11 章、第 12 章和下册部分附录）、暴伟（第 13 章和下册部分附录）执笔，全书由王庆华、王伯昕负责修改、统稿。在编写过程中，吉林大学建设工程学院结构工程专业的硕士研究生王国超、赵建宇、封雷、汪纯鹏、周向前、李贝娜完成了部分插图的绘制工作。

由于水平所限，书中难免有不妥或错误之处，恳请广大读者批评指正。

作　者

2015 年 6 月

目　　录

第11章　钢筋混凝土梁板结构设计

课前导读

【内容提要】

钢筋混凝土梁板结构是工业与民用建筑楼、屋面普遍应用的一种结构形式。本章重点介绍整体式单向板梁板结构、整体式双向板梁板结构以及整体式楼梯和雨篷的设计方法，并对整体式无梁楼盖、装配式梁板结构的概念和计算方法等进行简单的介绍。

【能力要求】

通过本章的学习，学生应具备以下能力：

(1) 了解单向板和双向板的受力特点、无梁楼盖的截面设计与构造要求；

(2) 掌握单向板梁板结构和双向板梁板结构的结构布置方法、计算简图的确定；

(3) 掌握单向板梁板结构和双向板梁板结构按弹性理论及塑性理论的设计方法；

(4) 掌握楼盖结构施工图的绘制方法。

11.1　概　　述

11.1.1　梁板结构的概念与类型

钢筋混凝土梁板结构主要是由梁和板组成的结构体系，是工业与民用房屋的屋盖、楼盖广泛采用的一种结构形式。此外，其他属于梁板结构体系的结构物还有很多，如整片式基础，桥梁的桥面结构，水池的顶盖、池壁、底板，挡土墙等。因此，研究混凝土梁板结构的设计原理及构造要求具有普遍意义。常见的梁板结构如图 11-1 所示。本章重点讲述建筑结构中的楼(屋)盖设计。

楼盖是建筑结构中的水平结构体系，对保证建筑物的承载力、刚度、耐久性以及抗风、抗震性能起着十分重要的作用，其与竖向承重构件、抗侧力构件共同组成建筑结构的整体空间受力体系。它将楼面竖向荷载传递至竖向承重构件，将水平荷载传给抗侧力构件。根据不同的分类方法，楼盖可分为不同的类型：

(1) 按照结构形式可将楼盖分为单向板肋梁楼盖、双向板肋梁楼盖、井式楼盖、无梁楼盖、密肋楼盖等，如图 11-2 所示。

肋梁楼盖通常由板和梁组成，是现浇楼盖中使用最普遍的一种。其主要传力途径为板→梁→柱(或墙)→基础→地基。肋梁楼盖的特点是用钢量较低，楼板上留洞方便，但支模较复杂。

双向板肋梁楼盖的受力性能较好，可以跨越较大的跨度，梁格布置使顶棚整齐美观，常用于民用房屋跨度较大的房间以及门厅等处。当梁格尺寸及使用活荷载较大时，双向板肋梁楼盖比单向板肋梁楼盖经济，所以也常用于工业房屋楼盖。

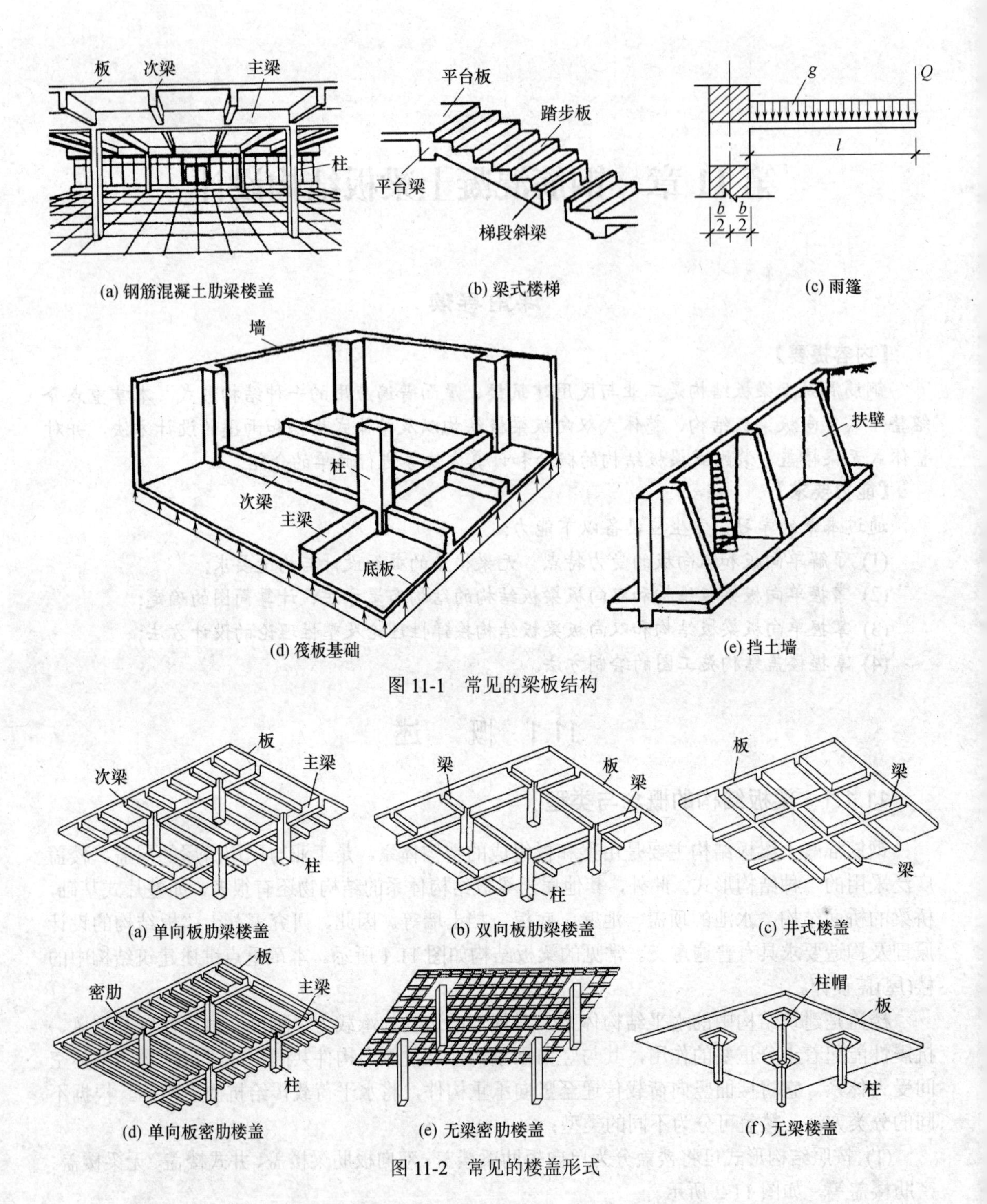

图 11-1　常见的梁板结构

图 11-2　常见的楼盖形式

井式楼盖是双向板肋梁楼盖的一种特殊形式，其两个方向的柱网及梁的截面尺寸均相同，不分主次梁，其与双向楼板肋形楼盖的主要区别是，在梁的交叉处不设柱。梁的间距一般为1.5～3m，比双向板肋形楼盖中梁的间距小。

无梁楼盖是指楼板直接支承于柱上。其传力途径是荷载由板传至柱或墙。无梁楼盖的结构高度小，净空大，支模简单，但用钢量较大，常用于仓库、商店等柱网布置接近方形的建筑。

密肋楼盖是由薄板和间距较小的肋梁组成，一般肋距≤1.5 m，结构自重较轻。密肋楼盖分单向密肋楼盖和双向密肋楼盖两种。双向密肋楼盖由于双向共同承受荷载作用，受力性能较好。与一般的肋梁楼盖、无梁楼盖等相比，密肋楼盖的刚度大、变形小、抗震性能好。密肋楼盖适用范围广泛，主要用于跨度和荷载较大、空间较大的多层和高层建筑，如商业楼、办公楼、图书馆、展览馆、学校、车站、候机楼等大中型公共建筑，也适用于多层工业厂房、仓库、车库，以及地下人防等工程。

(2) 混凝土楼盖按施工方法不同可分为现浇式楼盖、装配式楼盖和装配整体式楼盖三种。

现浇钢筋混凝土楼盖是在施工现场进行浇筑的，它的整体性好，刚度大，抗震、抗冲击性好，防水性好，对不规则平面的适应性强，开洞容易。其缺点是需要大量的模板，现场的作业量大，工期也较长。

装配式钢筋混凝土楼盖是把楼盖分为板、梁等构件，在工厂或预制场制作好，然后在施工现场进行安装。装配式楼盖可以节省模板，改善制作时的施工条件，提高劳动生产率，加快施工进度，但整体性、刚度、抗震性能差。

装配整体式楼盖是楼盖的预制板吊装就位后，在其上现浇一层钢筋混凝土与之连接成整体。这种施工方法加强了楼盖的整体性，提高了楼盖的刚度和抗震性能，同时又比现浇楼盖节省模板。

(3) 混凝土楼盖按预加应力情况可分为钢筋混凝土楼盖和预应力混凝土楼盖。预应力混凝土楼盖用的最普遍的是无粘结预应力混凝土平板楼盖，当柱网尺寸较大时，它可有效减小板厚，降低建筑层高。

11.1.2　单向板与双向板

在荷载作用下，只在一个方向弯曲或者主要在一个方向弯曲的板，称为单向板；在荷载作用下，在两个方向弯曲，且不能忽略任一方向弯曲的板，称为双向板。

如图 11-3 所示的某四边矩形支承板，承受均布荷载作用，设沿短跨方向传递的荷载为 q_1，设沿长跨方向传递的荷载为 q_2。有关系：

$$q = q_1 + q_2 \tag{11-1}$$

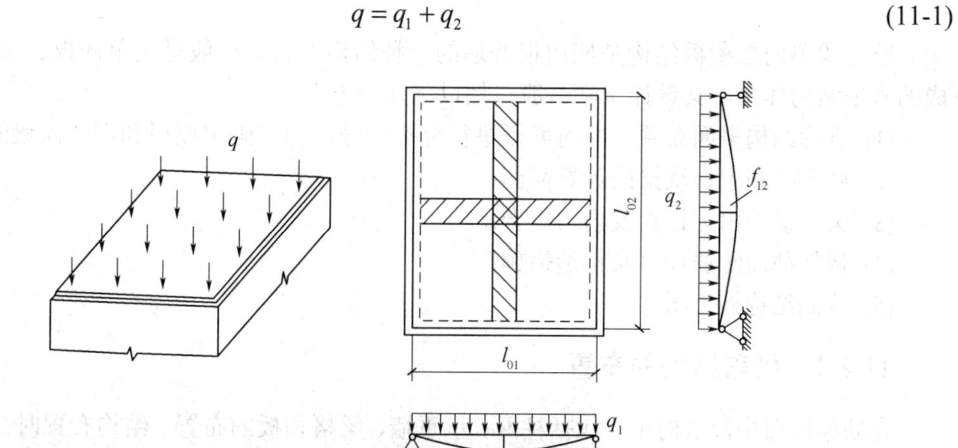

图 11-3　四边支承板的荷载传递

沿两个方向在跨中位置取单位宽度板带，板中间挠度应相等，即有关系：

$$\frac{5q_1l_{01}^4}{384EI}=\frac{5q_2l_{02}^4}{384EI} \tag{11-2}$$

式中 l_{02}、l_{01}——板长、短方向的计算跨度。

化简上式得：

$$q_1=q_2\frac{l_{02}^4}{l_{01}^4} \tag{11-3}$$

将式(11-3)代入式(11-1)可得：

$$q_2=q\Bigg/\left(1+\frac{l_{02}^4}{l_{01}^4}\right) \tag{11-4}$$

同理可得：

$$q_1=q\Bigg/\left(1+\frac{l_{01}^4}{l_{02}^4}\right) \tag{11-5}$$

当 $l_{02}=2l_{01}$ 时，由式(11-4)和式(11-5)可知 $q_2=0.059q$，$q_1=0.941q$，上述关系说明，此时荷载主要沿短边方向传递，沿长边方向传递的荷载可忽略不计。

《混凝土结构设计规范》(GB50010—2010)规定：混凝土板应按下列原则进行计算：

(1) 两对边支承的板应按单向板计算；

(2) 四边支承的板应按下列规定计算：

当 $l_{02}/l_{01}\leqslant 2$ 时，按双向板计算；

当 $2<l_{02}/l_{01}<3$ 时，宜按双向板设计，若按单向板计算，应沿长边布置足够的构造钢筋；

当 $l_{02}/l_{01}\geqslant 3$ 时，按单向板计算。

11.2 整体式单向板梁板结构

整体式单向板梁板结构是应用很普遍的一种结构形式，一般是由单向板、次梁和主梁组成的水平结构体系，其设计步骤一般包括以下几个方面：

(1) 进行结构平面布置，并对梁板进行分类编号，初步确定板厚和主、次梁的截面尺寸；

(2) 确定板和主、次梁的计算简图；

(3) 梁、板的内力计算及内力组合；

(4) 构件截面配筋计算及构造措施；

(5) 绘制结构施工图。

11.2.1 楼盖结构的布置

在肋梁楼盖中，结构布置包括柱网、承重墙、梁格和板的布置。结构布置时，应符合“技术先进、经济合理、安全适用、确保质量”的结构设计总原则，并应注意在设计时考虑建筑使用要求、构件受力合理以及方便施工等问题。

1．柱网和梁格布置

单向板肋形梁板结构平面布置方案主要有三种形式，如图 11-4 所示。

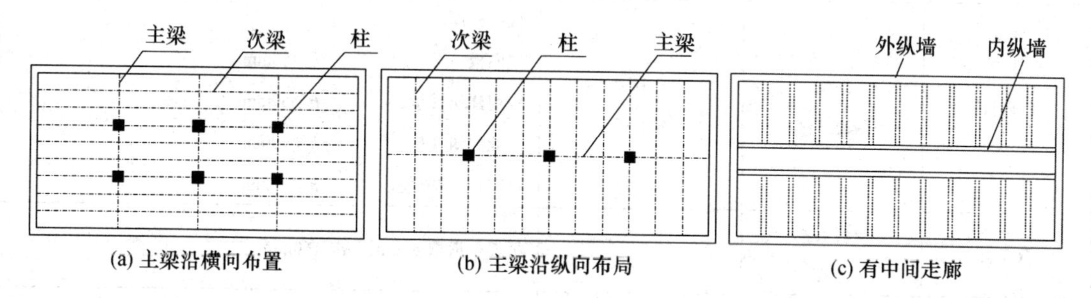

图 11-4　单向板肋梁楼盖结构布置

1) 主梁横向布置，次梁纵向布置

这种布置的优点是主梁和柱形成横向框架，房屋的横向刚度大，各榀横向框架之间由纵向次梁相连，故房屋的纵向刚度亦大，整体性较好。

2) 主梁纵向布置，次梁横向布置

适用于横向柱距比纵向柱距大得多的情况。它的优点是减小了主梁的截面高度，增大了室内净高。

3) 只布置次梁，不设主梁

适用于有中间走道或房屋空间较小的楼盖。

2．柱网和梁格常用尺寸

通常单向板肋梁楼盖荷载的传递途径为：板→次梁→主梁→柱(墙)→基础→地基，板支承于次梁上，次梁支承于主梁上，主梁支承于柱上或墙上。次梁的间距决定了板的跨度；主梁的间距决定了次梁的跨度；柱或墙的间距决定了主梁的跨度。

单向板、次梁和主梁的常用跨度为：

单向板：1.7～2.5m，荷载较大时取较小值，一般不宜超过 3m；

次梁：4.0～6.0m；

主梁：5.0～8.0m。

结构平面布置时应符合下列各项要求：

(1) 满足建筑或工艺使用要求；

(2) 柱距(开间)、跨度(进深)等主要定位尺寸应符合建筑模数的要求；

(3) 梁、板宜等跨布置，梁系拉通，梁、板的位置和尺寸宜对称、有规律；

(4) 梁、板荷载的传递力求明确简捷；

(5) 梁、板的计算跨度、截面尺寸应合理、经济。

3．梁、板截面尺寸的初定

梁、板截面尺寸与梁、板的跨度以及承受荷载的大小等因素有关，一般根据刚度条件确定。在实际工程设计中，通常按高跨比经验值来初步确定梁、板截面尺寸。常用的高跨比如表 11-1 所示。满足刚度条件的梁、板，一般可只进行承载力计算，无需进行构件的挠度验算。若计算所得的截面尺寸与初定的尺寸相差很大时，需重新估算，直至满足要求为止。

表 11-1　混凝土梁、板截面的常规尺寸

构件种类		高跨比(h/l)	备　注
单向板	简支 两端连续	≥1/30 ≥1/35	最小板厚： 屋面板　h≥60mm 民用建筑楼板　h≥60mm 工业建筑楼板　h≥70mm 行车道下的楼板　h≥80mm
双向板	单跨简支 多跨连续	≥1/40 ≥1/45	板厚一般取 80mm≤h≤160mm
密肋板	单跨简支 多跨连续	≥1/20 ≥1/25	板厚 h≥50mm 肋高 h≥250mm
悬臂板(根部)		≥1/12	悬臂长度≤500mm　h≥60mm 悬臂长度＞1200mm　h≥100mm
无梁楼板	无柱帽 有柱帽	≥1/30 ≥1/35	h≥150mm 柱帽宽度 c=(0.2～0.3)l
现浇空心楼盖		—	h≥200mm
多跨连续次梁 多跨连续主梁 单跨简支梁		1/18～1/12 1/14～1/8 1/14～1/8	最小梁高：次梁　h≥l/25 主梁　h≥l/15 宽高比(b/l)一般为 1/3～1/2，并以 50mm 为模数

11.2.2　单向板梁板结构的计算简图

在进行结构分析前，应先对实际结构受力情况进行分析。通常忽略一些次要因素，对实际结构加以简化，抽象为某一计算简图，据此进行内力计算。单向板肋梁楼盖的板、次梁、主梁和柱均整浇在一起，形成一个复杂体系。由于板的刚度最小，次梁的刚度又比主梁的刚度小很多，则整个楼盖体系可以分解为板、次梁、主梁三类构件单独进行计算。

梁、板的内力计算常采用弹性理论和塑性理论两种分析方法。弹性理论有较高的承载力储备；塑性理论考虑了超静定结构的内力重分布，使结构构件受力及设计更加合理，减少了钢材用量。在楼盖设计中，板和次梁的内力计算常用塑性计算法，以获得较好的经济效果，对于主梁，常采用弹性理论方法计算内力，使其具有足够的承载力储备。

结构计算时，应选取结构的计算单元，确定支座特点、计算跨度和跨数，荷载要明确荷载形式、大小以及作用位置等。

1. 结构计算单元

结构内力分析时，为减少计算工作量，一般不是对整个结构进行分析，而是从实际结构中选取有代表性的一部分作为计算的对象，称为计算单元。

通常，板取 1m 宽的矩形截面板带作为板结构计算单元；次梁和主梁取具有代表性的一根梁，次梁取翼缘宽度为次梁间距 l_1 的 T 形截面带，即取每侧与相邻梁中心距的一半范围作为次梁结构计算单元；主梁取翼缘宽度为主梁间距 l_2 的 T 形截面带，即取每侧与相邻梁中心距的一半范围作为主梁结构计算单元。板、次梁、主梁的从属面积如图 11-5 所示。

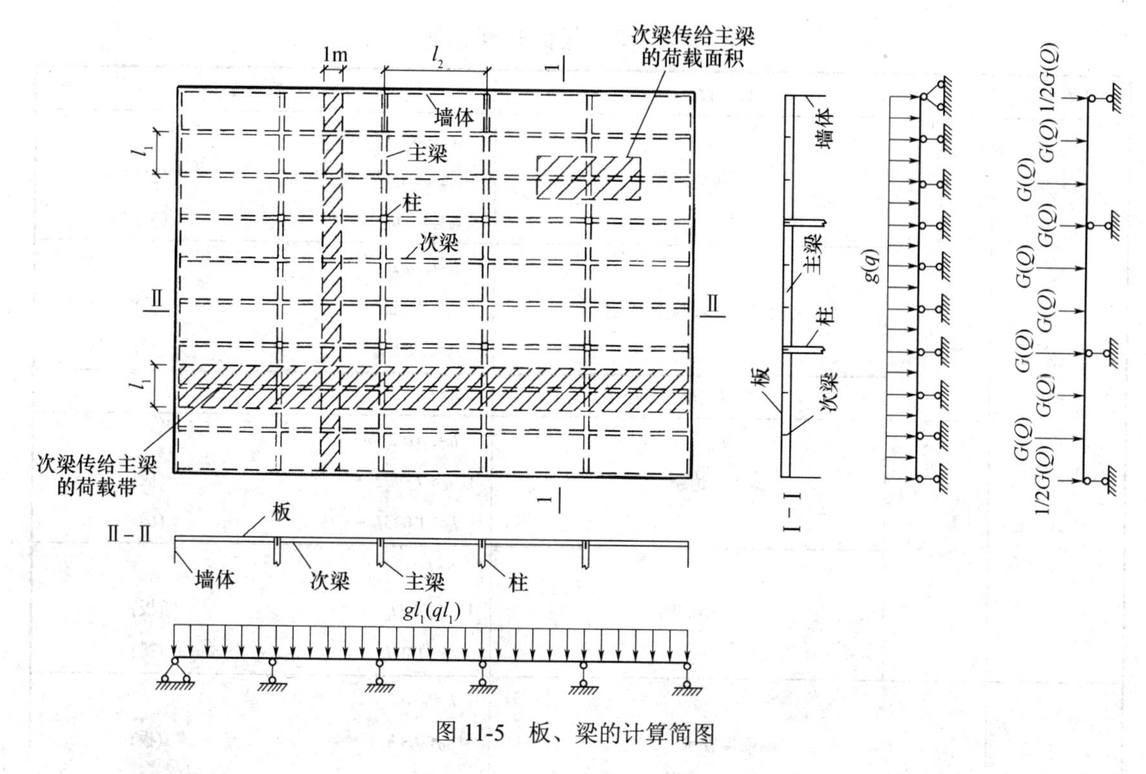

图 11-5　板、梁的计算简图

2. 计算跨数

连续梁、板任一截面内力值与其跨数、各跨跨度、刚度以及荷载等因素有关，但对某一跨来说，相隔两跨以远的上述因素对该跨内力影响很小。为简化计算，当实际跨数小于等于 5 跨时，按实际跨数计算；实际跨数大于 5 跨且跨差小于 10%时，按 5 跨计算，如图 11-6 所示。

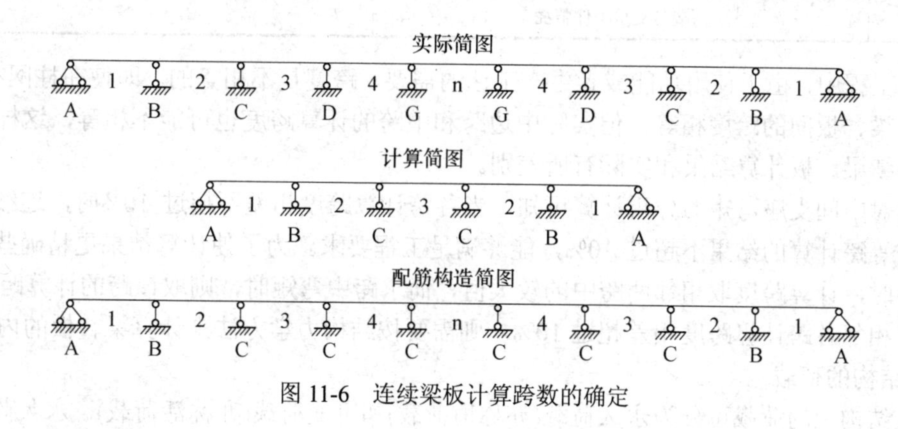

图 11-6　连续梁板计算跨数的确定

3. 计算跨度

次梁的间距是板的跨长，主梁的间距是次梁的跨长，但跨长与计算跨度可能存在差异，计算跨度是指用于内力计算的长度。

计算跨度的取值原则一般为：

(1) 当按弹性理论计算时，中间跨取支承中心线之间的距离，边跨与支承情况有关；

(2) 当按塑性理论计算时，计算跨度由塑性铰位置确定。

计算跨度的具体取值方法如表 11-2 所示。

表 11-2　梁、板的计算跨度

计算方法	梁、板构件		计算跨度
按弹性理论计算	单跨	两端搁置	$l_0=l_n+a$ 且 $l_0 \leqslant l_n+h$　(板) $l_0 \leqslant 1.05l_n$　(梁)
		一端搁置、一端与支承构件整浇	$l_0=l_n+a/2$ 且 $l_0 \leqslant l_n+h/2$　(板) $l_0 \leqslant 1.025l_n$　(梁)
		两端与支承构件整浇	$l_0=l_n$
	多跨	边跨	$l_0=l_n+a/2+b/2$ 且 $l_0 \leqslant l_n+h/2+b/2$　(板) $l_0 \leqslant 1.025l_n+b/2$　(梁)
		中间跨	$l_0=l_c$ 且 $l_0 \leqslant 1.1l_n$　(板) $l_0 \leqslant 1.05l_n$　(梁)
按塑性理论计算	两端搁置		$l_0=l_n+a$ 且 $l_0 \leqslant l_n+h$　(板) $l_0 \leqslant 1.05l_n$　(梁)
	一端搁置、一端与支承构件整浇		$l_0=l_n+a/2$ 且 $l_0 \leqslant l_n+h/2$　(板) $l_0 \leqslant 1.025l_n$　(梁)
	两端与支承构件整浇		$l_0=l_n$

实际工程中，由于使用功能或者生产工艺的需要，跨度是不相等的。即使在柱网布置时，理论上使梁、板间的跨度相等，但实际中边跨和中跨的计算跨度也可能不相等，这样就使得按等跨连续梁、板计算结果和实际有所差别。

通过对中间支座弯矩的分析计算可知，当各跨计算跨度相差不超过 10%时，连续梁、板的内力按等跨计算的结果不超过 10%，能够满足工程要求。为了使计算结果更精确些，在求支座弯矩时，计算跨度取相邻两跨中的较大值，而求跨中弯矩时，则取该跨的计算跨度。

如果相邻各跨计算跨度相差超过 10%，则需要按结构力学方法来计算梁、板的内力。

4．结构的荷载

楼盖结构上的荷载可分为永久荷载(亦称恒荷载)和可变荷载(亦称活荷载)。永久荷载包括结构自重、地面及天棚抹灰等构造层次自重及隔墙自重等。可变荷载包括人群、家具、设备、雪荷载、屋面积灰荷载和施工活荷载等。永久荷载、可变荷载的标准值及荷载分项系数，可查阅现行《建筑结构荷载规范》。

在设计民用建筑梁板结构时，应注意楼面可变荷载值的折减问题，若梁的负荷面积较大，可变荷载全部满载并达到标准值的概率小于 1，故计算梁时适当降低可变荷载数值更为符合实际，可变荷载的折减系数详见现行《建筑结构荷载规范》。

整体式单向板梁板结构中，板除承受结构自重、抹灰荷载外，还要承受作用于其上的使用活荷载；次梁除承受次梁自重、抹灰荷载外，还要承受板传来的荷载；主梁除承受结构自重、抹灰荷载外，还要承受次梁传来的集中荷载。

在确定板传递给次梁的荷载，以及次梁传递给主梁的荷载时，可以忽略板、次梁的连续性，按简支构件计算。

计算主梁荷载时，由于主梁主要承受次梁传来的集中荷载和主梁自重，而一般主梁自重较次梁传来的荷载小得多，为简化计算，通常将其折算成集中荷载，这样处理也偏于安全。

5．板、梁的支座特点与荷载调整

单向板肋梁楼盖的一般传力路径为板→次梁→主梁→柱或墙→基础→地基，板、次梁和主梁的计算模型通常为连续板或连续梁，计算内力时，支座特点按照下述方法进行简化：

(1)板或梁支承在砖墙(或砖柱)上时，假定为铰支座，嵌固影响在构造设计中加以考虑；

(2)板的支座是次梁，次梁支座是主梁时，假定为铰支座，嵌固影响在内力计算时加以调整；

(3)主梁支座是柱，其计算模型应根据梁柱线刚度比而定。当主梁与柱的线刚度比大于等于 3 时，主梁可视为铰支于柱和边墙(或梁)的多跨连续梁，否则应按梁、柱刚接的框架梁计算。

将与板(或梁)整体连接的支承视为铰支座的假定，对于等跨连续板(或梁)，当荷载沿各跨均为满布时(如只有恒荷载)，板或梁在中间支座发生的转角很小，按铰支计算与实际相差也很小。但当活荷载隔跨布置时，由于板与次梁整浇在一起，当板受荷弯曲在支座发生转动时，将带动次梁一起转动。同时，次梁具有一定的抗扭刚度，且两端又受主梁约束，将阻止板自由转动，使板在支座处的实际转角比理想铰支承时小(图 11-7)，跨内弯矩也有所降低，支座负弯矩相应地有所增加，但不会超过两相邻跨满布活荷载时的支座负弯矩。类似的情况也发生在次梁与主梁之间。

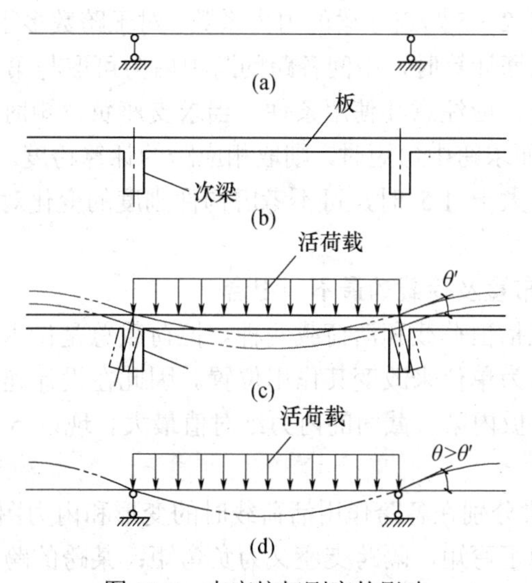

图 11-7　支座抗扭刚度的影响

因此，为了使板、次梁的内力计算值更接近于实际，可以进行适当的调整。折算的原则是保持总的荷载大小不变，增大恒荷载，减小活荷载。板或梁搁置在砖墙或钢结构上时不折算。

荷载的折算方法如下：

连续板：
$$g' = g + \frac{q}{2}，\ q' = \frac{q}{2} \tag{11-6}$$

连续次梁：

$$g' = g + \frac{q}{4}, \quad q' = \frac{3q}{4} \tag{11-7}$$

式中　g、q——单位长度上恒荷载、活荷载设计值；

g'、q'——单位长度上折算恒荷载、折算活荷载设计值。

主梁不做折减。

11.2.3　连续梁、板结构按弹性理论的内力计算方法

1．等截面等跨连续梁板的内力系数表

按弹性理论方法计算梁板内力时，应根据梁、板的计算简图，按结构力学中的方法求解。实际设计时为了减轻计算工作量，对于等跨连续梁、板，或跨度差小于10%的不等跨连续梁、板，可直接查得相应的弯矩、剪力系数 $k_1 \sim k_8$，利用下列公式计算跨内或支座截面的最大内力。

(1) 在均布及三角形荷载作用下：

$$M = k_1 g l^2 + k_2 q l^2 \tag{11-8}$$

$$V = k_3 g l + k_4 q l \tag{11-9}$$

(2) 在集中荷载作用下：

$$M = k_5 G l + k_6 Q l \tag{11-10}$$

$$V = k_7 G + k_8 Q \tag{11-11}$$

式中　l——计算跨度。

本书的附录A给出了2～5跨连续梁的内力系数。对于跨数多于5跨的连续梁或板，可以近似地按5跨计算；在配筋计算时，中间各跨的跨中内力可取与第3跨的内力相同。

当查用内力系数表时，应注意其使用条件。当求支座负弯矩时，计算跨度可取相邻两跨的平均值(或取较大值)；而求跨中弯矩时，则取相应跨的计算跨度。若各跨板厚、梁截面尺寸不同，但其惯性矩之比不大于 1.5 时，可不考虑构件刚度的变化对内力的影响，仍可用上述内力系数表计算内力。

2．活荷载的最不利布置及荷载的最不利组合

连续梁所受的荷载包括恒荷载和活荷载两种。恒荷载总是作用于各跨上，而活荷载的位置是变化的，通常以一跨为单位来改变其作用位置。因此在设计连续梁、板时应考虑活荷载的不利布置，以确定梁、板内某一截面的内力绝对值最大。现以 5 跨连续梁为例来说明活荷载的不利布置。

图 11-8 为 5 跨连续梁分别在各跨作用活荷载时的变形和内力图。由图可见，某跨支座为负弯矩时，其相邻支座为正弯矩，隔跨支座又为负弯矩；某跨的跨中为正弯矩，其相邻跨的跨中为负弯矩，隔跨的跨中又为正弯矩。

从图 11-8 的弯矩和剪力分布规律以及不同组合后的效果，可以归纳出连续梁活荷载最不利布置的原则如下所述：

(1) 求某跨跨内最大正弯矩时，应在本跨布置活荷载，然后隔跨布置；

(2) 求某跨跨内最大负弯矩时，本跨不布置活荷载，而在其左右邻跨布置，然后隔跨布置；

(3) 求某支座最大负弯矩或支座左、右截面最大剪力时，应在该支座左右两跨布置活荷载，然后隔跨布置。

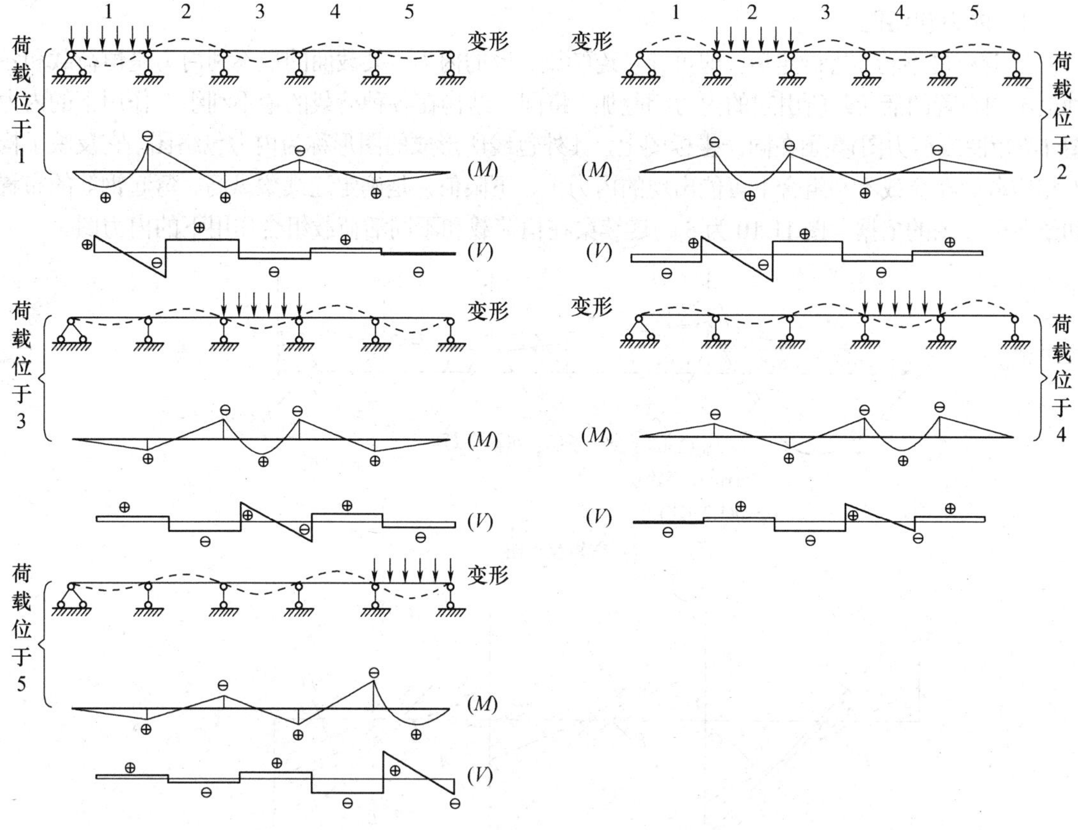

图 11-8　荷载不同跨间布置时连续梁的变形、弯矩和剪力图

设计多跨连续单向板时，活荷载的不利布置与多跨连续梁相同。

根据以上原则确定的活荷载最不利布置的各种情况，分别与恒荷载(布满各跨)组合在一起，就得到荷载的最不利组合。

5 跨连续梁在不同荷载的最不利组合下的内力图如图 11-9 所示。

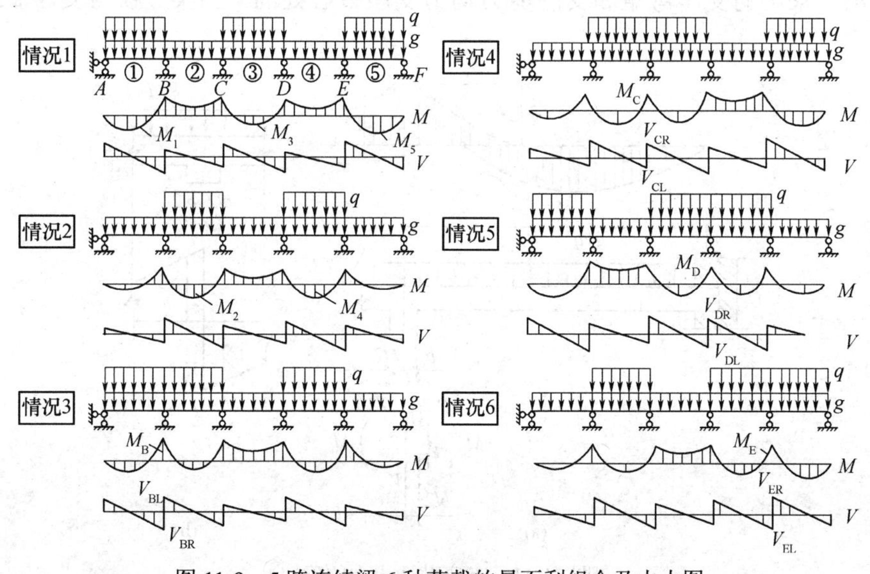

图 11-9　5 跨连续梁 6 种荷载的最不利组合及内力图

3．内力包络图

活荷载最不利布置确定后，即可计算连续梁、板的内力。某截面的最不利内力是恒荷载和各种最不利布置的活荷载所引起的内力相叠加。将同一结构在各种荷载的最不利组合作用下的内力图（弯矩图或剪力图)叠画在同一坐标图上，其外包线所形成的图形称为内力包络图，它反映了构件相应截面在荷载不利组合下可能出现的内力上、下限值，是确定连续梁纵筋、弯起钢筋的布置和绘制配筋图的依据。图 11-10 为 5 跨连续梁在恒荷载和不同活荷载组合作用下的内力图。

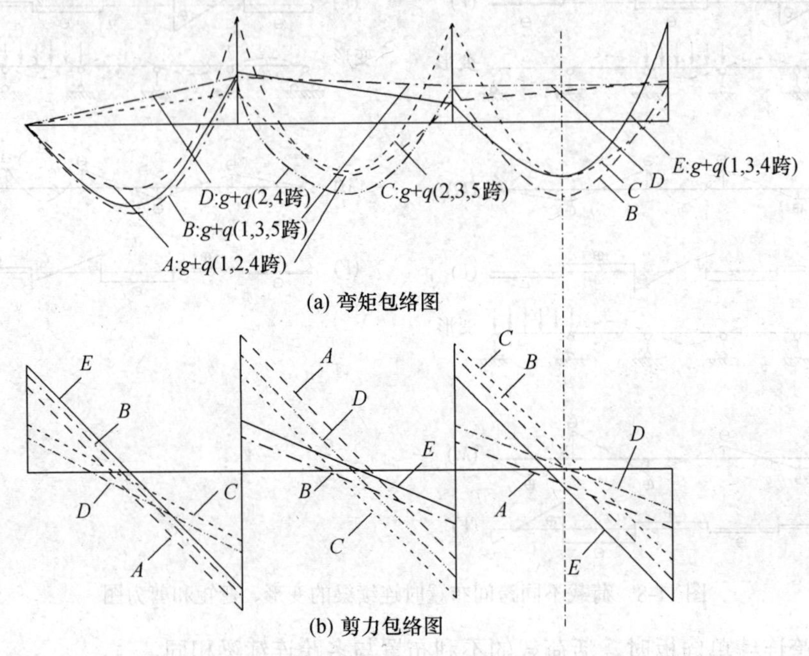

图 11-10　均布荷载下 5 跨连续梁的内力包络图

4．支座截面内力的计算

如图 11-11 所示，按弹性理论计算连续梁、板内力时，中间跨的计算跨度取支座中心线间的距离，求出的支座弯矩和支座剪力均为支座中心处的。当梁、板与支座整浇时，支

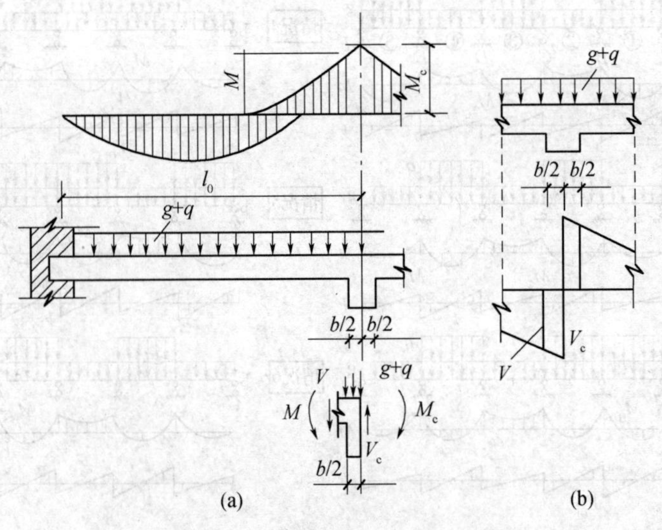

图 11-11　支座截面内力的确定

座边缘处的截面高度比支座中心处的小得多，因此控制截面应在支座边缘处，其内力 M_b，V_b 按以下公式计算：

弯矩设计值：
$$M_b = M_c - V_c\frac{b}{2} \approx M_c - V_0\frac{b}{2} \tag{11-12}$$

剪力设计值：
$$V_b = V_c - (g+q)\frac{b}{2}(均布荷载) \tag{11-13}$$

$$V_b = V(集中荷载) \tag{11-14}$$

式中 M_c，V_c——支座中心处的弯矩和剪力设计值；

V_0——按简支梁计算的支座中心处的剪力设计值，并取绝对值；

b——支座宽度；

g，q——均布恒荷载和活荷载设计值。

11.2.4 连续梁、板结构按塑性理论的内力计算方法

钢筋混凝土不是均质弹性体，按弹性理论计算不能反映结构内材料的实际工作状况；而且根据内力包络图进行配筋，没考虑各种最不利荷载组合不能同时出现的特点，使部分截面的纵筋配筋量过大，不能充分发挥作用；另外，按弹性理论方法计算的支座弯矩一般大于跨中弯矩，使支座处钢筋用量较多，造成拥挤现象，不便施工。因此，为了充分考虑钢筋混凝土材料的塑性性能，建立混凝土超静定结构按塑性内力重分布的计算方法是合理的。

1．超静定结构应力重分布和塑性内力重分布的概念

静定结构是指支座反力和内力由静力平衡条件确定，构件各截面的内力，如弯矩、剪力、轴向力等是与荷载成正比的，各截面内力之间的关系也不会改变。除静力平衡条件外，还需按变形协调条件才能确定内力的结构是超静定结构。

1) 应力重分布

钢筋混凝土结构在弹性阶段，钢筋与混凝土承担的应力按各自的初始弹性模量分配，应力沿截面高度的分布近似为直线，例如，轴压构件某截面的应变为ε，则钢筋承担的应力$\sigma_s=E_s\varepsilon$，混凝土承担的应力为$\sigma_c=E_c\varepsilon$；在裂缝开展和破坏阶段，钢筋与混凝土承担的应力按各自的变形模量分配，应力沿截面高度的分布不再是直线，钢筋承担的应力仍然为$\sigma_s=E_s\varepsilon$，而混凝土承担的应力则为$\sigma_c=E'_c\varepsilon$。由于 $E'_c < E_c$，混凝土分配到的应力发生了变化，这种由于钢筋混凝土的非弹性性质，使截面上应力的分布不再服从线弹性分布规律的现象，称为应力重分布。

2) 内力重分布

连续梁、板按弹性理论设计时，当计算简图和荷载确定以后，截面的内力与荷载成线性关系，只要任一截面的内力达到其内力设计值时，就认为整个结构达到其承载能力。但连续梁、板是超静定结构，加载时，由于材料的非弹性性质，各截面间内力的分布规律是变化的，这种情况称为塑性内力重分布；另外，超静定结构的内力按刚度分配，即使某一截面达到其内力设计值，只要整个结构还是几何不变的，就仍具有一定的承载能力。

不论静定的还是超静定混凝土结构都存在应力重分布；而只有超静定混凝土结构才具有内力重分布现象，且内力不符合结构力学的规律。静定结构的内力与截面抗弯刚度无关，因而不存在内力重分布。由于存在内力重分布，超静定混凝土结构的实际承载能力往往比按弹性理论方法分析的高，因此按塑性理论方法设计，可进一步发挥结构的承载力储备，节约材料，方便施工；同时研究和掌握内力重分布的规律，能更好地确定结构在正常使用阶段的变

形和裂缝开展值，以便更合理地评估结构使用阶段的性能。

2．钢筋混凝土受弯构件的塑性铰

以简支的适筋梁来说明塑性铰的形成。如图 11-12(a)所示的跨中作用集中荷载的简支梁，其弯矩如图 11-12(b)所示，梁截面的 M-ϕ曲线如图 11-12(c)所示。图中，M_{cr}为梁开裂弯矩，M_y为受拉钢筋刚屈服时的截面弯矩，M_u是极限弯矩；ϕ_y、ϕ_u是对应于M_y、M_u的截面曲率。

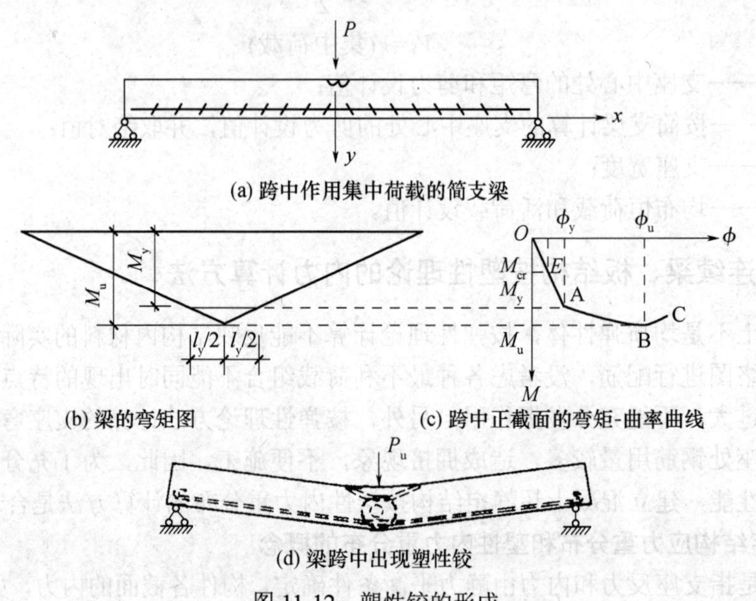

图 11-12　塑性铰的形成

梁进入破坏阶段，由于受拉钢筋已屈服，塑性应变增大而钢筋应力维持不变。随着截面受压区高度的减小，内力臂略有增大，截面的弯矩也有所增加，但弯矩的增量(M_u−M_y)不大，而截面曲率的增值(ϕ_u−ϕ_y)却很大。从钢筋屈服到达到极限承载力，在弯矩增加很小的情况下，截面发生较大幅度的转动，表现得犹如一个能够转动的铰，这种铰称为塑性铰。使塑性铰产生转动的弯矩M_u称为塑性弯矩。

当跨中截面弯矩从M_y发展到M_u的过程中，与它相邻的一些截面也进入“屈服”产生塑性转动。在图 11-12(b)中，$M \geqslant M_y$的部分是塑性铰的区域(由于钢筋与混凝土间粘结力的局部破坏，实际的塑性铰区域更大)，该区域称塑性铰长度。

塑性铰与理想铰不同：①理想铰不能承受任何弯矩，而塑性铰则能承受一定的弯矩($M_y \leqslant M \leqslant M_u$)；②理想铰集中于一点，塑性铰则有一定的范围；③理想铰在两个方向都可产生无限的转动，而塑性铰是只能在弯矩作用方向做有限转动的单向铰。

塑性铰有钢筋铰和混凝土铰两种。对于配置具有明显屈服点钢筋的适筋梁，塑性铰形成的起因是受拉钢筋屈服，故称为钢筋铰。当截面配筋率大于界限配筋率，此时钢筋不会屈服，转动主要由受压区混凝土的非弹性变形引起，故称为混凝土铰。它的转动量很小，截面破坏突然。钢筋铰出现在受弯构件的适筋截面或大偏心受压构件中，混凝土铰大都出现在受弯构件的超筋截面或小偏心受压构件中。

3．结构塑性内力重分布的过程

以一跨中承受集中荷载的两跨连续梁(图 11-13)为例说明结构塑性内力重分布的过程。

假定支座截面和跨内截面的尺寸和配筋相同。按弹性理论的分析方法，该两跨梁弯矩图如图 11-13(b)所示。

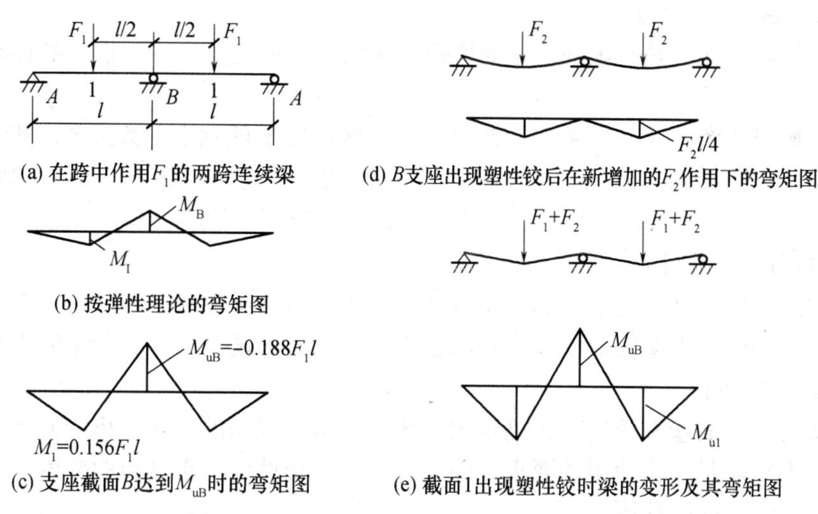

图 11-13 梁上弯矩分布及破坏机构形成

由于支座截面的弯矩最大，随着荷载增大，中间支座(截面 B)受拉区混凝土先开裂，截面弯矩刚度降低，但跨内截面 1 尚未开裂。由于支座与跨内弯矩刚度的比值降低，致使支座截面弯矩 M_B 的增长率低于跨内弯矩 M_1 的增长率。继续加载，当截面 1 也出现裂缝时，截面抗弯刚度的比值有所回升，M_B 的增长率又有所加快。两者的弯矩比值不断发生变化。

当荷载增加到支座截面 B 上部受拉钢筋屈服，支座塑性铰形成，塑性铰能承受的弯矩为 M_{uB}($M_{uB}=-0.188Fl$，此处忽略 M_u 和 M_y 的差别)，相应的荷载值为 F_1，如图 11-13(c)所示。

再继续增加荷载，梁从一次超静定的连续梁转变成了两根简支梁。由于跨内截面承载力尚未耗尽，因此还可以继续增加荷载，直至跨内截面 1 也出现塑性铰($M_1=0.188Fl$)，梁成为几何可变体系而破坏，增加的荷载 F_2，弯矩增量为 $0.188Fl-0.156Fl$，如图 11-13(d)所示，总荷载为 $F=F_1+F_2$。在 F_2 的作用下，应按简支梁来计算跨内弯矩，此时支座弯矩不增加，维持在 M_{uB}，如图 11-13(e)所示。

由上述分析可知，超静定结构的塑性内力重分布可以概括为两个过程：第一过程是受拉区混凝土开裂到第一个塑性铰形成以前，主要是由于结构各截面抗弯刚度比值的改变而引起内力重分布，称为弹塑性内力重分布；第二过程是在第一个塑性铰形成以后到形成几何可变体系结构破坏，由于结构计算简图的改变而引起的内力重分布，称为塑性内力重分布。第二过程的塑性内力重分布比第一过程显著得多，因此，通常所说的内力重分布主要指第二过程。

4．影响塑性内力重分布的因素

若超静定结构中各塑性铰都具有足够的转动能力，保证结构加载后能按照预期的顺序，先后形成足够数目的塑性铰，以致最后形成机动体系而破坏，这种情况称为充分的塑性内力重分布。但是，受到截面配筋率和材料极限应变值的限制，如果完成充分的塑性内力重分布过程所需要的转角超过了塑性铰的转动能力，则在尚未形成预期的破坏结构以前，早出现的塑性铰已经因为受压区混凝土达到极限压应变值而“过早”被压碎，这种情况属于不充分的塑性内力重分布。另外，如果在形成破坏机构之前，截面因受剪承载力不足而破坏，塑性内力也不可能充分地重分布。此外，在设计中除了要考虑承载能力极限状态外，还要考虑正常使用极限状态。结构在正常使用阶段，裂缝宽度和挠度也不宜过大。

由上述可见，影响塑性内力重分布的主要因素有以下三个：

1) 塑性铰的转动能力

塑性铰的转动能力是有限的，主要取决于纵向钢筋的配筋率、钢筋的品种和混凝土极限压应变值。

截面的极限曲率$\phi_u=\varepsilon_{cu}/x$，配筋率越低，受压区高度 x 就越小，故ϕ_u大，塑性铰转动能力越大；混凝土的极限压应变值ε_{cu}越大，ϕ_u大，塑性铰转动能力也越大。混凝土强度等级高时，极限压应变值减小，转动能力下降。普通热轧钢筋具有明显的屈服台阶，延伸率也较大。

2) 斜截面受剪承载力

在出现足够的塑性铰之前不能产生斜截面破坏，否则不能形成充分的内力重分布。国内外的试验研究表明，支座出现塑性铰后，连续梁的受剪承载力低于不出现塑性铰的梁。

3) 正常使用条件

如果最初出现的塑性铰转动幅度过大，塑性铰附近截面的裂缝就可能开展过宽，结构的挠度过大，不能满足正常使用的要求。因此，要控制塑性内力重分布的幅度，一般要求在正常使用阶段不应出现塑性铰。

5. 考虑结构塑性内力重分布的意义和适用范围

对静定混凝土结构，塑性铰出现即导致结构破坏。但对于超静定混凝土结构，某一截面出现塑性铰并不一定表明该结构丧失承载能力，只有当结构上出现足够数目的塑性铰，以致使结构成为几何可变体系或局部破坏，整个结构才丧失承载能力。考虑塑性内力重分布后，结构的极限荷载增大，即从出现第一个塑性铰到破坏机构形成，其间还有相当的承载潜力，在设计中利用这部分承载储备，可以取得一定的经济效益。此外，按弹性理论方法计算，连续梁的内支座截面弯矩通常较大，造成配筋拥挤，施工不便。考虑内力重分布方法设计，可降低支座截面弯矩的设计值，使支座配筋拥挤的状况得到改善而便于施工。

目前在超静定混凝土结构设计中，结构的内力分析采用弹性理论方法，而构件的截面设计采用极限状态设计法，考虑了材料的塑性性能，从而使结构的实际内力与变形和按刚度不变的弹性理论算得的结果明显不同。因此，在设计混凝土连续梁、板时，恰当地考虑结构的内力重分布，可以使结构的内力分析与截面设计相协调，还具有如下优点：

(1) 能正确估计结构的承载力及使用阶段的裂缝和变形；

(2) 能合理调整钢筋用量，缓解支座钢筋拥挤现象，方便混凝土浇筑，提高施工效率和质量；

(3) 在一定条件和范围内可人为控制弯矩分布，简化结构计算；

(4) 可以充分发挥结构的潜力，节约材料，提高经济性。

按塑性理论方法计算，较之按弹性理论计算能节省材料，改善配筋，计算结果更符合结构的实际工作情况，故对于结构体系布置规则的连续梁、板的承载力计算宜尽量采用这种计算方法。但它不可避免地导致构件在使用阶段的裂缝过宽及变形较大，因此下列情况不宜采用：

(1) 在使用阶段不允许出现裂缝或对裂缝开展控制较严的混凝土结构，以及处于严重侵蚀性环境中的混凝土结构；

(2) 直接承受动力和重复荷载的混凝土结构；

(3) 要求有较高承载力储备的混凝土结构；

(4) 二次受力叠合结构及配置延性较差的受力钢筋的混凝土结构。

11.2.5　连续梁、板结构按塑性理论的内力计算方法

1. 弯矩调幅法的概念

超静定混凝土结构考虑塑性内力重分布的计算方法，常见的有极限平衡法、塑性铰法、变刚度法、强迫转动法、弯矩调幅法以及非线性全过程分析方法等。但是目前只有弯矩调幅法被多数国家的设计规范所采用。

弯矩调幅法简称调幅法，是在弹性弯矩的基础上，对那些弯矩绝对值较大的截面(通常为支座截面)进行弯矩调整，然后按调整后的内力进行截面设计和配筋构造，是一种实用的设计方法。调幅法的特点是概念清楚，方法简便，弯矩调整幅度明显，平衡条件得到满足。

截面弯矩的调整幅度用弯矩调幅系数 β 来表示，即

$$\beta=\frac{M_e-M_a}{M_e} \tag{11-15}$$

式中　M_e——按弹性理论算得的弯矩值；

　　　M_a——调幅后的弯矩值。

图 11-14 为一两跨的等跨连续梁，在跨度中点作用有集中荷载 F。按弹性理论计算，支座弯矩 $M_e=-0.188Fl_0$，将其调整为$-0.15Fl_0$，则支座弯矩调幅系数 $\beta=\frac{(0.188-0.15)Fl_0}{0.188Fl_0}$=0.202。此时，跨度中点的弯矩值可根据静力平衡条件确定。设 M_0 为按简支梁确定的跨度中点弯矩，由图 11-14(c)，$M'_1+\frac{0+M_a}{2}=M_0$，可求得 $M'_1=\frac{1}{4}Fl_0-\frac{1}{2}\times0.15Fl_0=0.175Fl_0>0.156Fl_0$，可见调幅后，支座负弯矩降低了，而跨中正弯矩增大了。

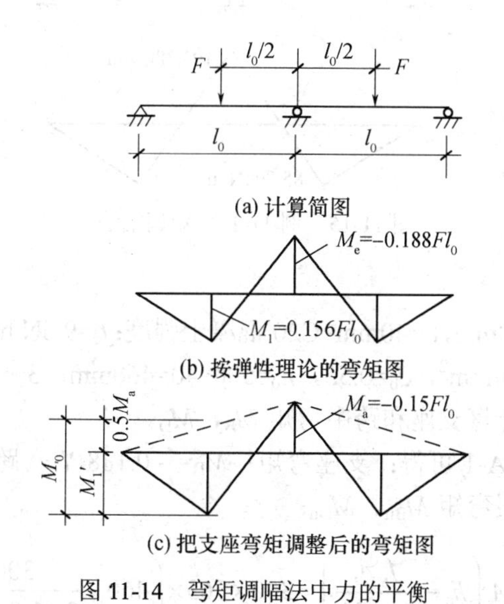

(a) 计算简图

(b) 按弹性理论的弯矩图

(c) 把支座弯矩调整后的弯矩图

图 11-14　弯矩调幅法中力的平衡

【例 11-1】已知一两跨矩形截面连续梁，如图 11-15 所示。在跨中作用集中荷载 P，梁截面尺寸 $b\times h$＝200mm×500mm，混凝土强度等级为 C20，环境类别一类，设计使用年限 50 年，钢筋采用 HRB335 级，中间支座及跨中均配置 3Φ18 的受拉钢筋。求：(1)按弹性理论计算时，

该梁承受的极限荷载 P_1；(2)按考虑塑性内力重分布方法计算时，该梁承受的极限荷载 P_u；(3)支座的弯矩调幅系数 β。

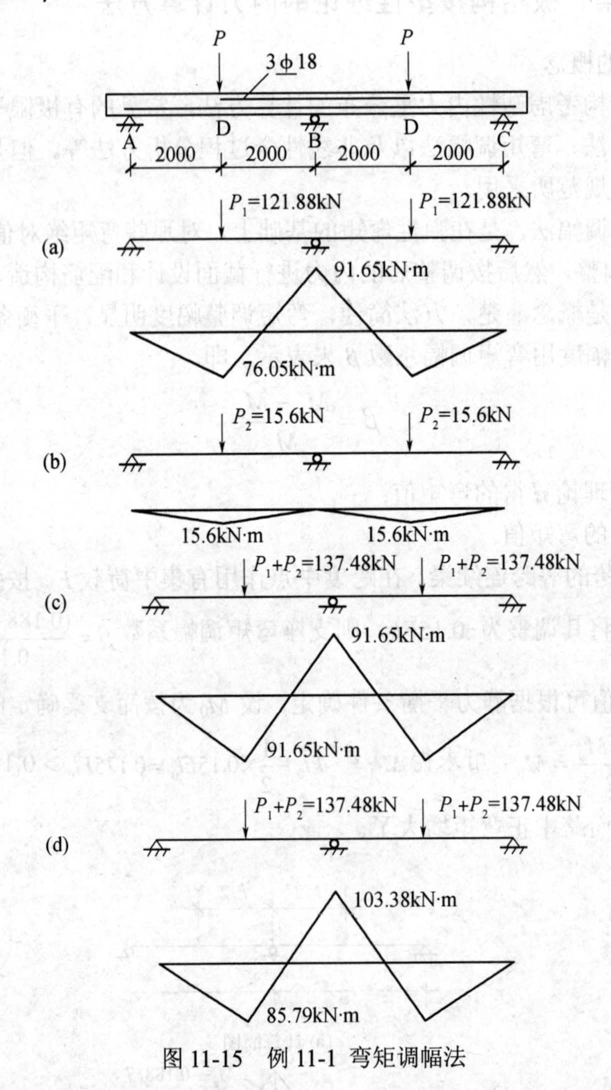

图 11-15　例 11-1 弯矩调幅法

解：(1) 设计参数。

环境类别为一类，c=30mm，a=40mm；C20 混凝土强度：f_c=9.6N/mm^2，f_t=1.1N/mm^2，α_1=1.0；HRB335 级钢筋：f_y=300N/mm^2，ξ_b=0.55，h_0=500−40=460mm，3Φ18 钢筋面积 A_s=763mm^2。

(2) 按弹性理论方法计算支座和跨中弯矩 M_B、M_D。

根据式(11-10)及附录 A-1 可得：支座弯矩：M_B=− 0.188Pl；　跨中弯矩：M_D=0.156Pl

(3) 支座和跨中的极限弯矩 M_{Bu}、M_{Du}。

$$-M_{Bu}=M_{Du}=f_yA_s\left(h_0-\frac{f_yA_s}{2\alpha_1 f_c b}\right)=300\times763\times\left(460-\frac{300\times763}{2\times1.0\times9.6\times200}\right)\times10^{-6}$$

$$=91.65\ \text{kN·m}$$

(4) 按弹性理论计算时，该梁承受的极限荷载 P_1，如图 11-15(a)所示。

当$|M_B = M_{Bu}|$时，支座出现塑性铰，此时$0.188Pl = 91.65\,\text{kN·m}$，$P=P_1$，则$P_1 = \dfrac{91.65}{0.188 \times 4}$
$= 121.88\,\text{kN}$

此时跨中截面的弯矩为：

$$M_D = 0.156 P_1 l = 0.156 \times 121.88 \times 4 = 76.05\,\text{kN·m} < M_{Du} = 91.65\,\text{kN·m}$$

(5) 按考虑塑性内力重分布方法计算。

由于两跨连续梁为一次超静定结构，P_1 作用下$|M_B = M_{Bu}|$结构并未丧失承载力，只是在支座出现塑性铰，再继续加载下梁的受力相当于二跨简支梁，跨中还能承受的弯矩增量为：

$$M_{Du} - M_D = 91.65 - 76.05 = 15.6\,\text{kN·m}$$

设 P_2 为从支座出现塑性铰加载到跨中出现塑性铰的荷载增量，如图 11-15(b)所示。

$$M_{Du} - M_D = \frac{1}{4} P_2 l = 15.6\,\text{kN·m}$$

则$P_2 = 15.6\,\text{kN}$，$P_u = P_1 + P_2 = 121.88 + 15.6 = 137.48\,\text{kN}$

(6) 梁在 P_u 作用下，按塑性理论计算时的弯矩图，如图 11-15(c)所示。

(7) 梁在 P_u 作用下，按弹性理论计算时的弯矩图，如图 11-15(d)所示。

梁在极限荷载 P_u 作用下，按弹性理论计算的支座弯矩 M_{Be}、跨中弯矩 M_{De} 为：

$$M_{Be} = -0.188Pl = -0.188 \times 137.48 \times 4 = -103.38\,\text{kN·m}$$

$$M_{De} = 0.156 P_u l = 0.156 \times 137.48 \times 4 = 85.79\,\text{kN·m}$$

(8) 支座的弯矩调幅系数 β。

梁按考虑塑性内力重分布方法计算时的支座弯矩：$M_{Bu} = -91.65\text{kN·m}$。

梁在极限荷载 P_u 作用下，按弹性理论计算的支座弯矩：$M_{Be} = -103.38\text{kN·m}$。

支座的调幅系数 β 为：

$$\beta = \frac{|M_{Be}| - |M_{Bu}|}{|M_{Be}|} = \frac{103.38 - 91.65}{103.38} = 11.3\%$$

2. 考虑塑性内力重分布计算的一般原则

综合考虑影响塑性内力重分布的影响因素后，我国现行《混凝土结构设计规范》提出了下列设计原则：

(1) 应对弯矩调幅后引起结构内力图形和正常使用状态的变化进行验算，或由构造措施加以保证。

(2) 保证塑性铰有足够的转动能力。受力钢筋宜采用 HRB400 级、HRB335 级钢筋，混凝土强度等级宜在 C20～C45 范围内；ξ 应满足 $0.1 \leqslant \xi \leqslant 0.35$ 的要求。

(3) 塑性铰转动幅度与塑性铰处弯矩调整幅度有关。一般建议弯矩调整幅度 β 不宜超过 0.2，对于活荷载 q 和恒荷载 g 之比 $q/g \leqslant 1/3$ 的结构，弯矩调整幅度宜控制在 0.15 以内。它可以保证结构在正常使用荷载作用下不出现塑性铰，并可以保证塑性铰处混凝土裂缝宽度及结构变形值在允许限制之内。

(4) 节省钢材，满足平衡条件。连续梁、板调整后的跨中弯矩应尽量接近原包络图弯矩，且跨中截面的弯矩应取按弹性理论计算的最不利弯矩值及下式计算值中的较大值。

$$M = 1.02M_0 - \frac{1}{2}(M^l + M^r) \tag{11-16}$$

式中　M_0——按简支梁计算的跨中弯矩设计值；

M^l、M^r——连续梁或连续单向板的左、右支座截面弯矩调幅后的设计值。

(5) 调幅后支座和跨中截面的弯矩值均不宜小于 M_0 的 1/3。

(6) 各控制截面的剪力设计值按荷载最不利布置和调幅后的支座弯矩由静力平衡条件计算确定。

综合上述分析，结构考虑塑性内力重分布方法即调幅法的计算步骤如下：

(1) 用弹性理论计算在荷载最不利布置条件下结构内力值，主要是支座截面和跨内截面的最大弯矩和剪力；

(2) 采用调幅系数 β(一般不宜超过 0.2)降低各支座截面弯矩，即弯矩设计值 $M_a=(1-\beta) M_e$，M_a 为调幅后的弯矩值。

(3) 支座截面塑性弯矩值确定后，超静定连续梁、板结构内力计算就可转化为多跨简支梁、板的内力计算。各跨简支梁、板分别在折算荷载与调幅后支座截面弯矩共同作用下，按静力平衡求解支座截面最大剪力和跨内截面最大正、负弯矩值(绝对值)，即可得各跨梁、板在上述荷载作用下，塑性内力重分布的弯矩图和剪力图。梁、板跨中弯矩的设计值可取考虑荷载最不利布置并按弹性方法算得的弯矩设计值和按式(11-16)计算的较大者。

(4) 绘制连续梁板的弯矩和剪力包络图。

11.2.6　调幅法计算等跨连续梁、板的内力

1．等跨连续梁

在相等均布荷载和间距相同、大小相等的集中荷载作用下，等跨连续梁各跨跨中截面的弯矩和支座截面边缘的剪力可分别按下列公式计算：

承受均布荷载时：

$$M = \alpha_M (g+q) l_0^2 \tag{11-17}$$

$$V = \alpha_V (g+q) l_n \tag{11-18}$$

承受间距相同、大小相等的集中荷载时：

$$M = \eta \alpha_M (G+Q) l_0 \tag{11-19}$$

$$V = n \alpha_V (G+Q) \tag{11-20}$$

式中　g——沿梁单位长度上的恒荷载设计值；

q——沿梁单位长度上的活荷载设计值；

G——一个集中恒荷载的设计值；

Q——一个集中活荷载的设计值；

α_m——连续梁考虑塑性内力重分布的弯矩计算系数，按表 11-3 采用；

η——集中荷载修正系数，按表 11-4 采用；

α_v——考虑塑性内力重分布梁的剪力计算系数，按表 11-5 采用；

l_0——计算跨度，按表 11-2 采用；

l_n——净跨度；

n——跨内集中荷载的个数。

表 11-3　连续梁和连续单向板考虑塑性内力重分布的弯矩计算系数α_m

支撑情况		截面位置					
		端支座	边跨跨中	高端第二支座	高端第二跨跨中	中间支座	中间跨跨中
		A	I	B	II	C	III
梁、板搁置在墙上		0	1/11	二跨连续：-1/10 三跨以上连续：-1/11	1/16	−1/14	−1/16
板	与梁整浇连接	−1/16	1/14				
梁		−1/24					
梁与柱整浇连接		−1/16	1/14				

注：(1) 表中系数适用于荷载比 $q/g>0.3$ 的等跨连续梁和连续单向板；

(2) 连续梁或连续单向板的各跨长度不等，但相邻两跨的长跨与短跨之比值小于 1.10 时，仍可采用表中弯矩系数值。计算支座弯矩时应取相邻两跨中的较长跨度值，计算跨中弯矩时应取本跨长度

表 11-4　集中荷载修正系数 η

荷载情况	截面位置					
	A	I	B	II	C	III
当在跨内中点处作用一个集中荷载时	1.5	2.2	1.5	2.7	1.6	2.7
当在跨内三分点处作用两个集中荷载时	2.7	3.0	2.7	3.0	2.9	3.0
当在跨内四分点处作用三个集中荷载时	3.8	4.1	3.8	4.5	4.0	4.8

表 11-5　连续梁考虑塑性内力重分布的剪力计算系数α_v

支承情况	截面位置				
	A 支座内侧 A_{in}	离端第二支座		中间支座	
		外侧 B_{ex}	内侧 B_{in}	外侧 C_{ex}	内侧 C_{in}
搁置在墙上	0.45	0.60	0.55	0.55	0.55
与梁或柱整体连接	0.50	0.55			

2．等跨连续板

承受均布荷载的等跨连续单向板，各跨跨中及支座截面的弯矩设计值 M 可按下式计算：

$$M=\alpha_m(g+q)l_0^2 \tag{11-21}$$

式中　g、q——沿板跨单位长度上的恒荷载设计值、活荷载设计值；

α_m——连续梁考虑塑性内力重分布的弯矩计算系数，按表 11-3 采用；

l_0——计算跨度，按表 11-2 采用。

下面举例说明，根据上述原则用弯矩调幅法如何确定弯矩计算系数α_m。

【例 11-2】　承受均布荷载的五跨等跨连续梁，如图 11-16 所示，两端搁置在墙上，其活荷载与恒荷载之比 $q/g=3$，用调幅法确定各跨的跨中和支座截面的弯矩设计值。

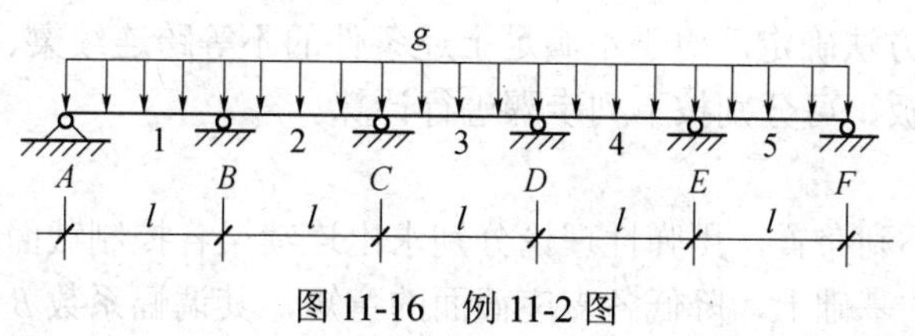

图 11-16　例 11-2 图

解：(1) 折算荷载。

由题意：$\dfrac{q}{g}=3$，有 $g=\dfrac{1}{4}(g+q)=0.25(g+q)$；$q=\dfrac{3}{4}(g+q)=0.75(g+q)$

$q'=\dfrac{3q}{4}=0.5625(g+q)$ 折算恒荷载：$g'=g+\dfrac{q}{4}=0.4375(g+q)$

折算活荷载：$q'=\dfrac{3q}{4}=0.5625(g+q)$

(2) 支座 B 弯矩。

连续梁按弹性理论计算，当支座 B 产生最大负弯矩时，活荷载应布置在 1，2，4 跨，故

$$\begin{aligned}M_{\mathrm{Bmax}}&=-0.105g'l^2-0.119q'l^2\\&=-0.105\times0.4375(g+q)l^2-0.119\times0.5625(g+q)l^2=-0.1129(g+q)l^2\end{aligned}$$

考虑调幅 20%，即 $\beta=0.2$，则

$$M_{\mathrm{B}}=(1-\beta)M_{\mathrm{Bmax}}=0.8M_{\mathrm{Bmax}}=0.8\left[-0.1129(g+q)l^2\right]=-0.093(g+q)l^2$$

实际取：$M_{\mathrm{B}}=-\dfrac{1}{11}(g+q)l^2=-0.0909(g+q)l^2$

$$\alpha_{M_{\mathrm{B}}}=-\frac{1}{11}$$

(3) 边跨跨中弯矩。

对应于 $M_{\mathrm{B}}=-\dfrac{1}{11}(g+q)l^2$，边支座 A 的反力为 $0.049(g+q)l$，边跨跨内最大弯矩在离 A 支座 $x=0.406l$ 处，其值为：

$$M_1=\frac{1}{2}\times0.409(g+q)l\times0.409l=0.0836(g+q)^2$$

按弹性理论计算，当活荷载布置在 1，3，5 跨时，边跨跨内出现最大弯矩，则

$$M_{1\max}=0.078g'l^2+0.4q'l^2=0.0904(g+q)l^2>M_1=0.0836(g+q)l^2$$

说明按 $M_{1\max}=0.0904(g+q)l^2$ 计算是安全的。为便于记忆及计算，取

$$M_{1\max}=\frac{1}{11}(g+q)l^2=0.0909(g+q)l^2\text{，因此取 }\alpha_{M_1}=\frac{1}{11}$$

其余截面的弯矩设计值和弯矩计算系数可按类似方法求得，不赘述。

11.2.7 调幅法计算不等跨连续梁、板

不等跨连续梁、板，若相邻两跨的长跨与短跨之比小于 1.10，在均布荷载或间距相同、大小相等的集中荷载作用下，各跨跨中及支座截面的弯矩设计值和剪力设计值仍可按上述等跨连续梁、板的计算方法确定。对于不满足上述条件的不等跨连续梁、板或各跨荷载值相差较大的等跨连续梁、板，可分别按下列步骤进行计算。

1) 不等跨连续梁

(1) 按荷载的最不利布置，用弹性理论分别求出连续梁各控制截面的弯矩最大值 M_e。

(2) 在弹性弯矩的基础上，降低各支座截面的弯矩，其调幅系数 β 不宜超过 0.2；在进行

正截面受弯承载力计算时，连续梁各支座截面的弯矩设计值可按下列公式计算：

当连续梁搁置在墙上时：

$$M=(1-\beta)M_e \tag{11-22}$$

当连续梁两端与梁或柱整体连接时：

$$M=(1-\beta)M_e-V_0b/3 \tag{11-23}$$

式中 V_0——按简支梁计算时的支座剪力设计值；

b——支座宽度。

(3) 连续梁各跨中截面的弯矩不宜调整，其弯矩设计值取考虑荷载最不利布置并按弹性理论求得的最不利弯矩值和按式(11-16)算得弯矩的较大值。

(4) 连续梁各控制截面的剪力设计值，可按荷载最不利布置，根据调整后的支座弯矩由静力平衡条件计算，也可近似取考虑活荷载最不利布置按弹性理论算得的剪力值。

2) 不等跨连续板

(1) 计算从较大跨度板开始，在下列范围内选定跨中的弯矩设计值：

边跨

$$\frac{(g+q)l_0^2}{14}\leqslant M\leqslant\frac{(g+q)l_0^2}{11} \tag{11-24}$$

中间跨

$$\frac{(g+q)l_0^2}{20}\leqslant M\leqslant\frac{(g+q)l_0^2}{16} \tag{11-25}$$

(2) 按照所选定的跨中弯矩设计值，由静力平衡条件确定较大跨度的两端支座弯矩设计值，再以此支座弯矩设计值为已知值，重复上述条件和步骤确定邻跨的跨中弯矩和相邻支座的弯矩设计值。

【例 11-3】 一两跨连续梁如图 11-17 所示，梁上作用集中恒荷载设计值 G=40kN，集中活荷载设计值 Q=80kN，试求：(1)按弹性理论计算的弯矩包络图；(2)按考虑塑性内力重分布，中间支座弯矩调幅 20%后的弯矩包络图。

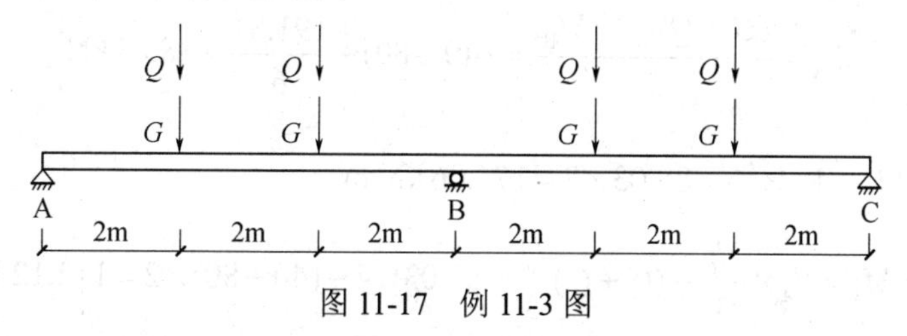

图 11-17 例 11-3 图

解：(1) 按弹性理论计算的弯矩包络图，如图 11-18 所示。

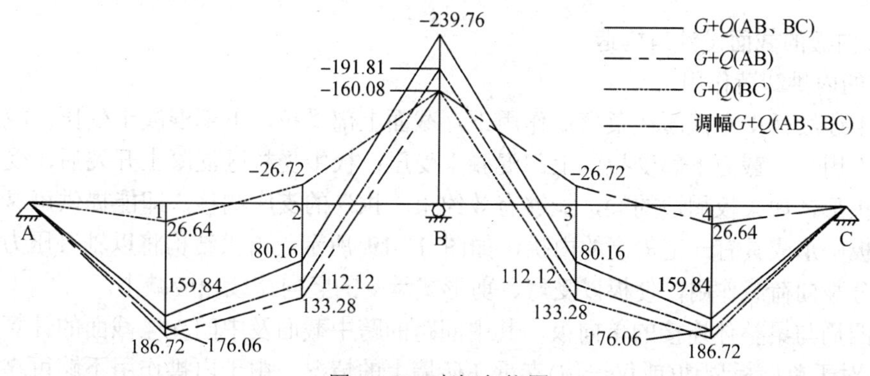

图 11-18 弯矩包络图

① 活荷载布置在 AB、BC 两跨。

$$M_{\mathrm{Be,max}} = -0.333(G+Q)l_0 = -0.333\times(40+80)\times 6 = -239.76\ \mathrm{kN\cdot m}$$

$$M_{1\mathrm{e}} = M_{4\mathrm{e}} = 0.222(G+Q)l_0 = 0.222\times(40+80)\times 6 = 159.84\ \mathrm{kN\cdot m}$$

$$V_{\mathrm{A}} = 0.6679(G+Q) = 0.667\times(40+80) = 80.04\ \mathrm{kN}$$

$$M_{2\mathrm{e}} = M_{3\mathrm{e}} = V_{\mathrm{A}}\times\frac{2l_0}{3} - (G+Q)\frac{l_0}{3} = 80.04\times 4 - (40+80)\times 2 = 80.16\ \mathrm{kN\cdot m}$$

② 活荷载布置在 AB 跨。

$$M_{\mathrm{Be}} = -0.333Gl_0 - 0.167Ql_0 = -0.333\times 40\times 6 - 0.167\times 80\times 6 = -160.08\ \mathrm{kN\cdot m}$$

$$M_{1\mathrm{e\,max}} = 0.222Gl_0 + 0.278Ql_0 = 0.222\times 40\times 6 + 0.278\times 80\times 6 = 186.72\ \mathrm{kN\cdot m}$$

$$V_{\mathrm{A}} = 0.667G + 0.833Q = 0.667\times 40 + 0.883\times 80 = 93.32\ \mathrm{kN}$$

$$V_{\mathrm{C}} = -0.667G + 0.167Q = -0.667\times 40 + 0.167\times 80 = -13.32\ \mathrm{kN}$$

$$M_{2\mathrm{e}} = V_{\mathrm{A}}\times\frac{2l_0}{3} - (G+Q)\frac{l_0}{3} = 93.32\times 4 - (40+80)\times 2 = 133.28\ \mathrm{kN\cdot m}$$

$$M_{3\mathrm{e}} = |V_{\mathrm{C}}|\times\frac{2l_0}{3} - G\times\frac{l_0}{3} = 13.32\times 4 - 40\times 2 = -26.72\ \mathrm{kN\cdot m}$$

$$M_{4\mathrm{e}} = |V_{\mathrm{C}}|\times\frac{l_0}{3} = 13.32\times 2 = 26.64\ \mathrm{kN\cdot m}$$

(2) 按考虑塑性内力重分布，中间支座弯矩调幅 20%后的弯矩包络图，如图 11-18 所示。由于 $\beta_B = 0.2$，则

$$M_{\mathrm{B}} = (1-\beta_{\mathrm{B}})M_{\mathrm{Be,max}} = (1-0.2)\times(-239.76) = -191.81\ \mathrm{kN\cdot m}$$

$$V_{\mathrm{A}} = \frac{(G+Q)l_0 - |M_{\mathrm{B}}|}{l_0} = (40+80) - \frac{191.81}{6} = 88.03\ \mathrm{kN}$$

可得：$M_1 = M_4 = V_{\mathrm{A}}\times\frac{l_0}{3} = 88.03\times 2 = 176.06\ \mathrm{kN\cdot m}$

$$M_2 = M_3 = V_A\times\frac{2l_0}{3} - (G+Q)\frac{l_0}{3} = 88.03\times 4 - (40+80)\times 2 = 112.12\ \mathrm{kN\cdot m}$$

11.2.8 整体式单向板肋梁楼盖的截面设计与构造要求

1. 单向板的截面设计与构造

1) 板的内拱卸荷作用

混凝土连续板支座截面在负弯矩作用下，截面上部受拉，下部混凝土受压；板跨内截面在正弯矩作用下，截面下部受拉，上部混凝土受压；板中受拉区混凝土开裂后，受压区的混凝土呈一拱形，如果板周边的梁，能够有效约束“拱”的支座侧移，即能提供可靠的水平推力，则在板中形成具有一定矢高的内拱，如图 11-19 所示。内拱结构将以轴心压力形式直接传递一部分竖向荷载作用，使板以受弯、剪形式承受的竖向荷载相应减小。

对于四周与梁整体连接的单向板，其中间跨的跨中截面及中间支座截面的计算弯矩可减少 20%，对于单向板周边(或仅一边)支承在砖墙上的情况，由于内拱作用不够可靠，故内力

计算时不考虑拱作用(如板的角区格、边跨的跨中截面及第一内支座截面的计算弯矩不折减)，折减系数如图 11-20 所示。

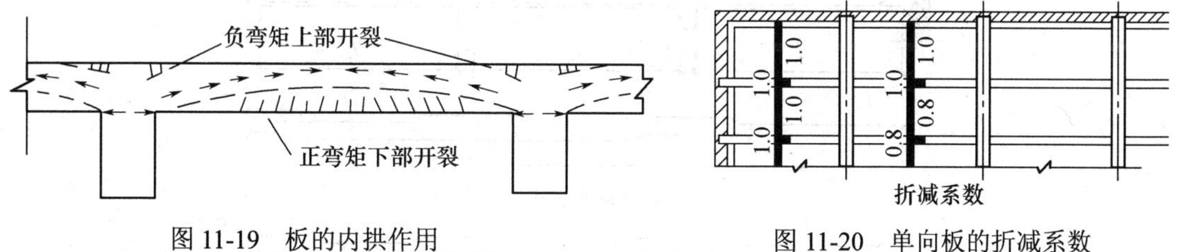

图 11-19　板的内拱作用　　　　图 11-20　单向板的折减系数

2) 板的截面设计与构造要求

(1) 板的厚度。

现浇钢筋混凝土单向板的厚度除应满足建筑功能外，还应保证其刚度。单向板的厚度可参照表 11-1 确定。因为板的混凝土用量占整个楼盖的 50%以上，因此在满足上述条件的前提下，板厚应尽可能薄些。板的配筋率一般为 0.3%～0.8%。

现浇板在砌体墙上的支承长度不宜小于 120mm。

板的弯矩求出后，按受弯构件正截面计算各截面配筋。单向板由于跨高比较大，一般情况下结构设计由弯矩控制，即能满足斜截面受剪承载力要求，设计时可不进行受剪承载力验算。但对于跨高比 l_0/h 较小、荷载很大的板，如人防顶板、筏片基础的底板等，还应进行板的受剪承载力计算。

(2) 板中受力钢筋。

① 钢筋的直径。板中受力钢筋有板面承受负弯矩钢筋和板底承受正弯矩钢筋两种。常用直径为 6mm、8mm、10mm、12mm 等。采用 HPB300 级钢筋时，端部采用半圆弯钩，负钢筋端部应做成直钩支撑在底模上。为了施工中不易被踩下，负弯矩钢筋的直径一般不小于 8mm。

② 钢筋的间距。对于绑扎钢筋，当板厚 $h \leq 150$mm 时，间距不应大于 200mm；板厚 $h > 150$mm 时，不应大于 1.5h，且不宜大于 250mm。伸入支座的钢筋，其间距不应大于 400mm，且截面积不得少于受力钢筋的 1/3。钢筋间距也不宜小于 70mm。

简支板或连续板下部纵向受力钢筋伸入支座的锚固长度不应小于钢筋直径的 5 倍，且宜伸过支座中心线。当连续板内温度、收缩应力较大时，伸入支座的长度宜适当增加。

为了施工方便，选择板内正、负弯矩钢筋时，宜选取间距相同而直径不同，且直径种类不宜多于两种。

③ 配筋方式。连续板受力钢筋的配筋方式有弯起式和分离式两种，如图 11-21 所示。

弯起式配筋可先按跨内正弯矩计算纵向受力钢筋的直径和间距，然后将纵筋在支座附近弯起 1/2～2/3 并伸入支座以抵抗支座负弯矩，如果弯起的钢筋数量不足，需另加直的负弯矩钢筋；钢筋布置时通常取相同的间距。弯起角一般为 30°，当板厚大于 120mm 时，可采用 45°。弯起式配筋的钢筋锚固较好，可节省钢材，但施工较复杂。

分离式配筋的钢筋锚固稍差，耗钢量略高，但设计和施工都比较方便，是目前最常用的方式。采用分离式配筋的多跨板，板底钢筋宜全部伸入支座；支座负弯矩钢筋向跨内延伸的长度应根据弯矩图确定，并满足钢筋锚固的要求。

④ 钢筋的弯起和截断。多跨连续板、梁各跨跨度差不超过 20%时，可不绘制弯矩包络图，直接按图 11-21 确定钢筋的弯起和截断。若连续板的相邻跨度差超过 20%，或各跨荷载相差很大时，则钢筋的弯起与切断应按弯矩包络图确定。

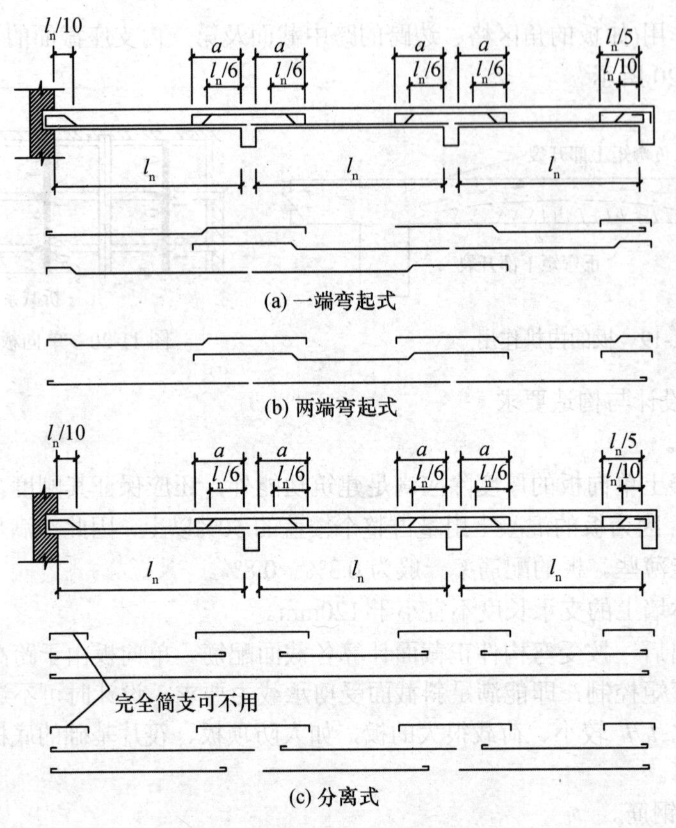

图 11-21 连续单向板的配筋方式

图 11-21 中 a 的取值为：当板上均布活荷载 q 与均布恒荷载 g 的比值 $q/g \leqslant 3$ 时，$a=l_n/4$；当 $q/g>3$ 时，$a=l_n/3$，l_n 为板的净跨。

(3) 板中构造钢筋。

连续单向板除了按计算配置受力钢筋外，通常还应布置以下几种构造钢筋：

① 分布钢筋。分布钢筋通常在与受力钢筋垂直的方向设置，并放置于受力筋的内侧。其主要作用是：浇筑混凝土时固定受力钢筋的位置；承受混凝土收缩和温度变化所产生的内力；承受并分散板上局部荷载产生的内力；对四边支承板，可承受在计算中未计入但实际存在的长跨方向上的弯矩。

分布筋的截面面积不应少于受力钢筋的 15%，且不宜小于该方向板截面面积的 0.15%；分布钢筋的直径不宜小于 6mm，间距不宜大于 250mm；当集中荷载较大时，分布钢筋的配筋面积尚应增加，且间距不宜大于 200mm。

② 防裂构造钢筋。在温度、收缩应力较大的现浇板区域，应在板的表面双向配置防裂构造钢筋。每一方向的配筋率均不宜小于 0.10%，间距不宜大于 200mm。防裂构造钢筋可利用原有钢筋贯通布置，也可另外设置钢筋并与原有钢筋按受拉钢筋的要求搭接或在周边构造中锚固。

③ 垂直于主梁的板面构造钢筋。靠近主梁的竖向荷载，大部分传递给主梁而不是朝单向板的跨度方向传递。因此主梁梁肋附近的板面存在一定的负弯矩，必须在主梁上部的板面配置附加短钢筋。其数量不少于每米5ϕ8，且沿主梁单位长度内的总截面面积不少于板中单位宽度内受力钢筋截面面积的1/3，伸入板中的长度从主梁梁肋边算起不小于板计算跨度l_0的1/4，如图11-22所示。

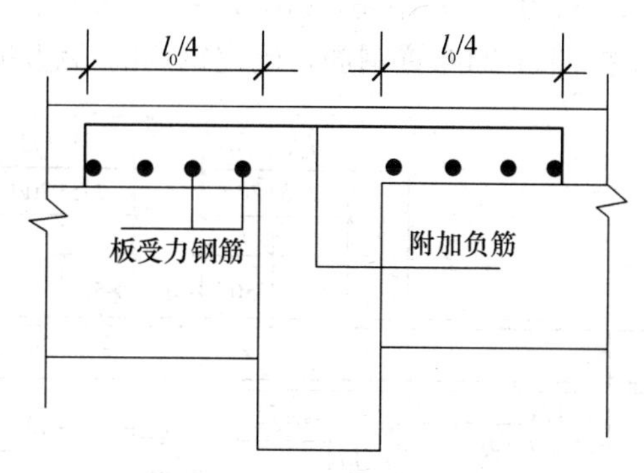

图 11-22　与主梁垂直的附加负筋

④ 与承重砌体墙垂直的板面构造钢筋。嵌入承重砌体墙内的单向板，计算时按简支考虑，但实际上墙对板有一定的嵌固作用，板面上部将产生局部负弯矩。为此，应沿承重砌体墙每米配置不少于5 ϕ8的附加钢筋，伸出墙边长度大于等于$l_0/7$，如图11-23所示。

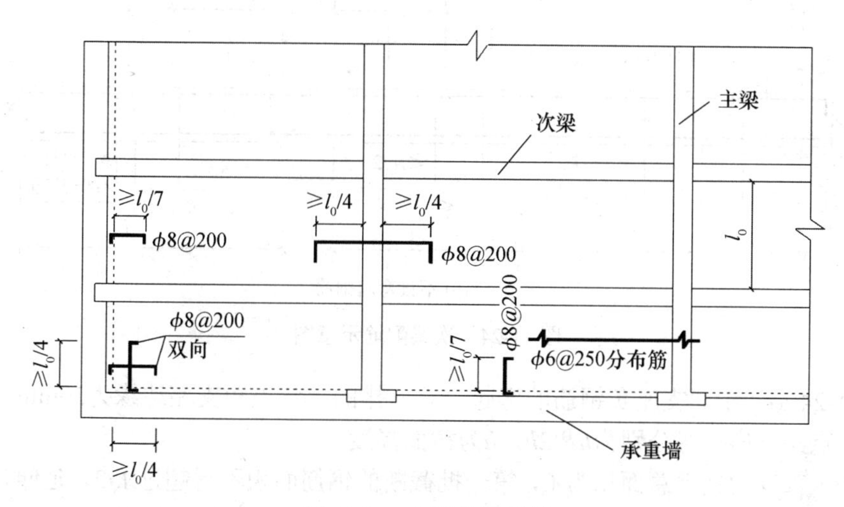

图 11-23　板的构造钢筋

⑤ 板角构造钢筋。两边嵌入砌体墙内的板角部分，应在板面双向配置附加的短钢筋，以承受实际存在的负弯矩。其中，沿受力方向配置的负钢筋截面面积不宜小于该方向跨中受力钢筋截面面积的1/3，并一般不少于5 ϕ8；另一方向的钢筋一般不少于5 ϕ8。每一方向伸出墙边长度大于等于$l_0/4$，如图11-23所示。

2．次梁的截面设计与构造

次梁内力可按塑性理论方法计算。

1) 次梁的截面形式和尺寸

次梁的跨度一般为4～6m，梁高一般为跨度的1/18～1/12；梁宽为梁高的1/3～1/2。在现浇肋梁楼盖中，板可作为次梁的上翼缘。在跨内正弯矩区段，板位于其受压区，故应按T形截面计算，计算翼缘的宽度按照现行《混凝土结构设计规范》确定；在支座负弯矩区段，板处于其受拉区，按矩形截面计算。

2) 次梁的配筋

次梁的配筋方式有弯起式和连续式两种。梁中纵向钢筋的弯起和切断，原则上应按弯矩及剪力包络图确定。但若次梁各跨跨度差不超过20%，活荷载和恒荷载的比值$q/g \leqslant 3$的连续梁，可不绘制弯矩包络图，直接按图11-24布置钢筋，确定钢筋的弯起和截断。

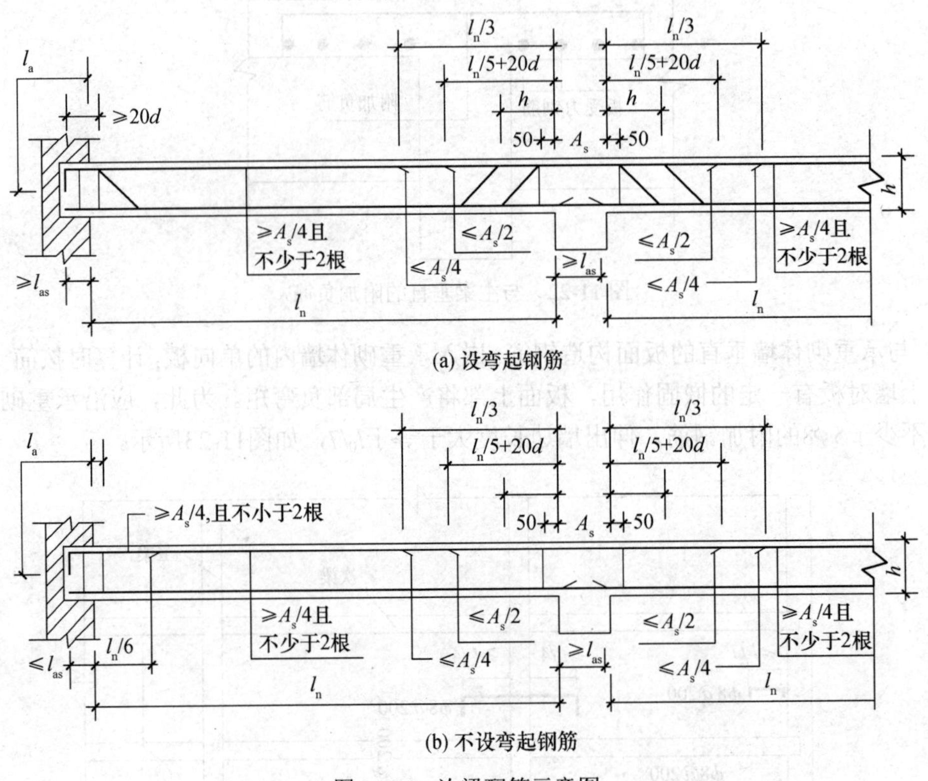

图 11-24　次梁配筋示意图

按图11-24(a)，中间支座负钢筋的弯起，第一排的上弯点距支座边缘为50mm；第二排、第三排上弯点距支座边缘分别为h和$2h$，h为截面高度。

支座处上部受力钢筋总面积为A_s，第一批截断的钢筋面积不得超过$A_s/2$，延伸长度从支座边缘算起不小于$l_n/5+20d$(d为截断钢筋的直径)；第二批截断的钢筋面积不得超过$A_s/4$，延伸长度不小于$l_n/3$；余下的纵筋面积不小于$A_s/4$，且不少于两根，可用来承担部分负弯矩并兼作架立钢筋，其伸入边支座的锚固长度不得小于l_a。

位于次梁下部的纵向钢筋除弯起的外，应全部伸入支座，不得在跨间截断。下部纵筋伸入边支座和中间支座的锚固长度应符合《混凝土结构设计规范》中的相关要求。

连续次梁因截面上、下均配置受力钢筋，所以一般均沿梁全长配置封闭式箍筋，第一根箍筋可距支座边50mm处开始布置，同时在简支端的支座范围内，一般宜布置一个箍筋。

考虑塑性内力重分布时，为避免梁因出现斜截面受剪破坏而影响其内力重分布，在下列区段内应将计算所需的箍筋面积增大 20%，即对集中荷载，取支座边至最近一个集中荷载之间的区段；对均布荷载，取距支座边为 $1.05h_0$ 的区段，此处 h_0 为梁截面有效高度。

3. 主梁的截面设计与构造

1) 主梁的截面形式和尺寸

主梁的跨度一般为4～6m，梁高一般为跨度的1/14～1/8；梁宽为梁高的1/3～1/2。因主梁、板整体浇筑，故其跨内截面按T形截面计算，支座截面按矩形截面计算。

在主梁支座处，主梁与次梁截面的上部纵向钢筋相互交叉重叠(图 11-25)，致使主梁承受负弯矩的纵筋位置下移，梁的有效高度减小。所以在计算主梁支座截面负钢筋时，次梁与主梁相交处，主梁支座截面的有效高度 h_0 应取为：单排钢筋时，$h_0=h-(50\sim60)$mm；双排钢筋时，$h_0=h-(70\sim80)$mm，h 为主梁截面高度。

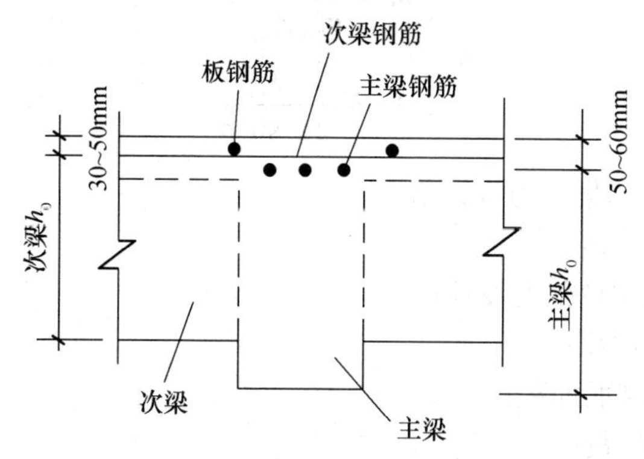

图 11-25　主梁支座截面的钢筋位置

主梁的内力通常按弹性理论方法计算。在承载力计算中应取支座边缘截面的内力作为支座配筋的依据。

2) 主梁的配筋

主梁的内力通常按弹性理论方法计算。在截面设计中应取支座边缘截面的内力作为支座配筋的依据。

主梁受力纵向钢筋的弯起和截断，应按弯矩包络图和剪力包络图确定。

3) 主梁附加横向钢筋

次梁与主梁相交处，在主梁高度范围内受到次梁传来的集中荷载的作用。此集中荷载并非作用在主梁顶面，而是靠次梁的剪压区传递至主梁的中下部。所以在主梁局部长度上将引起主拉应力，特别是当集中荷载作用在梁的受拉区时，会在梁腹部产生斜裂缝，而引起冲切破坏，如图11-26所示。为此，需设置附加横向钢筋，把此集中荷载传递到主梁顶部受压区。

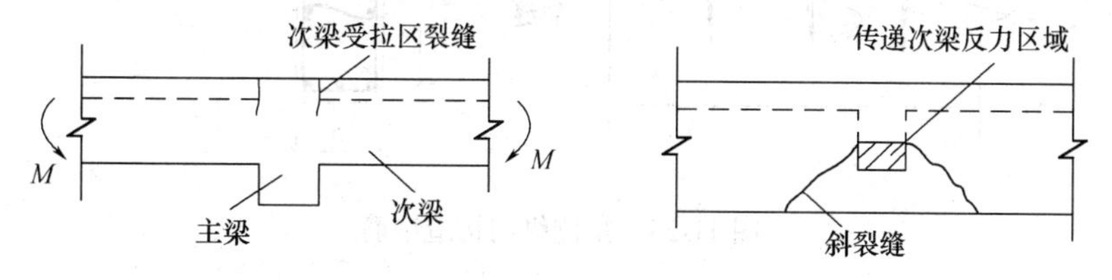

图 11-26　次梁与主梁相交处的斜裂缝

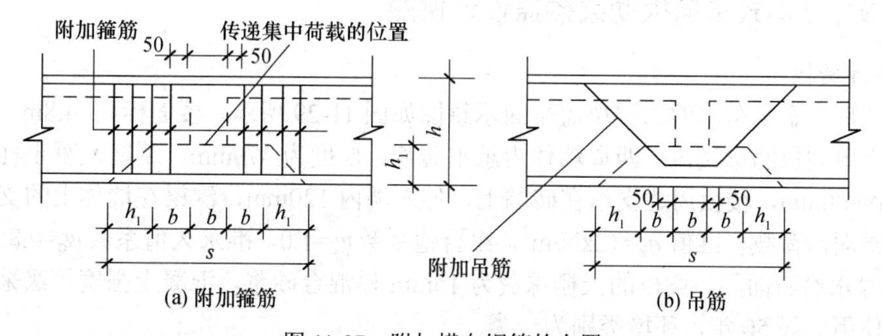

图 11-27　附加横向钢筋的布置

附加横向钢筋布置在长度为$s=2h_1+3b$的范围内(图11-27)，以便能充分发挥作用。附加横向钢筋可采用附加箍筋和吊筋，宜优先采用附加箍筋。附加箍筋和吊筋的截面面积分别按式(11-27)和式(11-28)计算：

$$m \geqslant \frac{P}{nf_{yv}A_{sv1}};\tag{11-26}$$

$$A_{sb} \geqslant \frac{P}{2f_y \sin\alpha}\tag{11-27}$$

式中 P——由次梁传递的集中力设计值；

f_y——吊筋的抗拉强度设计值；

f_{yv}——附加箍筋的抗拉强度设计值；

A_{sb}——吊筋的截面面积；

A_{sv1}——单肢箍筋的截面面积；

m——附加箍筋的排数；

n——在同一截面内附加箍筋的肢数；

α——吊筋与梁轴线的夹角。

4) 梁侧的纵向构造钢筋

梁的腹板高度 h_w 不小于 450mm 时，在梁的两个侧面应沿高度配置纵向构造钢筋(图 11-28)。每侧纵向构造钢筋(不包括梁上、下部受力钢筋及构造钢筋)的间距不宜大于 200mm，截面面积不应小于腹板截面面积(bh_w)的 0.1%，但当梁宽较大时可以适当放松。此时，腹板高度 h_w 取值为：矩形截面，取有效高度；T 形截面，取有效高度减去翼缘高度；I 形截面，取腹板净高。

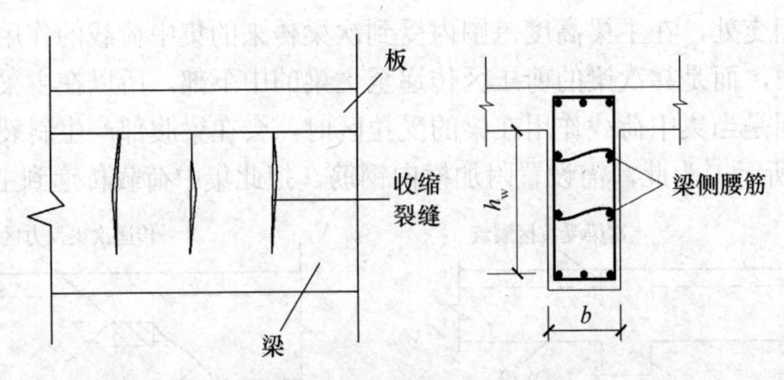

图 11-28 梁侧纵向构造钢筋

11.2.9 整体式单向板肋梁楼盖设计例题

1. 设计资料

某工业厂房金工车间的二层楼盖平面示意图如图 11-29 所示，楼面标高+4.8m，采用现浇钢筋混凝土单向板肋梁楼盖。四周墙体为承重砖墙，厚度为 370mm，钢筋混凝土柱截面尺寸为 400mm×400mm，楼板周边支承在砖墙上，伸入墙内 120mm，次梁在墙体上的支承长度为 250mm。楼面活荷载标准值 q_k=12kN/m^2，组合值系数 ψ_c=1.0，准永久值系数 ψ_q=0.85。楼面采用 30mm 厚水磨石面层，梁板的天棚抹灰为 15mm 厚混合砂浆。混凝土强度等级采用 C30，厂房设计使用年限 50 年，环境类别为一类。

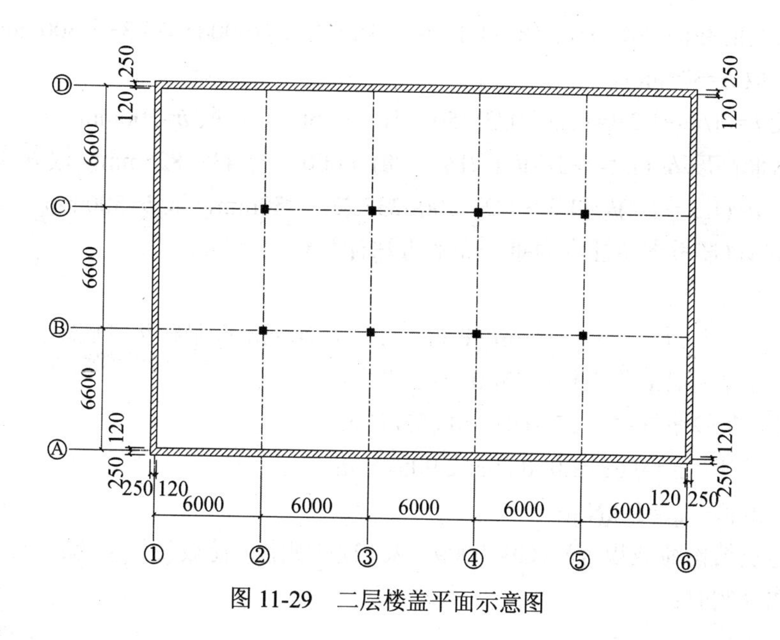

图 11-29　二层楼盖平面示意图

根据以上设计资料进行板、次梁和主梁的设计并绘制结构施工图。

2．计算过程

1) 结构平面布置

根据图 11-29 所示的柱网布置，选择主梁横向布置，次梁纵向布置的结构平面布置方案如图 11-30 所示。主梁的跨度为 6600mm，间距为 6000mm；次梁的跨度为 6000mm，间距为 2200mm。

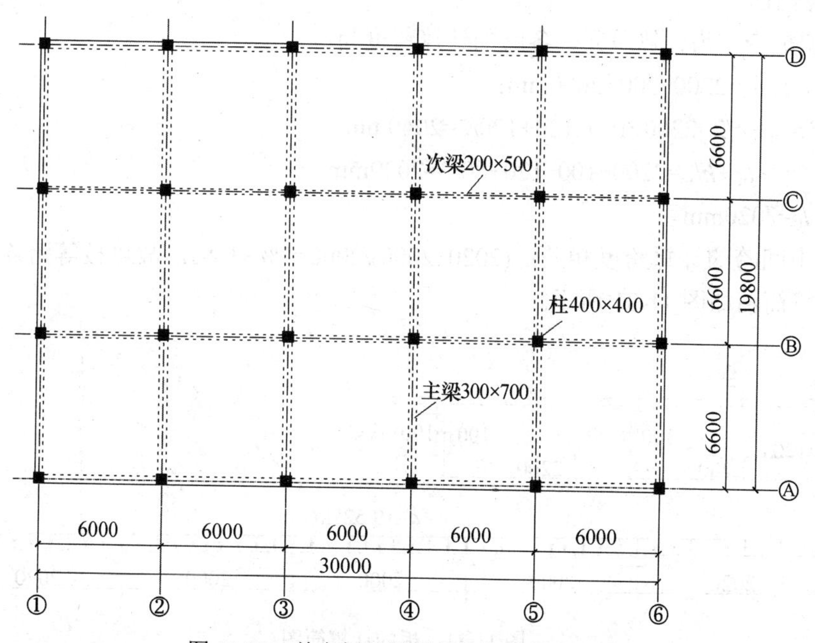

图 11-30　单向板肋梁楼盖结构平面布置图

板厚的确定：按跨高比要求，板厚 $h \geqslant l/35=2200/35=63$mm，按构造要求，工业建筑楼板的最小厚度 70mm。故取板厚 h=80mm。

次梁：次梁的截面高度 h=(1/18～1/12)l=(1/18～1/12)×6000=333.33～500mm，因板上活荷载较大，因此取 h=500mm。

截面宽度 b=(1/3～1/2)h=(1/3～1/2)×500=167～250mm，取 b=200mm。

主梁：截面高度 h=(1/14～1/8)l=(1/14～1/8)×6600=471.43～825mm，取 h=700mm。

截面宽度 b=(1/3～1/2)h=(1/3～1/2)×700=233.33～350mm，取 b=300mm。

2) 板的设计(按考虑塑性内力重分布的方法计算)

(1) 荷载计算。

30mm 厚水磨石面层：0.65 kN/m^2(10mm 面层，20mm 水泥砂浆打底)。

80mm 厚现浇钢筋混凝土板：25×0.08=2.0kN/m^2。

15mm 厚石灰砂浆抹底：17×0.015=0.255kN/m^2。

恒荷载标准值：g_k=0.65+2.0+0.255=2.905kN/m^2。

活荷载标准值：q_k=12kN/m^2。

根据《建筑结构荷载规范》(GB50009—2012)的规定，荷载设计值为：

由活荷载控制时：

$$p_1=\gamma_G g_k + r_L \gamma_Q q_k=1.2\times2.905+1.0\times1.3\times12=19.086 \text{ kN/m}^2;$$

由恒荷载控制时：

$$p_1=\gamma_G g_k + r_L \psi_c \gamma_Q q_k=1.35\times2.905+1.0\times1.0\times1.3\times12=19.522 \text{ kN/m}^2;$$

取其中较大值 P=19.522 kN/m^2。

(2) 计算简图。

取 1m 宽板带作为计算单元，各跨的计算跨度为：

中间跨：$l_0=l_n$=2200−200=2000mm；

边跨：$l_0=l_n+a/2$=2200−100−120+120/2=2040mm

$> l_n+h/2$=2200−100−120+80/2=2020mm

取小值 l_0=2020mm。

边跨与中间跨的计算跨度相差：(2020−2000)/2000=1%<10%，故可按等跨连续板计算内力。板的计算简图如图 11-31 所示。

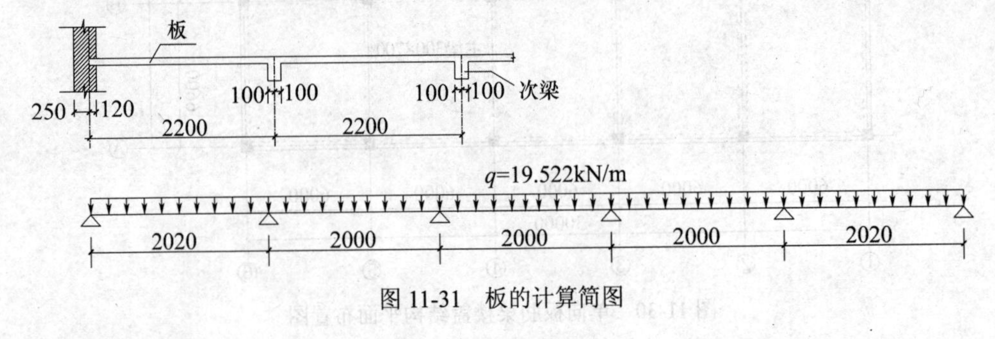

图 11-31　板的计算简图

(3) 内力计算。

各截面的弯矩计算见表 11-6。

表 11-6　板的弯矩计算

截面	边跨跨中	第一内支座	中间跨跨中	中间支座
弯矩系数	+1/11	−1/11	+1/16	−1/14
$M=\alpha_m P l_0^2$(kN·m)	$1/11\times19.522\times2.02^2$ =7.24	$-1/11\times19.522\times2.02^2$ = −7.24	$1/16\times19.522\times2.0^2$ =4.88	$-1/14\times19.522\times2.0^2$ =5.58

(4) 正截面承载力计算。

板中钢筋采用 HRB400 级，混凝土为 C30，查表可知 f_y=360N/mm^2，f_c=14.3N/mm^2；α_1=1.0。环境类别为一类，查得混凝土保护层厚度 c=15mm，h_0=80−20=60mm，ξ_b=0.518，正截面承载力计算见表 11-7。

表 11-7　板的正截面承载力计算

截面	边跨跨中	第一内支座	中间跨跨中		中间支座	
在平面图上的位置	①～⑥轴间	①～⑥轴间	①～②、⑤～⑥轴间	②～⑤轴间	①～②、⑤～⑥轴间	②～⑤轴间
M/(kN·m)	7.24	−7.24	4.88	0.8×4.88	−5.58	−0.8×5.58
$\alpha_s=\dfrac{M}{\alpha_1 f_c b h_0^2}$	0.141	0.141	0.095	0.076	0.108	0.086
$\xi=1-\sqrt{1-2\alpha_s}$	0.153	0.153<ξ_b 且<0.35	0.1	0.079	0.115<ξ_b 且<0.35	0.09<ξ_b 且<0.35
$A_s=\dfrac{\alpha_1 f_c b \xi h_0}{f_y}$	365	365	238	188	274	214
选用钢筋	⌀8@130	⌀8@130	⌀8@200	⌀8@200	⌀8@180	⌀8@200
实际配筋面积/mm^2	387	387	251	251	279	251

受拉钢筋最小配筋率：

$0.45\dfrac{f_t}{f_y}$=0.45×1.43/360=0.179%<0.2%，因此 $A_{s\min}=\rho_{\min}bh$=0.002×1000×80=160mm^2，由表 11-7 可知，实配钢筋面积 A_s 均大于 $A_{s,\min}$。

根据《混凝土结构设计规范》中的构造要求，多跨连续单向板采用分离式配筋时，跨中正弯矩钢筋宜全部伸入支座；支座负弯矩钢筋向跨内的延伸长度应覆盖负弯矩图并满足钢筋锚固的要求。据此，板的配筋如图 11-32 所示。

3) 次梁的设计(按考虑塑性内力重分布的方法计算)

(1) 荷载计算。

板传来的荷载：2.905×2.2=6.391kN/m。

次梁自重：25×0.2×(0.5−0.08)=2.100kN/m。

次梁粉刷抹灰：17×0.015×(0.5−0.08)×2=0.214kN/m。

恒荷载标准值：g_k=6.391+2.100+0.214=8.705kN/m。

活荷载标准值：q_k=12 ×2.2=26.400kN/m。

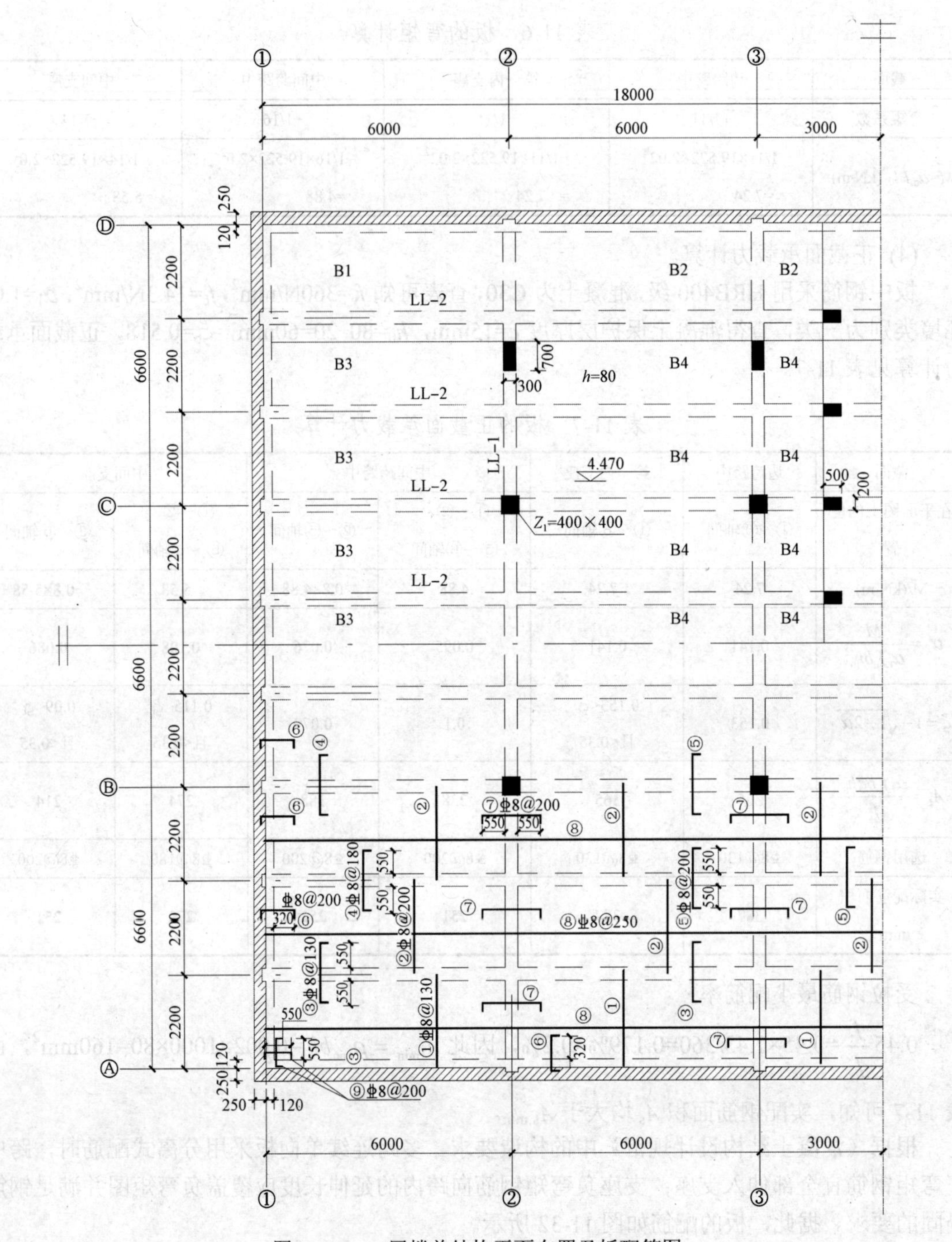

图 11-32　二层楼盖结构平面布置及板配筋图

荷载设计值为：

由活荷载控制时：$p_1 = \gamma_G g_k + r_L \gamma_Q q_k = 1.2\times8.705+1.0\times1.3\times26.4=44.77\text{kN/m}$；

由恒荷载控制时：$p_2 = \gamma_G g_k + r_L \psi_c \gamma_Q q_k = 1.35\times8.705+1.0\times1.0\times1.3\times26.4=46.072\text{kN/m}$；取 P=46.072 kN/m。

(2) 计算简图。

次梁各跨的计算跨度为：

中间跨：$l_0=l_n$=6000-300=5700mm；

边跨：$l_0=l_n+a/2$=6000−150−120+250/2=5855mm

<1.025 l_n=5873.25mm，取小值 l_0=5855mm。

边跨与中间跨的计算跨度之差：(5855-5700)/5700=2.7%<10%，故可按等跨连续梁计算内力。

剪力计算时，跨度取净跨。次梁的计算简图如图 11-33 所示。

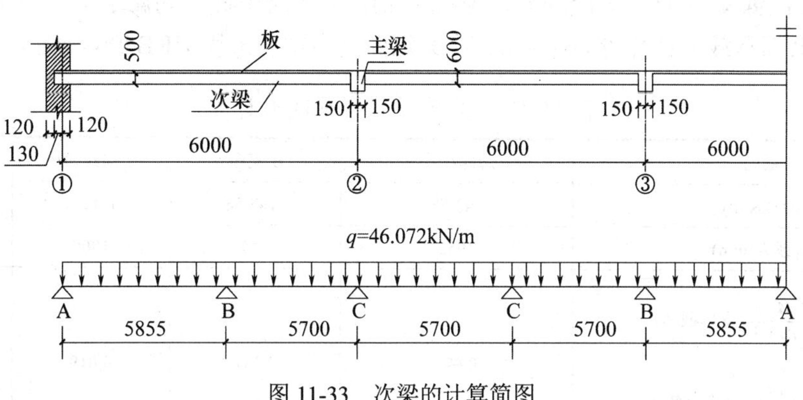

图 11-33　次梁的计算简图

(3) 内力计算。

次梁的内力计算见表 11-8 和表 11-9。

表 11-8　次梁的弯矩计算

截面	边跨跨中	第一内支座	中间跨跨中	中间支座
弯矩系数	+1/11	−1/11	+1/16	−1/14
$M=\alpha_m Pl_0^2$(kN·m)	1/11×46.072×5.855² =143.58	−1/11×46.072×5.855² =−143.58	1/16×46.072×5.70² =106.92	−1/14×46.072×5.70² =−106.92

表 11-9　次梁的剪力计算

截面	A 支座	B 支座左	B 支座右	C 支座
剪力系数α_v	0.45	0.6	0.55	0.55
$V=\alpha_v Pl_n$ (kN)	0.45×46.072×5.73 =118.80	0.6×46.072×5.73 =158.40	0.55×46.072×5.70 =144.44	0.55×46.072×5.70 =144.44

(4) 正截面承载力计算。

次梁跨中截面按 T 形截面计算，翼缘宽度按《混凝土结构设计规范》(GB50010—2010)第 5.2.4 条规定取用。

边跨：$b'_f=l_0/3$=5855/3=1952mm(按计算跨度 l_0 考虑)；

$b'_f=b+S_n$=200+(2200−120−100)=2180mm(按梁肋净距 S_n 考虑)；

取较小值 b'_f=1952mm。

中间跨：$b'_f=l_0/3$=5700/3=1900mm；

$b_f'=b+S_n=200+(2200-100-100)=2200\text{mm}$；

取较小值 $b_f'=1900\text{mm}$。

次梁支座截面按矩形截面计算。

判断各跨中截面属于哪一类T形截面：

混凝土强度等级为C30，查《混凝土结构设计规范》(GB50010—2010)第8.2.1条的规定，混凝土保护层厚度 $c=20\text{mm}$，取 $h_0=500-40=460\text{mm}$，则 $\alpha_1 f_c b_f' h_f'(h_0-h_f'/2)=1.0\times14.3\times1952\times80\times(460-80/2)=937.9\text{kN·m}>143.58\text{ kN·m}(106.92\text{ kN·m})$，故各跨中截面均属于第一类T形截面。

次梁正截面承载力计算见表11-10。次梁纵向受力钢筋采用HRB400级钢筋。

表11-10　次梁正截面承载力计算

截面	边跨跨中	B支座	中间跨跨中	中间支座
$M/(\text{kN·m})$	143.58	−143.58	106.92	−106.92
b_f'或b (mm)	1952	200	1900	200
$\alpha_s=\dfrac{M}{\alpha_1 f_c b h_0^2}$(支座截面) 或 $\alpha_s=\dfrac{M}{\alpha_1 f_c b_f' h_0^2}$(跨中截面)	0.024	0.237	0.019	0.177
$\xi=1-\sqrt{1-2\alpha_s}$	$0.024<\xi_b$	$0.275<0.35$	$0.019<\xi_b$	$0.196<0.35$
$A_s=\dfrac{\alpha_1 f_c b\xi h_0}{f_y}$(支座截面) 或 $A_s=\dfrac{\alpha_1 f_c b_f'\xi h_0}{f_y}$(跨中截面)	$856>\rho_{min}bh$ $=0.2\%\times200\times500$ $=200\text{mm}^2$	$1005>200\text{mm}^2$	$660>200\text{mm}^2$	$716>200\text{mm}^2$
选用钢筋	3⌀20	4⌀18	3⌀18	3⌀18
实际配筋面积(mm^2)	942	1017	763	763

次梁的钢筋有弯起式和连续式两种，因为次梁高度一般较小，通常选用连续式配筋方式。

(5) 斜截面承载力计算。

斜截面受剪承载力计算包括截面最小尺寸验算、箍筋数量计算和最小配箍率验算。次梁斜截面强度计算见表11-11。箍筋采用HRB335级钢筋，$f_{yv}=300\text{N/mm}^2$，根据《混凝土结构设计规范》(GB50010—2010)第9.2.9条的规定，该次梁中箍筋最大间距为200mm，箍筋配筋率应满足 $\rho_{sv}\geqslant\rho_{sv,min}$。

表11-11　次梁斜截面强度计算

截面	A支座	B支座左	B支座右	C支座
V(kN)	118.80	158.40	144.44	144.44
$0.25\beta_c f_c b h_0(\text{kN})$	$0.25\times1.0\times14.3\times200\times460=328.9\text{ kN}>V$ 截面满足要求			
$0.7f_t b h_0(\text{kN})$	$0.7\times1.43\times200\times460=92.09\text{kN}<V$ 需按计算配箍			
箍筋直径和肢数	⌀8，双肢			

(续)

截面	A 支座	B 支座左	B 支座右	C 支座
A_{sv} (mm²)	2×50.3=100.6	2×50.3=100.6	2×50.3=100.6	2×50.3=100.6
$s=\dfrac{f_{yv}A_{sv}h_0}{V-0.7f_tbh_0}$ (mm)	519.8	209.4	265.2	265.2
实配间距(mm)	200	200	200	200
配箍率 ρ_{sv}	$\rho_{sv}=A_{sv}/(bs)=100.6/(200\times200)=0.25\%>\rho_{svmin}=0.11\%$			

$$\rho_{sv,min}=0.24\,f_t\,/\,f_{yv}=0.24\times1.43/300=0.11\%$$

由表 11-11 可知：各截面配箍率均大于最小配箍率，满足要求。

次梁配筋如图 11-34 所示。

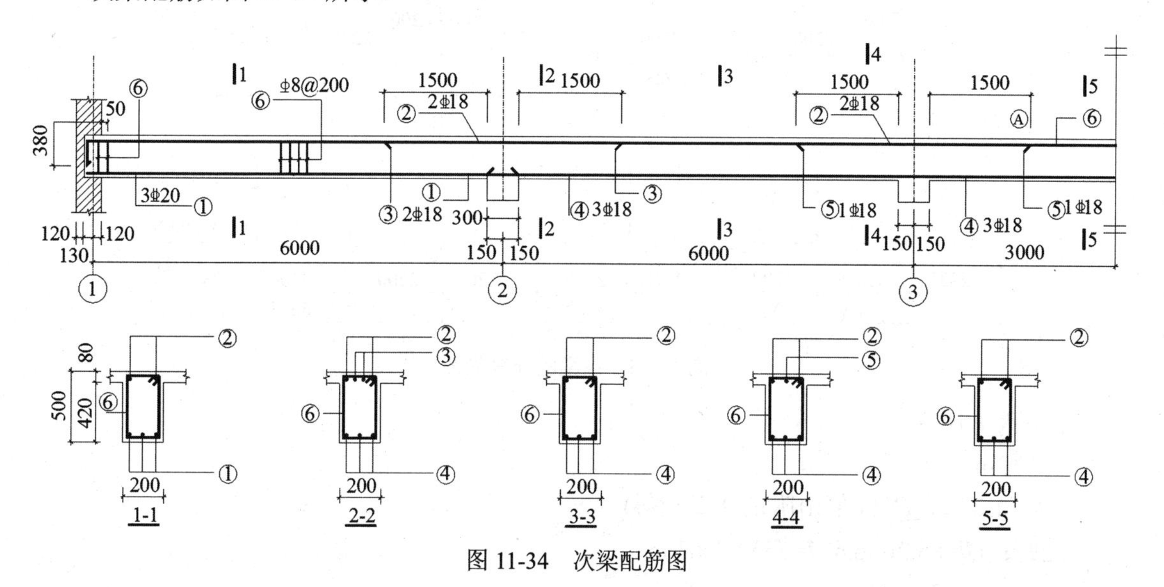

图 11-34　次梁配筋图

4) 主梁的计算(按弹性理论计算)

考虑塑性内力重分布的构件在使用荷载作用下应力较高，变形较大，裂缝较宽。因主梁是楼盖的重要构件，要求有较大的强度储备，且不宜有较大的挠度，因此采用弹性方法设计。

(1) 荷载计算。

主梁自重为均布荷载，与次梁传来的集中荷载值相比很小，为简化计算，将主梁自重等效为集中荷载，其作用点与次梁的位置相同。即把集中荷载作用点两边的主梁自重集中到集中荷载作用点，主梁视为仅承受集中荷载的梁。

次梁传来的恒荷载：8.705×6.0=52.23kN。

主梁自重：25×0.3×(0.7−0.08)×2.2=10.23kN。

梁侧抹灰：17×0.015×(0.7−0.08)×2×2.2=0.696kN。

恒荷载标准值：G_k=52.23+10.23+0.696=63.156kN。

活荷载标准值：Q_k=26.4×6=158.40kN。

恒载设计值：G=1.35 G_k=1.35×63.156=85.26kN。

活荷载设计值：Q=1.3 Q_k=1.3×158.40=205.92 kN。

(2) 计算简图。

主梁按连续梁计算，端部支承在砖墙上，支承长度为 370mm，中间支承在 400mm×400mm 的混凝土柱上，其各跨的计算跨度为：

中间跨：$l_0=l_n+b=6600-400+400=6600\text{mm}$。

边跨：$l_0=l_n+a/2+b/2=6600-120-200+370/2+400/2=6665\text{mm}$

$l_0=1.025l_n+b/2=1.025\times(6600-120-200)+400/2=6637\text{mm}$

取小值 $l_0=6637\text{mm}$。

跨度差：(6637−6600)/6600=0.56%<10%， 故可按等跨连续梁计算。主梁的计算简图如图 11-35 所示。

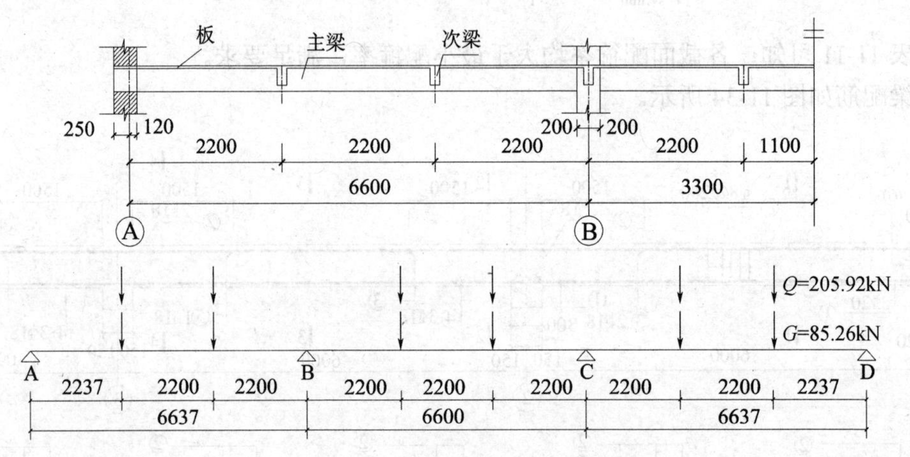

图 11-35　主梁的计算简图

(3) 内力计算。

① 弯矩计算。

$M=k_1Gl+k_2Ql$ (k 值由附录 A-2 查得)

边跨：$Gl=85.26\times6.637=565.87\ \text{kN·m}$

$Ql=205.92\times6.637=1366.70\text{kN·m}$

中跨：$Gl=85.26\times6.6=562.72\text{kN·m}$

$Ql=205.92\times6.6=1359.07\text{kN·m}$

平均跨(计算支座弯矩时取用)：$Gl=85.26\times6.619=564.34\text{kN·m}$

$Ql=205.92\times6.619=1362.98\text{kN·m}$

主梁弯矩计算如表 11-12 所示。

表 11-12　主梁弯矩计算

项次	荷载简图	$\frac{k}{M_1}$	$\frac{k}{M_a}$	$\frac{k}{M_B}$	$\frac{k}{M_2}$	$\frac{k}{M_b}$	$\frac{k}{M_C}$
① 恒荷载	A 1 a B 2 b C a 1 D G	$\frac{0.244}{138.07}$	87.87	$\frac{-0.267}{-150.69}$	$\frac{0.067}{37.7}$	$\frac{0.067}{37.7}$	$\frac{-0.267}{-150.69}$
② 活荷载	Q	$\frac{0.289}{394.98}$	334.37	$\frac{-0.133}{-181.28}$	−181.28	−181.28	$\frac{-0.133}{-181.28}$

(续)

项次	荷载简图		$\frac{k}{M_1}$	$\frac{k}{M_a}$	$\frac{k}{M_B}$	$\frac{k}{M_2}$	$\frac{k}{M_b}$	$\frac{k}{M_C}$
③ 活荷载	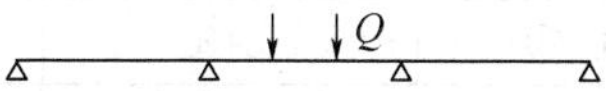 Q		-61.1	-121.19	-0.133 -181.28	0.200 271.81	0.200 271.81	-0.133 -181.28
④ 活荷载	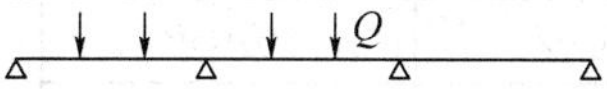 Q		0.229 312.97	172.15	-0.311 -423.89	130	0.170 231.04	-0.089 -121.31
⑤ 活荷载	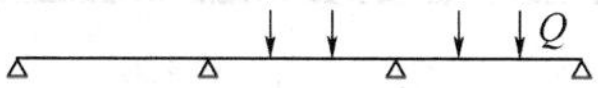 Q		-40.89	-81.1	-0.089 -121.31	0.170 231.04	130	-0.311 -423.89
内力组合	①+②		533.05	422.24	-331.97	-143.58	-143.58	-331.97
	①+③		76.97	-33.32	-331.97	309.51	309.51	-331.97
	①+④		451.04	260.02	-574.58	167.7	268.74	-272
	①+⑤		97.18	6.77	-272	268.74	167.7	-574.58
最不利内力	M_{min} (kN·m)	组合项次	①+③	①+③	①+④	①+②	①+②	①+⑤
		组合值	76.97	-33.32	-574.58	-143.58	-143.58	-574.58
	M_{max} (kN·m)	组合项次	①+②	①+②	①+⑤	①+③	①+③	①+④
		组合值	533.05	422.24	-272	309.51	309.51	-272
注：表中无 k 值系数的弯矩根据结构力学的方法求出								

② 剪力计算。

梁中剪力按下式计算：$V=k_3G+k_4Q$(k 值由附表 A-2 查得)，结果列入表 11-13。

表 11-13 主梁剪力计算

项次	荷载简图	$\frac{k}{V_A}$	$\frac{k}{V_{BL}}$	$\frac{k}{V_{BR}}$
①恒荷载	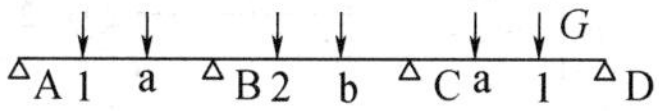 G A 1 a B 2 b C a 1 D	0.733 62.5	-1.267 -108.03	1.000 85.261
②恒荷载	 Q	0.866 178.33	-1.134 -233.51	0 0
③恒荷载	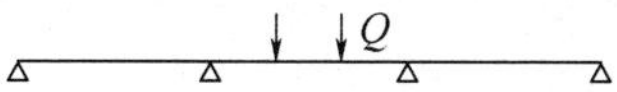 Q	-0.133 -27.39	-0.133 -27.39	1.000 205.92
④恒荷载	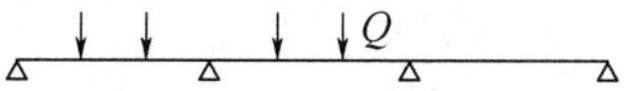 Q	0.689 141.88	-1.311 -269.96	1.222 251.63
⑤恒荷载	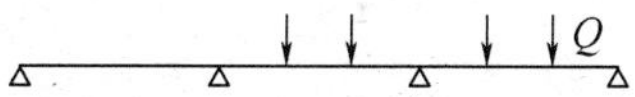 Q	-0.089 -18.33	-0.089 -18.33	0.778 160.21
内力组合	①+②	240.83	-341.54	85.261
	①+③	35.11	-135.42	291.18
	①+④	204.38	-377.99	336.89
	①+⑤	44.17	-126.36	245.47

(续)

项次			荷载简图	$\frac{k}{V_A}$	$\frac{k}{V_{BL}}$	$\frac{k}{V_{BR}}$
最不利内力	V_{min}(kN)		组合项次	①+③	①+④	①+②
			组合值	-35.11	-377.99	85.261
	V_{max}(kN)		组合项次	①+②	①+⑤	①+④
			组合值	240.83	-126.36	336.89

主梁弯矩及剪力包络图如图 11-36 所示。

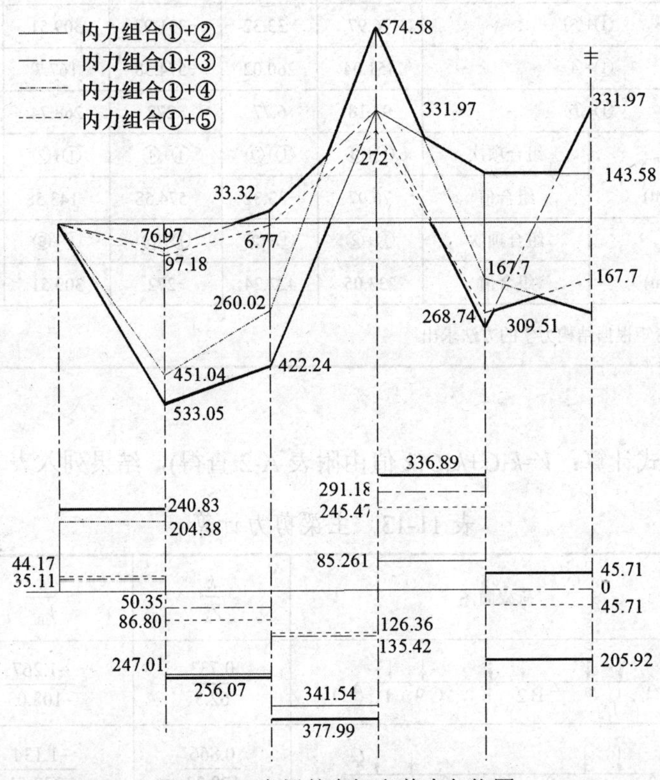

图 11-36 主梁的弯矩和剪力包络图

(4) 正截面承载力计算。

① 确定翼缘宽度。

主梁跨中截面按 T 形截面计算。

边跨：$b_f'=l_0/3=6637/3=2212.3$mm

$b_f'=b+S_n=300+5700=6000$mm

根据《混凝土结构设计规范》(GB50010—2010)第 5.5.4 条的规定，计算翼缘宽度取较小值，即较小值 $b_f'=2212.3$mm。

中间跨：$b_f'=l_0/3=6600/3=2200$mm

$b_f'=b+S_n=300+5700=6000$mm

取较小值 $b_f'=2200$mm。

支座截面按矩形截面计算。

② 判断截面类型。

进行主梁支座截面承载力计算时，应根据主梁负弯矩钢筋的位置来确定截面的有效高度 h_0。跨中：取 $h_0=h-40=660$mm，支座：按单排钢筋时，取 $h_0=640$mm；按双排钢筋时，取 $h_0=610$mm。主梁混凝土强度等级 C30，受力纵筋采用 HRB400 级钢筋。

$\alpha_1 f_c b_f' h_f'(h_0-h_f'/2)=1.0\times14.3\times2213.3\times80\times(660-80/2)=1569.14\text{kN·m}>533.05\text{kN·m}(309.51\text{kN·m})$，属于第一类 T 形截面。

③ 正截面承载力计算。

按弹性理论计算连续梁内力时，中间跨的计算跨度取为支座中心线间的距离，故所求的支座弯矩和支座剪力都是指支座中心线处的，而实际上正截面受弯承载力和斜截面受剪承载力的控制截面在支座边缘，计算配筋时，应将其换算到截面边缘。主梁正截面承载力计算见表 11-14。

表 11-14　主梁正截面受弯承载力计算

截面	边跨跨中	B 支座	中间跨跨中	
M(kN·m)	533.05	−574.58	309.51	−143.58
$Vb_z/2$ (kN)	—	291.18×0.45/2=65.52	—	—
$M_b=M-Vb_z/2$ (kN·m)	533.05	−509.06	309.51	−143.58
$\alpha_s=\dfrac{M_b}{\alpha_1 f_c b h_0^2}$(支座截面)或 $\alpha_s=\dfrac{M_b}{\alpha_1 f_c b'_f h_0^2}$(跨中截面)	0.039	0.319	0.023	0.010
$\xi=1-\sqrt{1-2\alpha_s}$	0.040≤ ξ_b(=0.518)	0.0398≤ξ_b	0.023≤ξ_b	0.010≤ξ_b
$A_s=\dfrac{\alpha_1 f_c b\xi h_0}{f_y}$(支座截面)或 $A_s=\dfrac{\alpha_1 f_c b'_f \xi h_0}{f_y}$(跨中截面)(mm^2)	2319.97	2893.13	1326.56	576.77
选用钢筋(mm^2)	2Φ25(弯) 3Φ25(直)	4Φ25(弯) 2Φ18+3Φ22(直)	2Φ20(直) 2Φ25(弯)	2Φ22(直)
实际配筋面积(mm^2)	2454	3104	1609	760
$A_{smin}=\rho_{min}bh=$ 0.2%×300×700=420mm^2	2454>420	3104>420	1609>420	760>420

根据《混凝土结构设计规范》(GB50010—2010)第 9.5.1 条的规定，纵向受力钢筋的最小配筋率为 0.2%和 $0.45f_t/f_y=0.45\times1.43/360=0.179\%$中的较大值，即 0.2%。表 11-14 中的配筋率均满足要求。配筋形式采用弯起式。

(5) 斜截面受剪承载力计算。

主梁斜截面受剪承载力计算见表 11-15。根据《混凝土结构设计规范》(GB50010—2010)第 9.2.9 条的规定，该梁中箍筋最大间距为 250mm。箍筋采用 HRB335 级钢筋，f_{yv}=300N/mm^2。

表 11-15　主梁斜截面受剪承载力计算

截面	A 支座	B 支座左	B 支座右
V(kN)	240.83	377.99	336.89
$0.25\beta_c f_c b h_0$ (kN)	0.25×1.0×14.3×300×610=654.23>V 截面满足要求		
$0.7 f_t b h_0$	0.17×1.43×300×610=183.18kN<V 按计算配箍		
箍筋直径和肢数	Φ8@150 双肢		
V_{CS}(kN)	183.18×1000+300×2×50.3×610÷150=305.92kN		
A_{sb}(mm^2)	不需按计算配置	(377.99−305.92)×1000÷(0.8×360×0.707)=353.95	(336.89−305.92)×1000÷(0.8×360×0.707)=152.10
实配弯起钢筋	1Φ25	1Φ25	1Φ25
实配弯起钢筋面积(mm^2)	490.9	490.9	190.9
配筋率 ρ_{sv}	$\rho_{sv}=A_{sv}/(bs)$=100.6÷(300×150)=0.224%>ρ_{svmin}=0.114%		

表中，$V_{CS}=0.7f_tbh_0+1.0f_{yv}A_{sv}h_0/s$；$A_{sb}=(V-V_{cs})/0.8f_y\sin\alpha_s$

(6) 主梁吊筋计算。

由次梁传给主梁的集中荷载为：F=1.35×52.25+1.3×158.4=276.43kN。次梁传给主梁的全部集中荷载 G_k 中，应扣除主梁自重部分，因为这部分是假定为集中荷载的，实际为均布荷载。

若集中荷载全部由吊筋承担，则：$A_s \geqslant \dfrac{F}{2f_y\sin45^\circ}=\dfrac{276.43\times1000}{2\times360\times0.707}=543.04\text{mm}^2$

选用 2Φ20(628mm^2)。

若采用附加箍筋，则附加箍筋布置的长度 $s=2h_1+3b$=2×(700−500)+3×200=1000mm 选用箍筋为双肢，间距为 100mm，则在长度 s 内可布置附加箍筋的排数为 m=1000/100+1=11 排，取 12 排，次梁两侧各布置 6 排，则需要的单肢箍筋的截面面积为：

$$A_{sv1}\geqslant\frac{F}{mnf_{yv}}=\frac{276.43\times1000}{12\times2\times300}=38.39\text{mm}^2，选用 Φ8(A_{sv1}=50.3\text{mm}^2)。$$

主梁配筋图如图 11-37 所示。

5) 正常使用极限状态的裂缝和挠度验算

(1) 板的裂缝和挠度验算。

恒荷载标准值：g_k=2.905kN/m^2；活荷载标准值：q_k=12kN/m^2。

① 由荷载标准值计算板的内力，计算过程如表 11-16 所示。

$$P_k=2.905+0.85\times12=13.105\text{kN}$$

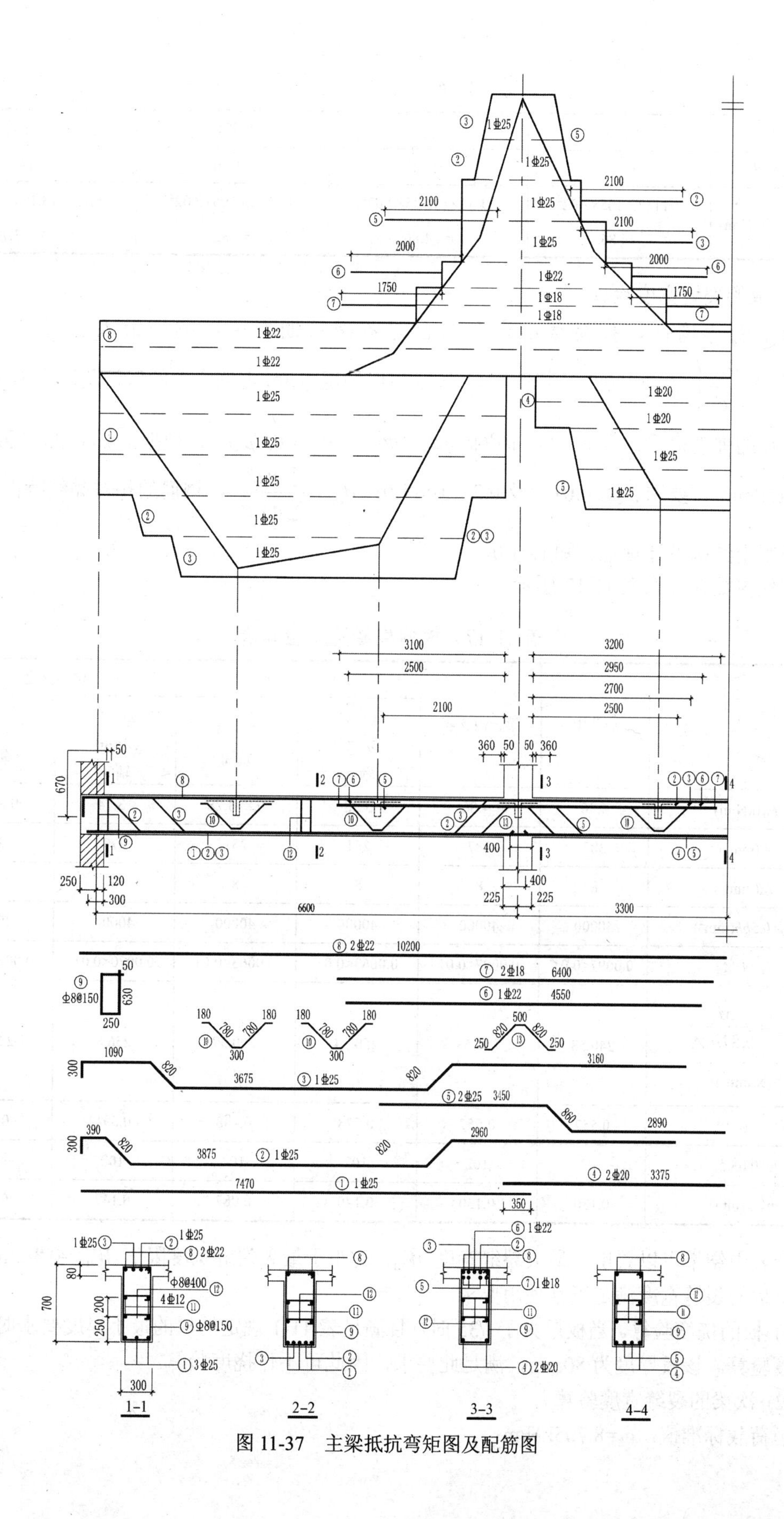

图 11-37　主梁抵抗弯矩图及配筋图

表 11-16 板的弯矩计算

截面	边跨中	第一内支座	中间跨中	中间支座
弯矩系数	+1/11	−1/11	+1/16	−1/14
$M_k=\alpha_m P_k l_0^2$(kN·m)	$1/11\times13.105\times2.02^2$ =4.86	$-1/11\times13.105\times2.02^2$ = −4.86	$1/16\times13.105\times2.02^2$ =3.82	$-1/14\times13.105\times2.02^2$ = −3.74

② 板的裂缝宽度验算。

对于受弯构件，按荷载准永久组合并考虑长期作用影响的最大裂缝宽度可按 $W_{max}=1.9\psi\dfrac{\sigma_{sk}}{E_s}\left(1.9c+0.08\dfrac{d_{eq}}{\rho_{te}}\right)$ 计算。其中：c 为保护层厚度，本例中板的保护层厚度为 15mm。E_s 为钢筋的弹性模量，取 $E_s=2.0\times10^5$N/mm^2。$\psi=1.1-0.65 f_{tk}/\rho_{te}\sigma_{sk}$，根据混凝土强度等级查得 $f_{tk}=2.01$N/mm^2，要求 $\rho_{te}\geqslant0.01$，及 $0.2\leqslant\psi\leqslant1.0$；$d_{eq}=\dfrac{\sum n_i d_i^2}{\sum n_i v_i d_i}$，钢筋的相对黏结特性系数 v_i 查《混凝土结构设计规范》知 $v_i=1.0$。

其他参数计算如表 11-17 所示。

表 11-17 板的裂缝宽度验算表

项次	边跨中	第一内支座	中间跨中		中间支座	
			①~② ⑤~⑥ 轴间	②~⑤ 轴间	①~② ⑤~⑥ 轴间	②~⑤ 轴间
M_k(kN·m)	4.86	−4.86	3.28	0.8×3.28	−3.74	−0.8×3.74
A_s(mm^2)	387	387	251	251	279	251
d_{eq}(mm^2)	8	8	8	8	8	8
$A_{te}=0.5bh$(mm^2)	40000	40000	40000	40000	40000	40000
$\rho_{te}=A_s/A_{te}$	0.0097<0.01	0.0097<0.01	0.0063<0.01	0.0063<0.01	0.0070<0.01	0.0063<0.01
$\sigma_{sk}=\dfrac{M_k}{0.87h_0A_s}$ (N/mm^2)	240.58	240.58	250.34	200.27	256.8	228.36
ψ	0.557	0.557	0.578	0.448	0.591	0.528
$1.9c+0.08d_{eq}/\rho_{te}$	102	102	102	102	102	102
W_{max}(mm)	0.130	0.130	0.140	0.087	0.147	0.117

从表中结果可以看出，最大裂缝宽度 W_{max} 均小于最大裂缝宽度限值 $W_{lim}=0.3$mm，由此看出，板的裂缝宽度满足正常使用要求。

3) 板的挠度验算。当板厚大于 $l/35$ 时，且满足表 11-1 规定的板的最小厚度要求时，可不做挠度验算。该板厚度为 80mm，满足此要求，因此可不作挠度验算。

(2) 次梁的裂缝宽度验算。

恒荷载标准值：$g_k=8.705$kN/m；

活荷载标准值：q_k=26.4kN/m；

$$P_k=8.705+0.85\times26.4=31.145\text{kN/m}。$$

① 由荷载标准值计算次梁的内力，计算过程如表 11-18 所示。

表 11-18　次梁的弯矩计算

项次	边跨中	第一内支座	中间跨中	中间支座
弯矩系数 α	+1/11	−1/11	+1/16	−1/14
$M_k=\alpha_m P_k l_0^2$(kN·m)	1/11×31.145×5.8552 =97.06	−1/11×31.145×5.8552 = −97.06	1/16×31.145×5.702 =63.24	−1/14×31.145×5.702 = −72.28

② 次梁的裂缝宽度验算。

次梁裂缝宽度计算方法和计算公式与板相同。对于次梁其混凝土保护层厚度为 20mm。裂缝宽度的计算如表 11-19 所示。

表 11-19　次梁的裂缝宽度验算表

项次	边跨中	第一内支座	中间跨中	中间支座
M_k (kN·m)	97.06	−97.06	63.24	−72.28
A_s(mm^2)	942	1017	763	763
d_{eq}(mm^2)	20	18	18	18
$A_{te}=0.5bh$ (mm^2)	50000	—	50000	—
$A_{te}=0.5bh+(b_f-b)h_f$	—	190160	—	186000
$\rho_{te}=A_s/A_{te}$	0.0188	0.0053<0.01	0.0153	0.0041<0.01
$\sigma_{sk}=\dfrac{M_k}{0.87h_0A_s}$ (N/mm^2)	257.46	238.47	207.10	236.71
ψ	0.830	0.552	0.688	0.548
$1.9c+0.08d_{eq}/\rho_{te}$	123.11	182	132.12	182
W_{max}(mm)	0.250	0.228	0.179	0.224

从表中结果可以看出，最大裂缝宽度 W_{max} 均小于最大裂缝宽度限值 0.3mm，次梁的裂缝宽度满足正常使用要求。

③ 次梁的挠度验算

当梁的截面尺寸满足高跨比(1/18～1/12)和宽高比(1/3～1/2)时，一般可不做挠度验算，认为挠度满足要求。因此本例中不需要进行挠度验算。

(3) 主梁的裂缝宽度验算。

恒荷载标准值：g_k=63.156kN/m^2；

活荷载标准值：q_k=158.4kN/m^2。

① 由荷载标准值计算主梁的内力，根据表 11-12 可以判断最不利的荷载组合，利用公式 $M_k=k_1G_kl+k_2P_kl$ 计算主梁的内力，过程如表 11-20 所示。

表 11-20　主梁的弯矩计算

控制截面	组合值 M_k	$V_{0k}b/2$ (kN)	$M_k-V_{0k}b/2$ (kN·m)
边跨跨中	(0.244×63.156+0.289×158.4×0.85)×6.637=360.53	—	360.53
第一内支座	(−0.267×63.156−0.311×158.4×0.85)×6.619= −388.77	44.50	−344.27
中间跨跨中	(0.067×63.156+0.200×158.4×0.85)×6.6=205.65	—	205.65
注：V_{0k}=63.156+158.4×0.85=197.796kN			

② 主梁的裂缝宽度验算。主梁裂缝宽度计算方法与次梁相同，计算过程如表 11-21 所示。

表 11-21　主梁的裂缝宽度验算表

项次	边跨中	第一内支座	中间跨中
M_k(kN·m)	360.53	−344.27	205.65
A_s(mm^2)	2454	2993	1499
d_{eq} (mm)	25	23.38	21.94
$A_{te}=0.5bh$ (mm^2)	105000	—	105000
$A_{te}=0.5bh+(b_f-b)h_f$	—	257000	—
$\rho_{te}=A_s/A_{te}$	0.0234	0.0116	0.0143
$\sigma_{sk}=\dfrac{M_k}{0.87h_0A_s}$ (N/mm^2)	255.86	216.74	238.93
Ψ	0.882	0.58	0.718
$1.9c+0.08d_{eq}/\rho_{te}$	123.47	199.24	160.74
W_{max}(mm)	0.265	0.238	0.262

由表可以看出：最大裂缝宽度 W_{max} 均小于最大裂缝宽度限值，主梁的裂缝宽度满足正常使用要求。

③ 主梁的挠度验算。当梁的截面尺寸满足高跨比(1/14～1/8)和宽高比(1/3～1/2)时，一般可不做挠度验算，认为挠度满足要求。因此主梁不必进行挠度验算。

11.3　整体式双向板梁板结构

在纵、横两个方向弯曲且都不能忽略的板称为双向板。双向板的支承形式可以是四边支承、三边支承、两邻边支承或四点支承；板的平面形状可以是正方形、矩形、圆形、三角形或其他形状。

整体式双向板梁板结构是楼、屋盖常采用的一种结构形式，普遍应用于民用和工业建筑中柱网间距较大的大厅、商场和车间等。我国《混凝土结构设计规范》(GB50010—2010)第 9.1.1 条规定，四边支承的板，当长边和短边长度之比 $l_{02}/l_{01}\leqslant2$ 时，应按双向板计算；当长边和短边长度之比 $2<l_{02}/\ l_{01}<3$ 时，宜按双向板计算。在双向板肋梁楼盖中，板区格尺寸不宜过小，而使梁的数量增多，施工复杂，板受力小，材料得不到充分利用。板区格也不宜过大，而导致板的厚度增加，材料用量增大，同样不经济。双向板肋梁楼盖中，双向板区格一般以

3.0～5.0m 比较合适，当柱网尺寸较大时，可以增设梁，使板区格尺寸控制在较为合适的范围内。

11.3.1 双向板受力特点

双向板受力较复杂，现以四边简支的钢筋混凝土双向板在均布荷载作用下为例，说明双向板的受力性能及破坏特点(图 11-38)。

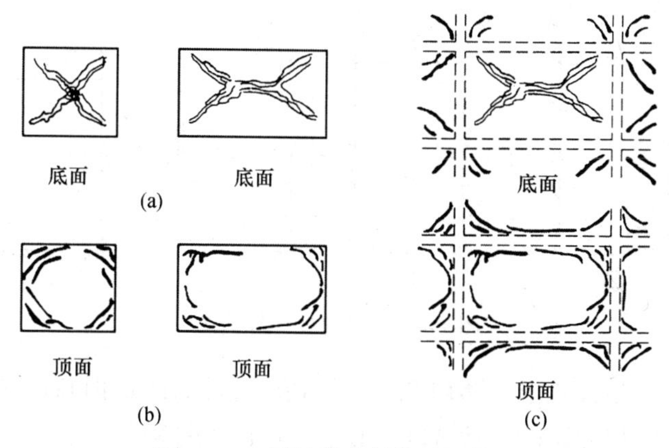

图 11-38 四边简支板的破坏特征

对于正方形双向板，在混凝土裂缝出现之前，板基本上处于弹性工作状态；随荷载增加首先在板底中央处出现裂缝，然后裂缝沿对角线方向向板角处扩展，在板接近破坏时板四角处顶面亦出现圆弧形裂缝，它促使板底对角线裂缝进一步扩展，最后由于对角线裂缝处截面受拉钢筋达到屈服点，混凝土达到抗压强度导致双向板破坏。

对于矩形板，受荷载作用后，首先在板底中央且平行长边方向出现裂缝；当荷载继续增加时，裂缝沿 45°方向向四角扩展；在接近破坏时，板的顶面四角附近出现了圆弧形裂缝，促使板底对角线方向的裂缝进一步扩展，最终由于跨中钢筋屈服导致板的破坏。

双向板在荷载作用下，板的四周有翘起的趋势，板传给四边支承梁的压力，沿边长并非均匀分布，而是中间较大，两端较小。如板角受到墙体的约束，则在板顶更容易出现圆弧形或直线形斜裂缝。

11.3.2 双向板按弹性理论的分析方法

1. 单区格双向板的内力和挠度计算

按弹性方法计算双向板的内力属于弹性小挠度薄板的弯曲问题。在实际设计中，为了简化计算，通常根据荷载条件、支承情况、短跨和长跨的比值，直接查得相应的内力系数(附录B)，然后代入式(11-28)、式(11-29)计算内力。

一般，单区格双向板有 6 种边界条件(图 11-39)，分别为四边简支，一边固定、三边简支，两对边固定、两对边简支，两邻边固定、两邻边简支，三边固定、一边简支，四边固定。在本书的附录 B 中，对这 6 种单区格双向板，分别给出了在均布荷载作用下的跨内弯矩系数(当泊松比μ=0)、支座弯矩系数和挠度系数，根据下述公式计算弯矩。

$$M=\text{表中系数}\times(g+q)l_{0x}^{2} \tag{11-28}$$

$$v=\text{表中系数}\times\frac{(g+q)l_{0x}^{4}}{B_{c}} \tag{11-29}$$

式中　M——双向板单位宽度中央板带跨内或支座处截面最大弯矩设计值；

v——双向板中央板带处跨内最大挠度值；

g，q——双向板上均布恒荷载及活荷载设计值；

l_{0x}，l_{0y}——双向板短向和长向板带计算跨度，按表 11-2 中弹性方法计算；

B_c——双向板板带截面受弯截面刚度。

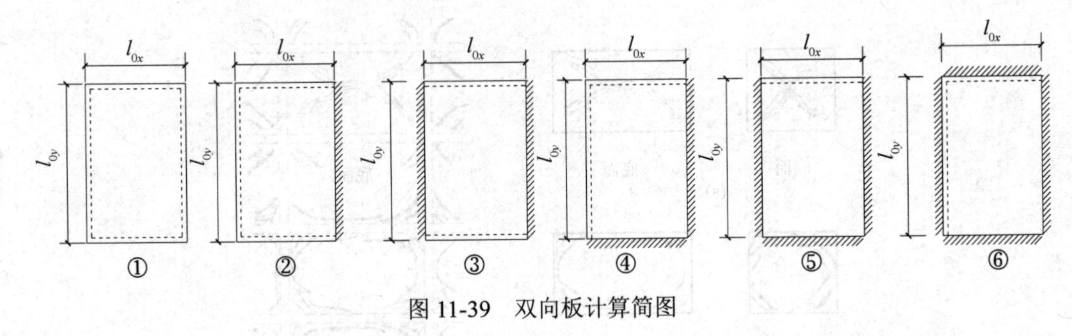

图 11-39　双向板计算简图

按照上述计算方法和公式求得跨内截面弯矩值(泊松比 μ=0 时)后，尚应考虑双向弯曲对两个方向板带弯矩值的相互影响，按式(11-30)和式(11-31)计算：

$$m_x^{(\mu)} = m_x + \mu m_y \tag{11-30}$$

$$m_y^{(\mu)} = m_y + \mu m_x \tag{11-31}$$

式中　$m_x^{(v)}$，$m_y^{(v)}$——考虑双向弯矩相互影响后的 x，y 方向单位宽度板带的跨内弯矩设计值；

m_x，m_y——按 μ=0 计算的 x，y 方向单位宽度板带的跨内弯矩设计值；

μ——泊松比，对于钢筋混凝土 μ=0.2。

对于支座截面弯矩值，由于另一个方向板带弯矩等于零，故不存在两个方向板带弯矩的相互影响问题。

2．连续双向板的内力计算

连续双向板的内力更加复杂，实际设计时，一般通过对双向板上活荷载的最不利布置以及支承情况等的合理简化，将多区格连续板转化为单区格板进行计算。这种方法假定支承梁的抗弯刚度很大，其竖向变形可忽略不计，同时假定抗扭刚度很小，可以转动。当同一方向的相邻最大跨度之差不大于 20%时，一般均可按下述方法计算：

1) 各区格板跨中最大弯矩的计算

当求某区格板跨中最大弯矩时，恒荷载满布，而活荷载采用棋盘式布置，即在该区格布置活荷载，然后在其前后左右分别隔跨布置。对这种荷载分布情况可以分解为满布荷载 g+q/2(也称为正对称荷载)和间隔满布荷载+q/2 和−q/2(也称为反对称荷载)两种情况，如图 11-40 所示。

对正对称荷载情况，可以近似认为各区格板都固定支承在中间支座上；对于反对称荷载情况，可以近似认为各区格板在中间支座处都是简支的。沿楼盖周边则根据实际支承情况确定，当楼盖支承在墙上时，可以简化成简支；当楼盖与周围梁整体浇筑时，可以简化为固定。

将正对称和反对称荷载下单区格板的跨中弯矩进行叠加，即可得到各区格板的跨中最大弯矩。

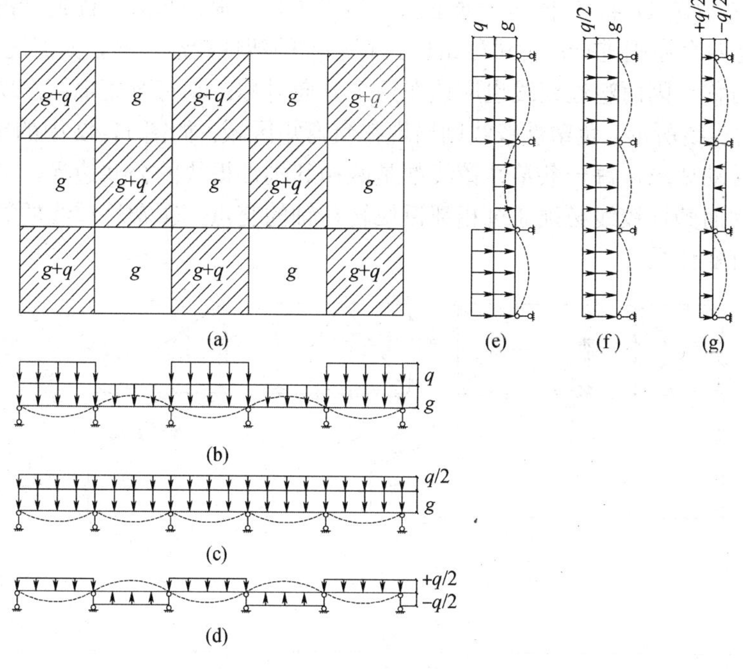

图 11-40　连续双向板的计算图式

2) 支座最大负弯矩的计算

为简化计算，假定恒荷载和活荷载满布在连续双向板所有区格时支座弯矩最大。中间支座均视为固定支座，边、角区格的外边界条件按实际情况考虑。同样，根据各单区格板的四边支承条件，可分别求出板在满布荷载 $g+q$ 作用下支座截面的最大负弯矩值(绝对值)。但对于某些相邻区格板，当单区格板跨度或边界条件不同时，两区格板之间的支座截面最大负弯矩值(绝对值)可能不相等，一般可取其平均值作为该支座截面的负弯矩设计值。

11.3.3　双向板按塑性理论的分析方法

双向板按塑性理论的分析方法很多，常用的有机动法、极限平衡法及条带法等。无论采用何种方法，由于双向板属于高次超静定结构，所以求解极限荷载的精确值是很困难的。目前，应用范围较广的是极限平衡法，又称为塑性铰线法。

1. 塑性铰线的概念及基本假定

塑性铰线和塑性铰的概念是相仿的。塑性铰出现在杆系结构中，而板式结构则形成塑性铰线，两者都是因受拉钢筋屈服所致。塑性铰线也称屈服线，通常认为四边简支双向板的塑性变形(转动)是集中发生在图 11-41 中所假定的塑性铰线上。

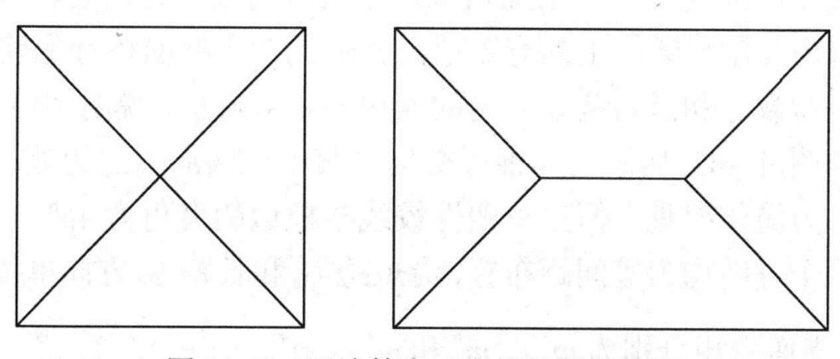

图 11-41　四边简支双向板的塑性铰线

塑性铰线位置(图 11-42)与板的平面形状、边界条件、荷载形式、配筋情况等多种因素有关，可根据下述四个原则进行：①对称结构具有对称的塑性铰线分布，如四边简支正方形板，在两个方向都对称，因而塑性铰线也应该在两个方向对称；②正弯矩部位出现正塑性铰线，如图 11-24 中的实线所示，负塑性铰线则出现在负弯矩区域，如图 11-42 中的虚线所示；③塑性铰线应满足转动要求，每一条塑性铰线都是两相邻刚性板块的公共边界，应能随两相邻板块一起转动，因而塑性铰线必须通过相邻板块转动轴的交点；④塑性铰线的数量应使整块板成为一个几何可变体系。

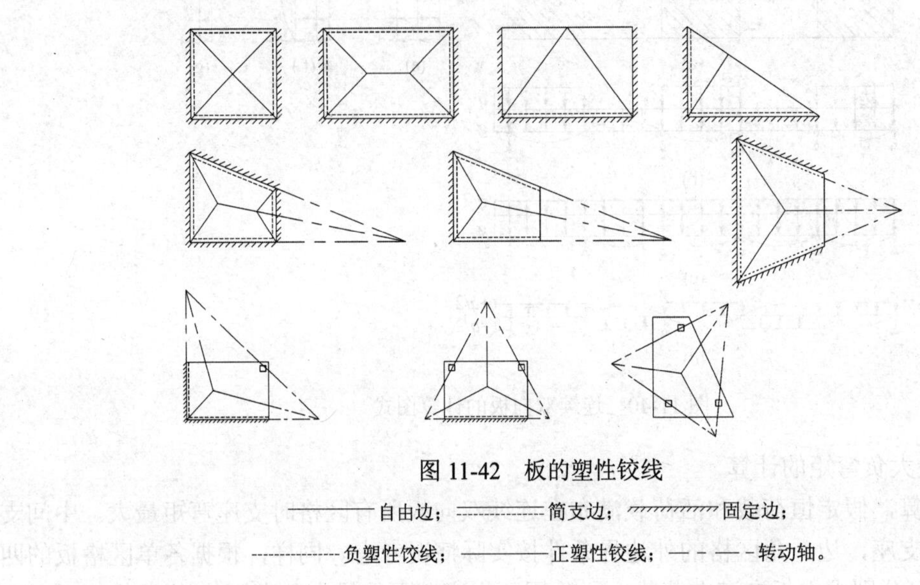

图 11-42　板的塑性铰线

———自由边；--------简支边；/////////固定边；

--------负塑性铰线；———正塑性铰线；— - — - —转动轴。

钢筋混凝土双向板按塑性铰线法计算时，需作如下基本假定：

(1) 板即将破坏时，“塑性铰线”发生在弯矩最大处，形成塑性铰线的板是机动可变体系(破坏机构)；

(2) 分布荷载下，塑性铰线为直线；

(3) 塑性铰线将板分成若干个板块，可将各板块视为刚性，整个板的变形都集中在塑性铰线上，破坏时各板块都绕塑性铰线转动；

(4) 板在理论上存在多种可能的塑性铰线形式，但只有相应于极限荷载为最小的塑性铰线形式才是真实的；

(5) 塑性铰线处钢筋屈服，混凝土达到抗压强度，截面存在一定值的极限弯矩。板的正弯矩塑性铰线处，扭矩和剪力很小，可以忽略不计。

2．均布荷载下单块双向板按塑性铰线法的内力计算

塑性铰线位置确定的前提下，利用虚功原理建立外荷载与作用在塑性铰线上的弯矩两者间的关系式，从而求出各塑性铰线上的弯矩值，并依此对各截面进行配筋计算。

以一承受均布恒荷载 g 和活荷载 q 作用的四边固定双向板，说明塑性铰线法的内力计算。假定其破坏时形成如图 11-43 所示的倒锥形机构，其中在四周固定边处产生负塑性铰线，跨中产生正塑性铰线。为简化起见，假定正塑性铰线与板边的夹角为 45°。

设板内配筋沿两个方向均为等间距布置，沿短跨 l_{0x} 和长跨 l_{0y} 方向单位板宽的跨中极限弯矩分别为 m_y 和 m_x，支座弯矩分别为 m'_y，m''_y 和 m'_x，m''_x。

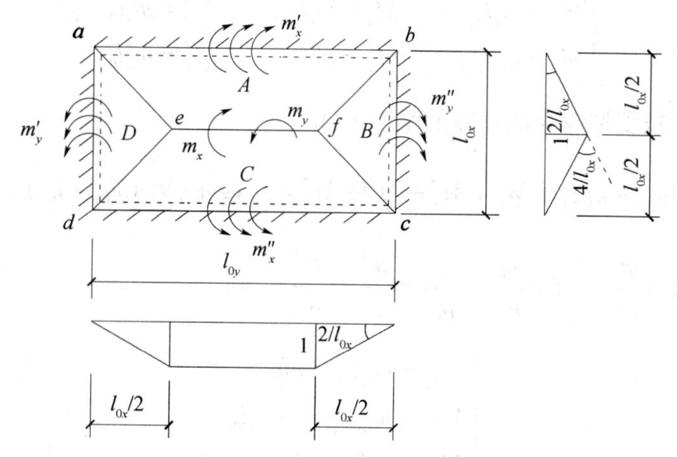

图 11-43　均布荷载下四边固定双向板的破坏机构

如果破坏机构在跨中发生向下的单位竖向位移 1，则均布荷载 $g+q$ 所做的外功为：

$$
\begin{aligned}
W_{\mathrm{ey}} &= (g+q)\left[\frac{1}{2}\times l_{0x}\times 1\times(l_{0y}-l_{0x})+2\times\frac{1}{3}\times l_{0x}\times\frac{l_{0x}}{2}\times 1\right] \\
&= (g+q)\frac{l_{0x}}{6}(3l_{0y}-l_{0x})
\end{aligned}
\tag{11-32}
$$

根据图 11-43 所示的几何关系，负塑性铰线的转角均为 $2/l_{0x}$；正塑性铰线 ef 上，板块 A 与 C 的相对转角为 $4/l_{0x}$；斜向正塑性铰线沿长跨和短跨方向的转角均为 $2/l_{0x}$。因此，由负塑性铰线上极限弯矩所做的内功为：

$$
[(m'_y+m''_y)l_{0x}+(m'_x+m''_x)l_{0y}]\frac{2}{l_{0x}}
\tag{11-33}
$$

正塑性铰线 ef 上极限弯矩所做的内功为：

$$
m_x(l_{0y}-l_{0x})\frac{4}{l_{0x}}
\tag{11-34}
$$

4 条斜向正塑性铰线沿长跨方向极限弯矩所做的内功为：

$$
4m_y\frac{l_{0x}}{2}\cdot\frac{2}{l_{0x}}=4m_y
\tag{11-35}
$$

这 4 条斜向正塑性铰线沿短跨方向极限弯矩所做的内功为：

$$
4m_x\frac{l_{0x}}{2}\cdot\frac{2}{l_{0x}}=4m_x
\tag{11-36}
$$

故由塑性铰线上极限弯矩所做的总内功为：

$$
\begin{aligned}
W_{\mathrm{in}} &= [(m'_y+m''_y)l_{0x}+(m'_{\mathrm{x}}+m''_x)l_{0\mathrm{y}}]\frac{2}{l_{0x}}+m_x(l_{0y}-l_{0x})\frac{4}{l_{0x}}+4(m_y+m_x) \\
&= [2(m_yl_{0x}+m_xl_{0y})+(m'_yl_{0x}+m''_yl_{0x})+(m'_xl_{0y}+m''_xl_{0y})]\frac{2}{l_{0x}}
\end{aligned}
\tag{11-37}
$$

根据虚功原理，当形成破坏机构时，由极限均布荷载 $g+q$ 所做的外功应等于由塑性铰上的极限弯矩所做的内功。令

$$\begin{cases} M_x = m_x l_{0y}, & M'_x = m'_x l_{0y}, & M''_x = m''_x l_{0y} \\ M_y = m_y l_{0x}, & M'_y = m'_y l_{0x}, & M''_y = m''_y l_{0x} \end{cases} \tag{11-38}$$

则可得双向板按塑性铰线法计算的基本公式：

$$2M_x + 2M_y + M'_x + M''_x + M'_y + M''_y = \frac{1}{12}(g+q)l_{0x}^2(3l_{0y} - l_{0x}) \tag{11-39}$$

令 $n = \dfrac{l_{0y}}{l_{0x}}$，$\alpha = \dfrac{m_y}{m_x}$，$\beta = \dfrac{m'_x}{m_x} = \dfrac{m''_x}{m_x} = \dfrac{m'_y}{m_y} = \dfrac{m''_y}{m_y}$，则

$$\begin{cases} M_{xu} = m_{xu} l_{0y} = n m_{xu} l_{0x} \\ M_{yu} = m_{yu} l_{0x} = \alpha m_{xu} l_{0x} \\ M'_{xu} = M''_{xu} = m'_{xu} l_{0y} = n\beta m_{xu} l_{0x} \\ M'_{yu} = M''_{yu} = m'_{yu} l_{0x} = \alpha\beta m_{xu} l_{0x} \end{cases} \tag{11-40}$$

代入式(11-39)，整理得：

$$m_{xu} = \frac{(g+q)l_{0x}^2}{8} \frac{(n-1/3)}{[n\beta + \alpha\beta + n + \alpha]} \tag{11-41}$$

设计双向板时，长短跨比值 n 为已知，只要选定α和β值，即可按式(11-41)求得 m_{xu}，再根据选定的α和β值，求出其余的正截面受弯承载力设计值 m'_{xu}、m_{yu}、m'_{yu}。考虑到应尽量使按塑性铰线法得出的两个方向跨中正弯矩的比值与弹性理论得出的比值相接近，以期在使用阶段两个方向的截面应力较接近，宜取α=1/n^2，同时考虑到节省钢材及配筋方便，根据经验，宜取β=1.5～2.5，通常取β=2，代入上述公式即可求出跨中及支座弯矩。

若四边支承板为四边简支双向板时，由于支座处塑性铰线弯矩值等于零，即 $M'_x = M''_x = M'_y = M''_y$，根据式(11-39)可得四边简支双向板总弯矩极限平衡方程为：

$$M_x + M_y = \frac{p l_{0x}^2}{24}(3l_{0y} - l_{0x}) \tag{11-42}$$

2．均布荷载下连续双向板按塑性铰线法的内力计算

对连续双向板，可以认为活荷载满布，首先从中间区格板开始，按四边固定的单区格板进行计算。中间区格板计算完毕后，可将中间区格板计算得出的各支座弯矩值，作为计算相邻区格板支座的已知弯矩值。这样，依次由内向外可一一解出各区格的内力。对边、角区格板，按边界的实际支承情况进行计算。

与弹性理论计算方法相比，用塑性铰线方法计算双向板一般可省钢筋 20%～30%。塑性铰线法，在理论上属于上限解，即偏于“不安全”方面，但实际上由于穹顶作用(双向拱作用)等的有利影响，所求得的值并非真的“上限值”。试验结果亦表明，板的实际破坏荷载都超过按塑性铰线法算得的值。

为了合理配筋，通常将两个方向的跨中正弯矩钢筋在距支座 $l_{0x}/4$ 处弯起 50%，弯起钢筋可以承担部分支座负弯矩。此时，在距支座 $l_{0x}/4$ 以内的正塑性铰线上单位板宽的极限弯矩值分别为 $m_x/2$ 和 $m_y/2$，此时这两个方向的跨中总弯矩分别为：

$$M_{xu}=m_{xu}\left(l_{0y}-\frac{l_{0x}}{2}\right)+\frac{m_{xu}}{2}\cdot\frac{l_{0x}}{2}=m_{xu}\left(n-\frac{1}{4}\right)l_{0x} \tag{11-43}$$

$$M_{yu}=m_{xu}\frac{l_{0x}}{2}+\frac{m_{yu}}{2}\cdot\frac{l_{0x}}{2}=\frac{3}{4}\alpha m_{xu}l_{0x} \tag{11-44}$$

支座负弯矩按全长布置，也即各负塑性铰线上的总弯矩值没有变化，将上式代入式(11-39)整理得：

$$m_{xu}=\frac{(g+q)l_{0x}^{2}}{8}\frac{(n-1/3)}{\left[n\beta+\alpha\beta+(n-1/4)+3\alpha/4\right]} \tag{11-45}$$

式(11-45)即为四边连续双向板在支座 $l_{0x}/4$ 处弯起 50%时，短边方向每米正截面承载力设计值的计算公式。

对具有简支边的连续双向板，需要将不同情况下的支座和跨中弯矩求出并代入式(11-39)中即可得到相应的计算公式。

1) 三边连续、一长边简支双向板

这种情况下，短跨因简支边弯矩为零不需要弯起部分跨中钢筋，因此跨中弯矩为：

$$M_{xu}=\frac{1}{2}\left[n+\left(n-\frac{1}{4}\right)\right]m_{xu}l_{0x}=\left(n-\frac{1}{8}\right)m_{xu}l_{0x} \tag{11-46}$$

此时，$M'_{yu}=0$，M_{yu}、M'_{xu}、M''_{xu}、M''_{yu} 含义同前。

2) 三边连续、一短边简支

在此条件下，长跨因简支边弯矩为零不需要弯起部分跨中钢筋，因此跨中弯矩为：

$$M_{yu}=\frac{1}{2}\left[\alpha+\frac{3}{4}\alpha\right]m_{xu}l_{0x}=\frac{7}{8}\alpha m_{xu}l_{0x} \tag{11-47}$$

此时，$M'_{xu}=0$，M_{xu}、M''_{xu}、M'_{yu}、M''_{yu} 含义同前。

3) 两邻边连续、另两邻边简支

这种情况下，两个方向的跨中弯矩分别取 1、2 两种情况的弯矩值，即

$$M_{xu}=\frac{1}{2}\left[n+\left(n-\frac{1}{4}\right)\right]m_{xu}l_{0x}=\left(n-\frac{1}{8}\right)m_{xu}l_{0x} \tag{11-48}$$

$$M_{yu}=\frac{1}{2}\left[\alpha+\frac{3}{4}\alpha\right]m_{xu}l_{0x}=\frac{7}{8}\alpha m_{xu}l_{0x} \tag{11-49}$$

此时，$M'_{xu}=0$，$M'_{yu}=0$，M''_{xu}、M''_{yu} 含义同前。

11.3.4 双向板肋梁楼盖的截面设计与构造要求

1. 截面设计

1) 双向板弯矩的折减

对于周边与梁整体连接的双向板，由于这两个方向受到支承构件的变形约束，整块板内存在穹顶作用，使板内弯矩大大减小。因此，对四边与梁整体连接的板，其弯矩设计值按下列情况进行折减：

(1) 中间跨跨中截面及中间支座截面，减少 20%。

(2) 边跨的跨中截面及楼板边缘算起的第二个支座截面，当 $l_b / l_0 < 1.5$ 时减小 20%；当 $1.5 \leqslant l_b / l_0 \leqslant 2.0$ 时减少 10%，式中 l_0 为垂直于楼板边缘方向板的计算跨度；l_b 为沿楼板边缘方向板的计算跨度。

(3) 楼盖的角区格板不折减。

2) 双向板的厚度

双向板的厚度不宜小于 80mm。为保证板满足刚度要求以不必进行挠度验算，双向板的板厚应满足下述要求：

单跨简支板：$h \geqslant l/40$

多跨连续板：$h \geqslant l/45$

3) 板的截面有效高度

由于是双向配筋，两个方向的截面有效高度不同。考虑到短跨方向的弯矩比长跨方向的大，故应将短跨方向的跨中受拉钢筋放在长跨方向的外侧，以期具有较大的截面有效高度。

《混凝土结构设计规范》(GB 50010—2010)规定，环境类别为一类，混凝土强度等级不大于 C25 时，板中钢筋保护层厚度为 20mm，C25 以上时为 15mm。因此，短跨方向的截面有效高度(h_{01})取：

$$h_0 = h - a_s = h - 25\,\text{mm}(\text{混凝土强度等级} \leqslant \text{C25})$$

$$h_0 = h - a_s = h - 20\,\text{mm}(\text{混凝土强度等级} > \text{C25})$$

长跨方向的有效高度(h_{02})取：

$$h_0 = h - a_s = h - 35\,\text{mm}(\text{混凝土强度等级} \leqslant \text{C25})$$

$$h_0 = h - a_s = h - 30\,\text{mm}(\text{混凝土强度等级} > \text{C25})$$

其中 h 为板厚。

4) 板的配筋

求出单位板宽的截面弯矩设计值后，按照受弯构件正截面承载力计算方法进行跨内和支座的配筋计算。双向板的配筋形式与单向板相似，有弯起式和分离式两种，如图 11-44 所示。

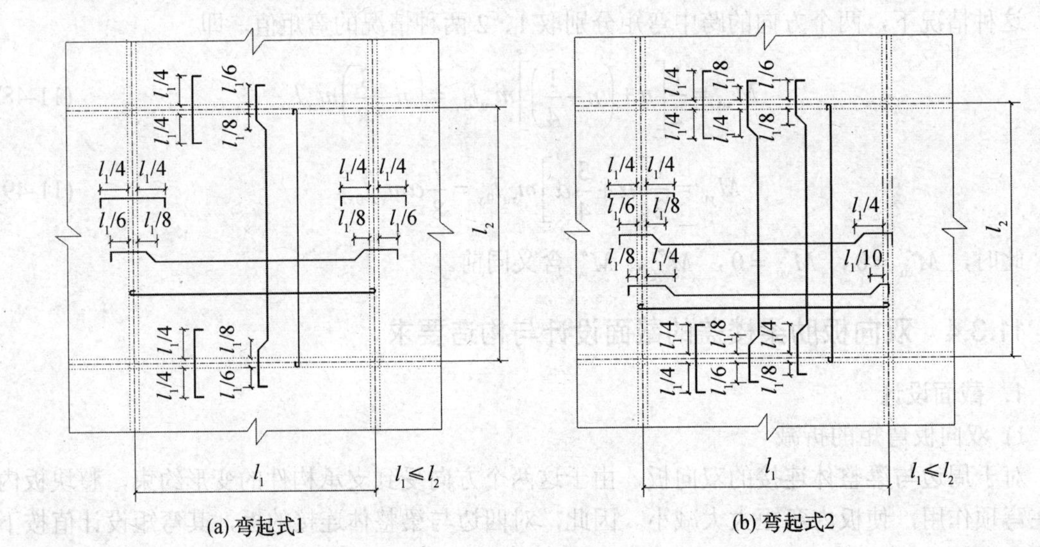

(a) 弯起式1　　(b) 弯起式2

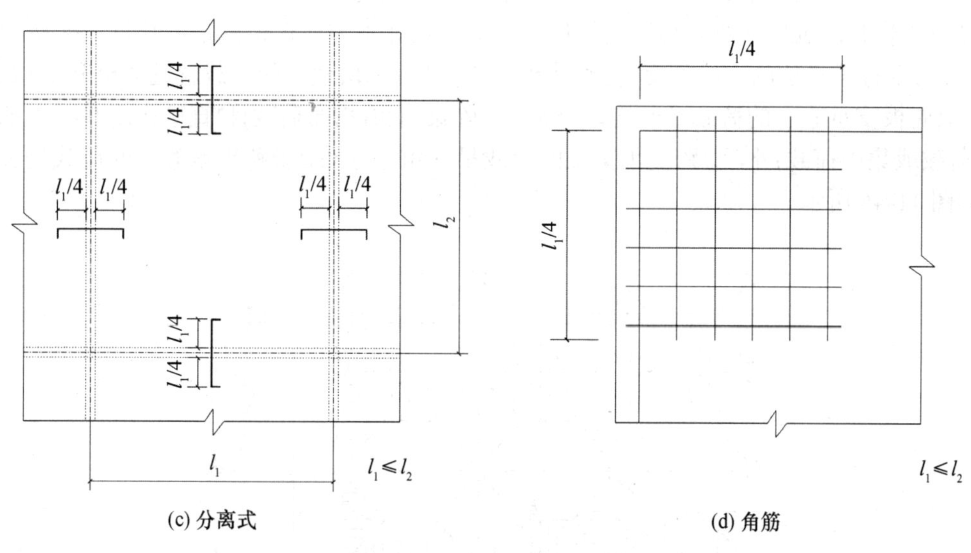

图 11-44　连续双向板配筋图

按弹性理论方法设计时，所求得的跨中正弯矩钢筋数量是指板中央处的，靠近板的两边，其数量可逐渐减少。考虑到施工方便，可按下述方法配置：将板在 l_{0x} 和 l_{0y} 方向各分为三个板带(图 11-45)。两个方向的边缘板带宽度均为 $l_{0x}/4$，其余则为中间板带。在中间板带上，按跨中最大正弯矩求得的单位板宽内的钢筋数量均匀布置；而在边缘板带上，按中间板带单位板宽内钢筋数量的一半均匀布置。支座上承受负弯矩的钢筋，按计算值沿支座均匀布置。

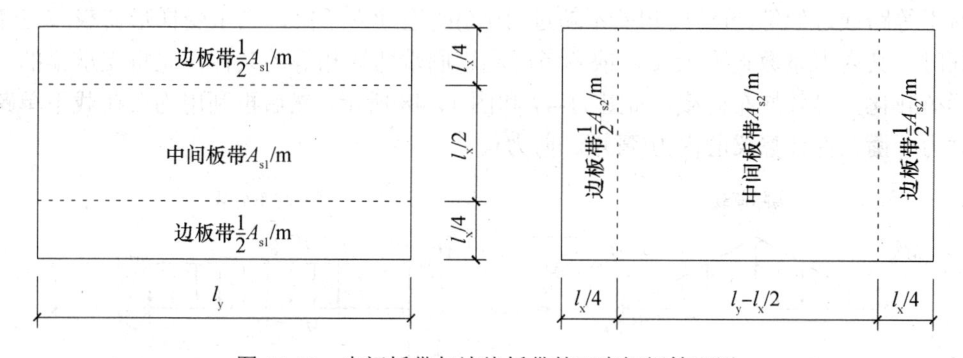

图 11-45　中间板带与边缘板带的正弯矩钢筋配置

受力钢筋的直径、间距及弯起点、切断点的位置等规定，与单向板的有关规定相同。

按塑性铰线法设计时，配筋应符合内力计算的假定，跨中内钢筋可以全板均匀布置；或者划分成中间及边缘板带后，分别按计算值的 100%和 50%均匀布置，跨中钢筋的全部或一部分伸入支座下部。支座上的负弯矩钢筋按计算值沿支座均匀布置。

沿墙边、墙角处的构造钢筋与单向板相同。

11.3.5　双向板楼盖支承梁内力计算

双向板传给支承梁的荷载很难精确确定。在实际工程设计中，常将双向板的板面按 45°

对角线分块，并分别作用到两个方向的支承梁上，然后进行近似计算。即在确定双向板传给支承梁的荷载时，可根据荷载传递路线最短的原则按如下方法近似确定：从每一区格的四角作 45°线与平行于长边的中线相交，把整块板分为四块，每块板上的荷载就近传至其支承梁上。因此，双向板支承梁上的荷载是不均匀分布的，除梁自重(均布荷载)和直接作用在梁上的荷载(均布荷载或集中荷载)外，短跨支承梁上的荷载呈三角形分布，长跨支承梁上的荷载呈梯形分布，如图 11-46 所示。

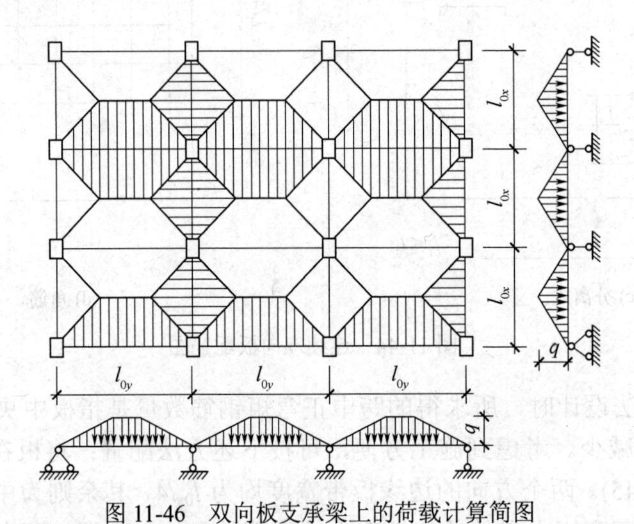

图 11-46 双向板支承梁上的荷载计算简图

支承梁的内力可按弹性理论或塑性理论计算，分别如下所述。

1) 按弹性理论计算

对于等跨或近似等跨(跨度相差不超过 10%)的连续支承梁，当承受梯形荷载或三角形分布荷载时，其内力系数查附录 C。或者考虑利用固端弯矩相等的条件，先将支承梁的三角形或梯形荷载化为等效均布荷载，如图 11-47 和图 11-48 所示，然后再利用均布荷载下单跨简支梁的静力平衡条件计算梁的内力(弯矩、剪力)。

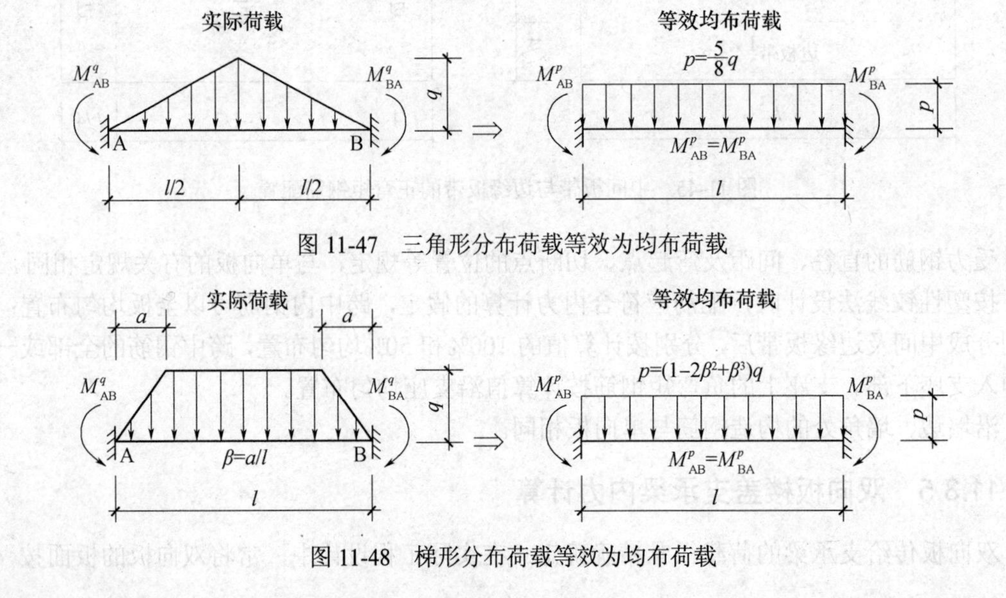

图 11-47 三角形分布荷载等效为均布荷载

图 11-48 梯形分布荷载等效为均布荷载

实际荷载经过等效后，等效均布荷载大小可表示为：

三角形荷载
$$p=\frac{5}{8}q \tag{11-50}$$

梯形荷载
$$p=\left(1-2\alpha^2+\alpha^3\right)q \tag{11-51}$$

在按等效均布荷载求出支座弯矩后，再根据所求得的支座弯矩和每跨的荷载分布由静力平衡条件计算出跨中弯矩和支座剪力。需要指出的是，由于等效均布荷载是根据梁支座弯矩值相等的条件确定的，因此各跨的跨内弯矩和支座剪力值应按梁上原有荷载形式进行计算。即先按等效均布荷载确定各支座截面的弯矩值，然后以各跨为脱离体按简支梁在支座弯矩和实际荷载共同作用下，由静力平衡条件计算出跨中弯矩。

2) 按塑性理论计算

在考虑塑性内力重分布时，可在弹性理论求得的支座弯矩基础上，进行调幅(可取调幅系数为 0.75～0.85)，再按实际荷载分布由静力平衡条件计算出跨中弯矩。

双向板支承梁的截面设计和构造要求与单向板肋梁楼盖的支承梁相同。

11.3.6　双向板肋形楼盖设计计算实例

1．设计资料

某光学仪器装配车间楼盖采用现浇钢筋混凝土双向板结构，其结构平面布置如图 11-49 所示。其楼面做法为：板厚 100mm，板面用 20mm 水泥砂浆找平，板底用 20mm 厚混合砂浆粉刷。楼面活荷载标准为 4.0kN/m^2。材料选用：混凝土 C30，钢筋 HRB335，环境类别为一类，设计使用年限 50 年。按弹性理论设计该双向板楼盖。

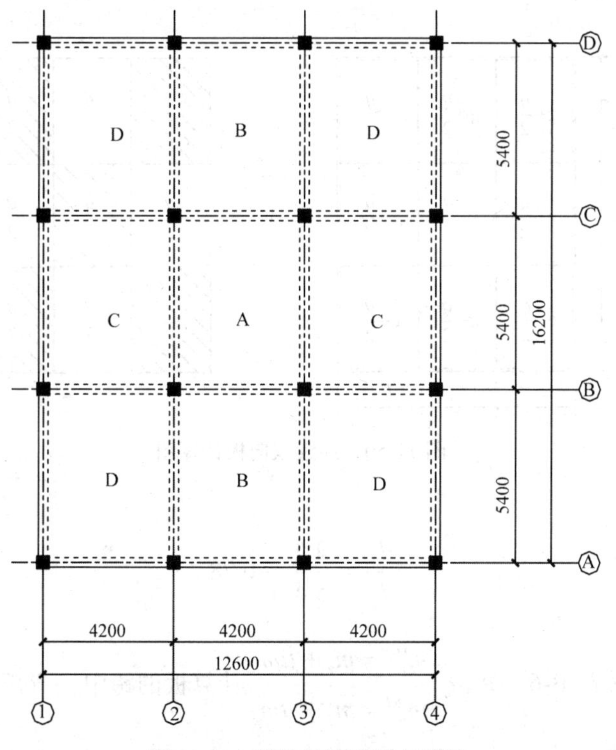

图 11-49　楼盖结构平面布置图

2．设计过程

1) 荷载计算

(1) 活荷载。

取活荷载分项系数为 1.4，则 $q=4.0\times1.4=5.6\,\text{kN/m}^2$。

(2) 恒荷载。

20mm 厚水泥砂浆面层：$0.020\times20=0.4\ \text{kN/m}^2$

100mm 厚钢筋混凝土板：$0.100\times25=2.5\text{kN/m}^2$

20mm 板底混合砂浆粉刷：$0.020\times17=0.34\ \text{kN/m}^2$

$$g=1.2\times(0.4+2.5+0.34)=3.89\ \text{kN/m}^2$$

因此

$$g+q=5.6+3.89=9.46\ \text{kN/m}^2$$

$$g+q/2=3.89+5.6/2=6.69\ \text{kN/m}^2$$

$$q/2=5.6/2=2.8\ \text{kN/m}^2$$

2) 内力计算

(1) 计算跨度。

中间跨：$l_0=l_c$，此处 l_c 为轴线间的距离；l_{0x}=4.2m，l_{0y}=5.4m。

边跨：$l_0=l_n+b$，此处 l_n 为板净跨，b 为梁宽。l_{0x}=4.2m，l_{0y}=5.4m。

(2) 弯矩计算。

求跨中最大正弯矩时，活荷载采用“棋盘式布置”。跨中弯矩为正对称荷载 $g+q/2$ 及反对称荷载 $\pm q/2$ 作用下的跨中弯矩值之和(图 11-50)。求支座最大负弯矩时，活荷载满布，即求 $g+q$ 作用下的支座弯矩。

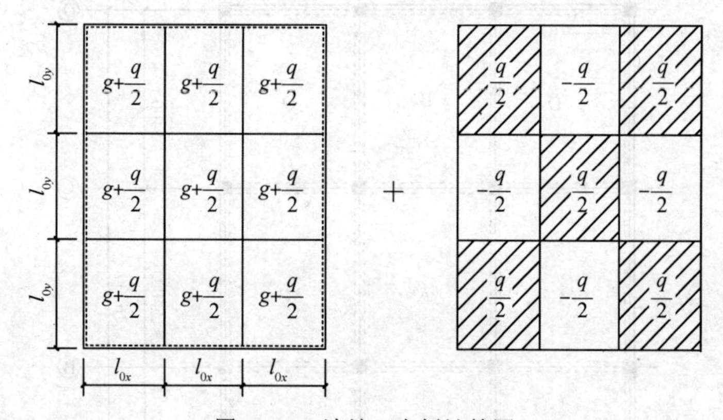

图 11-50　连续双向板计算图

A 区格板：

$$\frac{l_{0x}}{l_{0y}}=\frac{4.2}{5.4}=0.78$$

查附表 B-1～附表 B-6，并按 $\begin{cases} m_x^{(u)}=m_x+\mu m_y \\ m_y^{(u)}=m_y+\mu m_x \end{cases}$ 计算板的跨中正弯矩；板的支座负弯矩按 $g+q$ 作用下计算。

$$m_x^{(u)}=(0.0281+0.2\times0.0138)\left(g+\frac{q}{2}\right)l_{0x}{}^2+(0.0585+0.2\times0.0327)\frac{q}{2}\,l_{0x}^2$$

$$=0.0309\times6.69\times4.2^2+0.065\times2.8\times4.2^2=6.85\text{kN·m/m}$$

$$m_y^{(u)}=(0.0138+0.2\times0.0281)\left(g+\frac{q}{2}\right)l_{0x}{}^2+(0.0327+0.2\times0.0585)\frac{q}{2}\,l_{0x}^2$$

$$=0.0194\times6.69\times4.2^2+0.0444\times2.8\times4.2^2=4.48\text{kN·m/m}$$

$$m_x'=-0.0679(g+q)\,l_{0x}^2=-0.0679\times9.49\times4.2^2=-11.37\text{kN·m/m}$$

$$m_y'=-0.0561(g+q)\,l_{0x}^2=-0.0561\times9.49\times4.2^2=-9.39\text{kN·m/m}$$

B 区格板：

$$\frac{l_{0x}}{l_{0y}}=\frac{4.2}{5.4}=0.78$$

$$m_x^{(u)}=(0.0318+0.2\times0.0118)\left(g+\frac{q}{2}\right)l_{0x}{}^2+(0.0585+0.2\times0.0327)\frac{q}{2}\,l_{0x}^2$$

$$=0.0342\times6.69\times4.2^2+0.0650\times2.8\times4.2^2=7.24\text{kN·m/m}$$

$$m_y^{(u)}=(0.0118+0.2\times0.0318)\left(g+\frac{q}{2}\right)l_{0x}{}^2+(0.0327+0.2\times0.0585)\frac{q}{2}\,l_{0x}^2$$

$$=0.0182\times6.69\times4.2^2+0.0444\times2.8\times4.2^2=4.34\text{kN·m/m}$$

$$m_x'=-0.0733(g+q)\,l_{0x}{}^2=-0.0733\times9.49\times4.2^2=-12.27\text{kN·m/m}$$

$$m_y'=-0.0571(g+q)\,l_{0x}{}^2=-0.0571\times9.49\times4.2^2=-9.56\text{kN·m/m}$$

C 区格板：

$$\frac{l_{0x}}{l_{0y}}=\frac{4.2}{5.4}=0.78$$

$$m_x^{(u)}=(0.0215+0.2\times0.0306)\left(g+\frac{q}{2}\right)l_{0x}{}^2+(0.0327+0.2\times0.0585)\frac{q}{2}\,l_{0x}^2$$

$$=0.0276\times6.69\times4.2^2+0.0444\times2.8\times4.2^2=5.45\text{kN·m/m}$$

$$m_y^{(u)}=(0.0306+0.2\times0.0215)\left(g+\frac{q}{2}\right)l_{0x}{}^2+(0.0585+0.2\times0.0327)\frac{q}{2}\,l_{0x}^2$$

$$=0.0349\times6.69\times4.2^2+0.0650\times2.8\times4.2^2=7.33\text{kN·m/m}$$

$$m_x'=-0.0716(g+q)\,l_{0x}{}^2=-0.0716\times9.49\times4.2^2=-11.99\text{kN·m/m}$$

$$m_y'=-0.0798(g+q)\,l_{0x}{}^2=-0.0798\times9.49\times4.2^2=-13.36\text{kN·m/m}$$

D 区格板：

$$\frac{l_{0x}}{l_{0y}}=\frac{4.2}{5.4}=0.78$$

$$m_x^{(u)}=(0.0369+0.2\times0.0198)\left(g+\frac{q}{2}\right)l_{0x}^{\ 2}+(0.0585+0.2\times0.0327)\frac{q}{2}\ l_{0x}^2$$

$$=0.0409\times6.69\times4.2^2+0.0650\times2.8\times4.2^2=8.03\text{kN·m/m}$$

$$m_y^{(u)}=(0.0198+0.2\times0.\ 0369)\left(g+\frac{q}{2}\right)l_{0x}^{\ 2}+(0.0327+0.2\times0.0585)\frac{q}{2}\ l_{0x}^2$$

$$=0.0272\times6.69\times4.2^2+0.0444\times2.8\times4.2^2=5.40\text{kN·m/m}$$

$$m_x'=-0.0905(g+q)\ l_{0x}^{\ 2}=-0.0905\times9.49\times4.2^2=-15.15\text{kN·m/m}$$

$$m_y'=-0.0753(g+q)\ l_{0x}^{\ 2}=-0.0753\times9.49\times4.2^2=-12.61\text{kN·m/m}$$

3) 配筋计算

混凝土强度等级为 C30，查得混凝土保护层厚度 c=15mm，因此 a_s=20mm，截面有效高度：l_{0x}(短跨)方向跨中截面的 h_{01}=100−20=80mm，l_{0y}(长跨)方向跨中截面的 h_{02}=100−30=70mm，支座截面处 h_0 均为 80mm。

截面配筋计算结果及实际配筋见表 11-22。其中 $\alpha_s=\dfrac{m}{\alpha_1 f_c b h_0^{\ 2}}$，$\xi=1-\sqrt{1-2\alpha_s}$，$A_s=\dfrac{\alpha_1 f_c b\xi h_0}{f_y}$。

表 11-22　按弹性理论计算配筋

截面			h_0/mm	m/(kN·m/m)	α_s	ξ	A_s/(mm²/m)	配筋	实配 A_s/(mm²/m)
跨中	A 区格	l_{0x} 方向	80	6.85	0.075	0.078	297	Φ8@150	335
		l_{0y} 方向	70	4.48	0.064	0.066	220	Φ8@200	251
	B 区格	l_{0x} 方向	80	7.24	0.079	0.082	313	Φ8@150	335
		l_{0y} 方向	70	4.34	0.062	0.064	214	Φ8@200	251
跨中	C 区格	l_{0x} 方向	80	5.45	0.060	0.062	236	Φ8@200	251
		l_{0y} 方向	70	7.33	0.107	0.111	371	Φ8@130	387
	D 区格	l_{0x} 方向	80	8.03	0.088	0.092	351	Φ8@130	387
		l_{0y} 方向	70	5.40	0.077	0.080	267	Φ8@180	279
支座	A→B		80	−9.56	0.104	0.110	419	Φ8@120	419
	A→C		80	−11.99	0.131	0.141	538	Φ10@130	604
	B→D		80	−15.15	0.165	0.181	690	Φ10@110	714
	C→D		80	−13.36	0.146	0.159	606	Φ10@130	604

其他支座处弯矩均为零，只需要按照构造配筋，选筋 Φ8@200(实际面积 251mm²)。板的配筋图如图 11-51 所示。

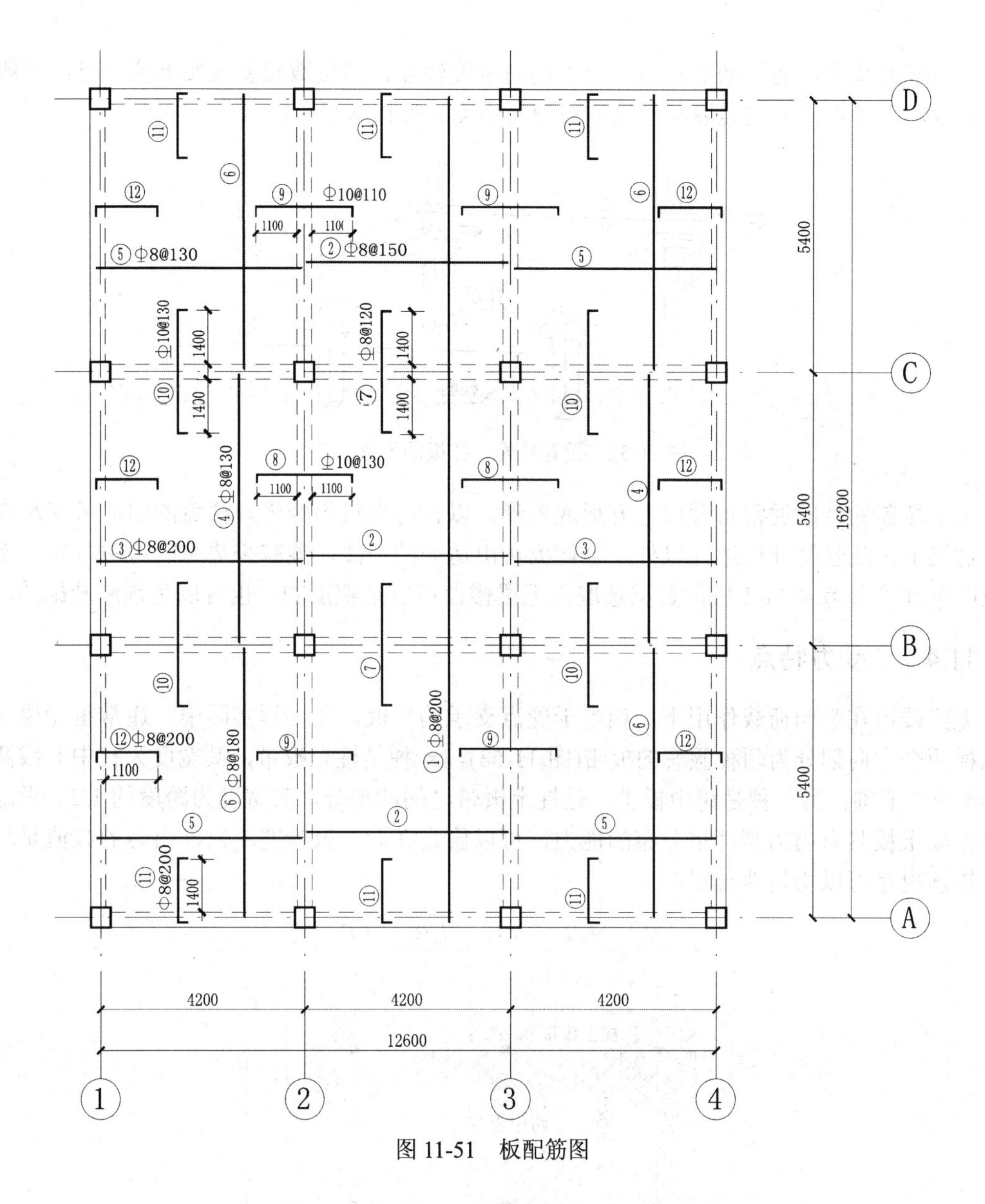

图 11-51 板配筋图

11.4 无梁楼盖

11.4.1 概述

无梁楼盖是指在楼盖中不设肋梁，而将板直接支承在柱上，是一种双向受力的板柱结构。无梁楼盖的主要优点是结构高度小、板底平整、构造简单、施工方便。根据经验，当楼面可变荷载标准值在 5 kN/m^2 以上、跨度在 6m 以内时，无梁楼盖较肋梁楼盖经济。因而无梁楼盖常用于多层厂房、商场、车库等建筑。

无梁楼盖结构由于取消了肋梁，楼盖的抗弯刚度减小、挠度增大，而且柱子周边的剪应力高度集中，可能会引起局部板的冲切破坏。通过在柱的上端设置柱帽、托板(图 11-52)可以减小板的挠度，提高板柱连接处的冲切承载力；当不设置柱帽、托板时，一般需在板柱连接处配置剪切钢筋满足受冲切承载力的要求。通过施加预应力或采用密肋板也能有效地增加刚度、减小板的挠度，而不增加自重。由于侧向刚度较差，当层数较多或要求抗震时，一般需设剪力墙，形成板柱—抗震墙结构来增加侧向刚度、抵抗水平荷载。

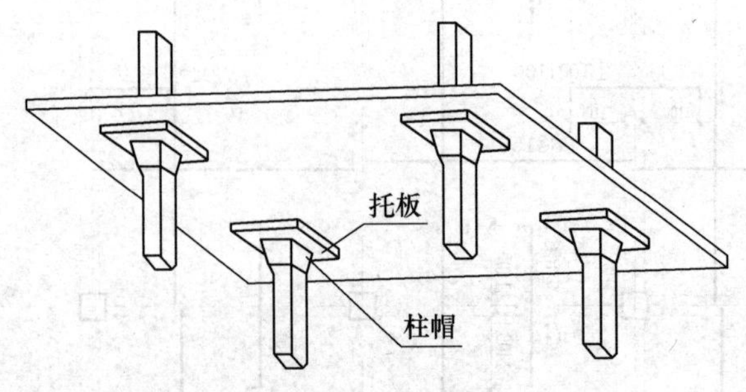

图 11-52 设置柱帽、托板的无梁楼盖

无梁楼盖的柱网通常布置成正方形或矩形，以正方形最为经济。楼盖的四周可支承在墙上或边梁上，或悬臂伸出边柱以外。悬臂板挑出适当的距离，能减少边跨的跨中弯矩。无梁楼板的厚度可参考表 11-1 中的数据选取。无梁楼盖可以是整浇的，也可以是预制装配的。

11.4.2 受力特点

无梁楼盖在竖向荷载作用下，相当于受点支承的平板，在工程实际中，通常将无梁楼盖在纵横两个方向划分为两种假想的板带(图 11-53)，一种是柱上板带，其宽度为柱中心线两侧各 1/4 跨度范围；另一种是跨中板带，是柱上板带之间的部分，其宽度为跨度的 1/2。考虑到钢筋混凝土板具有内力塑性重分布的能力，可以假定在同一板带宽度内，内力的数值是均匀的，钢筋也是可以均匀地布置。

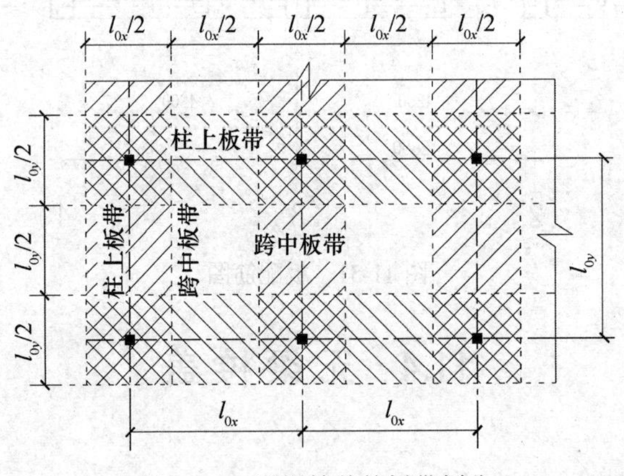

图 11-53 无梁楼盖的板带划分

无梁楼盖中柱上板带和跨中板带的弯曲变形和弯矩分布大致如图 11-54 所示。板在柱顶处的变形为峰形凸曲面，在区格中部处的变形为碗型凹曲面。因此，板在跨内截面上均为正弯矩，且在柱上板带内的弯矩 M_2 较大，在跨中板带内的弯矩 M_4 较小；而在柱中心线截面上为负弯矩，由于柱的存在，柱上板带的刚度比跨中板带的刚度大得多。因此，柱上板带可以视作支承在柱上的“连续板”，而跨中板带则可视作支承在与它垂直的柱上板带的“连续板”(当柱的线刚度相对较小时，板柱之间可视为铰接；否则应该将板与柱之间视为框架)。

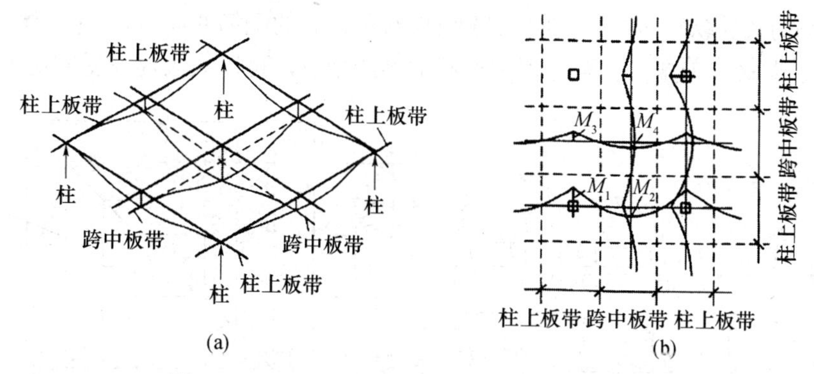

图 11-54 无梁楼盖板带的弯曲变形及弯矩分布

无梁板虽然是双向受力，但其受力特点却更接近于单向板，只不过单向板是一个方向由板受弯、另一个方向由梁受弯；而无梁板在两个方向都是由板受弯。与单向板不同的是，在无梁板计算跨度内的任一截面，内力与变形沿宽度方向是处处不同的。

试验表明，无梁楼板在开裂前，处于未裂工作阶段；随着荷载增加，裂缝首先在柱帽顶部出现，随后不断发展，在跨中中部 1/3 跨度处，相继出现成批的板底裂缝，这些裂缝相互正交，且平行于柱列轴线。即将破坏时，在柱帽顶上和柱列轴线上的板顶裂缝以及跨中的板底裂缝中出现一些特别大的裂缝，在这些裂缝处，受拉钢筋屈服，受压的混凝土压应变达到极限压应变值，最终导致楼板破坏。破坏时的板顶裂缝分布情况见图 11-55(a)，板底裂缝分布情况见图 11-55(b)。

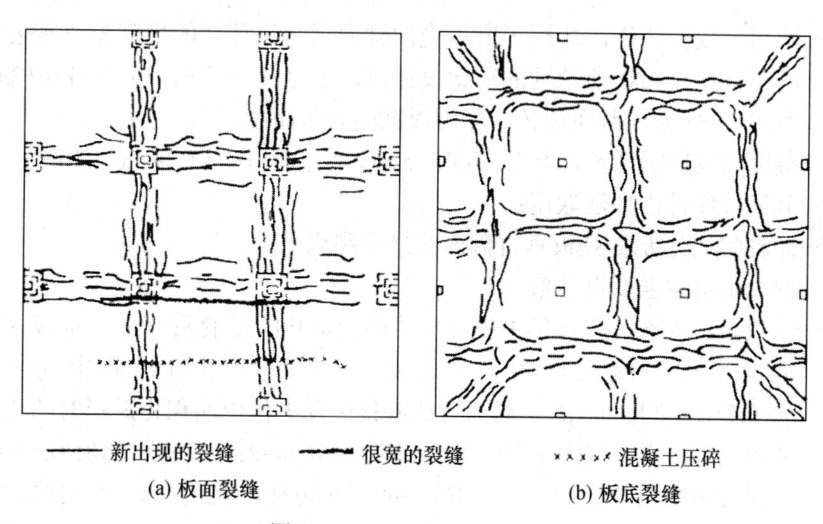

图 11-55 无梁楼板裂缝分布

11.4.3 柱帽及板受冲切承载力计算

1. 冲切试验结果

柱帽的设计应满足柱帽边缘处平板的受冲切承载力要求。当满布荷载时，无梁楼盖中的内柱柱帽边缘处的平板，可以认为承受集中反力的冲切，见图 11-56。集中反力的平板冲切，属于在局部荷载下具有均布反压力的冲切情况。通过试验发现：冲切破坏时，形成破坏锥体的锥面与平板面大致呈 45°倾角；受冲切承载力与混凝土轴向抗拉强度、局部荷载的周边长度

(柱或柱帽周长)及板纵横两个方向的配筋率(仅对不太高的配筋率而言)，均大体呈线性关系，与板厚大体呈抛物线关系；具有弯起钢筋和箍筋的平板，可以大大提高受冲切承载力。

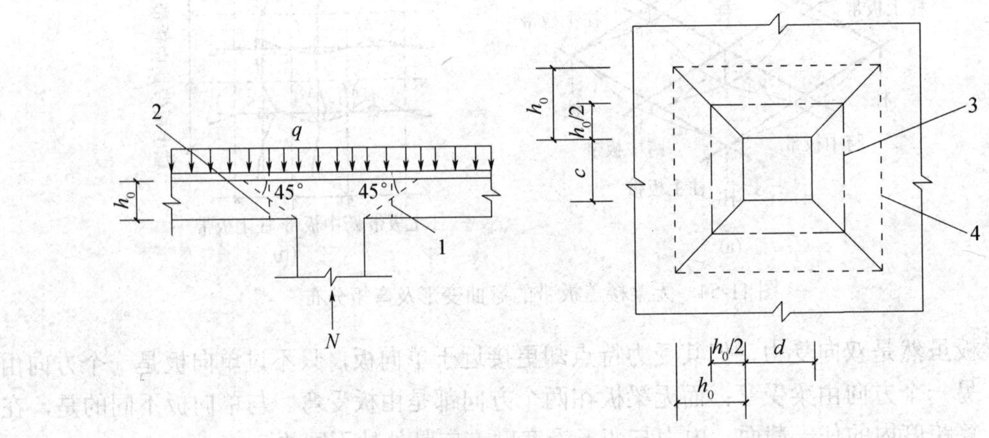

图 11-56　集中反力作用下板受冲切承载力的计算

1—冲切破坏锥体的斜截面；2—临界截面；3—临界截面的周长；4—冲切破坏锥体的底面线。

2．受冲切承载力计算

根据受冲切承载力试验结果，并参考国外有关资料，我国采用的计算方法如下：

(1) 对于不配置箍筋或弯起钢筋的钢筋混凝土平板，其受冲切承载力按下式计算：

$$F_l \leqslant 0.7\beta_h f_t \eta u_m h_0 \tag{11-52}$$

式中 F_l——冲切荷载设计值，即柱子所承受的轴向压力设计值的层间差值减去柱顶冲切破坏锥体范围内板所承受的荷载设计值，参见图 11-56，$F_l=N-q(c+2h_0)(d+2h_0)$，其中 c，d 为柱截面边长，h_0 为板截面有效高度；

B_h——截面高度影响系数，当 $h\leqslant$800mm 时，取 β_h=1.0；当 $h\geqslant$2000mm 时，取 β_h=0.9，其间按线性内插法取用；

u_m——距柱帽周边 $h_0/2$ 处板垂直截面的最不利周长；

f_t——混凝土抗拉强度设计值；

η——系数，取局部荷载或集中反力作用面积形状的影响系数 η_1、计算截面周长与板截面有效高度之比的影响系数 η_2 中的较小值，其中 $\eta_1=0.4+1.2/\beta_s$，$\eta_2=0.5+\alpha_s h_0/(4u_m)$。$\beta_s$ 是局部荷载或集中反力作用面积为矩形时的长边与短边尺寸的比值，β_s 不宜大于 4；当 $\beta_s<2$ 时，取 β_s=2；对圆形冲切面取 β_s=2。α_s 是柱位置的影响系数，对中柱，取 α_s=40；对边柱，取 α_s=30；对角柱，取 α_s=20。

(2) 当受冲切承载力不能满足式(11-52)的要求，且板厚不小于 150mm 时，可配置箍筋或弯起钢筋。此时受冲切截面应符合下列条件：

$$F_l \leqslant 1.2 f_t \eta u_m h_0 \tag{11-53}$$

当配置箍筋时，受冲切承载力按下式计算：

$$F_l \leqslant 0.5\eta f_t u_m h_0 + 0.8 f_{yv} A_{svu} \tag{11-54}$$

当配置弯起钢筋时，受冲切承载力按下式计算：

$$F_l \leqslant 0.5\eta f_t u_m h_0 + 0.8 f_y A_{sbu} \sin a \tag{11-55}$$

式中 A_{svu}——与呈 45°冲切破坏锥体斜截面相交的全部箍筋截面面积；

A_{sbu}——与呈 45°冲切破坏锥体斜截面相交的全部弯起钢筋截面面积；

α——弯起钢筋与板底面的夹角；

f_y、f_{yv}——弯起钢筋和箍筋的抗拉强度设计值。

对于配置受冲切的箍筋或弯起钢筋的冲切破坏锥体以外的截面，仍应按式(11-52)进行受冲切承载力验算。此时，取冲切破坏锥体以外 $0.5h_0$ 处的最不利周长。

11.4.4 无梁楼盖的内力计算

无梁楼盖的内力也有按弹性理论和塑性铰线法两种计算方法。按弹性理论的计算方法中，有精确计算法、等代框架法、经验系数法、弯矩系数法等。下面简单介绍设计中常用的弯矩系数法和等代框架法。

1. 经验系数法

经验系数法又称直接设计法或总弯矩法，是在弹性薄板理论的基础上，给出柱上板带和跨中板带的跨中和支座截面的弯矩系数；计算时先算出两个方向的总弯矩，再将截面总弯矩乘以相应的弯矩计算系数，分配给同一方向的柱上板带和跨中板带。

为了使各截面的弯矩设计值适应各种活荷载的不利布置，使用该方法要求无梁楼盖的布置必须满足下列条件：

(1) 每个方向至少应有三个连续跨；

(2) 同方向相邻跨度的差值不超过较长跨度的 1/3；

(3) 任一区格板的长边与短边之比值≤1.5；

(4) 活荷载和恒荷载之比值 $q/g \leqslant 3$。

用该方法计算时，只考虑全部均布荷载，不考虑活荷载的不利布置。

弯矩系数法的计算步骤如下：

(1) 分别按下式计算每个区格两个方向的总弯矩设计值：

$$x\text{ 方向}\qquad M_{0x}=\frac{1}{8}(g+q)l_{0y}\left(l_{0x}-\frac{2}{3}c\right)^2 \tag{11-56}$$

$$y\text{ 方向}\qquad M_{0y}=\frac{1}{8}(g+q)l_{0x}\left(l_{0y}-\frac{2}{3}c\right)^2 \tag{11-57}$$

式中 l_{0x}、l_{0y}——两个方向的柱网轴线尺寸；

g、q——板单位面积上作用的恒荷载和活荷载设计值(kN/m^2)；

c——柱帽在计算弯矩方向的有效宽度，按图 11-57 确定，图中的 l 为相应方向的柱距。

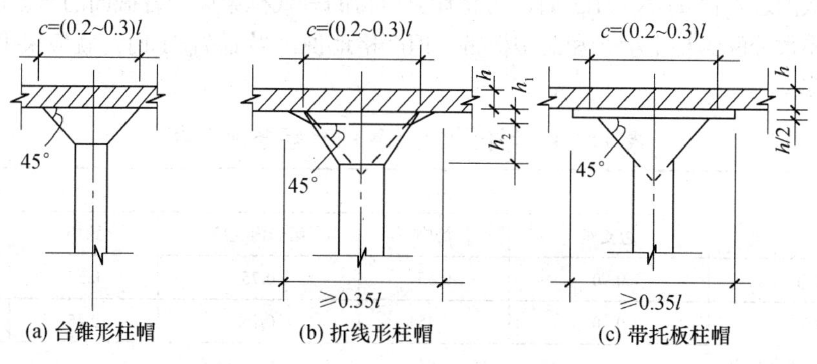

图 11-57 各种形式柱帽和柱帽计算宽度

(2) 将每一方向的总弯矩，分别分配给柱上板带和跨中板带的支座截面和跨中截面，即将总弯矩(M_{0x} 或 M_{0y})乘以表 11-23 中所示的系数。

表 11-23 经验系数法总弯矩分配系数

截面位置	边跨			内跨	
	边支座	跨中	第一内支座	跨中	支座
柱上板带	−0.48	0.22	−0.50	0.18	−0.50
跨中板带	−0.05	0.18	−0.17	0.15	−0.17
注：(1)表中系数可用于长跨和短跨之比小于 1.5； (2)端跨外有悬臂板，且悬臂板端部的负弯矩大于端跨边支座弯矩时，需考虑悬臂弯矩对边支座和内跨弯矩的影响					

2. 等代框架法

无梁板结构不符合弯矩系数法的应用条件时，可采用等代框架法计算结构的内力，即将整个无梁板结构分别沿纵横柱列方向划分为纵向等代和横向等代框架。等代柱的截面即原柱的截面。等代柱的计算高度为：对底层，取为基础顶面至楼板底面的高度减去柱帽的高度；对于其他各楼层，取为层高减去柱帽的高度。等代框架梁就是各层的无梁楼板，等代梁的宽度取为板跨中心线间的距离(l_{0x} 或 l_{0y})，高度取为板的厚度，跨度在两个方向分别取为 $l_{0x}-2c/3$ 和 $l_{0y}-2c/3$。

当仅有竖向荷载作用时，框架可按分层法简化计算，即将复杂的多层等代框架的计算转化为简单的两层或单层(顶层)框架的计算，见图 11-58。

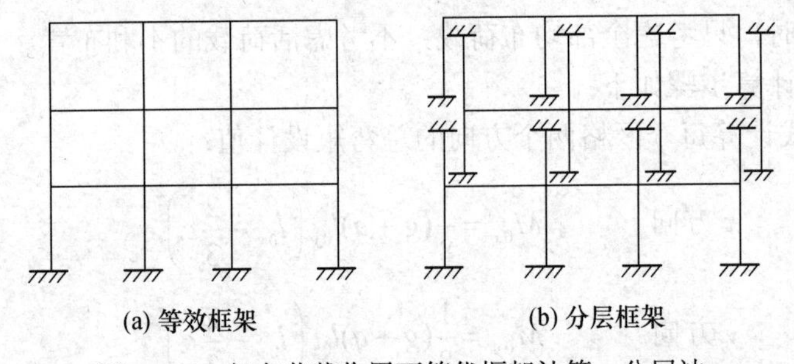
(a) 等效框架　　　　(b) 分层框架

图 11-58 竖向荷载作用下等代框架计算—分层法

按等代框架计算时，应考虑可变荷载的最不利布置。但当可变荷载值不超过永久荷载值的 75%时，可变荷载可按各跨满布考虑。

当区格板的边长比 $l_{0x}/l_{0y}\leqslant 1.5$ 时，可将计算所得的等代框架梁中各截面的弯矩值按表 11-24 所示的分配系数分配给柱上板带和跨中板带。但严格地说，当 $l_{0x}/l_{0y}\neq 1$ 时，就应采用表 11-25 所示的分配系数。

表 11-24 等代框架计算的弯矩分配系数

项目	边跨			内跨	
	边支座	跨中	第一内支座	跨中	支座
柱上板带	0.90	0.55	0.75	0.55	0.75
跨中板带	0.10	0.45	0.25	0.45	0.25
注：本表适用于周边连续板					

表 11-25　不同边长比时柱上板带和跨中板带弯矩分配系数

l_{0x}/l_{0y}	负弯矩		正弯矩	
	柱上板带	跨中板带	柱上板带	跨中板带
0.5～0.6	0.55	0.45	0.50	0.50
0.6～0.75	0.65	0.35	0.55	0.45
0.75～1.33	0.70	0.30	0.60	0.40
1.33～1.67	0.80	0.20	0.75	0.25
1.67～2.0	0.85	0.15	0.85	0.15

注：(1) 本表适用于周边连续板；

(2) 对有柱帽的平板，表中的分配值应做如下修正：

负弯矩：柱上板带+0.05，跨中板带-0.05；

正弯矩：柱上板带-0.05，跨中板带+0.05；

(3) 在保持总弯矩值不变的情况下，允许在板带之间或支座弯矩与跨中弯矩之间相应调幅 10%

等代框架法的计算步骤如下：

(1) 计算等代框架梁、柱的几何特征；

(2) 按框架计算内力，当仅有竖向荷载作用时，可近似按分层法计算；

(3) 计算所得的等代框架控制截面总弯矩，按照划分的柱上板带和跨中板带分别确定支座和跨中弯矩设计值，即将总弯矩乘以表 11-24 或表 11-25 中所列的分配比值。

3．截面设计与构造要求

1) 楼板的厚度

无梁楼板一般是等厚的，除需满足承载力要求以外，还需满足刚度要求。板厚 h 的取值应符合表 11-1 的规定。当无柱帽时，柱上板带可适当加厚，加厚部分的宽度可取相应板跨的 0.3 倍左右。

2) 楼板的配筋

板中钢筋通常沿纵横两个方向均匀布置于各自的板带上。钢筋的直径和间距，与一般双向板的要求相同，对于承受负弯矩的钢筋，其直径不宜小于 12mm，以保证施工时具有一定的刚度。

无梁楼盖中的配筋形式也有弯起式和分离式两种。钢筋弯起或切断的位置应满足图 11-59 所示的要求。

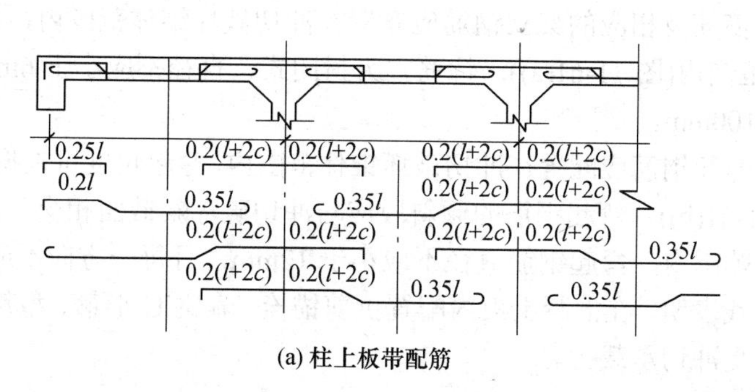

(a) 柱上板带配筋

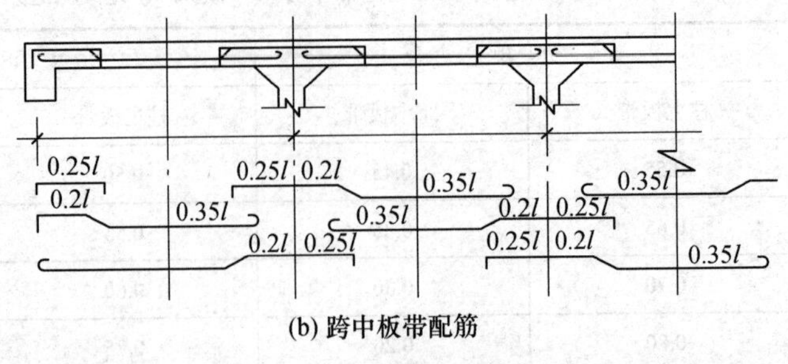

(b) 跨中板带配筋

图 11-59　无梁楼板的配筋构造

如果将柱网轴线上一定数量的钢筋连通起来，对于防止因整块板掉落而引起的结构连续性倒塌是有利的。

3) 柱帽

在板柱间设置柱帽，可以增大板柱连接面积，提高板的冲切承载力。设置柱帽还可以减小板的计算跨度和柱的计算长度。但是设置柱帽也会减小室内的有效空间，且使施工不便。

柱帽主要有台锥形柱帽、折线形柱帽和带托板柱帽三种形式(图 11-57)。柱帽的计算宽度按 45°压力线确定，一般取 c=(0.2～0.3)l，l 为板区格相应方向的边长；托板宽度一般不小于 0.35l，托板厚度一般取板厚的一半。

柱帽内的应力值通常很小，钢筋按构造要求配置即可(图 11-60)。

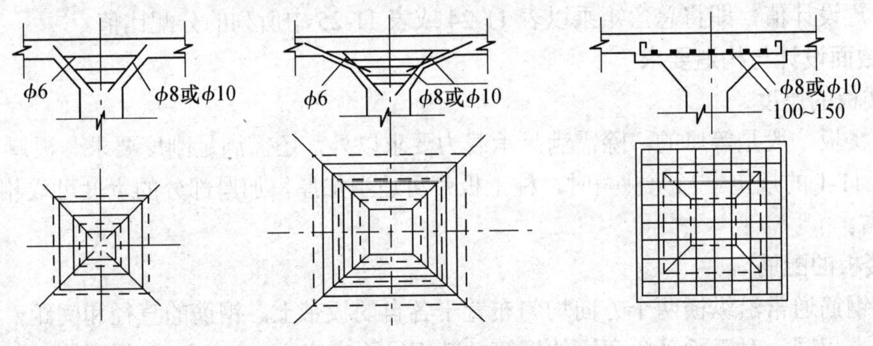

图 11-60　柱帽的配筋构造

对设置柱帽的板，按式(11-52)计算受冲切承载力时，将集中荷载的边长取为柱帽计算宽度 c。由于集中荷载面积成倍放大，通常不配置受冲切钢筋即可满足受冲切承载力的要求。

按计算所需的箍筋及相应的架立钢筋应布置在冲切破坏锥体范围内，并布置在从柱边向外不小于 1.5h_0 的范围内(图 11-61(a))；箍筋宜为封闭式，直径不应小于 6mm，间距不应大于 h_0/3，且不应大于 100mm。

按计算所需的弯起钢筋应配置在冲切破坏锥体范围内，弯起角度可根据板的厚度在 30°～45°之间选取(图 11-61(b))；弯起钢筋的倾斜段应与冲切破坏斜截面相交，其交点应在离柱边以外(1/2～1/3)h 的范围内，弯起钢筋直径不应小于 12mm，且每一方向不应小于 3 根。

研究与工程实践表明，在混凝土板内配置抗剪锚栓、扁钢 U 形箍、型钢(如工字钢、槽钢)等也能有效地提高受冲切承载力。

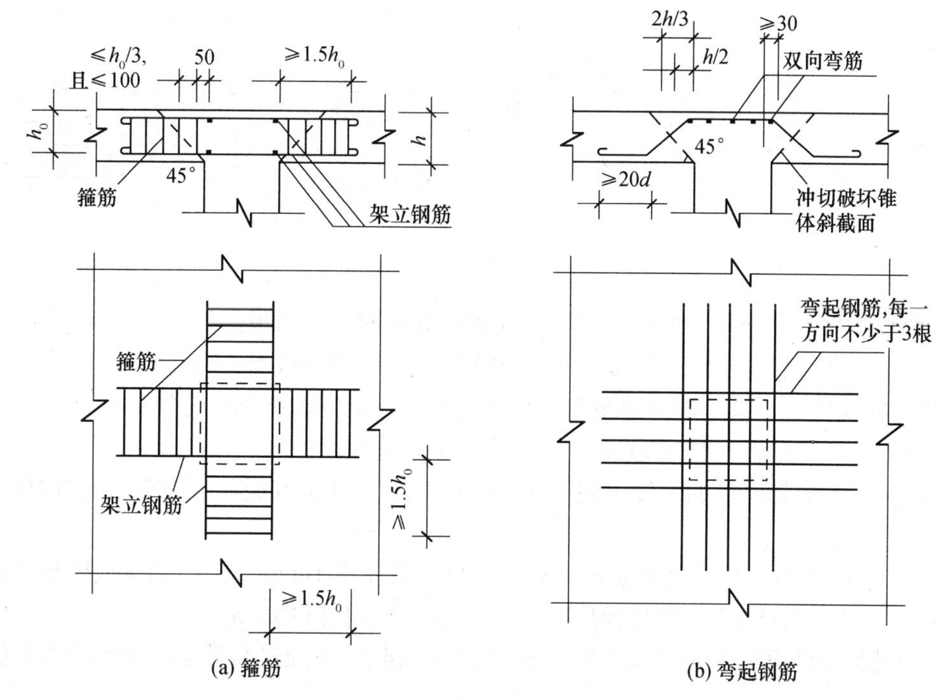

图 11-61　板中受冲切钢筋布置

4) 边梁

无梁楼盖的周边应设置边梁，其截面高度应不小于板厚的 2.5 倍，与板形成倒 L 形截面。边梁除了与边柱上的板带一起承受弯矩和剪力外，还有承受垂直于边梁轴线方向各板带传来的扭矩，所以应按弯剪扭构件进行设计，由于扭矩计算比较复杂，故可按构造要求，配置附加受扭纵筋和箍筋。

11.5　装配式楼盖

装配式楼盖有铺板式、无梁式和密肋式多种形式，其中以铺板式楼盖的应用最为广泛。在装配式楼盖中，也可以采用一部分构件预制，另一部分现浇的形式，也称装配整体式。这种形式可利用预制部分作为现浇部分的模板支承，或直接作为现浇部分的模板，可节约模板，减少现场工作量，结构的整体性也较好。

11.5.1　铺板式楼盖

1. 铺板式楼盖的布置

铺板式楼盖是将预制楼板铺设在支承梁或承重墙上而构成。预制楼板多为单跨简支布置，铺板宽度应视施工条件而定，可从 300mm 到整个房间宽度，长度一般为 2～6m。

铺板式楼盖的结构布置，应根据建筑平面尺寸、墙体承重方案及施工吊装能力等要求综合考虑。在混合结构房屋中，一般有下列几种布置方案(图 11-62)：

(1) 纵向布置。当房屋开间不大、横墙较多时，通常可将预制板沿房屋纵向直接搁置在横墙或横梁上。

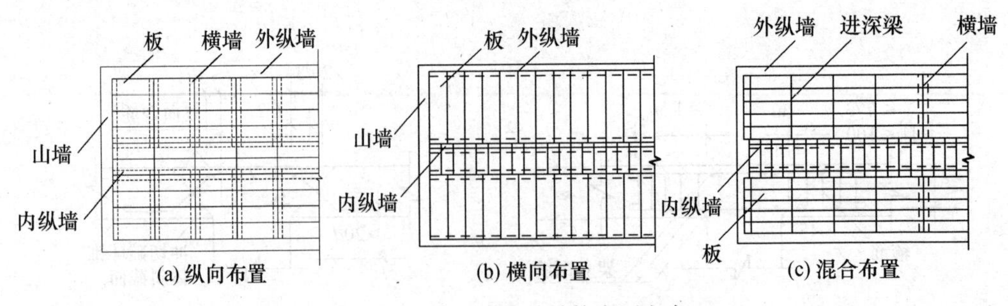

图 11-62　铺板式楼盖结构布置方案

(2) 横向布置。当横墙间距较大且层高又受到限制时，可将板沿横向直接搁置在纵墙上。

(3) 混合布置。楼盖中部分预制板沿纵向布置，部分预制板沿横向布置。

结构方案确定后，即可根据建筑平面尺寸从定形图集中选择合适的预制板。

如果预制板铺排后还剩有空隙时，可采用下列措施加以处理：

(1) 用调缝板。调缝板的宽度一般为 400mm，以它替换标准板，可调整宽度为 100mm 倍数的空隙。

(2) 扩大板缝。预制板的实际宽度比标志宽度一般要小 10mm 左右，当排板所剩空隙不大时，可适当地调整板缝宽度使空隙匀开，每次调整不宜超过±10mm。

(3) 挑砖。当排板剩下的空隙不大于半砖(120mm)时，可通过自墙面将砖挑出的办法来填补缝隙(图 11-63(a))。

(4) 局部现浇。当上述方法均不合适时，可采用现浇混凝土板带以填补缝隙(图 11-63(b))。

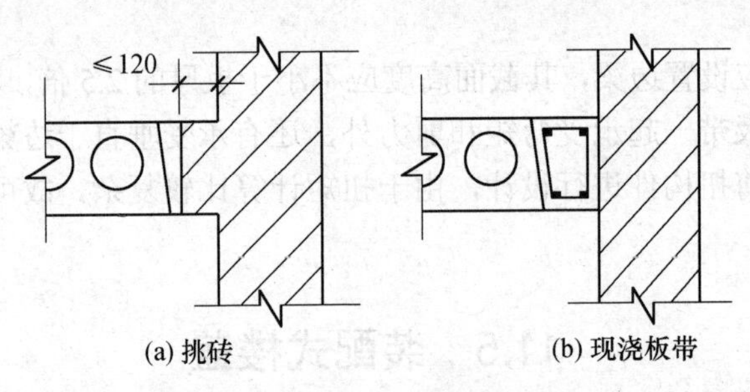

图 11-63　排板缝隙的处理

2．预制板形式

预制楼板一般采用当地的通用定型构件，由当地预制构件厂供应。它可以是预应力的，也可以是非预应力的。预制板主要有以下几种形式。

1) 实心板

实心板(图 11-64(a))上、下表面平整，制作方便。但用料多、自重大且刚度小，适用于刚度不大、跨度较小的场合。常用跨度 l 在 1.2～2.4m 范围内取值，板厚 h 可取(1/20～1/30)l,常用板厚 h 在 60～100mm 范围内取值。常用板宽(标志尺寸)B 在 500～1000mm 范围内取值。

2) 空心板

空心板孔洞的形状有圆形、矩形和长圆形等(图 11-64(b))，其中圆孔板因制作比较简单而较为常用。

空心板材料用量省、自重轻、隔音和隔热效果好、上下板面平整，并且刚度大、受力性能好。但板面不能任意开洞。

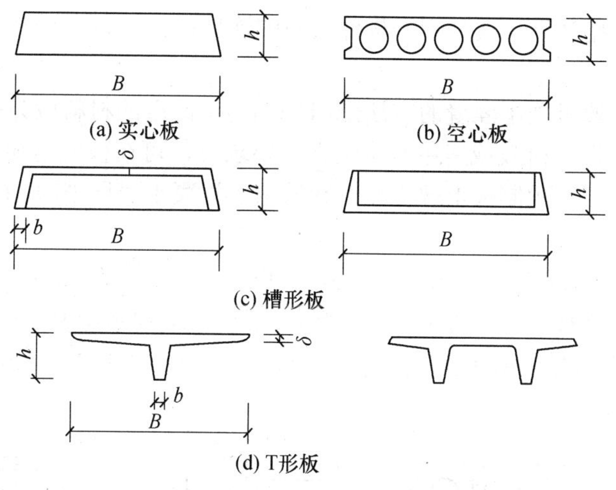

图 11-64　常用预制板截面形式

普通钢筋混凝土空心板常用跨度 l 在 2.4～4.8m 范围内取值；预应力混凝土空心板常用跨度 l 在 2.4～6m 范围内。普通钢筋混凝土空心板厚 h 在(1/20～1/25)l 范围内取值；预应力混凝土空心板厚 h 在(1/30～1/50)l 范围内取值。空心板厚通常有 h=120mm、180mm 或 240mm。常用板宽 B=600mm，900mm 或 1200mm。

3) 槽形板

槽形板由面板、纵肋和横肋组成。横肋除在板的两端设置外，在板的中部也可以设置数道以提高板的整体刚度。根据肋的方向是向下或向上，槽形板又可分为正槽形板和倒槽形板两种(图 11-64(c))。

正槽形板受力合理，与空心板比用料省、自重轻、便于开洞和设置预埋件。但它不能提供平整天棚，隔音、隔热效果差。

槽形板的常用跨度 l 在 3～6m 范围内取值，板面厚度在 25～30mm 范围内取值，纵肋高一般有 h=120mm，180mm，或 240mm，常用肋宽 B=600mm，900mm 、1200mm 和 1500 等。

4) T 形板

T 形板有单 T 形板和双 T 形板两种(图 11-64(d))。T 形板受力性能较好，能跨越较大跨度。但整体度稍逊于其他形式的预制楼板。

通常，单 T 形板和双 T 形板常用跨度 l 在 6～12m 范围内取值，肋高 h 在 300～500mm 范围内取值，板面厚度在 40～50mm 范围内取值，板宽 B 在 1500～2100mm 范围内取值。

3．预制梁形式

预制混凝土梁一般多为单跨，可以是简支梁或伸臂梁，有时也采用连续梁。梁的截面形式有矩形、I 形、T 形、倒 T 形及花篮形等(图 11-65)。当梁截面较高时，采用十字形梁或花篮形梁，可增加房屋净空高度。梁的跨高比一般为 1/14～1/18。

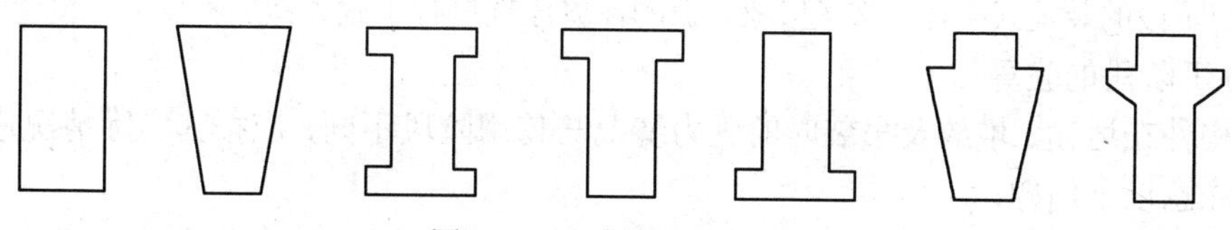
图 11-65　预制梁截面形式

4．装配式楼盖的连接

为了加强结构的整体性，要处理好构件之间的连接以保证各个预制构件能够有效工作。

1) 板与板的连接

板与板的连接一般可采用灌缝的方法(图 11-66(a))，灌缝的材料应为强度不低于 C30 的细石混凝土。当板面有振动荷载或房屋有抗震设防要求时，可在板缝内加设纵向拉结钢筋以加强整体刚性。必要时可在预制板上现浇配有钢筋网的混凝土面层(图 11-66(b))。

2) 板与墙、梁的连接

预制板搁置于墙、梁上时，板底应坐浆 10～20mm 厚，支承长度应≥100mm(图 11-66(b))。

板与非支承墙的连接，一般可采用细石混凝土灌缝(图 11-67(a))，或将圈梁设置于楼盖平面处(图 11-67(b))。当板跨≥4.8m 时，应配置锚拉筋以加强与墙体的连接(图 11-67(c))。

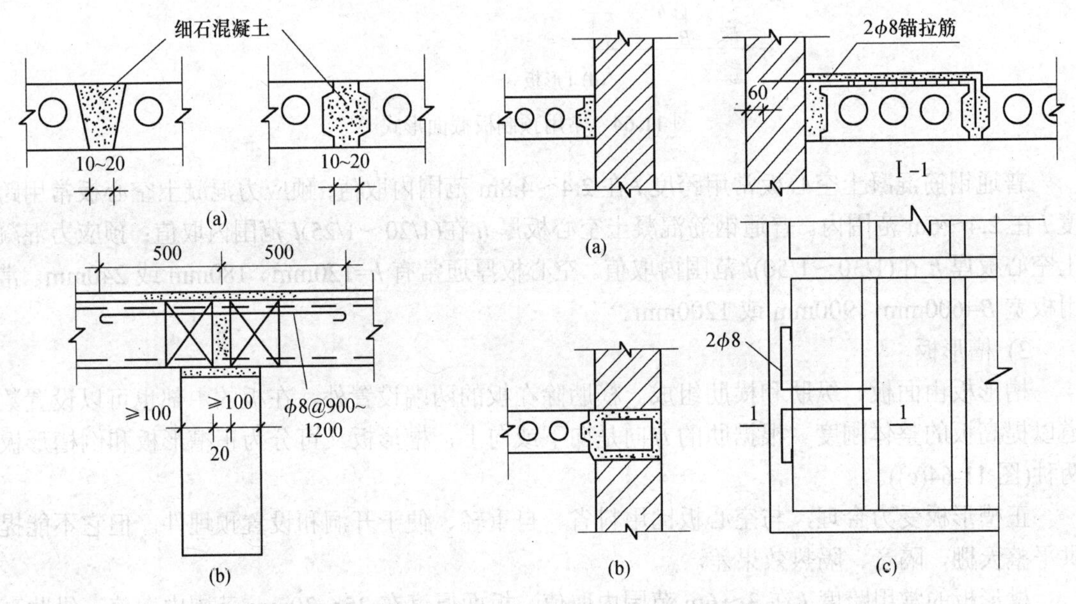

图 11-66　板与板、梁的连接构造　　图 11-67　板与墙的连接构造

3) 梁与墙的连接

梁在墙上的支承长度应满足梁内受力钢筋在支座处的锚固要求，并满足支座处砌体局部受压承载力要求。预制梁在墙上的支承长度应不小于 180mm，在支承处应坐浆 10～20mm。

11.5.2　装配式楼盖构件的计算特点

装配式楼盖的主要构件是梁和板。预制梁、板一般均为简支受弯构件，应按承载力、刚度及裂缝控制确定结构截面高度、配筋形式和数量。其计算原理与现浇楼盖相同，但由于施工方法的不同，装配式楼盖的计算分使用阶段和施工阶段两个方面。

1．使用阶段的计算

对使用阶段的装配式楼盖，按一般梁、板的计算原理进行承载力计算和变形、裂缝宽度验算。

2．施工阶段的验算

预制构件在运输、堆放及吊装时的受力情况与使用阶段不同，应按其实际情况进行验算。验算时应注意以下问题：

(1) 应按运输、堆放的实际情况和吊点位置确定计算简图；

(2) 构件进行吊装验算时，构件的自重应乘以动力系数1.5，临时固定时动力系数取为1.2；

(3) 因施工阶段的承载力是属临时性的，验算时结构的重要性系数应较使用阶段计算降低一级使用，但亦不得低于三级；

(4) 对预制板、檩条、预制小梁、挑檐和雨篷，应按在最不利位置上作用 1kN 的施工或检修集中荷载进行验算，但次集中荷载不与使用活荷载同时考虑。

3. **吊环计算**

吊环应采用 HPB300 级(I 级)钢筋制作，严禁使用冷加工钢筋，以防脆断。吊环埋入构件的深度不小于 $30d$(d 为吊环钢筋直径)，并应焊接或绑扎在钢筋骨架上。《混凝土结构设计规范》规定：在构件自重标准值作用下，每个吊环按两个截面计算的吊环应力不应大于 65 N/mm^2。当在一个构件上设有 4 个吊环时，计算时最多只考虑 3 个吊环同时发生作用。

预制梁、板标准图根据上述要求分别按施工阶段和使用阶段进行计算与构造，并对构件承载力、变形和裂缝宽度进行结构检验。

实际设计时，预制梁、板应根据标准图说明进行选用，只要计算出作用于梁、板上的均布荷载值，即可选用标准图集中的梁、板；对于非均布荷载作用时，一般应根据结构弯矩和剪力值按标准图集中梁、板受弯、剪承载力进行选用，必要时应对梁、板变形和裂缝宽度进行验算。

预制梁、板选用时还要满足建筑物的耐火等级对建筑结构燃烧性能和耐火极限的要求。

11.6 楼　梯

楼梯是多、高层房屋建筑的竖向通道，是房屋建筑的重要组成部分。楼梯的结构形式主要有板式和梁式两种。有时也采用一些比较特殊的楼梯，如悬挑式(剪刀式)楼梯、螺旋式楼梯等(图 11-68)。从施工方式上，楼梯可以分为整体式和装配式。

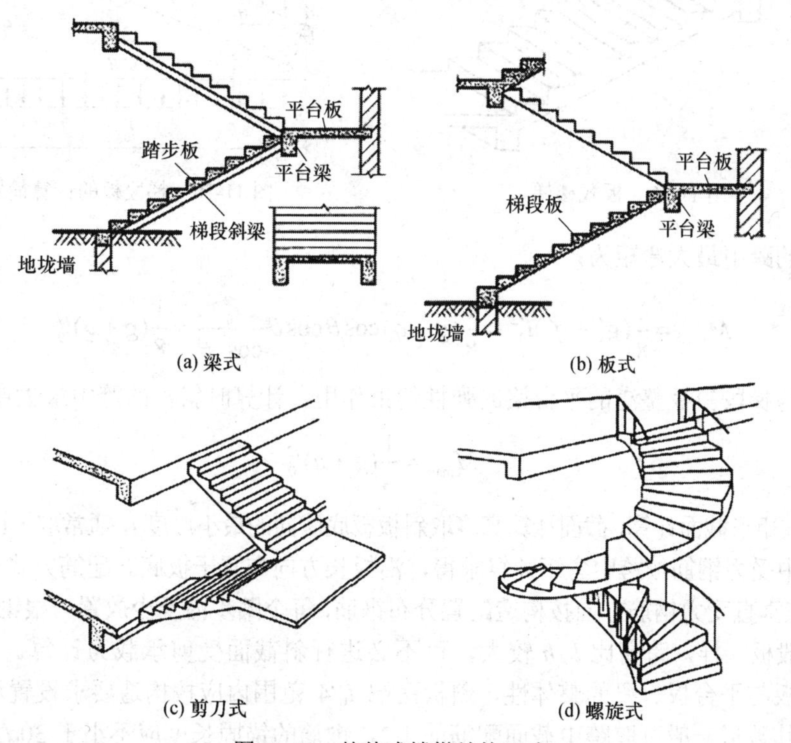

图 11-68　整体式楼梯结构形式

11.6.1 板式楼梯的设计

板式楼梯由梯段板、平台板和平台梁组成(图 11-69)，梯段板是一块带踏步的斜板，其两端支承在平台梁上，最下部的梯段板可支承在地梁或基础上。为便于施工和墙体安全，梯段板不得伸入墙体。板式楼梯的优点是下表面平整，施工时支模方便。缺点是梯段跨度较大时，斜板较厚、材料用量较多。因此，板式楼梯宜用于活荷载较小、梯段跨度不大于 3.3m 的情况。

楼梯上的恒荷载和活荷载，都以水平投影面上的均布荷载来计算。楼梯的栏杆或栏板应考虑作用于其顶部的水平荷载。

1．梯段板

计算梯段板时，可取出 1m 宽板带或以整个梯段板作为计算单元。计算简图假定为如图 11-70 所示的简支斜板，简支斜板再化作水平板进行计算，两者之间存在如下的关系：

$$l_0' = \frac{l_0}{\cos\theta}；\ g_{\mathrm{v}}' + q_{\mathrm{v}}' = (g' + q')\cos\theta；\ g' + q' = (g + q)\cos\theta \tag{11-58}$$

式中 l_0' ——梯段板的斜向计算跨度；

l_0——板的水平计算跨度；

g，q——作用于梯段板上沿水平方向的均布竖向恒荷载及活荷载的设计值。

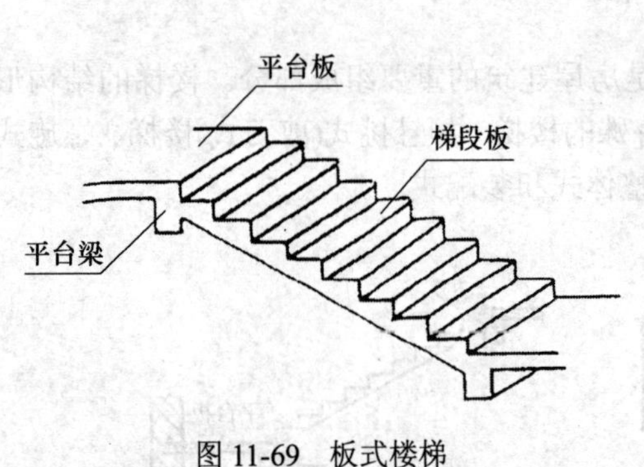

图 11-69　板式楼梯

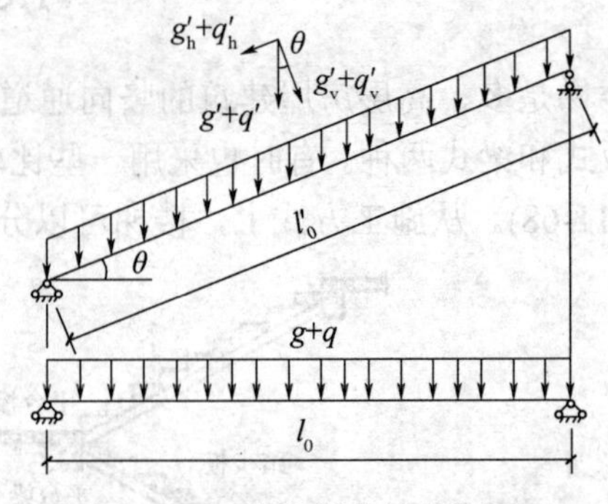

图 11-70　梯段板的计算简图

梯段板的跨中最大弯矩为：

$$M_{\max} = \frac{1}{8}(g_{\mathrm{v}}' + q_{\mathrm{v}}')l_0'^2 = \frac{1}{8}(g+q)\cos\theta\cos\theta\frac{l_0^2}{\cos^2\theta} = \frac{1}{8}(g+q)l_0^2 \tag{11-59}$$

考虑到与梯段斜板整浇的平台梁的弹性约束作用，计算时斜板的跨中最大弯矩可近似取

$$M_{\max} = \frac{1}{8}(g+q)l_0^2 \tag{11-60}$$

梯段板按矩形截面计算，截面计算高度取斜板板底法向的最小厚度 t，通常取 t=(1/30～1/25)l_0。

梯段板中受力钢筋按跨中弯矩计算求得，沿板长方向布置于板底。配筋方式有弯起式和分离式两种。在垂直受力钢筋方向按构造配置分布钢筋，每个踏步内至少放置一根钢筋(图 11-71)。梯段板和一般板一样，跨高比 l_0/h 较大，可不必进行斜截面受剪承载力计算。

考虑斜板与平台板、梁的整体性，斜板两端 $l_0/4$ 范围内应按构造要求设置承受负弯矩作用的钢筋，其数量一般可取跨中截面配筋的 1/2，钢筋的锚固长度应不小于 30d。

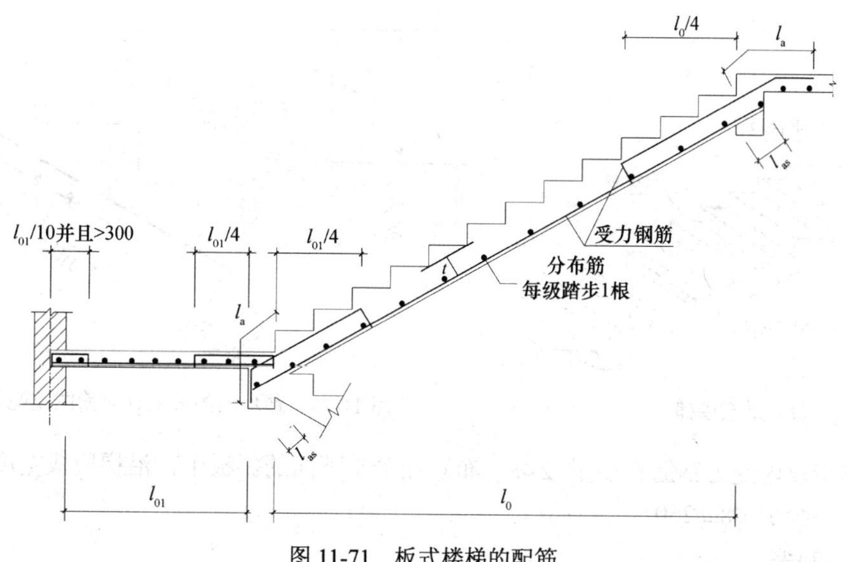

图 11-71 板式楼梯的配筋

2. 平台板

通常平台板一边支承在平台梁上，一边或者三边支承在墙体上。当板的两端与梁整体连接时，考虑梁对板的弹性约束，板的跨中弯矩可按 $M=\frac{1}{10}(g+q)l_{01}^2$ 计算。当板的一端与梁整体连接而另一端支承在墙上时，板的跨中弯矩则应按 $M=\frac{1}{8}(g+q)l_{01}^2$ 计算，式中 l_{01} 为平台板的计算跨度。

3. 平台梁

平台梁两端一般支承在楼梯间的承重墙上，承受梯段板、平台板传来的均布荷载和平台梁自重，可按简支的倒 L 形梁计算。平台梁高度一般取为 $h \geqslant l_0/12$(l_0 为平台梁的计算跨度)。其他构造要求与一般梁相同。

11.6.2 梁式楼梯的设计

梁式楼梯由踏步板、梯段斜梁、平台板和平台梁组成(图 11-72)，踏步板支承在斜梁上，斜梁支承在平台梁及楼层梁上，斜梁可位于踏步板下面或上面，也可以用现浇栏板兼做斜梁。当梯段跨度大于 3m 时，采用梁式楼梯较为经济。梁式楼梯的缺点是施工时支模比较复杂，外观也显得不够轻巧。

1. 踏步板

梁式楼梯的踏步板由斜板和三角形踏步组成，其两端支承在梯段斜梁上。踏步几何尺寸由建筑设计确定。斜板厚度 t=30～50mm，一般取 t=40mm。作用于踏步上的荷载有踏步自重、构造层自重等恒荷载和活荷载，一般按简支板计算跨中弯矩。其配筋数量按单筋矩形截面进行计算。

由于每个踏步的受力情况是相同的，计算时可在竖向切出一个踏步作为计算单元。踏步板为梯形截面，计算时截面高度近似取其平均值 $h=\frac{c}{2}+\frac{t}{\cos\theta}$。计算截面简图如图 11-73 所示。其跨中弯矩为 $M=\frac{1}{8}(g+q)l_0^2$；当踏步板的两端与梯段斜梁整体连接时，考虑支座的嵌固作用，其跨中弯矩可取为 $M=\frac{1}{10}(g+q)l_0^2$。

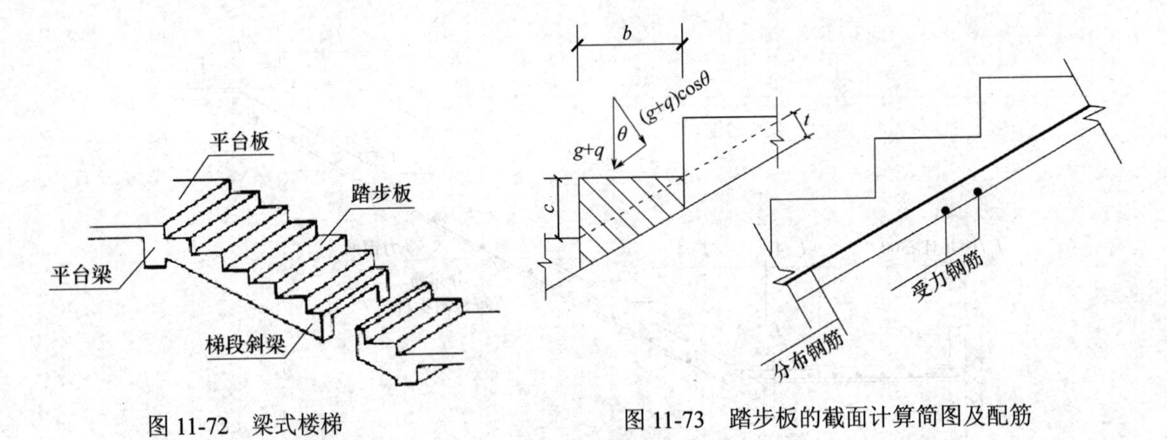

图 11-72　梁式楼梯　　　　图 11-73　踏步板的截面计算简图及配筋

每级踏步板内受力钢筋不少于 2ϕ8，布置在踏步下面的斜板中，沿梯段板宽度方向布置的分布钢筋不少于 ϕ8@250。

2．梯段斜梁

梯段斜梁按倒 L 形截面梁计算，踏步板的斜板为其受压翼缘。梯段梁的截面计算高度指垂直斜梁轴线的最小高度，一般取 $h \geqslant l_0/20$(l_0 为斜梁水平投影计算跨度)。楼梯斜梁不作刚度验算时，斜梁高度通常取 $h=(1/10 \sim 1/14)\,l_0$。梯段梁的配筋计算与一般梁相同。

当楼梯不宽时，可以采用单根斜梁并放置在楼梯宽度的中央，称为单梁式楼梯。这时，踏步板按双悬臂板设计；斜梁应按 T 形截面的弯剪扭构件设计，扭矩是由活荷载偏于一侧时所产生的。

梯段斜梁的计算原理与板式楼梯中的梯段斜板相同，其两端支承在平台梁上，计算时简化为简支斜梁，再将其化作水平方向梁计算。其计算跨度取斜梁斜向跨度的水平投影长度。

梯段斜梁承受踏步板传来的恒荷载和活荷载，以及斜梁自重和抹灰荷载。踏步板上的活荷载 q 和恒荷载 g 认为沿水平方向均匀分布，斜梁自重及其抹灰恒荷载沿斜向均匀分布，为计算方便，将沿斜向均匀分布的恒荷载 g' 简化为沿水平方向均匀分布的恒荷载 g ($g = g'l_0'/l_0 = g'/\cos\alpha$)，计算简图如图 11-74 所示。

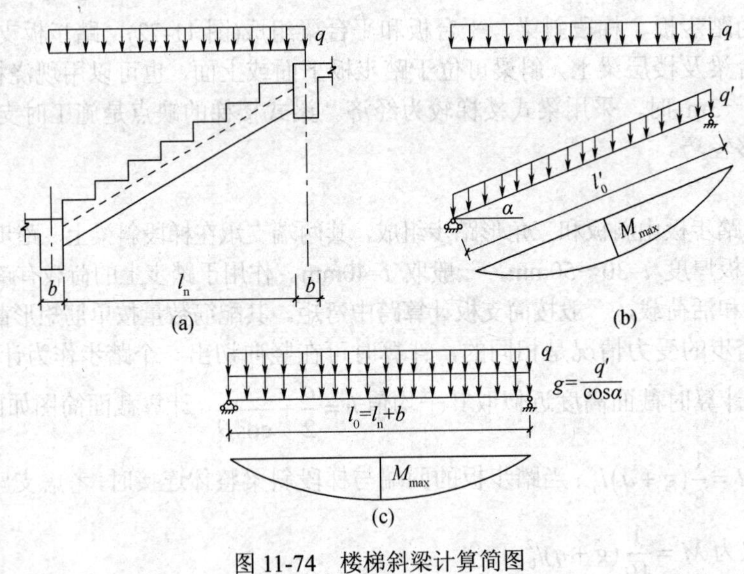

图 11-74　楼梯斜梁计算简图

计算斜梁在均布竖向荷载作用下的正截面内力时，将沿水平方向的均布竖向荷载 q 和沿斜向均布的竖向荷载 g'，均简化为垂直于斜梁及平行于斜梁方向的均布荷载，一般可忽略平行于斜梁的均布荷载，而垂直于斜梁方向的均布荷载为：

$$\frac{(g'l'_0+ql_0)\cos\alpha}{l'_0}=g'\cos\alpha+q\frac{l_0}{l'_0}\cos\alpha=(g+q)\cos^2\alpha \tag{11-61}$$

则简支斜梁正截面内力可按下列公式计算：

跨中截面最大正弯矩： $$M_{\max}=\frac{1}{8}(g+q)l_0'^2\cos^2\alpha=\frac{1}{8}(g+q)l_0^2 \tag{11-62}$$

支座截面最大剪力： $$V_{\max}=\frac{1}{2}(g+q)l'_n\cos^2\alpha=\frac{1}{2}(g+q)l_n\cos\alpha \tag{11-63}$$

式中 g，q——作用于斜梁上沿水平方向均布的竖向恒荷载和活荷载设计值；

l_0，l_n——梯段斜梁沿水平方向的计算跨度和净跨度；

α——梯段斜梁沿水平方向的夹角。

斜向梁板截面上还有压或拉(视支座情况决定)轴向力作用，一般情况下在设计中不予考虑。

梯段斜梁中的纵向受力钢筋及箍筋数量按跨中截面弯矩值及支座截面剪力值确定。考虑到平台梁、板对斜梁两端的约束作用，斜梁端上部应按构造设置承受负弯矩作用的钢筋，钢筋数量不应小于跨中截面纵向受力钢筋截面面积的1/4。钢筋在支座处的锚固长度应满足受拉钢筋锚固长度的要求，如图 11-75 所示。

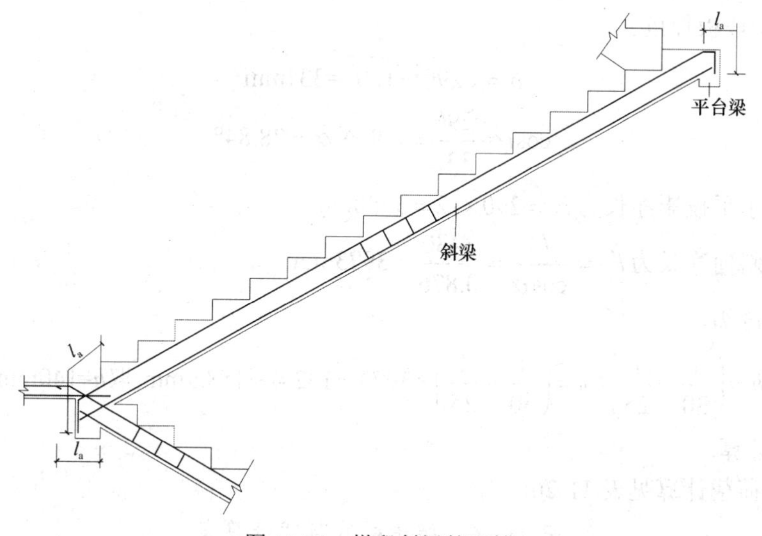

图 11-75 梯段斜梁的配筋

3. 平台梁与平台板

梁式楼梯的平台梁和平台板的计算与板式楼梯基本相同，其不同处在于梁式楼梯中的平台梁承受平台板传来的均布荷载、平台梁的自重，以及梯段梁传来的集中荷载。

11.6.3 板式楼梯设计例题

1. 设计资料

某公共建筑采用现浇钢筋混凝土板式楼梯，楼梯结构布置如图 11-76 所示。梯段板两端与平台梁整结，平台板一端与平台梁整结，另一端搁置在砖墙上，平台梁两端均支承在楼梯间的侧墙上。作用于楼梯的活荷载标准值 q=3.5kN/m^2，活荷载分项系数为 1.4，恒荷载分项系数取 1.2。楼梯做法：30mm 厚水磨石面层，底面为 20mm 厚水泥石灰砂浆抹灰。混凝土采用 C30 级(α_1=1.0，f_c=14.3N/mm^2，f_t=1.43N/mm^2，E_c=3×10^{4}N/mm^2)；钢筋采用 HRB335 钢(f_y=300N/mm^2，E_c=2.0×10^{5}N/mm^2)。试对楼梯各组成构件进行截面设计。

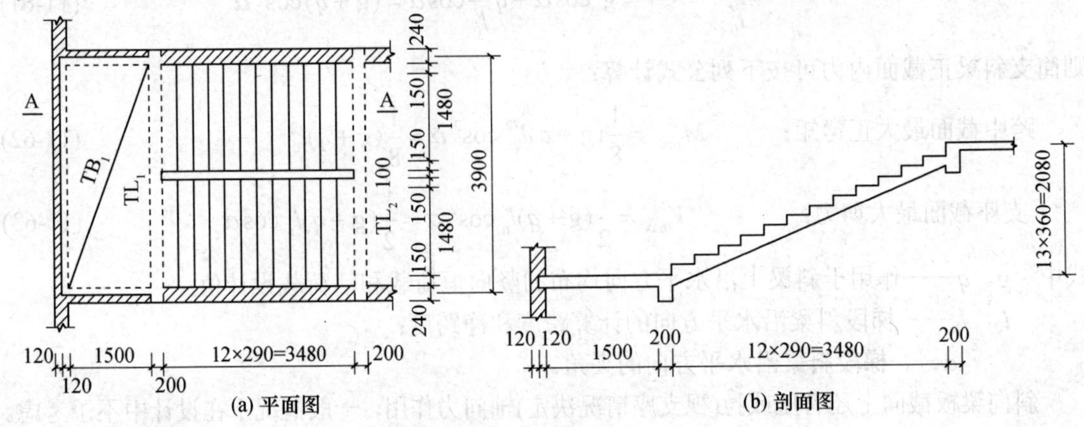

图 11-76　楼梯结构布置图

1. 计算过程

1) 梯段板设计计算

取 1m 宽板作为其计算单元。

(1) 确定梯段板厚度。

$$b=\sqrt{290^2+160^2}=331\text{mm}$$

$$\cos\alpha=\frac{290}{331}=0.876,\alpha=28.84°$$

梯段板的水平投影净长为 $l_n=290\times12=3480\text{mm}$

梯段板的斜向净长为 $l'_n=\dfrac{l_n}{\cos\alpha}=\dfrac{3480}{0.876}=3973\text{mm}$

梯段板厚度为：

$$h=\left(\frac{1}{30}\sim\frac{1}{25}\right)l'_n=\left(\frac{1}{30}\sim\frac{1}{25}\right)\times3973=132.4\sim158.9\text{mm},\text{取}h=140\text{mm}$$

(2) 荷载计算。

梯段板的荷载计算见表 11-26。

表 11-26　梯段板的荷载计算表

荷载种类		荷载标准值(kN/m)	荷载分项系数	荷载设计值(kN/m)
永久荷载	30mm 水磨石面层	(0.29+0.16)×0.65×1/0.29=1.01	—	—
	三角形踏步自重	0.5×0.29×0.16×1×25/0.29=2.00	—	—
	混凝土斜板自重	25×1×0.14/0.876=4.00	—	—
	20mm 水泥石灰砂浆抹底	0.02m×1/0.876×17 =0.39	—	—
	小计	g_k=7.40	1.2	g=8.88
可变荷载		q_k=3.5	1.4	q=4.90
全部计算荷载		—	—	$g+q$=13.78

(3) 计算简图。

梯段板两端与平台整体连接，其计算跨度等于净跨，即 $l_0 = l_n = 3480\text{mm}$。梯段板的计算简图如图 11-77 所示。

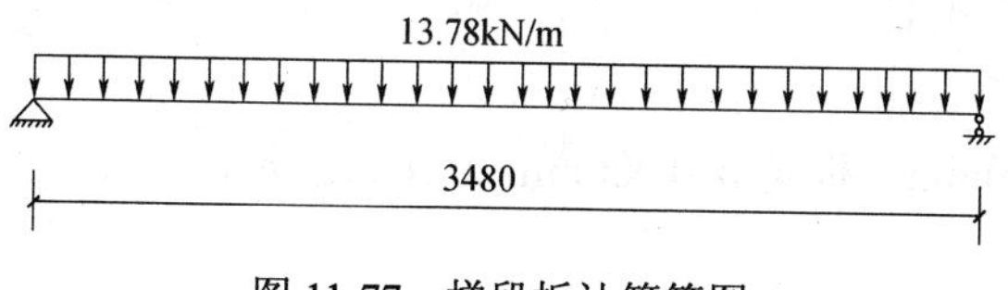

图 11-77　梯段板计算简图

(4) 内力计算。

跨中弯矩：$M = \dfrac{(g+q)l_0^2}{10} = \dfrac{13.78\times3.48^2}{10} = 16.69\text{kN}\cdot\text{m}$

(5) 截面承载力计算。

$$h_0 = h - 20 = 140 - 20 = 120\text{mm}, b = 1000\text{mm}$$

$$\alpha_s = \frac{M}{\alpha_1 f_c b h_0^2} = \frac{16.69\times10^6}{1.0\times14.3\times1000\times120^2} = 0.081$$

$$\xi = 1-\sqrt{1-2\alpha_s} = 1-\sqrt{1-2\times0.081} = 0.085 < \xi_b (=0.55)$$

$$A_s = \frac{\alpha_1 f_c b \xi h_0}{f_y} = \frac{1.0\times14.3\times1000\times0.085\times120}{300} = 486.2\text{mm}^2 > A_{s\min}$$

$$0.45\frac{f_t}{f_y} = 0.45\times\frac{1.43}{300} = 0.21\% > 0.2\%$$

$$A_{s\min} = \rho_{\min} bh = 0.21\%\times1000\times140 = 294\text{mm}^2$$

选用：受力钢筋 Φ10@160($A_s = 491\text{mm}^2$)；分布钢筋 Φ8@290，即每级踏步一根。

(6) 梯段板配筋图。

梯段板配筋见图 11-78。

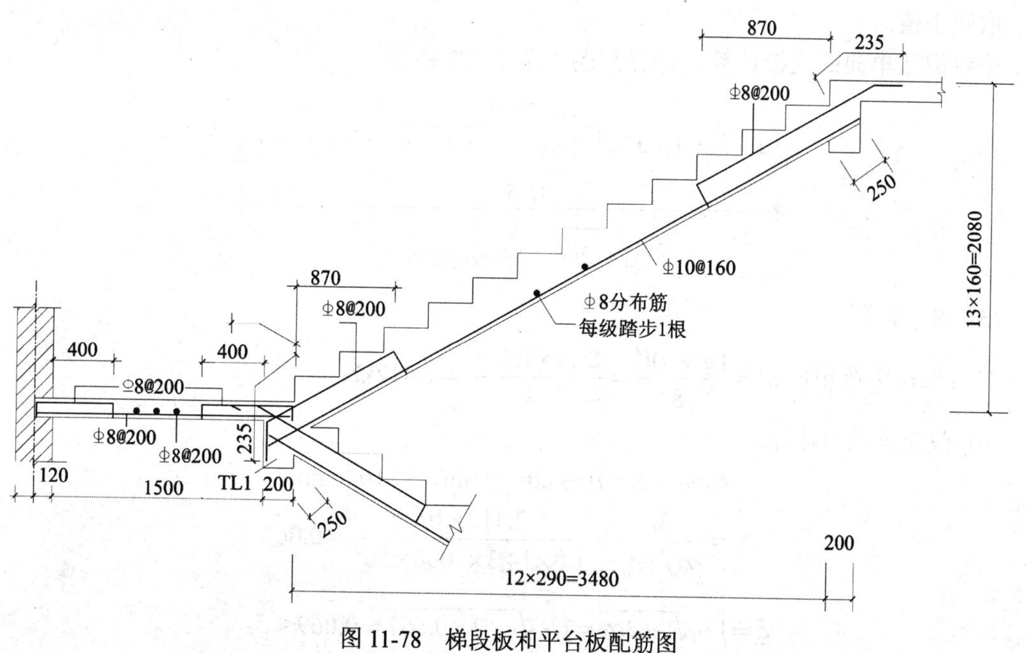

图 11-78　梯段板和平台板配筋图

板面构造钢筋自支座边伸入梯段板的长度为：$\frac{l_a}{4}=\frac{3480}{4}=870\text{mm}$，其在支座内的锚固长度为：$l_a=\alpha\frac{f_y}{f_t}d=0.14\times\frac{300}{1.43}\times8=235\text{mm}$。

2) 平台板设计计算

取平台板厚度 h=70mm，板宽 b=1000mm 为计算单元。

(1) 荷载计算。

平台板的荷载计算见表 11-27。

表 11-27　平台板的荷载计算表

荷载种类		荷载标准值(kN/m)	荷载分项系数	荷载设计值(kN/m)
永久荷载	30mm 水磨石面层	$0.65\text{kN/m}^2\times1=0.65$		
	70mm 平台板	$1\text{m}\times0.07\text{m}\times25\text{kN/m}^3=1.75$		
	20mm 水泥石灰砂浆抹底	$1\text{m}\times0.02\text{m}\times17\text{kN/m}^3=0.39$		
	小计	$g_k=2.74$	1.2	$g=3.29$
可变荷载		$q_k=3.5$	1.4	$q=4.90$
全部计算荷载				$g+q=8.19$

(2) 计算简图。

平台板一端与平台梁整体连接，另一端支承在砖墙上，其净跨和计算跨度为：

净跨：$l_n=1500\text{ mm}$

计算跨度：

$$l_0=l_n+h/2=1500+70/2=1535$$
$$\leqslant l_n+a/2(=1500+120/2)=1560$$

取较小值。

平台板按单向简支板计算，计算简图如图 11-79 所示。

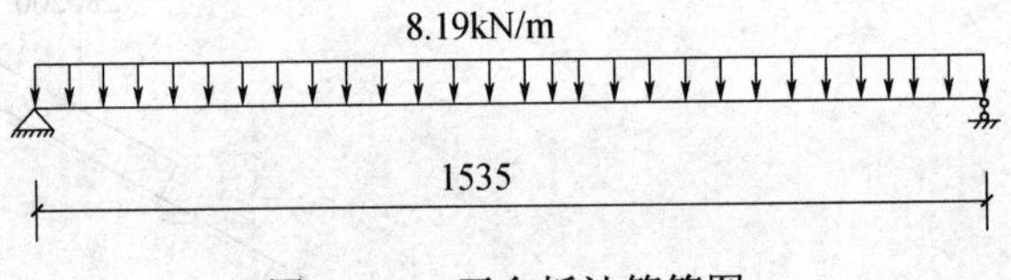

图 11-79　平台板计算简图

(3) 内力计算。

平台板跨中弯矩：$M=\frac{(g+q)l_0^2}{8}=\frac{8.19\times1.535^2}{8}=2.412\text{kN}\cdot\text{m}$

(4) 截面承载力计算。

$$h_0=h-20=70-20=50\text{mm}，b=1000\text{mm}$$

$$\alpha_s=\frac{M}{\alpha_1 f_c bh_0^2}=\frac{2.412\times10^6}{1.0\times14.3\times1000\times50^2}=0.067$$

$$\xi=1-\sqrt{1-2\alpha_s}=1-\sqrt{1-2\times0.067}=0.069<\xi_b$$

$$A_s = \frac{\alpha_1 f_c b \xi h_0}{f_y} = \frac{1.0 \times 14.3 \times 1000 \times 0.069 \times 50}{300} = 164\text{mm}^2 > A_{s\min}$$

$$0.45\frac{f_t}{f_y} = 0.45 \times \frac{1.43}{300} = 0.21\% > 0.2\%$$

$$A_{s\min} = \rho_{\min} bh = 0.21\% \times 1000 \times 70 = 147\text{mm}^2$$

选用：受力钢筋ф8@200($A_s = 251\text{mm}^2$)

分布钢筋 ф8@200。

(5) 平台板配筋图。

平台板配筋图如图 11-78 所示。

3) 平台梁设计计算

平台梁截面尺寸为 200mm×400mm。

(1) 荷载计算。

平台梁的荷载计算见表 11-28。

表 11-28　平台梁的荷载计算表

荷载种类		荷载标准值(kN/m)	荷载分项系数	荷载设计值(kN/m)
永久荷载	平台板传来的荷载	2.74×1.82/2=2.49	—	—
	梯段板传来的荷载	7.4×3.48/2=12.88	—	—
	平台梁自重	0.2×(0.40−0.07)×25=1.65	—	—
	平台梁抹灰	0.02×(0.40−0.07)×2×17=0.22	—	—
	小计	g_k=17.24	1.2	g=20.69
可变荷载		q_k=3.50×1×(3.48/2+1.82/2)=9.28	1.4	q=13.00
全部计算荷载		—		$g+q$=33.69

(2) 计算简图。

平台梁的两端支承在楼梯间的侧墙上，其净跨和计算跨度为：

净跨：$l_n = 3900 - \frac{240}{2} - \frac{240}{2} = 3660\text{ mm}$

计算跨度：$l_0 = l_n + a = 3660 + 120 + 120 = 3900$

$\leqslant 1.05 l_n = 1.05 \times 3660 = 3843$，取$l_0$=3843

平台梁的计算简图如图 11-80 所示。

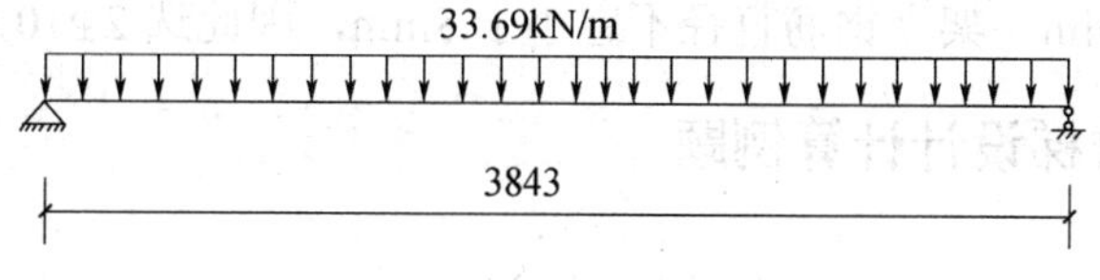

图 11-80　平台梁的计算简图

(3) 内力计算。

平台梁跨中正截面最大弯矩：$M = \frac{pl_0^2}{8} = \frac{33.69 \times 3.843^2}{8} = 62.19\text{kN} \cdot \text{m}$

平台梁支座处最大剪力：$V=\dfrac{pl_{\mathrm{n}}\cdot}{2}=\dfrac{33.69\times 3.66}{2}=61.65\mathrm{kN}\cdot\mathrm{m}$

(4) 截面承载力计算。

$$h_0=h-a_{\mathrm{s}}=400-40=360\,\mathrm{mm}$$

$$\alpha_{\mathrm{s}}=\frac{M}{\alpha_1 f_{\mathrm{c}}bh_0^2}=\frac{62.19\times 10^6}{1.0\times 14.3\times 200\times 360^2}=0.168$$

$$\xi=1-\sqrt{1-2\alpha_{\mathrm{s}}}=1-\sqrt{1-2\times 0.168}=0.185<\xi_{\mathrm{b}}$$

$$A_{\mathrm{s}}=\frac{\alpha_1 f_{\mathrm{c}}b\xi h_0}{f_{\mathrm{y}}}=\frac{1.0\times 14.3\times 200\times 0.185\times 360}{300}=635\mathrm{mm}^2>A_{\mathrm{s\,min}}$$

$$A_{\mathrm{s\,min}}=\rho_{\mathrm{min}}bh=0.21\%\times 200\times 400=168\mathrm{mm}^2$$

选用 2Φ18+1Φ16($A_{\mathrm{s}}=710\mathrm{mm}^2$)。

$$V_{\mathrm{u}}=0.7f_{\mathrm{t}}bh_0=0.7\times 1.43\times 200\times 360=72072=72.07\mathrm{kN}>61.65\mathrm{kN}$$

按构造要求配置箍筋，选用 Φ8@200($A_{\mathrm{s}}=141\mathrm{mm}^2$)。

根据梁高 400mm 可知，箍筋最小直径 6mm，最大间距 300mm；

又
$$\rho_{\mathrm{sv,min}}=0.24\frac{f_{\mathrm{t}}}{f_{\mathrm{yv}}}=0.24\times\frac{1.43}{300}=0.11\%$$

$$\rho_{\mathrm{sv}}=\frac{A_{\mathrm{sv}}}{bs}=\frac{2\times 50.3}{200\times 200}=0.25\%$$

$\rho_{\mathrm{sv}}>\rho_{\mathrm{sv,min}}$，因此箍筋数量满足要求。

(5) 平台梁配筋图。

平台梁配筋图如图 11-81 所示。

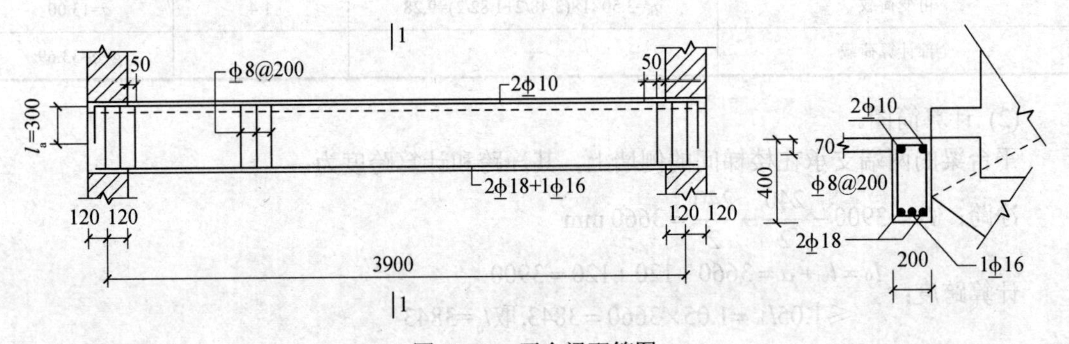

图 11-81　平台梁配筋图

平台梁跨度小于 4m，架立钢筋直径不宜小于 8mm，因此选 2Φ10 作为架立钢筋。

11.6.4　梁式楼梯设计计算例题

1. 设计资料

某现浇梁式楼梯结构布置图如图 11-82 所示，楼梯踏步尺寸 150mm×300mm。楼梯采用 C25 混凝土(f_{c}=11.9N/mm^2，f_{t}=1.27N/mm^2)。梁采用 HRB335 钢筋(f_{y}=300N/mm^2)，其余钢筋采用 HPB300 钢筋(f_{y}=270N/mm^2)。楼梯上的均布荷载标准值 q_{k}=3.5kN/m^2。试设计该楼梯。

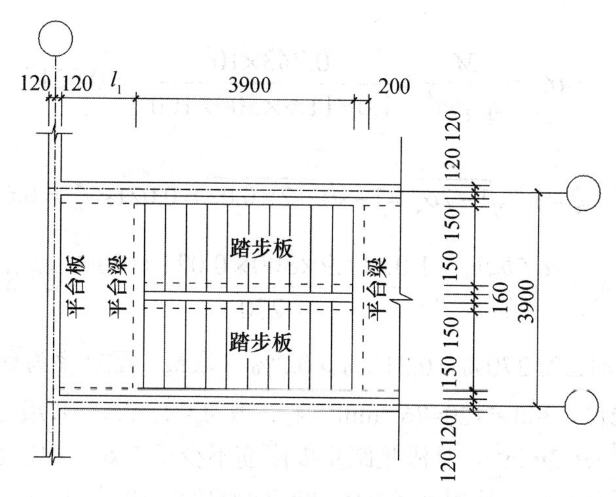

图 11-82　楼梯结构布置图

2．设计过程

1) 踏步板设计

(1) 确定踏步板板底底板的厚度。

底板取 $t = 40\text{ mm}$，踏步高度 c=150mm

$$\cos\alpha = \frac{300}{\sqrt{150^2+300^2}} = \frac{300}{335} = 0.894$$

踏步板厚取 $h = \dfrac{c}{2} + \dfrac{t}{\cos\alpha} = \dfrac{150}{2} + \dfrac{40}{0.894} = 120\text{ mm}$

梯段斜梁尺寸取 $b \times h = 150\text{ mm} \times 300\text{ mm}$

踏步板计算跨度 $l_0 = l_n + b = 1.45 + 0.15 = 1.6\text{ m}$

(2) 荷载计算。

恒荷载：

20mm 厚水泥砂浆面层 $(0.3+1.5)\times 0.02\times 20 = 0.18\text{ kN/m}$

踏步板自重　$0.12\times 0.3\times 25 = 0.9\text{ kN/m}$

板底抹灰　$17\times 0.02\times 0.3/0.894 = 0.114\text{ kN/m}$

恒荷载标准值　$0.18+0.9+0.114 = 1.194\text{ kN/m}$

恒荷载设计值　$1.2\times 1.194 = 1.433\text{ kN/m}$

活荷载：

活荷载标准值　$3.5\times 0.3 = 1.05\text{ kN/m}$

活荷载设计值　$1.4\times 1.05 = 1.47\text{ kN/m}$

总荷载设计值　$p = g + q = 1.433 + 1.47 = 2.903\text{ kN/m}$

(3) 内力计算。

跨中弯矩　$M = \dfrac{1}{10} p l_0^2 = \dfrac{1}{10}\times 2.903\times 1.6^2 = 0.743\text{ kN·m}$

(4) 配筋计算。

板保护层厚度 15mm，有效高度 $h_0 = 120 - 20 = 100\text{ mm}$。

$$\alpha_s=\frac{M}{a_1 f_c b h_0^2}=\frac{0.743\times 10^6}{1.0\times 11.9\times 300\times 100^2}=0.021$$

则 $$\xi=1-\sqrt{1-2\alpha_s}=1-\sqrt{1-2\times 0.02}=0.021<\xi_b=0.614$$

$$A_s=\frac{\alpha_1 f_c b\xi h_0}{f_y}=\frac{1.0\times 11.9\times 300\times 0.021\times 100}{270}=27.8\,\text{mm}^2$$

$45f_t/f_y\%=45\times 1.27/270\%=0.212\%>0.2\%$，取最小配筋率为 0.212%。

此时 A_{smin}=0.00212×300×120=76.3mm²>A_s,，取 A_s=A_{smin}，踏步板应按构造配筋。选配每踏步 2ϕ8(A_s=101mm²>76.3mm²)，且满足踏步板配筋不少于 2ϕ6 的构造要求。

另外，踏步斜板分布钢筋选用ϕ8@250。踏步板的配筋如图 11-83 所示。

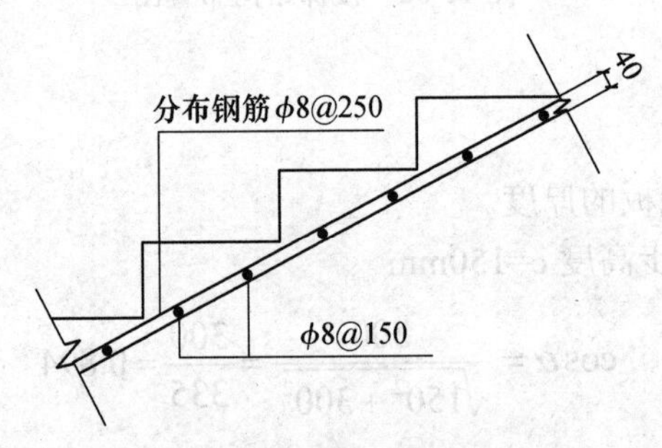

图 11-83　踏步板配筋

2) 梯段斜梁设计

(1) 梯段斜梁计算参数。

板倾斜角 $\tan\alpha=150/300=0.5$，$\alpha=26.6^\circ$，$\cos\alpha=0.894$，l_n=3.9m

(2) 荷载计算。

踏步板传来：$\frac{2.903}{0.3}\times(1.45+2\times 0.15)/2=8.468\,\text{kN/m}$

梯段斜梁自重：$1.2\times 0.15\times(0.3-0.04)\times 25/0.894=1.309\,\text{kN/m}$

梯段斜梁粉刷重：$1.2\times 0.02\times 2\times(0.3-0.04)\times 17/0.894=0.253\,\text{kN/m}$

荷载设计值：$p=8.468+1.309+0.253=10.03\,\text{kN/m}$

(3) 内力计算。

取平台梁截面宽度 b=200mm

梁计算跨度 $l_0=l_n+b=3.9+0.2=4.1\,\text{m}$

以及 $l_0=1.05l_n=1.05\times 3.9=4.095\,\text{m}$，取小值 $l_0=4.095\,\text{m}$

$$h=\left(\frac{1}{10}\sim\frac{1}{14}\right)l_0=\left(\frac{1}{10}\sim\frac{1}{14}\right)\times 4.095=293\sim 410\text{mm}$$

且 $h\geqslant\frac{l_0}{20}=\frac{4.095}{20}=205\,\text{mm}$，故取 $h=300\,\text{mm}$

跨中弯矩：$M=\frac{1}{10}pl_0^2=\frac{1}{10}\times 10.03\times 4.095^2=16.82\,\text{kN·m}$

水平向剪力：$V' = \frac{1}{2} p l_n = \frac{1}{2} \times 10.03 \times 3.9 = 19.56\,\text{kN}$

斜向剪力：$V = V' \cos\alpha = 19.56 \times 0.894 = 17.49\,\text{kN}$

(4) 配筋计算。

梯段斜梁按倒 L 形计算，计算翼缘宽度为：

按梁计算跨度考虑　$b_f' = \frac{l_0}{6} = \frac{4095}{6} = 683\,\text{mm}$

按梁肋净距考虑　$b_f' = b + S_n / 2 = 150 + 1450 / 2 = 875\,\text{mm}$

按翼缘高度考虑　$b_f' = b + 5h_f' = 150 + 5 \times 40 = 350\,\text{mm}$

取三者中最小值，因此 $b_f' = 350\,\text{mm}$

梁有效高度 $h_0 = 300 - 40 = 260\,\text{mm}$

$$\alpha_s = \frac{M}{\alpha_1 f_c b_f' h_0^2} = \frac{16.82 \times 10^6}{1.0 \times 11.9 \times 350 \times 260^2} = 0.06$$

则
$$\xi = 1 - \sqrt{1 - 2\alpha_s} = 1 - \sqrt{1 - 2 \times 0.06} = 0.062 < \xi_b = 0.55$$

且
$$\xi < \frac{h_f'}{h_0} = \frac{40}{260} = 0.154$$

$$A_s = \frac{\alpha_1 f_c b_f' \xi h_0}{f_y} = \frac{1.0 \times 11.9 \times 350 \times 0.062 \times 260}{300} = 224\,\text{mm}^2$$

$0.45 f_t / f_y = 0.45 \times 1.27 / 300 = 0.19\% < 0.2\%$，因此 $\rho_{\min} = 0.2\%$

$A_{s\min} = \rho_{\min} bh = 0.002 \times 150 \times 300 = 90\,\text{mm}^2$，则 $A_s > A_{s\min}$

选配 2Φ12，$A_s = 226\,\text{mm}^2$。

箍筋计算：

$$V_c = 0.7 f_t b h_0 = 0.7 \times 1.27 \times 150 \times 260 = 34.67\,\text{kN} > 17.49\text{kN}$$

可以按构造配箍，选用ϕ8@200。

$$d_{sv,\min} = 6\,\text{mm}，\quad s_{\max} = 200\,\text{mm}$$

$$\rho_{sv,\min} = 0.24 \frac{f_t}{f_{yv}} = 0.24 \times 1.27 / 270 = 0.113\% < \rho_{sv} = \frac{A_{sv}}{bs} = \frac{2 \times 50.3}{150 \times 200} = 0.335\%$$

因此，箍筋直径、间距及配箍率均满足要求。

梯段斜梁配筋如图 11-84 所示。

3) 平台板计算

(1) 确定板厚。

板厚取 $h = 70\,\text{mm}$

板跨度：$l_0 = l_n + \frac{a}{2} \leqslant l_n + \frac{h}{2} = 2200 + \frac{70}{2} = 2235\,\text{mm}$

取 1m 宽板带按简支单向板进行配筋计算。

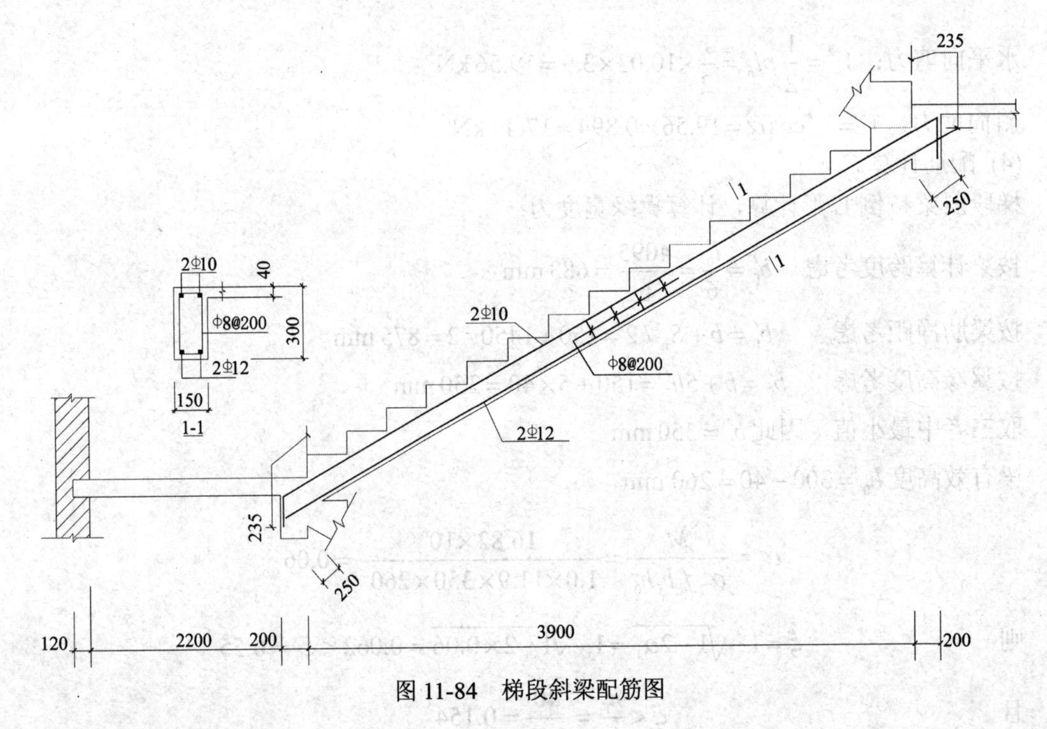

图 11-84　梯段斜梁配筋图

(2) 荷载计算。

恒荷载：

20mm 厚水泥砂浆面层	$0.02\times20\times1=0.4$ kN/m
平台板	$0.07\times25\times1=1.75$ kN/m
板底抹灰	$0.02\times17\times1=0.34$ kN/m
恒荷载标准值	$0.4+1.75+0.34=2.49$ kN/m
恒荷载设计值	$1.2\times2.49=2.99$ kN/m

活荷载：

活荷载标准值	3.5 kN/m
活荷载设计值	$1.4\times3.5=4.9$ kN/m
总荷载设计值	$g+q=2.99+4.9=7.89$ kN/m

(3) 内力计算

跨中弯矩：$M=\frac{1}{8}(g+q)l_0^2=\frac{1}{8}\times7.89\times2.235^2=4.927$ kN·m

(4) 配筋计算

板保护层厚度 15mm，有效高度 $h_0=70-20=50$ mm

$$\alpha_s=\frac{M}{\alpha_1 f_c b h_0^2}=\frac{4.927\times10^6}{1.0\times11.9\times1000\times50^2}=0.166$$

则　$\xi=1-\sqrt{1-2\alpha_s}=1-\sqrt{1-2\times0.166}=0.183<\xi_b=0.614$

$$A_s=\frac{\alpha_1 f_c b\xi h_0}{f_y}=\frac{1.0\times11.9\times1000\times0.183\times50}{270}=403.3\text{ mm}>A_{s\min}$$

$$A_{s\min}=\rho_{\min}bh=0.212\%\times1000\times70=148.4\text{ mm}^2$$

选配ϕ8@120，$A_s = 419\,\text{mm}^2$。

平台板的配筋图见图 11-85。

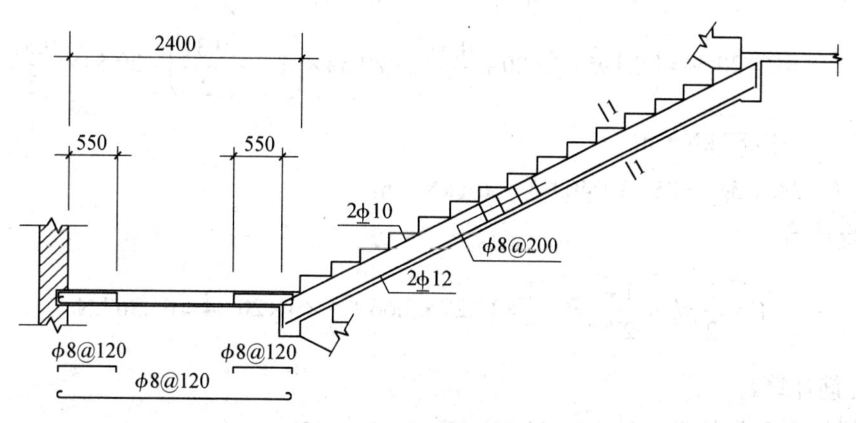

图 11-85　平台板配筋图

4) 平台梁设计

(1) 确定平台梁尺寸。

梁宽取 b=200mm

高 $h \geqslant c + h'/0.894 = 150 + 300/0.894 = 486\,\text{mm}$，取 $h = 500\,\text{mm}$

梁跨度取 $l_0 = 3.9\,\text{mm}$，$l_n = 3.9 - 2 \times 0.12 = 3.66\,\text{m}$

(2) 荷载计算。

梯段斜梁传来：$P = \dfrac{1}{2} p l_0 = \dfrac{1}{2} \times 10.03 \times 4.095 = 20.54\,\text{kN}$

平台板传来：$7.89 \times (0.2 + 2.2/2) = 10.26\,\text{kN/m}$

平台梁自重：$1.2 \times 0.2 \times (0.5 - 0.07) \times 25 = 2.58\,\text{kN/m}$

平台梁粉刷重：$1.2 \times 0.02 \times (0.2 + 0.50 \times 2 - 0.07 \times 2) \times 17 = 0.43\,\text{kN/m}$

荷载设计值：$p = 10.26 + 2.58 + 0.43 = 13.27\,\text{kN/m}$

平台梁计算简图如图 11-86 所示。

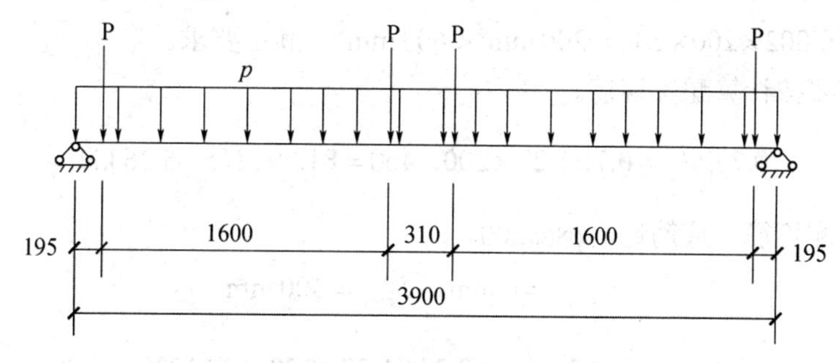

图 11-86　平台梁计算简图

(3) 内力计算。

由 p 产生的弯矩设计值　$M_1 = \dfrac{1}{8} p l_0^2 = \dfrac{1}{8} \times 13.27 \times 3.9^2 = 25.23\,\text{kN} \cdot \text{m}$

由梯段斜梁传来的P产生的弯矩设计值

$$M_2 = 2P\left(0.195+1.600+\frac{0.31}{2}\right)-P\left(1.6+\frac{0.31}{2}\right)-P\cdot\frac{0.31}{2}$$

$$=2\times 20.54\times\left(0.195+1.600+\frac{0.31}{2}\right)-20.54\times\left(1.6+\frac{0.31}{2}\right)-20.54\times\frac{0.31}{2}$$

$$=40.87\ \mathrm{kN\cdot m}$$

则　$M = M_1 + M_2 = 25.23 + 40.87 = 66.1\ \mathrm{kN\cdot m}$

剪力设计值：

$$V=\frac{1}{2}pl_n+\frac{1}{2}\sum P=\frac{1}{2}\times 13.27\times 3.66+\frac{1}{2}\times 4\times 20.54=65.36\ \mathrm{kN}$$

(4) 配筋计算。

平台梁按倒 L 形计算，$b'_f = b + 5h'_f = 200 + 5\times 70 = 550\ \mathrm{mm}$

梁有效高度 $h_0 = 500 - 40 = 460\ \mathrm{mm}$

判断截面类型：

由于$\alpha_1 f_c b'_f\left(h_0-\frac{h'_f}{2}\right)=1.0\times 11.9\times 550\times 70\times\left(460-\frac{70}{2}\right)=194.7\ \mathrm{kN\cdot m}>66.1\ \mathrm{kN\cdot m}$

故属于第一类 T 形截面。

$$\alpha_s=\frac{M}{\alpha_1 f_c b'_f h_0^2}=\frac{66.1\times 10^6}{1.0\times 11.9\times 550\times 460^2}=0.048$$

则
$$\xi = 1-\sqrt{1-2\alpha_s}=1-\sqrt{1-2\times 0.048}=0.049<\xi_b=0.55$$

$$A_s=\frac{\alpha_1 f_c b'_f \xi h_0}{f_y}=\frac{1.0\times 11.9\times 550\times 0.049\times 460}{300}=491.7\ \mathrm{mm}^2$$

选配 3Φ16，$A_s = 603\ \mathrm{mm}^2$

平台梁最小配筋率：在 0.2%和 $45f_t/f_y\% = 45\times 1.27/300\% = 0.19\%$ 间取大值 0.2%，此时 $A_{s\min} = 0.002\times 200\times 500 = 200\ \mathrm{mm}^2 < 603\ \mathrm{mm}^2$，满足要求。

验算是否需要按计算配置箍筋。

$$0.7f_t bh_0 = 0.7\times 1.27\times 200\times 460 = 81.79\ \mathrm{kN} > 65.36\ \mathrm{kN}$$

可以按构造配箍筋，箍筋选用$\phi 8@200$。

$$d_{sv,\min}=6\ \mathrm{mm},\quad S_{\max}=300\ \mathrm{mm}$$

$$\rho_{sv,\min}=0.24\frac{f_t}{f_{yv}}=0.24\times 1.27/270=0.113\%$$

$$<\rho_{sv}=\frac{A_{sv}}{bs}=\frac{2\times 50.3}{200\times 200}=0.252\%$$

因此，箍筋直径、间距及配箍率均满足构造要求。

11.7 雨 篷

雨篷、挑檐、外阳台、挑廊等是建筑工程中常见的悬挑构件。根据悬挑长度有两种结构布置方案，当悬挑长度较大时，采用悬挑梁板结构；悬挑长度较小时，采用悬挑板结构。这些悬挑构件除了按一般悬臂板、梁进行截面设计外，还应对其进行抗倾覆验算。

11.7.1 雨篷板的计算与构造

雨篷一般由雨篷板和雨篷梁两部分组成(图 11-87)，雨篷梁除支承雨篷板外，还可兼作过梁。雨篷板通常都做成变截面厚度，根部不小于 70mm，板端不小于 60mm；雨篷板的悬挑长度通常为 600～1000mm。雨篷梁宽度一般与墙厚相同，高度一般取 $h=\left(\frac{1}{12}\sim\frac{1}{18}\right)l_0$，$l_0$ 为雨篷板的计算跨度。

当雨篷有边梁时，可按一般的梁板结构设计。

雨篷板上的荷载除板自重和抹灰等恒荷载外，一般还有均布活载、雪荷载及施工集中荷载，施工集中荷载作用于雨篷板端部。除恒荷载外，上述三种活荷载不同时考虑，按其不利情况进行计算。

雨篷板按根部弯矩值进行配筋计算，一般不进行受剪承载力验算。

雨篷板受力钢筋在板的上部设置，钢筋伸入雨篷梁的锚固长度应满足受拉钢筋达到抗拉强度时的锚固长度要求，如图 11-87 所示。

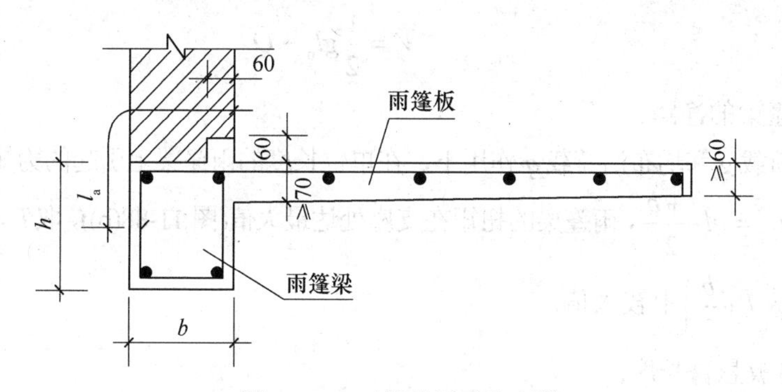

图 11-87 雨篷的组成及配筋

11.7.2 雨篷梁的计算与构造

雨篷梁不做刚度验算时，梁截面高度一般取 h=(1/8～1/12)l_0，l_0为梁的计算跨度。

雨篷梁除承受自重及雨篷板传来的荷载外，还承受着上部墙体的重量及楼(屋)面梁、板可能传来的荷载。雨篷板(图 11-88(a))上作用的荷载除使梁产生弯曲外，还使梁产生扭转。因此，雨篷梁属于弯剪扭构件。

作用于雨篷板上的荷载对雨篷梁跨中产生的最大弯矩取式(11-64)、式(11-65)中较大者：

$$M=\frac{1}{8}(g+q)l_0^2 \tag{11-64}$$

$$M=\frac{1}{8}gl_0^2+\frac{1}{4}Ql_0 \tag{11-65}$$

式中　l_0——雨篷梁的计算跨度；

g——作用于雨篷板上的均布恒荷载；

q——作用于雨篷板上的均布活荷载；

Q——作用于雨篷板端部的施工集中荷载。《荷载规范》规定：在进行雨篷板承载力计算时，施工集中荷载在每延米范围内为 1.0kN；在进行雨篷抗倾覆验算时，施工集中荷载为每 2.5～3.0m 范围内 1.0kN。

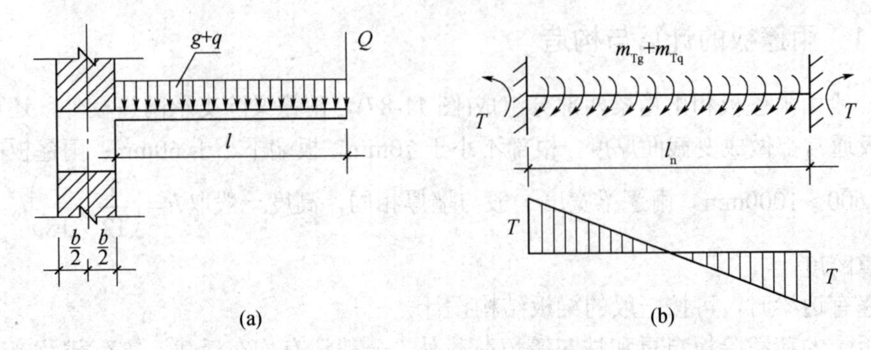

图 11-88　雨篷的抗扭计算

计算剪力时，设雨篷板传来的 1kN 集中活荷载与雨篷梁支座边缘的位置相对应，其支座边缘剪力为式(11-66)、式(11-67)中较大值：

$$V=\frac{1}{2}(g+q)l_n \tag{11-66}$$

$$V=\frac{1}{2}gl_n+Q \tag{11-67}$$

式中　l_n——雨篷梁的净跨。

设在均布恒荷载 g 和均布活荷载 q 作用下，在单位长度的雨篷梁上引起的力矩分别为：$m_{Tg}=gl\frac{l+b}{2}$，$m_{Tq}=ql\frac{l+b}{2}$，雨篷梁的扭矩在支座处达最大值(图 11-88(b))，取 $T=\frac{1}{2}(m_{Tg}+m_{Tq})l_n$ 和 $T=\frac{1}{2}m_{Tg}l_n+Q\left(l+\frac{b}{2}\right)$ 中较大值。

式中　l——雨篷板悬臂长度；

b——雨篷梁宽。

11.7.3　抗倾覆验算

除进行雨篷板、雨篷梁承载力计算外，还要进行雨篷抗倾覆验算。雨篷板上作用的恒荷载和活荷载产生倾覆力矩，使雨篷板可能绕雨篷梁底 A 点发生转动，A 点到外边缘 O 点的距离为 x_0，但雨篷梁的自重、梁上的砌体自重以及其他梁、板传来的荷载(只考虑永久荷载)将抵抗结构发生整体转动，产生抵抗倾覆力矩，如图 11-89 所示。

为保证结构整体作为刚体不致丧失平衡，结构抗倾覆验算应满足下式条件：

$$M_{0v}\leqslant M_r \tag{11-68}$$

式中　M_{0v}——雨篷上按最不利荷载组合计算的结构绕 A 点的倾覆力矩设计值；

M_r——按恒荷载计算的结构绕 A 点的抗倾覆力矩设计值，可按下式计算：

$$M_r = 0.8G_r(l_2 - x_0) \tag{11-69}$$

式中 G_r——雨篷的抗倾覆荷载，是抗倾覆影响范围内的墙体和楼、屋面恒荷载标准值之和，计算方法查阅现行《砌体结构设计规范》；

l_2——G_r 作用点至墙外边缘的距离，通常雨篷梁宽与墙等厚，此时 $l_2=b/2$；

l_3——雨篷梁外端向上倾斜 45°扩散角范围每边的水平投影长度；

x_0——计算倾覆点“O”至墙外边缘的距离，取值方法参考现行《砌体结构设计规范》；

h_b——雨篷梁的截面高度；

0.8——用于抗倾覆计算时的恒荷载分项系数。

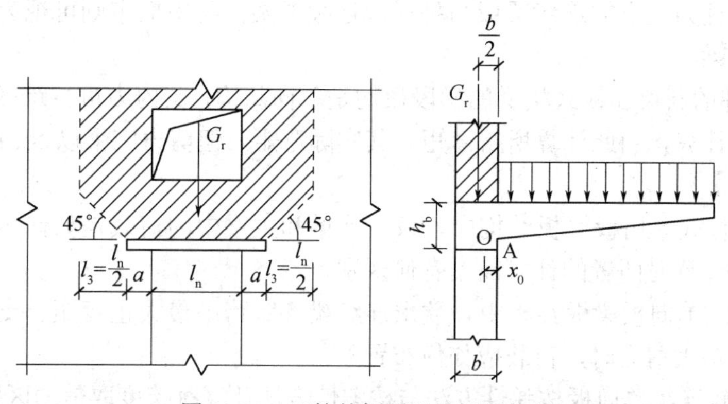

图 11-89　雨篷的倾覆及抗倾覆荷载

在计算 G_r 时，不应考虑楼、屋面中非永久性的“恒荷载”，如楼面上的非承重隔墙等荷载。

当公式 $M_{0v} \leqslant M_r$ 不满足时，可适当增加雨篷梁的支承长度，增加墙体自重；或采用其他拉结措施。

【知识归纳】

1．楼盖、楼梯等实际上是梁板结构，其设计的主要步骤是：结构选型和结构布置；结构计算(包括确定计算简图、荷载计算、内力分析、内力组合及截面配筋计算等)；结构构造设计及绘施工图。其中结构选型和结构布置属结构方案设计，其合理与否对整个结构的可靠性和经济性有重大影响，应根据使用要求、结构受力特点等慎重考虑。

2．确定结构计算简图(包括计算模型和荷载图式)是进行结构分析的关键，应抓住主要因素，忽略次要因素，反映结构受力和变形的基本特点，用一个简化图形代替实际结构。

3．在荷载作用下，如果板是双向弯曲双向受力，则称为双向板；否则为单向板。设计中可按板的四边支承情况和板的两个方向的跨度比值来区分单、双向板。

4．在整体式单向板肋梁楼盖中，主梁一般按弹性理论计算内力；板和次梁可按考虑塑性内力重分布方法计算内力。按塑性理论计算结构内力时，一般要求结构满足三个条件：

(1) 平衡条件，即内力和外力保持平衡；

(2) 塑性条件，$\theta_p \leqslant [\theta_p]$，即外荷载作用下结构控制截面的塑性转角应小于该截面塑性极限转角；

(3) 适用性条件，即考虑塑性内力重分布后，结构应满足正常使用阶段的变形和裂缝宽度限值。

5．为了满足塑性条件 $\theta_p \leqslant [\theta_p]$，一方面要求塑性铰的转动幅度不宜过大，二是要限制塑性铰截面的弯矩调整幅度 $\beta \leqslant 25\%$；另一方面要求塑性铰有足够的转动能力，主要是要求塑性铰截面的相对受压区高度应满足 $0.1 \leqslant \xi \leqslant 0.35$，另外还要求采用 HPB235、HRB335、HRB400 级等热轧钢筋和较低强度等级的混凝土(宜在 C20～C45 范围内)。

6．双向板可按弹性理论和塑性理论进行计算。按塑性理论计算时，可用机动法、极限平衡法和板带法；其中前两种方法属上限解法，后一种则属下限解法。用上限解法求解极限荷载时，一般先假定塑性铰线分布(布置的塑性铰线应能使板形成机动体系)，然后由功能方程(机动法)或平衡方程(极限平衡法)求出极限荷载。

7．无梁楼盖亦称为板柱结构，简化分析时一般将其视为支承在柱上的交叉板带体系。柱上板带相当于以柱为支点的连续梁或与柱形成连续框架；跨中板带则可视为支承在另一方向柱上板带的连续梁。

8．梁式楼梯的斜梁和板式楼梯的梯段板均是斜向结构，其内力可按跨度为水平投影长度的水平结构进行计算，由此计算所得弯矩为其实际弯矩，但剪力应乘以 $\cos\alpha$。

【独立思考】

11-1 在整体式单向板梁板结构中，板、次梁和主梁中的荷载是如何传递的？在按弹性理论和塑性理论计算时两者的计算简图有何区别？

11-2 整体式单向板梁板结构中，欲求连续梁各跨跨中最大正弯矩、支座截面最大负弯矩、支座边截面最大剪力时，荷载应如何布置？

11-3 试比较连续单向板按弹性方法与按塑性方法计算时跨度取值的区别。

11-4 现浇单向板肋梁楼盖中的主梁按连续梁而不是框架梁进行内力分析，忽略了什么影响？

11-5 何谓结构内力包络图？它与结构内力图有何异同？

11-6 何谓塑性铰？塑性铰与理想铰有何异同？

11-7 何谓结构塑性内力重分布？考虑塑性内力重分布进行设计有哪些优点？有哪些限制？

11-8 考虑塑性内力重分布进行设计时，需要注意哪几个问题？

11-9 何谓弯矩调幅？考虑塑性内力重分布的分析方法中，为什么要对塑性铰处弯矩调整幅度加以限制？钢筋混凝土连续梁和单向连续板考虑塑性内力重分布的弯矩调幅法，应遵循什么原则？

11-10 钢筋混凝土双向板按塑性铰线法计算时，需要哪些基本假定？

11-11 连续双向板按弹性理论计算，如要考虑活荷载的最不利布置，如何借用单区格双向板表格计算？

11-12 板、次梁、主梁设计中各自有哪些受力钢筋、哪些构造钢筋？这些钢筋在构件中各起什么作用？

11-13 如何确定板式楼梯及梁式楼梯的计算简图、截面形式？

11-14 作用于雨篷梁上有哪些荷载？雨篷梁设计时为什么除考虑受弯外，还需考虑受扭？

11-15 如何进行雨篷的抗倾覆验算？如不满足要求时，可采取哪些措施防止倾覆？

11-16 试说明采用弹性方法计算图 11-90 所示连续双向板内力的步骤。

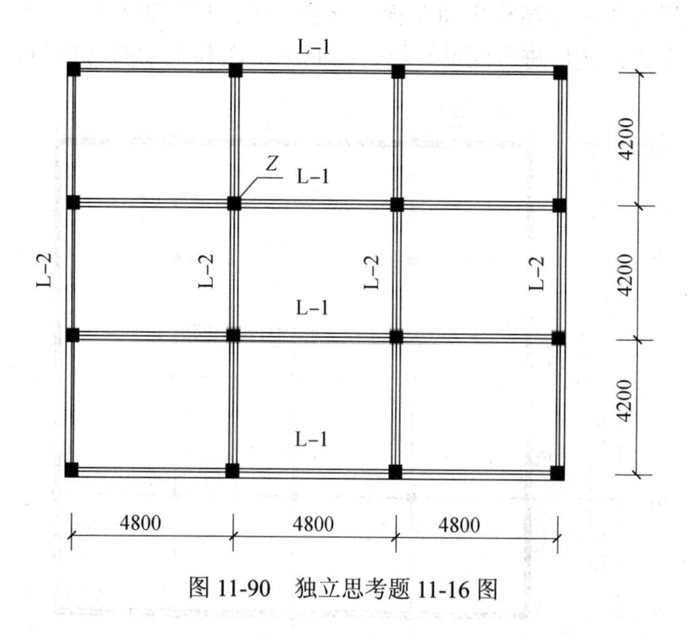

图 11-90　独立思考题 11-16 图

11-17　板柱结构按等效框架法计算时，竖向荷载作用下等效框架的计算宽度与水平荷载作用下等效框架的计算宽度，两者是一样的吗？为什么？

11-18　双向板在角区的角部，为什么要配置板角附加钢筋？它需要设置在什么部位？如不配这种钢筋，将会产生什么后果？

11-19　塑性铰线形成有什么规律？试绘出如图 11-91 所示支承板的塑性铰线位置。

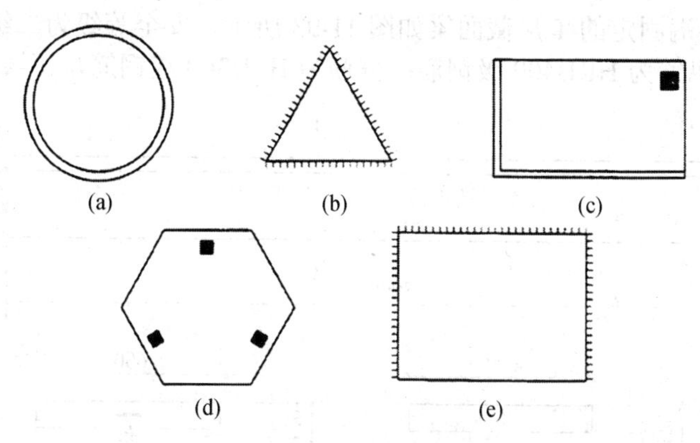

图 11-91　独立思考题 11-19 图

11-20　无梁楼盖经验系数法中的系数是如何确定的？

【实战演练】

11-1　某多层民用建筑，采用砖混结构，楼盖结构平面如图 11-92 所示。

(1) 楼板顶面和底面的抹灰及构造层(不包括楼板自重)的恒荷载标准值为 1.5kN/m^2，楼面活荷载标准值为 3.5kN/m^2。

(2) 混凝土强度等级为 C30。梁侧用石灰砂浆粉刷，厚度为 15mm。板的支承长度为 120mm，次梁的支承长度为 240mm，主梁的支承长度为 370mm。

(3) 梁中纵向受力钢筋采用 HRB400，其余采用 HPB300。

对该单向板肋梁楼盖进行结构平面布置，分别采用弹性理论和塑性理论计算板和次梁，并用弹性方法计算主梁，然后进行配筋计算、绘制施工图和主梁的材料图。

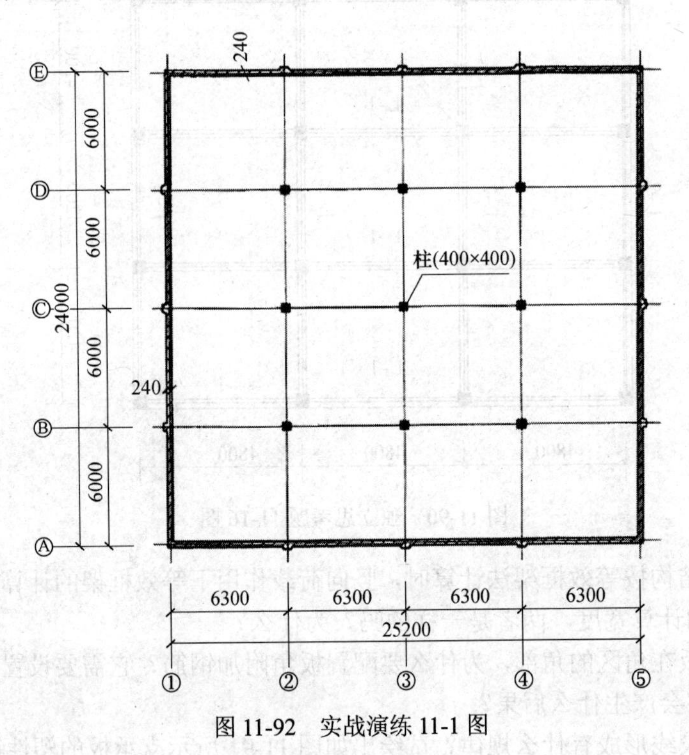

图 11-92　实战演练 11-1 图

11-2　一单跨两端固定的 T 形截面梁如图 11-93 所示，安全等级为二级，承受均布荷载。采用 C30 混凝土，纵筋为 HRB400 级钢筋；箍筋为 HPB300 级钢筋，$a_s'=a_s=40\text{mm}$。

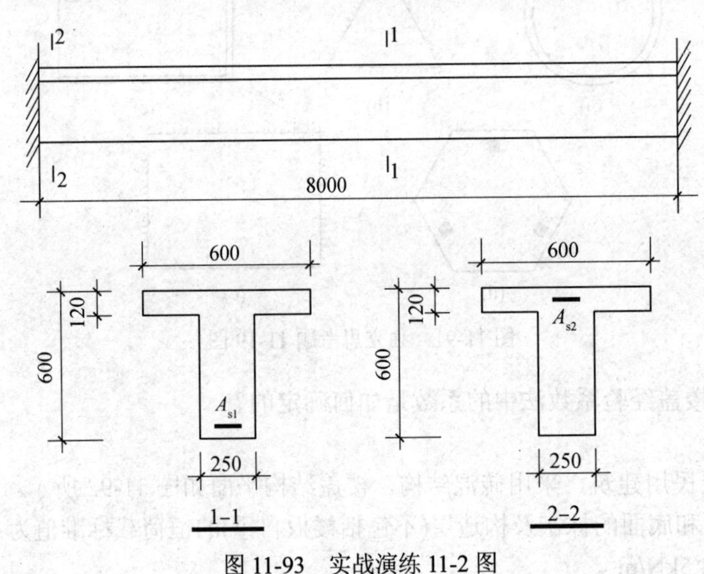

图 11-93　实战演练 11-2 图

(1) 假定支座和跨中截面的极限抗弯承载力分别为 $M_{u2}=M_u$；$M_{u1}=0.9M_u$。

① 如果忽略塑性铰出现前的内力重分布(即认为塑性铰出现前是弹性分布)，哪个截面先出现塑性铰？此时的荷载 q_1 是多少？

② 如果发生充分的内力重分布，极限荷载 q_u 是多少？

(2) 已知永久荷载标准值 g_k=15kN/m；可变荷载标准值 q_k=30kN/m。用塑性理论设计，支座调幅 25%。

① 求支座和跨中的塑性弯矩(即调幅后的弯矩)；

② 分别确定支座和跨中截面的配筋 A_{s1}、A_{s2}；

③ 截面配置了 ϕ8@150 双肢箍筋，试复核斜截面承载力是否满足要求；

④ W_{lim}=0.3mm，验算跨中截面的裂缝宽度是否满足要求。

11-3 某双向板肋梁楼盖如图 11-94 所示，混凝土强度等级为 C25，梁沿柱网轴线设置，板厚 h=110mm，柱网尺寸为 5.7m×5.7m。楼面永久荷载(包括板自重)标准值为 3kN/m^2，可变荷载标准值为 4.0kN/m^2。梁与板整浇，截面尺寸为 300mm×600mm。试用弹性理论确定内力并计算配筋。

11-4 某矩形双向板如图 11-95 所示，l_{0x}=4m，l_{0y}=6m，已知板上的永久荷载和可变荷载的设计值为 $g+q$=10kN/m^2，设 $m_y/m_x=(l_{0x}/l_{0y})^2$，$m'_x/m_x=m''_x/m_x=m'_y/m_y=m''_y/m_y=2$，用塑性铰线法求板中的极限弯矩值。

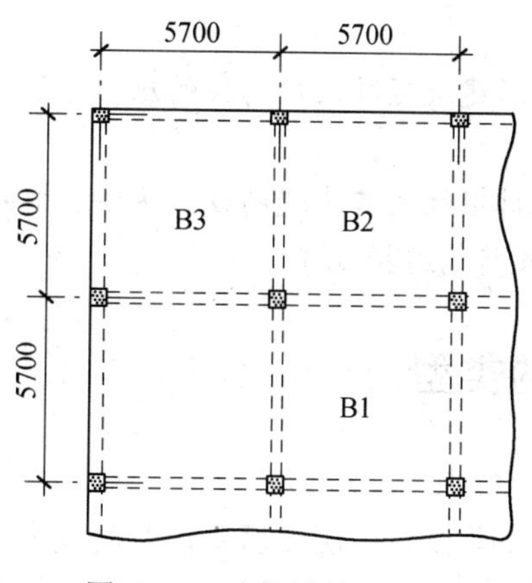

图 11-94 实战演练 11-3 图

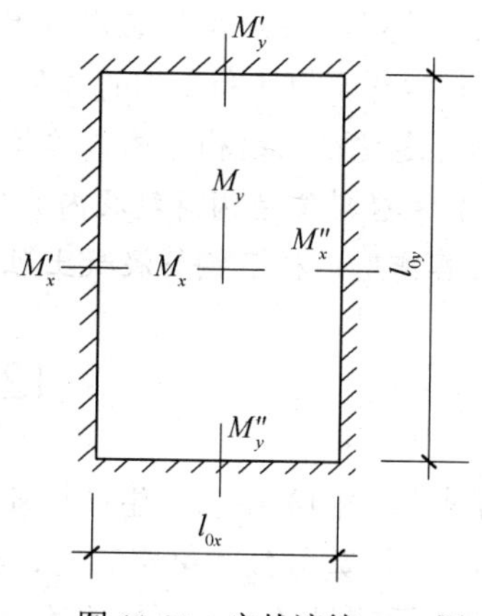

图 11-95 实战演练 11-4 图

第12章　单层工业厂房结构设计

课前导读

【内容提要】

单层工业厂房是工业建筑常用的一种形式，尤其应用于重工业厂房。本章简单介绍厂房结构的组成、布置和荷载传递路线，各种构件的选型和设计要点，重点讲解排架结构荷载的计算和内力分析、排架柱及柱下独立基础的设计与计算。

【能力要求】

通过本章的学习，学生应具备以下能力：

(1) 了解单层厂房的组成及结构布置的特点；

(2) 熟悉各构件和支撑的作用、布置和连接以及国家建筑标准设计图集的应用方法，熟悉荷载的传递途径、结构整体工作的概念；

(3) 掌握排架结构荷载及内力的计算和组合方法、排架柱及其牛腿的设计方法、相关构造要求及其作用、柱下钢筋混凝土独立基础的设计方法及其构造措施等。

12.1　工业厂房的类型

工业厂房的类型与其生产性质、工艺流程、机械设备和产品相关。

(1) 按层数可分为单层厂房、多层厂房和层数混合的厂房。单层厂房室内空间较大，且一般有起重运输设备。主要用于冶金或机械厂的炼钢、铸造、锻压、金工、装配等设有大型机器或设备，产品较重且轮廓尺寸较大的车间。而精密仪表、电子、食品等工业多用多层厂房。

(2) 按生产规模可分为大型工业厂房、中型工业厂房和小型工业厂房。

(3) 按主要承重材料可分为混合结构、钢筋混凝土结构和钢结构。其划分方法主要和跨度、高度和吊车起重量等有关。对无吊车或吊车吨位不超过 50kN、跨度在 15m 以内、柱顶标高不超过 8m 且无特殊工艺要求的小型厂房，可采用混合结构。混合结构的主要承重结构为墙或带壁柱墙，屋架可用钢筋混凝土结构或轻钢结构；对有重型吊车(吊车吨位 1500kN)、跨度大于 36m 或有特殊工艺要求的大型厂房，可采用全钢结构或由钢筋混凝土柱与钢屋架组成的结构；除此以外的单层厂房均可采用混凝土结构，且一般采用装配式钢筋混凝土结构。

(4) 按承重结构体系不同，可分为排架结构和刚架结构。排架结构由屋架(或屋面梁)、柱和基础组成，柱与屋架铰接，与基础刚接。排架按其所用材料分钢筋混凝土排架结构、钢屋架和钢筋混凝土柱组成的排架结构、砖墙或砖垛代替钢筋混凝土柱的砖排架结构。随着生产工艺及使用要求的不同，排架结构可设计成等高或不等高、单跨或多跨以及锯齿形等各种形式，如图 12-1 所示。排架结构是目前单层厂房结构的基本结构形式，其跨度可超过 30m，高度可达 20～30m 或更高，吊车吨位可达 1500kN 甚至更大。排架结构传力明确，构造简单，施工亦较方便。

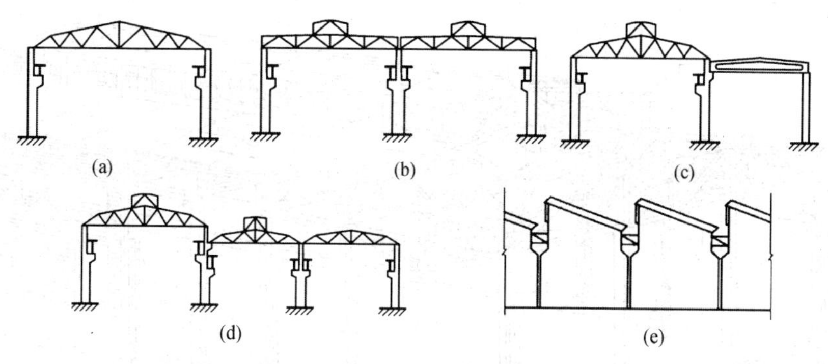

图 12-1　排架结构类型

刚架结构也是由横梁、柱和基础组成。常用的有钢筋混凝土门式刚架和钢框架结构。钢筋混凝土门式刚架的基本特点是柱和屋架(横梁)合并为同一个构件，柱与基础为铰接或刚接。目前在单层厂房中用得较多的是两铰和三铰两种形式，刚架顶节点做成刚接的称为两铰刚架，做成铰接的称为三铰刚架，前者是超静定结构，后者是静定结构。为便于施工吊装，两铰刚架通常做成三段，在横梁中弯矩为零(或很小)的截面处设置接头，用焊接或螺栓连接成整体，刚架顶部也有做成弧形的。同样，门式刚架也可用于多跨厂房，如图 12-2 所示。钢框架结构的屋架、柱、吊车梁等主要构件均采用钢结构。厂房钢柱的上柱升高至屋架上弦，屋架的上下弦均与上柱相连接，使屋架与柱形成刚接，以提高厂房的横向刚度，如图 12-3 所示。

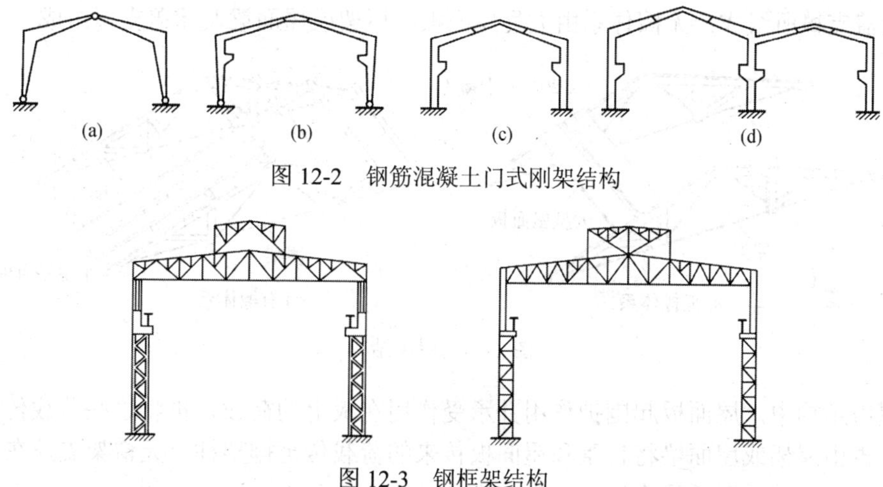

图 12-2　钢筋混凝土门式刚架结构

图 12-3　钢框架结构

我国于 20 世纪 60 年代初期开始在轻型厂房中采用混凝土刚架结构，目前已很少使用，但钢的刚架结构仍用得很广泛。

本章主要讲述单层厂房排架结构设计中的主要问题。

12.2　单层厂房的结构组成及荷载传递路线

12.2.1　结构组成

单层工业厂房排架结构是由横向平面排架、纵向平面排架及支撑系统组成的空间结构体系，主要由下列构件组成(图 12-4)。

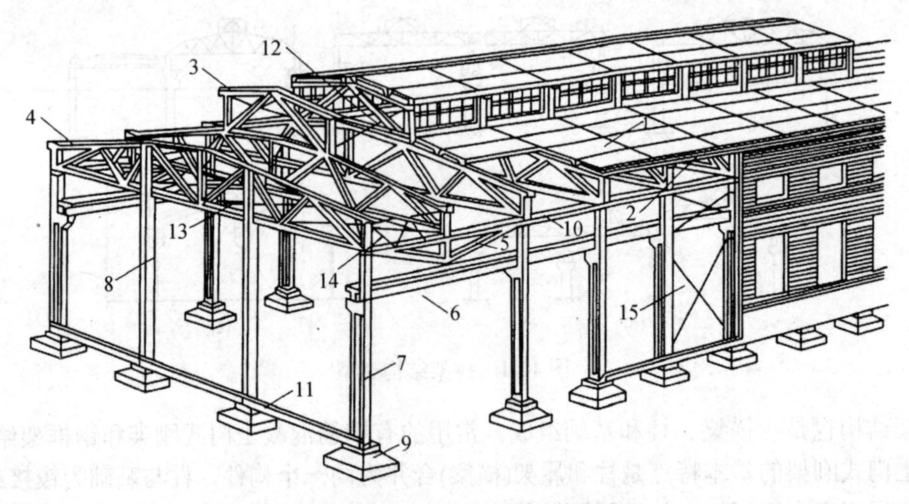

图 12-4　单层工业厂房结构组成

1—屋面板；2—天沟板；3—天窗架；4—屋架；5—托架；6—吊车梁；7—排架柱；8—抗风柱；9—基础；10—连系梁；

11—基础梁；12—天窗架垂直支撑；13—屋架下弦横向水平支撑；14—屋架端部垂直支撑；15—柱间支撑。

1．屋盖结构

混凝土屋盖结构由屋面板(包括天沟板)、屋架或屋面梁(包括屋盖支撑)组成，有时还设有天窗架和托架等。屋盖可分为有檩体系和无檩体系(图 12-5)。有檩体系由小型屋面板、檩条、屋架及屋盖支撑所组成；无檩体系由大型屋面板、屋架或屋面梁及屋盖支撑组成。

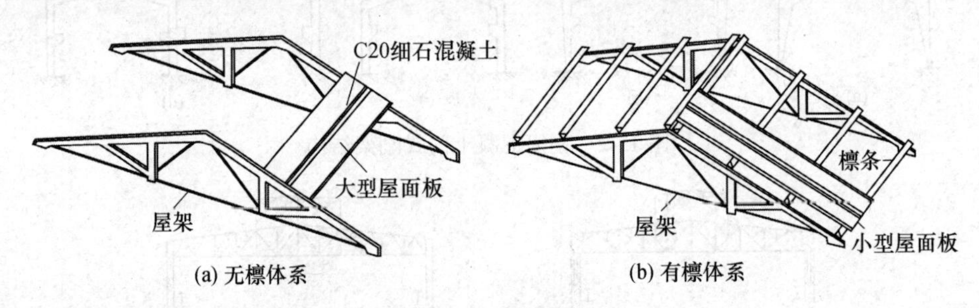

图 12-5　屋盖结构

在屋盖结构中，屋面板起围护作用并承受作用在板上的荷载，再将这些荷载传至屋架或屋面梁，再由屋架或屋面梁将自重和屋面板传来的荷载传至排架柱。天窗架支撑在屋架或屋面梁上，也是一种屋面承重构件。

屋盖结构中各构件的组成和作用分述如下：

(1) 屋面板：支撑在屋架(屋面梁)或檩条上，承受屋面构造层自重、屋面活荷载、雪荷载、积灰荷载以及施工荷载等，并将它们传给屋架(屋面梁)，具有覆盖、围护和传递荷载的作用；

(2) 天沟板：屋面排水并承受屋面积水及天沟板上的构造层自重、施工荷载等，并将它们传给屋架；

(3) 天窗架：形成天窗以便于采光和通风，承受其上屋面板传来的荷载及天窗上的风荷载等，并将它们传给屋架；

(4) 屋架或屋面梁：与柱形成横向排架结构，承受屋盖上的全部竖向荷载，并将它们传给柱；

(5) 托架：当柱距比屋架间距大时，用以支撑屋架，并将荷载传给柱；

(6) 檩条：有檩体系屋盖中采用，支撑小型屋面板(或瓦材)，承受屋面板传来的荷载，并将它们传给屋架。

2．横、纵向平面排架

横向平面排架由横梁、横向柱列及其基础所组成的平面骨架，是厂房的基本承重结构。厂房承受的竖向荷载、横向水平荷载及横向水平地震作用均主要通过横向平面排架传至基础及地基，如图 12-6 所示。

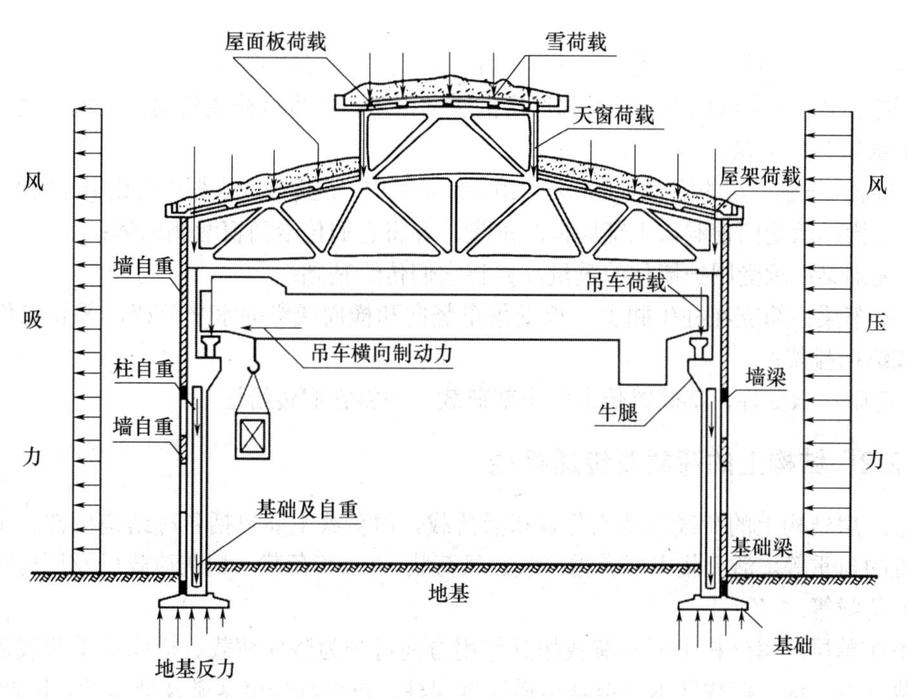

图 12-6　横向排架结构及荷载

纵向平面排架由连系梁、吊车梁、纵向柱列、柱间支撑和基础等构件组成的纵向平面骨架。作用是保证厂房结构的纵向稳定性和刚度，承受吊车纵向水平荷载、纵向水平地震作用、温度应力以及作用在山墙及天窗架端壁并通过屋盖结构传来的纵向风荷载等，如图 12-7 所示。

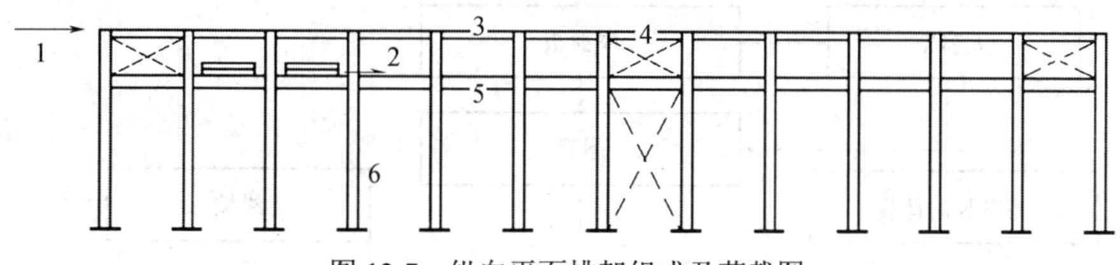

图 12-7　纵向平面排架组成及荷载图

1—纵向风荷载；2—吊车纵向水平荷载；3—连系梁；4—柱间支撑；5—吊车梁；6—纵向柱列。

排架结构中构件的组成和作用如下：

(1) 排架柱：同时为横向排架和纵向排架中的构件，承受屋盖结构、吊车梁、外墙、柱间支撑等传来的竖向和水平荷载，并将它们传给基础；

(2) 抗风柱：也是围护结构的一部分，承受山墙传来的风荷载，并将它们传给屋盖结构和基础；

(3) 支撑体系：包括屋盖支撑和柱间支撑。屋盖支撑加强屋盖结构空间刚度，保证屋架的稳定，将风荷载传给排架结构，柱间支撑加强厂房的纵向刚度和稳定性，承受并传递纵向水平荷载至排架柱或基础。

3. 围护结构

围护结构位于厂房的四周，包括纵墙、横墙(山墙)、抗风柱、连系梁、基础梁等构件。这些构件所承受的荷载，主要是墙体和构件的自重以及作用在墙面上的风荷载。各构件的主要作用为：

(1) 外纵墙、山墙：厂房的围护构件，承受风荷载及其自重；

(2) 连系梁：连系纵向柱列，增强厂房的纵向刚度，并将风荷载传递给纵向柱列，同时还承受其上部墙体的重量；

(3) 圈梁：加强厂房的整体刚度，防止由于地基不均匀沉降或较大振动荷载引起的不利影响；

(4) 过梁：承受门窗洞口上部墙体的重量，并将它们传给门窗两侧墙体；

(5) 基础梁：承受围护墙体的重量，并将它们传给基础；

(6) 吊车梁：简支在柱牛腿上，承受吊车竖向和横向或纵向水平荷载，并将它们分别传给横向或纵向排架；

(7) 基础：承受柱、基础梁传来的全部荷载，并将它们传给地基。

12.2.2 结构上的荷载及传递路线

单层厂房结构上的荷载包括恒荷载和活荷载。恒荷载主要包括各种结构构件、围护结构以及设备的自重等。活荷载主要有雪荷载、风荷载、 吊车荷载、积灰荷载以及厂房在施工或检修时的荷载等。

作用在单层厂房结构上所有荷载按其作用方向可分为竖向荷载、横向水平荷载以及纵向水平荷载三种。这些荷载基本上都是传递给排架柱，再由柱传至基础及地基的，因此屋架(或屋面梁)、柱、基础是单层厂房的主要承重构件。在有吊车的厂房中，吊车梁也是主要承重构件，将前述分析的荷载传递情况总结如图 12-8 所示。

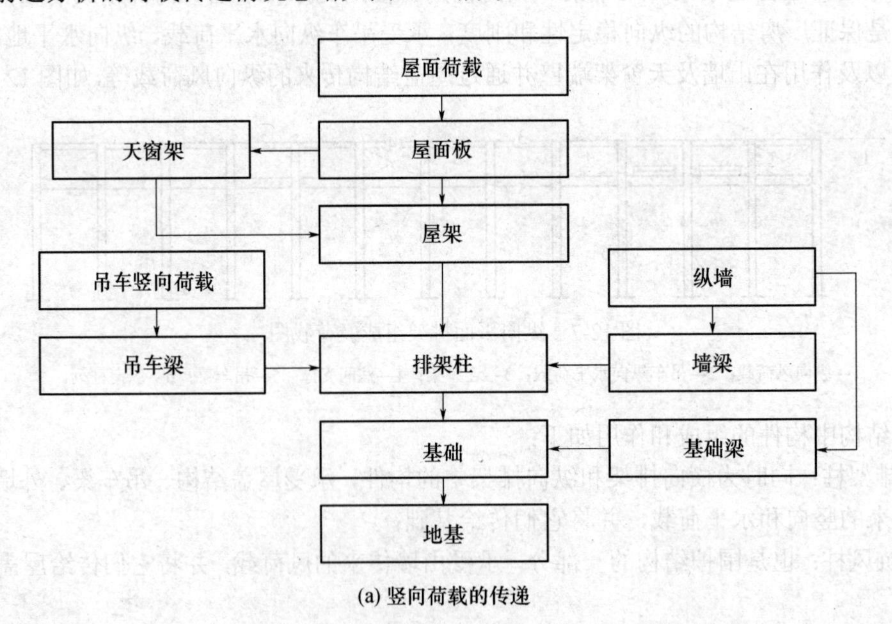

(a) 竖向荷载的传递

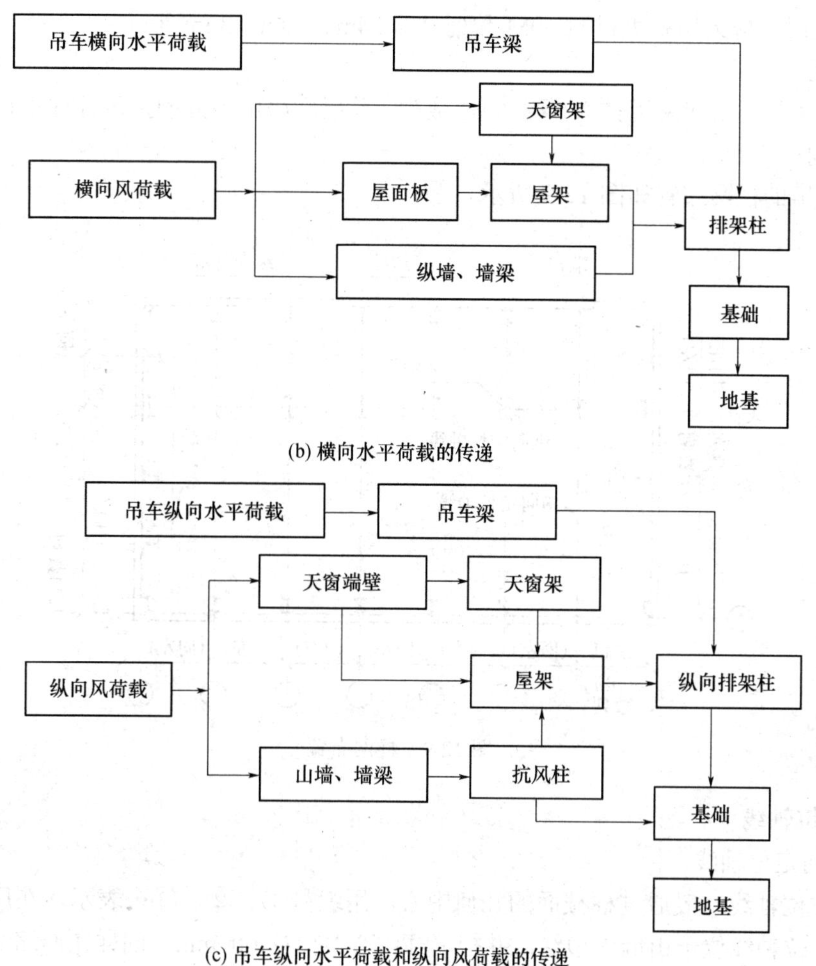

(b) 横向水平荷载的传递

(c) 吊车纵向水平荷载和纵向风荷载的传递

图 12-8　工业厂房荷载传递路线图

在一般的单层厂房中，横向排架是主要承重结构，而屋架、吊车梁、柱和基础是厂房中的主要承重构件。

12.3　单层厂房的结构布置

12.3.1　单层工业厂房柱网和定位轴线

1. 柱网

单层厂房承重柱的纵向和横向定位轴线在平面上形成的网格称为柱网。柱子纵向定位轴线间的距离称为跨度，横向定位轴线的距离称为柱距。

确定柱网尺寸时，首先要满足生产工艺要求，尤其是工艺设备的布置；其次是根据建筑材料、结构形式、施工技术水平、经济效果，以及提高建筑工业化程度和建筑处理、扩大生产、技术改造等方面因素来确定；此外，还应满足模数制的要求。

1) 跨度

单层厂房的跨度在 18m 以下时，应采用 30M 数列(1M=100mm)，即 9m、12m、15m、18m；

在 18m 以上时，应采用扩大模数 60M 数列，即 24m、30m、36m 等。

2) 柱距

单层厂房的柱距应采用扩大模数 60M 数列，单层厂房山墙处的抗风柱柱距宜采用扩大模数 15M 数列。

单层厂房的柱网布置如图 12-9 所示。

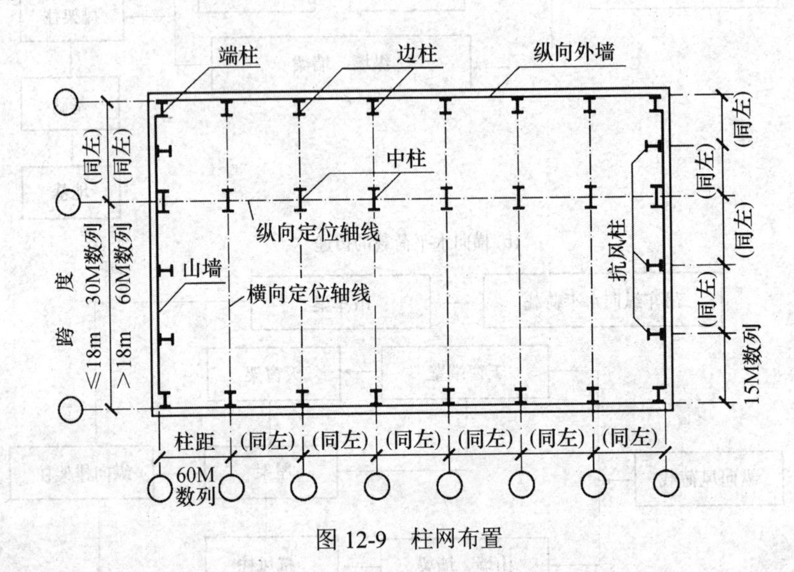

图 12-9 柱网布置

2. 定位轴线

1) 横向定位轴线

横向定位轴线一般通过柱截面的几何中心，用编号①、②、③…表示。在厂房纵向尽端处，横向定位轴线位于山墙内边缘，并把端柱中心线内移 600mm，同样在伸缩缝两侧的柱中心线也需向两边各移 600mm，使伸缩缝中心线与横向定位轴线重合，如图 12-10 所示。

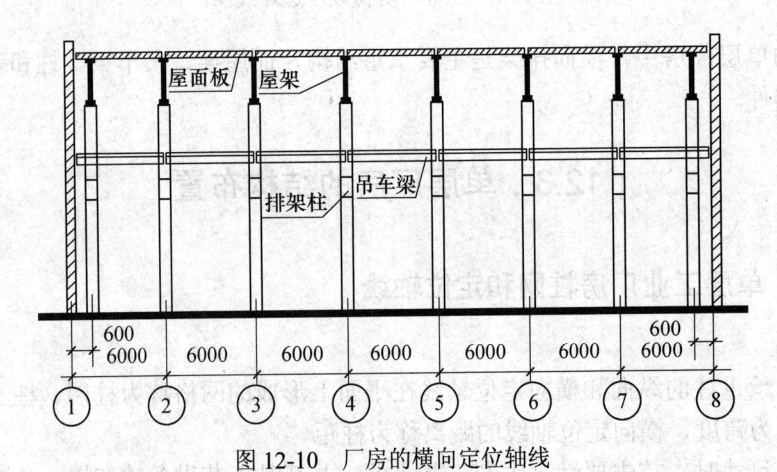

图 12-10 厂房的横向定位轴线

2) 纵向定位轴线

以图 12-11 来说明厂房纵向定位轴线的位置。纵向定位轴线一般用编号Ⓐ、Ⓑ、Ⓒ…表示。纵向定位轴线之间的距离(即跨度 L)与吊车轨距 L_k 之间一般有如下关系(图 12-11(a)):

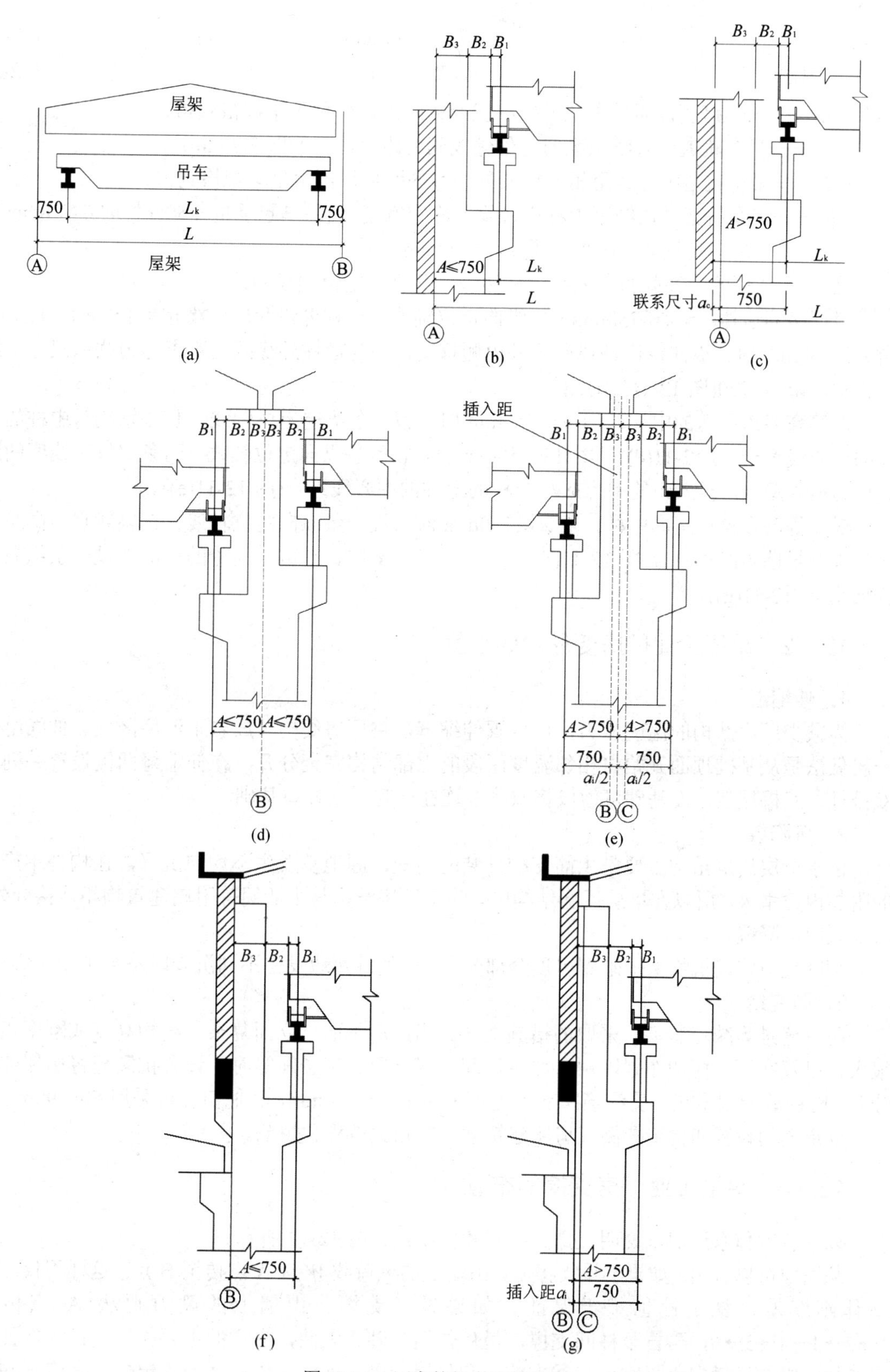

图 12-11　厂房的纵向定位轴线

$$L = L_k + 1500\text{mm} \tag{12-1}$$

图中，

$$A = B_1 + B_2 + B_3 \tag{12-2}$$

式中 L_k——吊车跨度，即吊车轨道中心线间的距离，可由吊车规格查得；

A——吊车轨道中心线至纵向定位轴线间的距离，一般取 750mm；

B_1——吊车轨道中心线至吊车桥架外边缘的距离，可由吊车规格查得；

B_2——吊车桥架外边缘至上柱内边缘的净空宽度，当吊车起重量≤50t 时，取 B_2≥80mm；当吊车起重量>50t 时，取 B_2≥100mm；

B_3——边柱的上柱截面高度或中柱边缘至其纵向定位轴线的距离。

对厂房的边柱，当 A≤750mm 时，纵向定位轴线与边柱外缘和墙内缘相重合(图 12-11(b))；当 A≥750mm 时，纵向定位轴线向边柱内侧移动，其与边柱外缘间的距离称为联系尺寸，用 a_c 表示，a_c=A−750(图 12-11(c))。

对等高多跨厂房的中柱，当 A≤750mm 时，设一条纵向定位轴线，且该轴线与中柱的上柱的中心线重合(图 12-11(d))；当 A≥750mm 时，设两条纵向定位轴线，两条定位轴线间的距离称为插入距 a_i，插入距的中点应与中柱的上柱的中心线重合(图 12-11(e))。

对不等高多跨厂房的中柱，当 A≤750mm 时，设一条纵向定位轴线，该轴线宜与高跨上柱外缘与封墙内缘相重合(图 12-11(f))；当 A≥750mm 时，在偏向高跨的一侧增设一条纵向定位轴线(图 12-11(g))。

12.3.2 单层工业厂房变形缝的设置

1．伸缩缝

为减少厂房结构的温度应力，可设置伸缩缝，将厂房结构分成若干温度区段。伸缩缝的一般做法是从基础顶面开始将相邻温度区段的上部结构完全分开，在伸缩缝两侧设置并列的双排柱、双榀屋架，而基础可做成将双排柱连在一起的双杯口基础。

2．沉降缝

由于单层厂房结构主要是由简支构件装配而成，因地基发生不均匀沉降，在构件中产生的附加内力不大，所以在单层厂房结构中，除主厂房结构与生活间等附属建筑物相连接处外，很少采用沉降缝。

沉降缝应将建筑物从基础到屋顶全部分开，以使缝两边发生不同沉降时不至于相互影响。

3．防震缝

防震缝是为减轻震害而采取的措施之一。当厂房平面、立面复杂，结构高度或刚度相差很大，以及在厂房侧边布置附房，如生活间、变电所、炉子间等时，设置抗震缝将相邻部分分开，防震缝的宽度在厂房纵横跨交接处可采用 100～150mm，其他情况可采用 50～90mm。

变形缝的设置和构造参阅《房屋建筑学》等相关教程和规范。

12.3.3 单层工业厂房支撑的布置

以一有檩体系厂房来说明支撑的布置和作用，如图 12-12 所示。

从图中可以看出：如果不设支撑时，山墙上的风荷载 W 从 A 点传至 B 点，这样不仅厂房整体刚度差，稳定性也难于保证。如果设了支撑，山墙上的风力则从 A 点传至 1→2→3→4→5→6，再传至柱间支撑，最后传至基础。因此，支撑的主要作用是：①保证厂房结构的纵向及横向水平刚度；②在施工和使用阶段，保证结构构件的稳定性；③将某些水平荷载传给主要承重结构或基础。

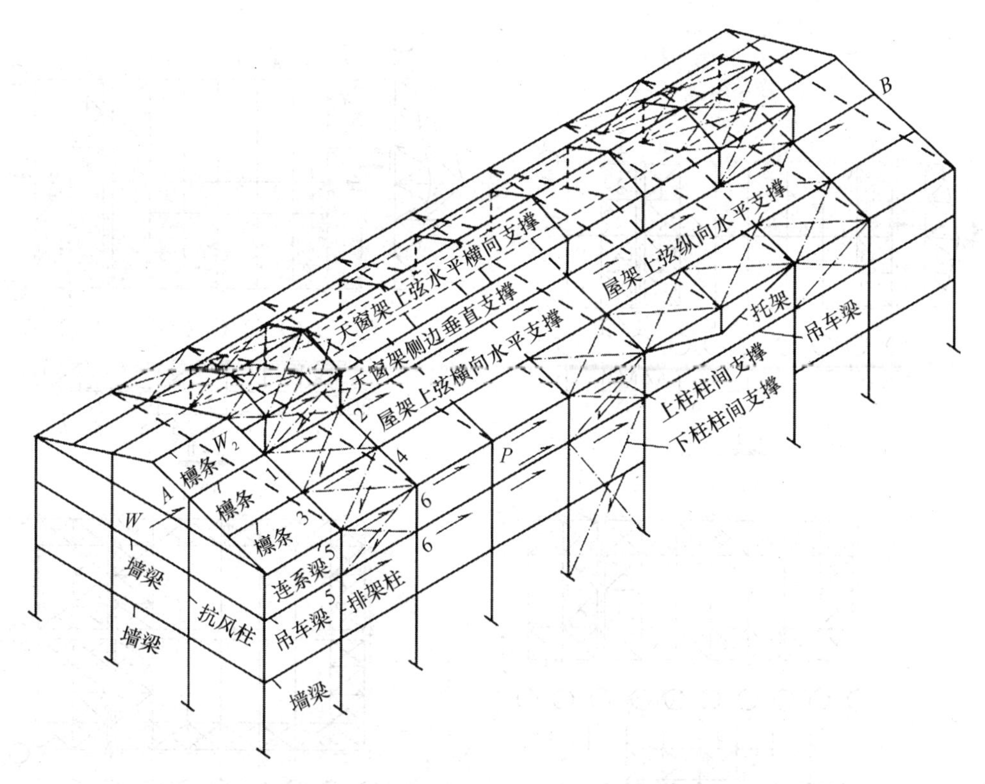

图 12-12　有檩屋盖体系厂房支撑作用示意图

1. 屋盖支撑

屋盖支撑包括上弦横向水平支撑、下弦横向水平支撑、纵向水平支撑、垂直支撑、纵向水平系杆、天窗架支撑等。

1) 上弦横向水平支撑

上弦横向水平支撑是沿厂房跨度方向用交叉角钢、直腹杆和屋架上弦杆构成的水平桁架。作用是保证屋架上弦的侧向稳定性；增强屋盖的整体刚度；作为山墙抗风柱的顶端水平支座，承受由山墙传来的风荷载和其他纵向水平荷载，并传至厂房纵向柱列。

当屋盖结构的纵向平面内的刚度不足，具有以下情况之一时，应设置上弦横向水平支撑，如图 12-13(a)，(b)所示。

(1) 当屋盖为有檩体系，或屋盖为无檩体系，但屋面板与屋架连接点的焊接质量不能保证，且山墙抗风柱与屋架上弦连接时，每一伸缩缝区段端部第一或第二柱间布置；

(2) 当设有天窗，且天窗通过厂房端部的第二柱间或通过伸缩缝，应在第一或第二柱间的天窗范围内设置，并在天窗范围内沿纵向设置 1～3 道通长的受压系杆(图 12-13(b))，将天窗范围内各榀屋架与上弦横向水平支撑连接起来，以保证屋架上弦的侧向稳定。

2) 下弦横向水平支撑

下弦横向水平支撑是沿厂房跨度方向用交叉角钢、直腹杆和屋架下弦杆构成的水平桁架。其作用是将山墙风荷载及纵向水平荷载传至纵向柱列；防止屋架下弦侧向振动。

当具有以下情况之一时，应设置下弦横向水平支撑，下弦横向水平支撑一般宜设于厂房端部及伸缩缝处第一柱间，且宜与上弦横向水平支撑设置在同一柱间，如图 12-13(a)，(b)所示。

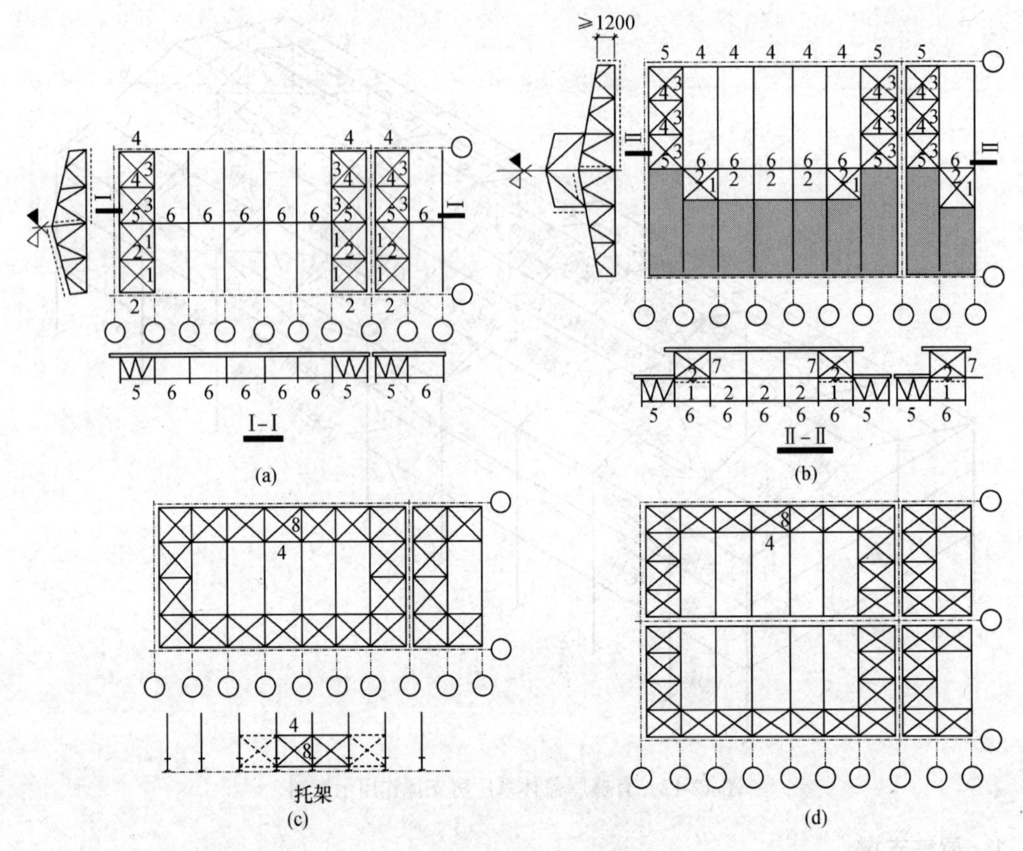

图 12-13　屋盖支撑布置图

1—上弦横向水平支撑；2—上弦受压系杆；3—下弦横向水平支撑；4—下弦受压系杆；

5—垂直支撑；6—下弦受拉系杆；7—天窗架支撑；8—纵向水平支撑。

(1) 屋架下弦悬挂吊车的纵向水平荷载较大而通过垂直支撑传力时，可在悬挂吊车轨道尽头的柱间设置；

(2) 当厂房高度较大，纵向风荷载由山墙抗风柱传至屋架下弦时；

(3) 厂房内有较大的振动荷载，吊车吨位大时，如设有硬钩桥式吊车或5t以上的锻锤时。

3) 纵向水平支撑

纵向水平支撑一般是由交叉角钢、直杆和屋架下弦第一节间组成的纵向水平桁架 。其作用是加强屋盖结构的横向水平刚度；保证横向水平荷载的纵向分布，加强厂房的空间工作；在屋盖设有托架时，还可以保证托架上缘的侧向稳定，并将托架区域内的横向水平风力有效地传到相邻柱子上去。

当具有以下情况之一时，应设置纵向水平支撑：

(1) 厂房内设有托架时，则需在设有托架的柱间和两端相邻的一个柱间设置下弦纵向水平支撑(图 12-13(c))。

(2) 厂房内设有软钩桥式吊车，但厂房高大，吊车起重量较大时(如单跨厂房柱高 15～18m 以上，A1～A8 级吊车，起重量在 30t 以上时)。等高多跨厂房一般可沿边列柱的屋架下弦端部各布置一道通长的纵向水平支撑；跨度较小的单跨厂房可沿下弦中部布置一道通长的纵向水平支撑。吊车工作级别按表 12-1 所示的指标确定。

表 12-1　吊车的工作级别

工作级别	A1～A3	A4，A5	A6，A7	A8
经常起重量/额定起重量/%	—	<50	50～100	超过 A6，A7 的指标
每小时平均操作次数	60	120	240	
接电持续率 J_c /%	15	25	40	
平均 50 年使用次数/万次	—	300	600	
运行速度/$(m\cdot min^{-1})$	<60	60～90	80～150	

(3) 厂房内设有硬钩桥式吊车或 5t 级以上的锻锤时，可沿中间柱列适当增加纵向水平支撑。

(4) 当厂房已设有下弦横向水平支撑时，则纵向水平支撑应尽可能与横向水平支撑连接，以形成封闭的水平支撑系统(图 12-13(c),(d))。

4) 垂直支撑及水平系杆

垂直支撑一般是由角钢杆件与屋架的直腹杆或天窗架的立柱组成的垂直桁架。屋架垂直支撑根据屋架高度不同做成十字交叉形或 W 形天窗架，一般做成斜叉形。

垂直支撑的作用是保证屋架及天窗架在承受荷载后的平面外稳定；并传递纵向水平力，所以垂直支撑与横向水平支撑配合作用。与下弦横向水平支撑布置在同一柱间内。

水平系杆分为上弦水平系杆和下弦水平系杆。上弦水平系杆是为保证屋架上弦或屋面梁受压翼缘的侧向稳定而设置。下弦水平系杆是为防止在吊车或有其他水平振动时屋架下弦侧向颤动。

屋架的垂直支撑，宜按下列要求布置(图 12-13(a)，(b))：

(1) 当厂房跨度<18m 且无天窗时，一般可不设垂直支撑和水平系杆。

(2) 当屋架跨度 18m<L<24m 时，垂直支撑应布置在每一伸缩缝区段端部的第一或第二柱间，并在屋架跨中设置一道垂直支撑和水平系杆。

(3) 当屋架跨度 24m<L≤30m 时，垂直支撑应布置在每一伸缩缝区段端部的第一或第二柱间，并在屋架跨中设置一道垂直支撑和水平系杆。

(4) 当屋架跨度大于 30m 时，应在屋架跨度的 1/3 左右节点处设置两道垂直支撑和水平系杆。

(5) 当屋架端部高度大于 1.2m 时，还应在屋架两端各布置一道垂直支撑；当厂房伸缩缝区段大于 90m 时，还应在柱间支撑柱距内增设一道垂直支撑和水平系杆。

(6) 当屋架设有轻型悬挂吊车时，悬挂吊车节点位置可设置斜撑式垂直支撑，如图 12-14 所示。

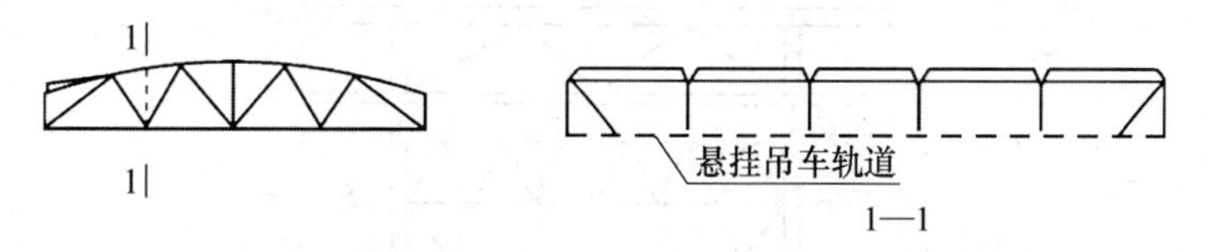

图 12-14　斜撑式垂直支撑

当屋盖设置垂直支撑时，未设置垂直支撑的屋架间，在相应于垂直支撑平面内的屋架上弦和下弦节点处，设置通长的水平系杆。

凡设在屋架端部主要支承节点处和屋架上弦屋脊节点处的通长水平系杆，均应采用刚性系杆，可为钢杆件，也可以为钢筋混凝土杆件；其余均可采用柔性系杆，一般为钢杆件。刚性系杆既能承受拉力又能承受压力，柔性系杆只能承受拉力。

5) 天窗架支撑

天窗架支撑包括天窗架上弦横向水平支撑、天窗架间的垂直支撑和水平系杆。

天窗架支撑的作用是增强整体刚度，保证天窗架上弦的侧向稳定；将端壁上的水平风荷载传给屋架。

在厂房纵向方向，一般天窗架上弦横向水平支撑和垂直支撑均设置在天窗端部第一柱间内；在横向方向，一般垂直支撑设置在天窗两侧。

水平系杆在未设置上弦横向水平支撑的天窗架间设置，上弦节点处设置柔性系杆；对有檩屋盖体系，檩条可以代替柔性系杆。

天窗架支撑的设置如图 12-13(b)所示。

2. 柱间支撑

柱间支撑是纵向平面排架中最主要的抗侧力构件。主要由交叉钢杆件组成，交叉倾角宜取 45°，支撑钢构件的截面尺寸需经承载力和稳定计算确定。其作用主要是提高厂房的纵向刚度和稳定性；将吊车纵向水平制动力、山墙及天窗端壁的风荷载、纵向水平地震作用等传至基础。

柱间支撑的形式主要为十字交叉形(图 12-15)，当柱间要通行或放置设备，或柱距较大而不宜采用交叉支撑时，可采用门架式支撑(图 12-16)。对于有吊车的厂房，按其位置可分为上柱柱间支撑和下柱柱间支撑。上柱柱间支撑位于牛腿上部，并在柱顶设置通长的刚性系杆，以承受作用在山墙及天窗壁端的风荷载，并保证厂房上部的纵向刚度。下柱柱间支撑位于牛腿下部，承受上部支撑传来的内力、吊车纵向制动力和纵向水平地震作用等，并将其传至基础。

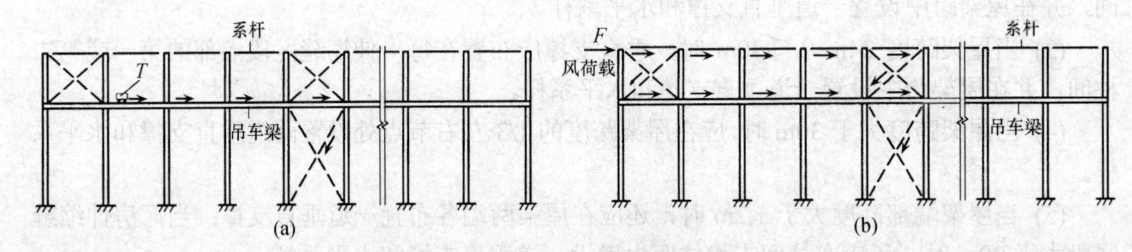

图 12-15 柱间支撑作用示意图

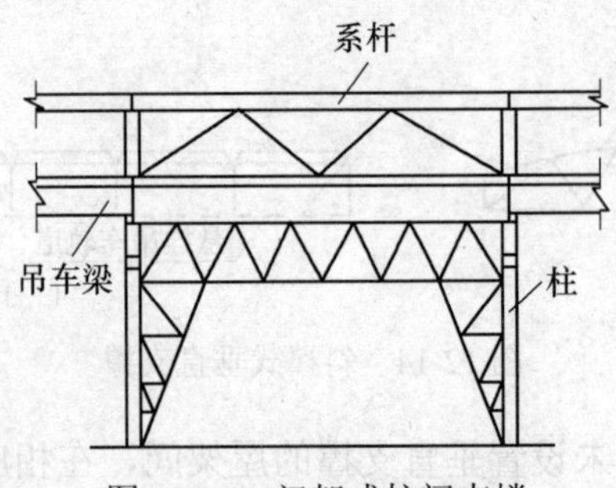

图 12-16 门架式柱间支撑

当设有 A6～A8 的吊车，或 A1～A5 的吊车起重量≥10t 时或厂房跨度≥18m，或柱高≥8m 时，或厂房每列纵向柱总数<7 根时，或设有 3t 以上的悬挂吊车时，或露天吊车栈桥的柱列，应设置柱间支撑。

上柱柱间支撑一般在伸缩缝区段两端与屋盖横向水平支撑相对应的柱间以及伸缩缝区段中央或临近中央的柱间设置；下柱柱间支撑设置在伸缩缝区段中部与上柱柱间支撑相应的位置。

设置柱间支撑具有纵向水平荷载作用下传力路线较短、厂房两端的温度伸缩变形较小(图 12-17)、厂房纵向构件的伸缩受柱间支撑的约束较小、所引起的结构温度应力也较小等优点。

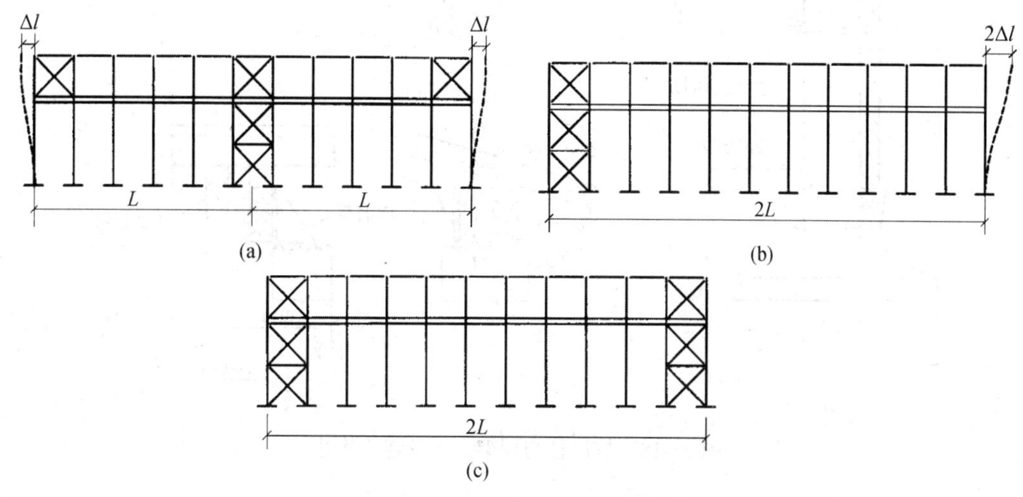

图 12-17　柱间支撑与伸缩变形的关系

12.3.4　围护结构布置

1．抗风柱

单层厂房的山墙受风荷载作用面积较大，一般需设抗风柱将山墙分成几个区段，以使墙面受到的风荷载，一部分(靠近纵向柱列区段)直接传给纵向柱列，另一部分则经抗风柱下端传给基础和经抗风柱上端通过屋盖系统再传至纵向柱列。

当厂房高度及跨度不大时(例如柱顶高度在 8m 以下，跨度为 9～12m)，可在山墙设置砖壁柱作为抗风柱；当厂房高度和跨度较大时，一般都采用钢筋混凝土抗风柱，柱外侧再贴砌山墙；当厂房高度很大时，山墙所受的风荷载很大，为减小抗风柱的截面尺寸，可在山墙内侧设置水平抗风梁或钢抗风桁架(图 12-18(a))，作为抗风柱的中间支座。一部分风荷载将通过抗风梁或抗风桁架直接传给纵向柱列(图 12-18(b))。

抗风柱一般与基础刚接，与屋架上弦铰接；抗风柱与屋架之间连接时，在水平方向必须与屋架有可靠的连接以保证有效地传递风荷载，在竖直方向应允许二者之间产生一定的相对位移，以防止抗风柱与屋架沉降不均匀而产生不利影响。当屋架设有下弦横向水平支撑时，也可与下弦铰接或同时与上、下弦铰接。抗风柱与屋架之间一般采用竖向可以移动、水平方向又有较大刚度的弹簧板连接(图 12-18(c))；如厂房沉降量较大时，宜采用槽形孔螺栓连接(图 12-18(d))。

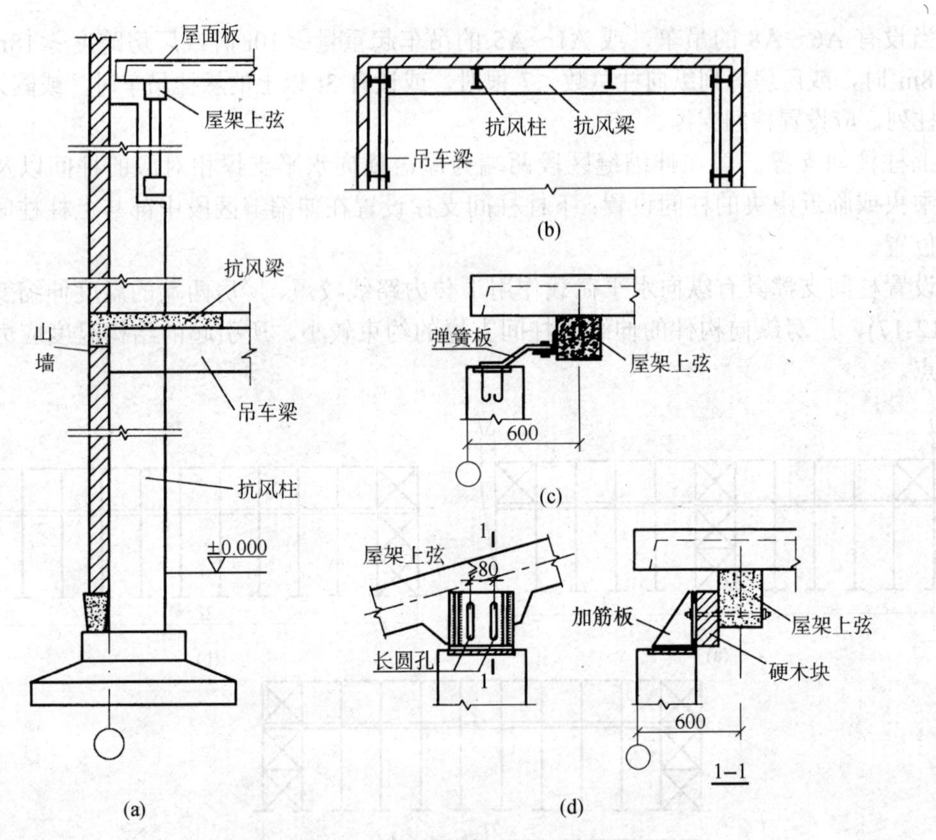

图 12-18 抗风柱与屋架上下弦连接构造

2. 圈梁、连系梁、过梁和基础梁

圈梁设置在墙体内且与柱子连接，其作用是将墙体与排架柱、抗风柱等箍在一起，以增强厂房的整体刚度，防止由于地基的不均匀沉降或较大的振动荷载对厂房产生不利影响。圈梁与柱连接仅起拉结作用，不承受墙体自重，因此柱子上不必设置支承圈梁的牛腿。

圈梁的布置与墙体高度、对厂房刚度的要求及地基情况有关。对无吊车厂房，当檐口标高小于 8m 时，应在檐口附近设置一道圈梁；当檐口标高大于 8m 时，宜增设一道；对于有桥式吊车的厂房，除在檐口附近或窗顶处设置一道圈梁外，尚应在吊车梁标高处或墙体适当部位增设一道圈梁；当外墙高度大于 15m 时，还应适当增设。对于有振动设备的厂房，沿墙高的圈梁间距不应超过 4m。圈梁应连续设置在墙体内的同一水平面上，并尽可能沿整个厂房形成封闭状。

当厂房高度较大(如 15m 以上)、墙体的砌体强度不足以承受本身自重时，或者设置有高侧悬墙时，需在墙下布置连系梁。连系梁一般为预制构件，两端支承在柱外侧的牛腿上，通过牛腿将墙体荷载传给柱子。连系梁与柱之间可采用螺栓或焊接连接。连系梁除承受墙体荷载外，还具有连系纵向柱列、增强厂房的纵向刚度、传递纵向水平荷载的作用。

当墙体开有门窗洞口时，需设置钢筋混凝土过梁，以支承洞口上部墙体的重量。

在进行围护结构布置时，应尽可能地将圈梁、连系梁和过梁结合起来，使一种梁能兼作两种或三种梁的作用，以简化构造，节约材料，方便施工。

在单层厂房中，一般采用基础梁来承托围护墙体的重量，并将其传至柱基础顶面，而不另做墙基础，以使墙体和柱的沉降变形一致。外墙基础梁一般设置在边柱的外侧，梁顶面至少低于室内地面 50mm，底面距土层的表面应预留 100 mm 左右的空隙，使梁可随柱基础一起沉降。基础梁一般不要求与柱连接，将梁直接放置在柱基础的杯口上即可。当基础埋置较深时，可将基础梁放置在混凝土垫块上。当厂房高度不大，且地基比较好，柱基础又埋得较浅时，也可不设基础梁而做砖石或混凝土的墙基础。基础梁应优先采用矩形截面，必要时采用梯形截面。

有关圈梁、过梁等更加具体的做法和要求可参考《砌体结构设计规范》等相关规范与资料。

12.4 横向排架结构的计算

单层厂房结构实际上是一空间结构体系，为了计算方便，一般简化为纵、横向平面排架分别计算，即假定各个横向平面排架(或纵向平面排架)均单独工作。纵向平面排架是由柱列、基础、连系梁、吊车梁和柱间支撑等组成，其排架柱较多，抗侧刚度较大，每根柱承受的水平力不大，因此往往不必进行计算，仅当抗侧刚度较差、柱较少、需要考虑水平地震作用或温度内力时才进行计算。横向平面排架承受屋面荷载、吊车竖向荷载和横向水平荷载，以及纵墙面和屋盖传来的风荷载等，是厂房的主要承重结构，且因厂房的跨度、高度及吊车起重量变化较大，故必须对横向平面排架进行内力分析。

排架计算的主要内容为：确定计算简图、荷载计算、柱控制截面的内力分析和内力组合。必要时，还应验算排架的水平位移值。

12.4.1 排架计算简图

1. 计算单元

单层厂房的计算单元一般是根据排架的受力状况选取的，如各榀排架的几何尺寸相同，则可直接根据其负载情况确定。一般来说，如果厂房各处的屋盖结构相同，各柱列柱距相等且无局部抽柱，则可通过纵向柱距的中线截取计算单元(图 12-19(a))。对于厂房中有局部抽柱的情况，则应根据具体情况选取计算单元(图 12-19(b))。

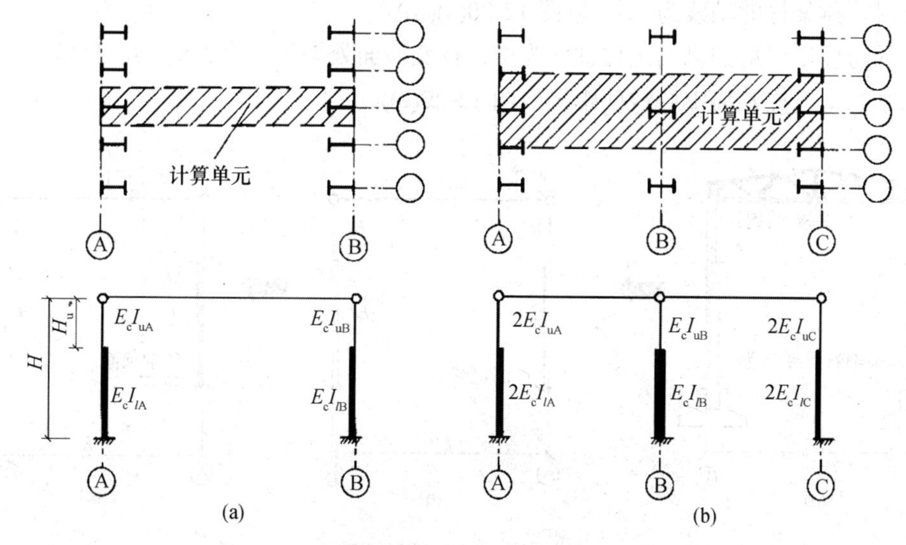

图 12-19 计算单元的确定

图 12-19 中：

柱高 H=柱顶标高+基础底面标高的绝对值-初步拟定的基础高度；

上部柱高 H_u=柱顶标高-轨顶标高+轨道构造高度+吊车梁支承处的吊车梁高；

上、下部柱的截面弯曲刚度 E_cI_u、E_cI_l，由混凝土强度等级以及预先假定的柱截面形状和尺寸确定。这里，I_u、I_l 分别为上、下部柱的截面惯性矩。

2．计算假定和计算模型

为了简化计算，通常钢筋混凝土排架结构做如下假定：

(1) 柱下端与基础顶面为刚接。

排架柱(预制柱)插入基础杯口一定深度，且柱和基础间用高强度等级细石混凝土浇筑密实，基础刚度比柱的刚度大得多，柱下段不致与基础产生相对转角；且基础下地基土的变形受到控制，基础本身的转角一般很小，因此排架柱与基础连接处可按固定端考虑。但当厂房地基土质较差，变形较大或有较重的大面积地面荷载时，则应考虑基础转动和位移对排架内力的影响。

(2) 柱顶与排架横梁(屋架或屋面梁)为铰接。

屋架或屋面大梁与柱顶连接处，仅用预埋钢板焊牢，抵抗转动的能力很小，只能传递竖向轴力和水平剪力，不能传递弯矩，按铰接点考虑。

(3) 横梁(即屋架或屋面梁)为轴向刚度很大的刚性连杆。

横梁一般采用钢筋混凝土屋架、预应力混凝土屋架或屋面梁，其刚度很大，受力后的轴向变形可忽略不计，即排架受力后横梁两端两个柱子的柱顶水平位移相等。但是如横梁采用下弦刚度较小的组合式屋架或带拉杆的两铰拱、三拱屋架时，由于它们的轴向变形较大，横梁两端柱顶侧移不相等，计算排架内力时不宜将横梁假定为刚性连杆，而应考虑横梁的轴向变形对排架内力的影响。

根据上述假定，可得到横向排架的计算模型，如图 12-20 所示。

图中，排架柱的高度由固定端算至柱顶铰接处，排架柱的轴线为柱的几何中心线。当柱为变截面时，排架柱的轴线为一折线(图 12-20(a)(b))。

排架的跨度以厂房的纵向定位轴线为准，在变截面处增加一个力偶 M，M 等于上柱传下的竖向力乘以上下柱几何中心线间距离 e(图 12-20(c))。

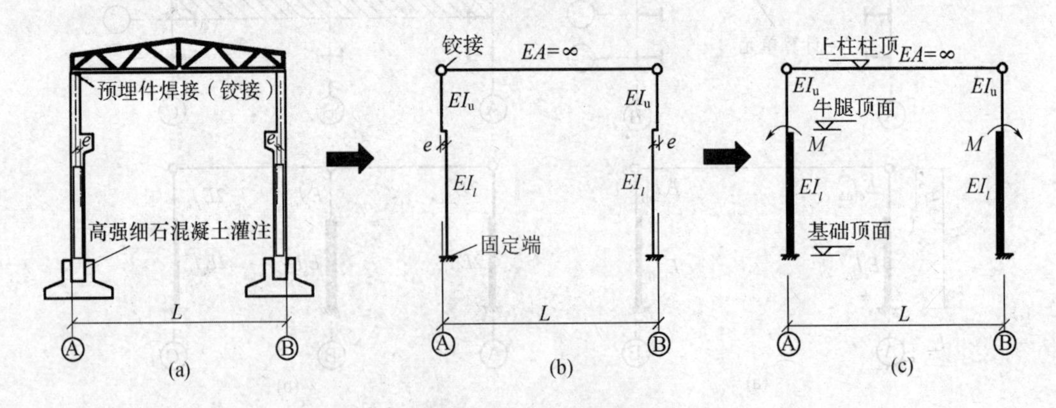

图 12-20　排架计算简图

12.4.2 排架结构的荷载计算

作用在横向排架结构上的荷载有恒荷载和活荷载两类。恒荷载主要包括结构或构件的自重，活荷载包括屋面活荷载、吊车荷载和风荷载等，除吊车荷载外，其他荷载均取自计算单元范围内。

1．恒荷载

(1) 屋盖自重 G_1：屋盖自重包括屋架或屋面梁、屋面板、天沟板、天窗架、屋面构造层以及屋盖支撑等重力荷载。其作用点位于屋架上、下弦几何中心线汇交处(或屋面梁梁端垫板中心线处)，一般在厂房纵向定位轴线内侧 150mm 处，G_1 对上柱截面的几何中心有偏心距 e_1。

(2) 悬墙自重 G_2：当设有连系梁支承围护墙体时，排架柱承受着计算单元范围内连系梁、墙体和窗等重力荷载。其作用点通过连系梁或墙体截面的形心轴，对下柱截面的几何中心有一个偏心距 e_2。

(3) 吊车梁和轨道及连接件自重 G_3：G_3 沿吊车梁中心线作用于牛腿顶面，作用点一般距纵向定位轴线 750mm，对下柱截面的几何中心有一个偏心距 e_3。

(4) 柱自重 $G_4(G_5)$：上柱自重用 G_4 表示，沿上柱中心线作用。下柱自重用 G_5 表示，沿下柱中心线作用。

恒荷载的作用位置及排架的计算简图如图 12-21 所示。

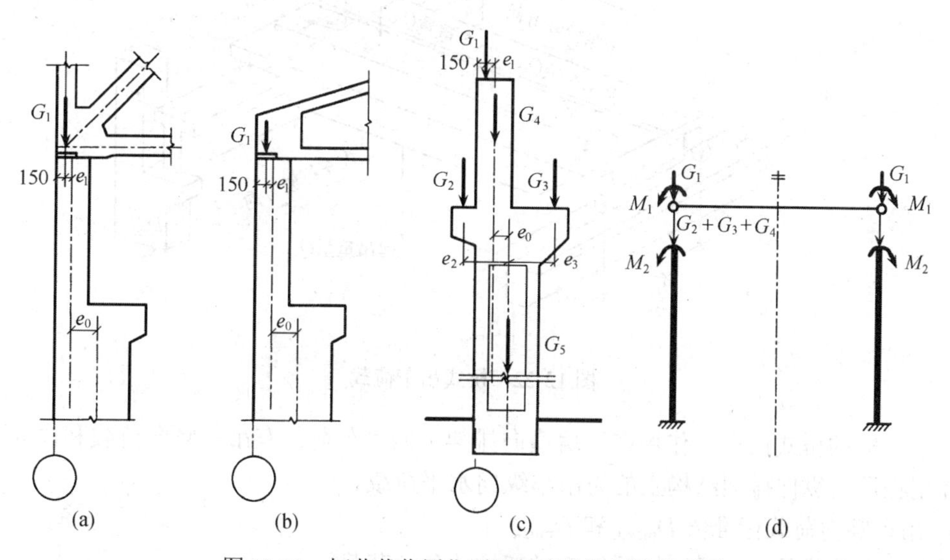

图 12-21 恒荷载作用位置及相应的排架计算简图

2．屋面活荷载

屋面活荷载包括屋面均布活荷载、屋面雪荷载和屋面积灰荷载三部分，均按屋面的水平投影面积计算。其荷载分项系数均为 1.4。

(1) 屋面均布活荷载：屋面水平投影面上的屋面均布活荷载标准值对于不上人的屋面为 0.5kN/m^2；上人的屋面为 2.0kN/m^2。

(2) 屋面雪荷载：是积雪重量，为积雪深度和平均积雪密度的乘积。屋面水平投影面上的雪荷载标准值 s_k (kN/m^2)按下式计算：

$$s_k=\mu_r s_0 \tag{12-3}$$

式中 s_0——基本雪压(kN/m^2)，按《建筑结构荷载规范》取用；

μ_r——屋面积雪分布系数，按《建筑结构荷载规范》取用。

(3) 屋面积灰荷载：对设计生产中有大量排灰的厂房及其临近建筑时，应考虑屋面积灰荷载的影响，可由《荷载规范》查得。

排架计算时，屋面均布活荷载不与雪荷载同时考虑，取两者中的较大值；当有屋面积灰荷载时，积灰荷载应与雪荷载和屋面均布活荷载两者中的较大值同时考虑。

屋面活荷载均以竖向集中力的形式作用于柱顶，作用点同屋盖恒载。对于多跨排架，要考虑活荷载出现的可能性。

3. 吊车荷载

吊车按生产工艺要求和吊车本身构造特点有多种不同的型号和规格。单层厂房中常见的吊车有悬挂吊车、手动吊车、电动葫芦以及桥式吊车等。其中，悬挂吊车的水平荷载可不列入排架计算，而由相关支撑系统承受；手动吊车和电动葫芦可不考虑水平荷载。因此这里介绍的吊车荷载指桥式吊车。

桥式吊车由大车(桥架)和小车组成，大车在吊车梁的轨道上沿厂房纵向行驶，小车在大车桥架的轨道上沿横向运行；带有吊钩的起重卷扬机安装在小车上，如图 12-22 所示。

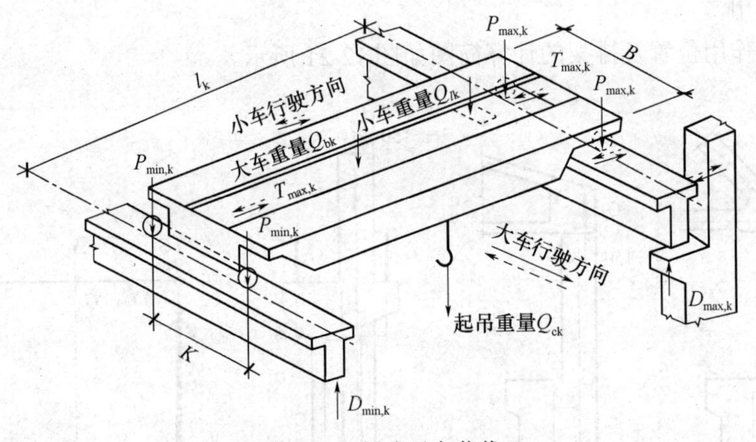

图 12-22　桥式吊车荷载

对于一般的桥式吊车，作用在厂房横向排架上的吊车荷载有吊车竖向荷载和横向水平荷载；作用在厂房纵向排架结构上的为吊车纵向水平荷载。

1) 吊车竖向荷载标准值 $D_{max,k}$ 和 $D_{min,k}$

吊车竖向荷载是一种通过轮压传给排架柱的移动荷载。

当小车吊有额定起重量开到大车某一侧极限位置时，在这一侧的每个大车的轮压称为吊车的最大轮压标准值 $P_{max,k}$，在另一侧的轮压称为最小轮压标准值 $P_{min,k}$，$P_{max,k}$ 与 $P_{min,k}$ 同时发生。

四轮吊车的最小轮压标准值 $P_{min,k}$ 可按下式计算：

$$P_{min,k}=(Q_{bk}+Q_{lk}+Q_{ck})/2-P_{max,k} \tag{12-4}$$

式中　Q_{bk}、Q_{lk}——大车、小车的自重标准值，以“kN”计；

Q_{ck}——与吊车额定起重质量 Q 相对应的重力标准值，以“kN”计。

最大、最小轮压可由吊车厂家提供的规格参数中查得，表 12-2 列出了常用规格吊车的基本参数和尺寸。

表 12-2　50～500/50kN 一般用途电动桥式起重机基本参数和尺寸系列(ZQ1-62)

起重量 Q/kN	跨度 L_k/mm	尺寸				吊车工作级别 A4 和 A5			
		宽度 B/mm	轮距 K/mm	轨顶以上高度 H/mm	轨道中心至端部距离 B_1/mm	最大轮压 $F_{p,max}$/kN	最小轮压 $F_{p,min}$/kN	起重机总质量 G/kN	小车总质量 g/kN
50	16.5	4650	3500	1870	230	76	31	164	20(单闸) 21(双闸)
	19.5	5150	4000			85	35	190	
	22.5					90	42	214	
	25.8	6400	5250			100	47	244	
	28.5					105	63	285	
100	16.5	5550	4400	2140	230	115	25	180	38(单闸) 39(双闸)
	19.5	5550	4400			120	32	203	
	22.5					125	47	224	
	25.8	6400	5250	2190		135	50	270	
	28.5					140	66	315	
150	16.5	5650	4400	2050	230	165	34	241	53(单闸) 55(双闸)
	19.5	5550		2140	260	170	48	255	
	22.5					185	58	316	
	25.8	6400	5250			195	60	380	
	28.5					210	68	400	
150/30	16.5	5650	4400	2050	230	165	35	250	69(单闸) 74(双闸)
	19.5	5550		2150	260	175	43	285	
	22.5					185	50	321	
	25.5	6400	5250			195	60	360	
	28.5					210	68	405	
200/50	16.5	5650	4400	2050	230	195	30	250	75(单闸) 78(双闸)
	19.5	5550		2150	260	205	35	280	
	22.5					215	45	320	
	25.5	6400	5250			230	53	305	
	28.5					240	65	410	
300/50	16.5	6050	4600	2600	260	270	50	340	117(单闸) 118(双闸)
	19.5	6150	4800		300	280	65	365	
	22.5					290	70	420	
	25.5	6650	5250			310	78	475	
	28.5					320	88	515	
500/50	16.5	6350	4800	2700	300	395	75	440	140(单闸) 145(双闸)
	19.5			2750		415	75	480	
	22.5					425	85	520	
	25.5	6800	5250			445	85	560	
	28.5					460	95	610	

每榀排架上作用的吊车竖向荷载指的是几台吊车组合后通过吊车梁传给柱的可能的最大反力。

由于吊车荷载是移动荷载，因此，需用影响线原理求出每榀排架上作用的吊车竖向荷载组合值，其值与吊车的台数及吊车沿厂房纵向运行所处位置有关。当两台吊车靠紧并行，且其中一台起重量较大的吊车内轮正好运行至计算排架上时，吊车竖向荷载组合值最大。根据图 12-23 所示的吊车的最不利位置和影响线，可求得作用于牛腿面上的竖向荷载，如式(12-5)、式(12-6)所示。

$$D_{\max,k} = \sum P_{i\max,k} y_i \tag{12-5}$$

$$D_{\min,k} = \sum P_{i\min,k} y_i \tag{12-6}$$

式中 $P_{i\max,k}$、$P_{i\min,k}$——第 i 台吊车的最大轮压和最小轮压标准值；

y_i——与吊车轮压相对应的支座反力影响线的竖向坐标值，其中 y_1=1；

B_i——第 i 台吊车的宽度；

K_i——第 i 台吊车的吊车轮距。

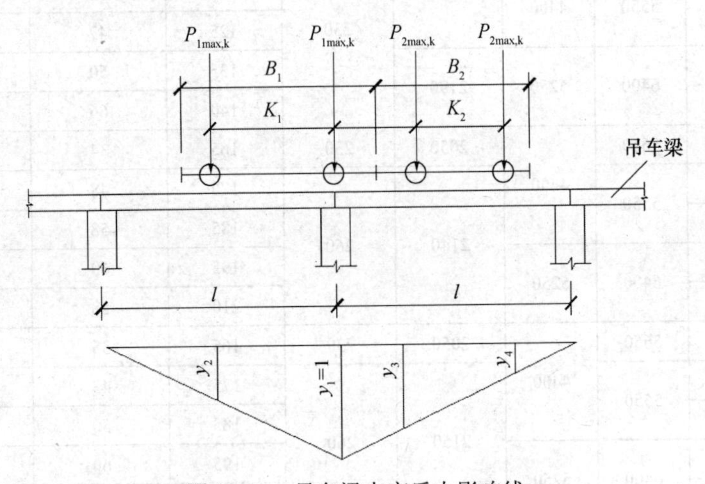

图 12-23　吊车梁支座反力影响线

根据现行《建筑结构荷载规范》的规定，计算排架考虑多台吊车竖向荷载时，对单跨厂房的每个排架，参与组合的吊车台数不宜多于 2 台；对多跨厂房的每个排架，不宜多于 4 台。

由于多台吊车共同作用时，各台吊车荷载不能同时达到最大值，因此应将各吊车荷载的最大值进行折减。当两台吊车完全相同时，其标准值 $D_{\max,k}$、$D_{\min,k}$ 按下列公式计算：

$$D_{\max,k}=\beta \sum y_i P_{\max,k} \tag{12-7}$$

$$D_{\min,k}=\beta \sum y_i P_{\min,k}=D_{\max,k}P_{\min,k}/P_{\max,k} \tag{12-8}$$

式中 β——多台吊车的荷载折减系数，按表 12-3 取用。

表 12-3　多台吊车的荷载折减系数

参与组合的吊车台数	吊车工作级别	
	A1～A5	A6～A8
2	0.90	0.95
3	0.85	0.90
4	0.80	0.85

吊车竖向荷载 $D_{max,k}$、$D_{min,k}$ 沿吊车梁的中心线作用在牛腿顶面，相对于下柱截面具有偏心距 e_3。因而，二者对下柱的力矩为(图 12-24(a))：

$$M_{max,k} = D_{max,k} e_3 \tag{12-9}$$

$$M_{min,k} = D_{min,k} e_3 \tag{12-10}$$

作用在排架上的吊车竖向荷载设计值 $D_{max}=\gamma_Q D_{max,k}$，$D_{min}=\gamma_Q D_{min,k}$，其中，$\gamma_Q$ 是吊车荷载的荷载分项系数，γ_Q=1.4。

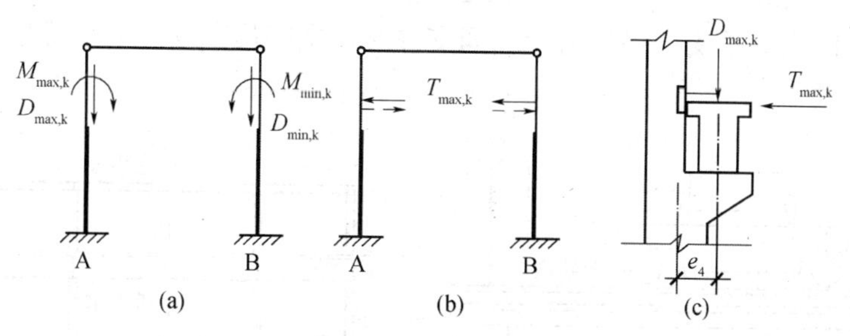

图 12-24　吊车荷载

由于 D_{max} 可以发生在左柱，也可以发生在右柱，因此在 D_{max} 和 D_{min} 作用下单跨排架的计算应考虑左右两种荷载情况。

当计算吊车梁及其连接的强度时，吊车竖向荷载应乘以动力系数。

2) 吊车横向水平荷载 $T_{max,k}$

吊车横向水平荷载是指载有重物的小车在大车(桥架)上运行中突然刹车时，由于重物 Q_{ck} 和小车 Q_{lk} 的惯性力而在厂房排架柱上所产生的横向水平制动力。

横向水平制动力应按两侧柱子的刚度大小分配，但为简化计算，将其等分作用在排架的两侧柱子上，它的方向有左右两种可能性，如图 12-24(b)所示。

吊车总的横向水平荷载可按下式取值：

$$T = \alpha(Q_{ck} + Q_{lk}) \tag{12-11}$$

式中　Q_{ck} ——吊车的额定起重量；

Q_{lk}——小车重量；

α——吊车横向水平荷载系数，按现行《建筑结构荷载规范》确定。即，

对于软钩吊车：

当额定起重量 $Q \leqslant 10$t 时，α=0.12；

当额定起重量 15t<Q<50t 时，α=0.10；

当额定起重量 $Q \geqslant 75$t 时，α=0.08；

对于硬钩吊车：α=0.20。

对于一般四轮桥式吊车，大车每侧的轮数为 2 个，因此通过大车每一轮子传递给吊车梁的横向水平荷载标准值为：

$$T_k = \frac{1}{4}\alpha(Q_{ck} + Q_{lk}) \tag{12-12}$$

每个大车轮传给吊车轨道的横向水平制动力确定后，即可按计算吊车竖向荷载的方法计算 $T_{max,k}$，即

$$T_{max,k} = T_{i,k} \sum y_i \tag{12-13}$$

式中　$T_{i,k}$——第 i 个大车轮子的横向水平制动力。

考虑多台吊车水平荷载时，对单跨或多跨厂房的每个排架，参与组合的吊车台数不应多于 2 台，而且也要考虑多台吊车的折减系数。

3) 吊车纵向水平荷载 $T_{0,k}$

吊车纵向水平荷载是指吊车沿厂房纵向运行中突然刹车时，由吊车和起重物的惯性力在厂房纵向排架柱上所产生的水平制动力，它通过每侧的制动轮传至两侧吊车轨道，然后再由吊车梁传给纵向柱列或柱间支撑，如图 12-25 所示。当厂房纵向有柱间支撑时，全部吊车纵向水平荷载由柱间支撑承受；当厂房无柱间支撑时，全部吊车纵向水平荷载由同一伸缩缝区段内的全部柱承受。

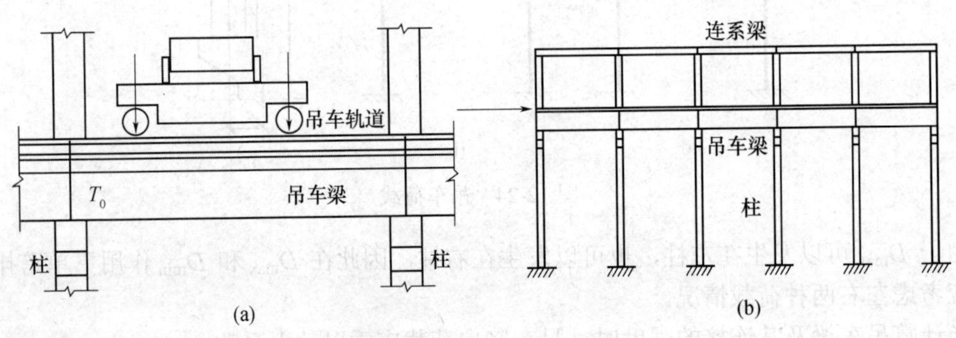

图 12-25　吊车纵向水平荷载

每台吊车纵向水平荷载标准值按作用在一边轨道上所有刹车轮的最大轮压之和的 10%采用，即

$$T_{0,k} = nP_{max,k}/10 \tag{12-14}$$

式中　n——施加在一边轨道上所有刹车轮数之和，对于一般的四轮吊车，n=1。

无论单跨或多跨厂房，在计算吊车纵向水平荷载时，一侧的整个纵向排架上最多只能考虑 2 台吊车。

4．风荷载

计算单元内墙面及屋面传来的风荷载，垂直作用于建筑物表面，且沿建筑物表面均匀分布。垂直于建筑物表面上的风荷载标准值 w_k(kN/m^2)按下式计算：

$$w_k = \beta_z \mu_s \mu_z w_0 \tag{12-15}$$

式中　w_0——基本风压值(kN/m^2)，按《建筑结构荷载规范》取用；

β_z——高度 z 处的风振系数，按《建筑结构荷载规范》取用；

μ_z——风压高度变化系数，按《建筑结构荷载规范》取用；

μ_s——风荷载体型系数，按《建筑结构荷载规范》取用。

排架计算时作用在不同位置处风荷载按下述原则计算：

(1) 作用在排架柱顶以下墙面迎风面和背风面上的风荷载按均布考虑，其风压高度变化系数可按柱顶标高取值。当基础顶面至室外地坪的距离不大时，风荷载可按柱全高计算，若基础埋置较深时，则按实际情况计算，否则误差较大。

(2) 作用于柱顶以上屋盖部分的风荷载仍取为均布荷载，但对排架的作用则按作用在柱顶的集中风荷载 W 考虑，其风压高度变化系数取值如下：有矩形天窗时，按天窗檐口取值；无矩形天窗时，按厂房檐口标高取值。

(3)作用在排架上的风荷载如图 12-26 所示，其设计值分别按下式计算：

$$q_1=\gamma_Q w_{k1}B=\gamma_Q\mu_{s1}\mu_z w_0 B \quad (12\text{-}16)$$

$$q_2=\gamma_Q w_{k2}B=\gamma_Q\mu_{s2}\mu_z w_0 B \quad (12\text{-}17)$$

$$W=\sum_{i=1}^{n}\gamma_Q w_{ki}B=\gamma_Q\sum_{i=1}^{n}\mu_{si}h_i\mu_z w_0 B \quad (12\text{-}18)$$

式中　q_1、q_2——作用在竖直墙面迎风面和背风面的均布风荷载设计值(kN/m)，见图 12-26(a)(b)；

w_{k1}、w_{k2}——作用在竖直墙面迎风面和背风面的风荷载标准值(kN/m^2)；

W——作用在屋盖上的风荷载设计值，包括两部分：作用在竖直面上的风荷载，按柱顶至檐口顶部的距离 h_1 计算；以及作用在坡屋面上的风荷载水平分力的合力，按檐口顶部至屋脊的距离 h_2 计算；见图 12-26(c)；

γ_Q ——风荷载分项系数，γ_Q=1.4。

风荷载是可以变向的，因此排架计算时，要考虑左风和右风两种情况。

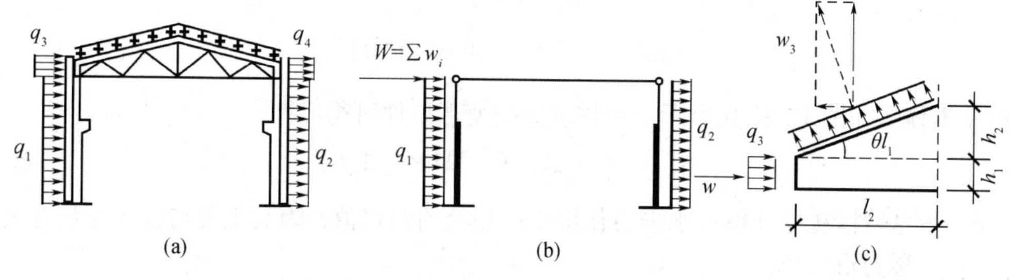

图 12-26　横向排架上的风荷载

12.4.3　等高排架内力分析

等高排架是指在排架计算简图中，各柱柱顶标高相同或柱顶标高虽不同，但柱顶有倾斜横梁贯通连接的排架，排架柱顶水平位移相等，如图 12-27 所示。排架的内力分析就是确定

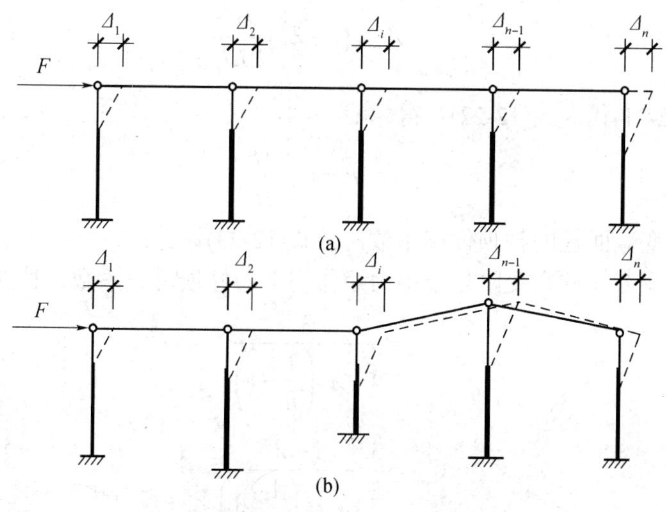

图 12-27　等高排架内力分析

排架柱在各种荷载作用下各个控制截面上的内力，并绘制各排架柱的弯矩 M 图、轴力 N 图及剪力 V 图。采用剪力分配法分析任意荷载作用下等高排架的内力时，需要用到单阶超静定柱在各种荷载作用下的柱反力。因此，先讨论单阶超静定柱的计算。

1．单阶一次超静定柱在任意荷载作用下的柱顶反力

以图 12-28 所示排架柱为例，下柱顶面作用着由吊车竖向荷载对下柱截面形心产生的力矩 M，求在 M 作用下的柱顶反力 R。

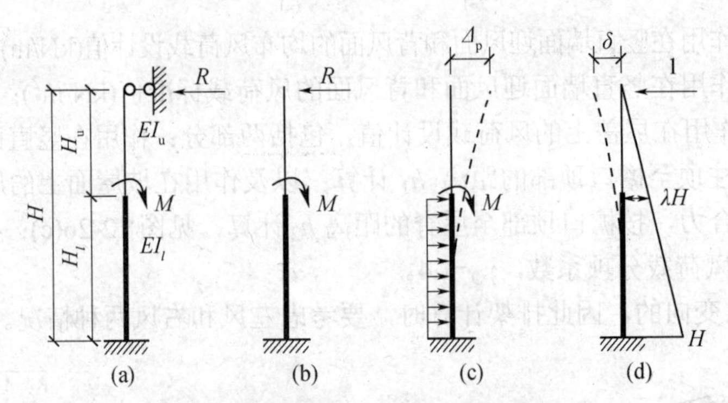

图 12-28　单阶一次超静定柱分析

取基本体系如图 12-28(b)所示，由柱顶处的变形条件可得

$$R\delta-\Delta_p=0\text{，即 }R=\Delta_p/\delta \tag{12-19}$$

式中　δ——悬臂柱在柱顶单位水平力作用下柱顶处的侧移值，因其主要与柱的形状有关，故称为形常数；

Δ_p——悬臂柱在荷载作用下柱顶处的侧移值，因与荷载有关，故称为载常数。

由式(12-19)可见，柱顶不动铰支座反力 R 等于柱顶处的载常数除以该处的形常数。令 $\lambda=H_u/H, n=I_u/I_l$，则由结构力学方法可得

$$\delta=\frac{H^3}{C_0EI_l} \tag{12-20}$$

$$\Delta_p=\left(1-\lambda^2\right)\frac{H^2}{2EI_l}M \tag{12-21}$$

将式(12-20)和式(12-21)代入式(12-22)，得

$$R=C_M\frac{M}{H} \tag{12-22}$$

式中　C_0——单阶变截面柱的柱顶位移系数，按式(12-23)计算；

C_M——单阶变截面柱在变阶处集中力矩作用下的柱顶反力系数，按式(12-24)计算。

$$C_0=\frac{3}{1+\lambda^3\left(\dfrac{1}{n}-1\right)} \tag{12-23}$$

$$C_M=\frac{3}{2}\frac{1-\lambda^2}{1+\lambda^3\left(\dfrac{1}{n}-1\right)} \tag{12-24}$$

按照上述方法，可得到单阶变形截面柱在各种荷载作用下的柱顶反力系数，附表 D 列出了其中的几种，供设计计算时参考。

2．柱顶作用有水平集中力时等高排架的内力分析

在柱顶水平集中力 F 作用下，等高排架各柱顶产生侧移，任一柱分担的柱顶剪力 V_i(图 12-29)可由力的平衡条件求得：

$$F = V_1 + V_2 + \cdots + V_i + \cdots + V_n = \sum_{i=1}^{n} V_i \tag{12-25}$$

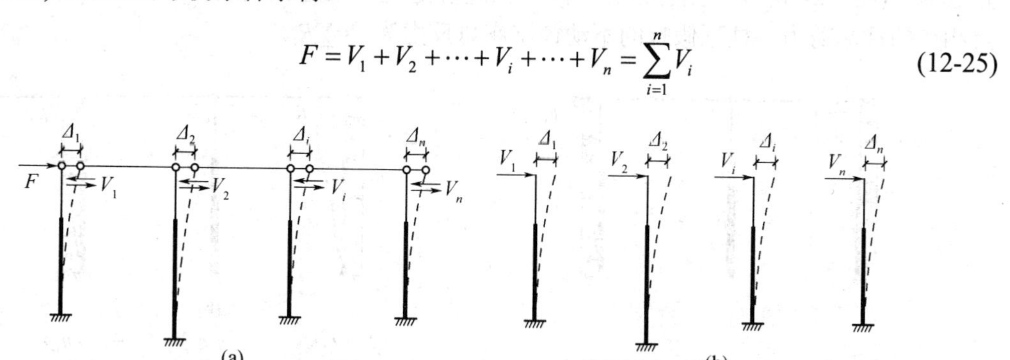

图 12-29　柱顶水平集中力作用等高排架的变形和内力

由于假定横梁为无轴向变形的刚性连接，故有下列变形条件：

$$\Delta_1 = \Delta_2 = \cdots = \Delta_i = \cdots = \Delta_n = \Delta \tag{12-26}$$

此外，根据形常数的物理意义，可得下列物理条件(图 12-29(b))：

$$\Delta_1 = V_1\delta_1；\ \Delta_2 = V_2\delta_2；\ \Delta_i = V_i\delta_i；\ \Delta_n = V_n\delta_n \tag{12-27}$$

联立式(12-25)和式(12-27)，并利用式(12-26)的关系，可得

$$V_i = \frac{1/\delta_i}{\sum_{i=1}^{n} 1/\delta_i} F = \eta_i F \tag{12-28}$$

式中　$1/\delta_i$——第 i 根排架柱的抗侧移刚度(或抗剪刚度)；

η_i——第 i 根排架柱的剪力分配系数，它等于柱 i 自身的抗剪刚度与所有柱总的抗剪刚度的比值，即

$$\eta_i = \frac{1/\delta_i}{\sum_{i=1}^{n} 1/\delta_i} \tag{12-29}$$

从上式可知，当排架结构柱顶作用水平集中力 F 时，各柱的剪力按其抗剪刚度与各柱抗剪刚度总和的比例关系进行分配，这种求内力的方法称为剪力分配法。剪力分配系数必满足 $\Sigma\eta_i=1$。求得柱顶剪力 V_i 后，用平衡条件可得排架柱各截面的弯矩和剪力。

各柱的柱顶剪力 V_i 仅与 F 的大小有关，而与其作用在排架左侧或右侧柱顶处的位置无关，但 F 的作用位置对横梁的内力有影响。如果把图 12-29 中柱顶水平集中力 F 从左侧柱移动至右侧柱的柱顶，且不改变方向，则由剪力分配法可知，各柱的柱顶剪力不会改变，但横梁将由受压改变为受拉。

3. 任意荷载作用下等高排架内力分析

等高排架在任意荷载作用下，为了利用剪力分配法求解，通常可采用以下步骤来进行排架内力分析。

(1) 对承受任意荷载作用的排架(图 12-30(a))，先在排架柱顶部附加一个不动铰支座以阻止其侧移(图 12-30(b))，则各柱为单阶一次超静定柱，应用柱顶反力系数可求得各柱反力 R_i 及相应的柱端剪力，柱顶假想的不动铰支座总反力为 $R=\sum R_i$。

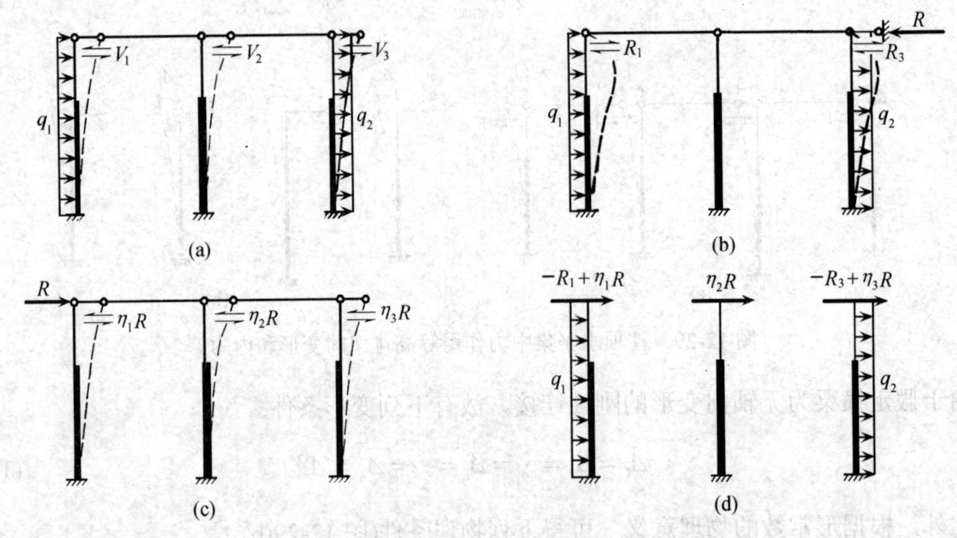

图 12-30 任意荷载作用下等高排架内力分析

(2) 撤除假想的附加不动铰支座，将支座总反力 R 反向作用于排架柱顶，应用剪力分配法可求出柱顶水平力 R 作用下各柱顶剪力 $\eta_i R$。

(3) 将前面的计算结果相叠加，可得到在任意荷载作用下排架柱顶剪力 $R_i+\eta_i R$，然后可求出各柱的内力。

这里规定，柱顶剪力，柱顶水平集中力，柱顶不动铰支座的反力，凡是自左向右作用的取正号，反之取负号。

12.4.4 不等高排架内力分析

不等高排架在任意荷载作用下，由于高、低跨的柱顶位移不相等，因此，不能用剪力分配法求解，其内力通常用结构力学中的力法进行分析。

将低跨和高跨处的横梁切开，代以相应的基本未知力 X_1 和 X_2,则得不等高排架的基本结构(12-31(b))。基本结构在未知力 X_1，X_2 及低跨牛腿顶面处的集中矩 M_1，M_2 共同作用下，将产生内力变形。由每根横梁切断点相对位移为零的变形条件，可得下列力法方程：

$$\begin{cases}\delta_{11}X_1+\delta_{12}X_2+\Delta_{1\mathrm{p}}=0\\ \delta_{21}X_2+\delta_{22}X_2+\Delta_{2\mathrm{p}}=0\end{cases} \tag{12-30}$$

式中 δ_{11}，δ_{12}，δ_{21}，δ_{22}——基本结构的柔度系数，可由图 12-31 的单位力弯矩图图乘得到；

$\Delta_{1\mathrm{p}}$，$\Delta_{2\mathrm{p}}$——载常数，可分别由图 12-31(c)与图 12-31(e)及图 12-31(d)与图 12-31(e)图乘得到。

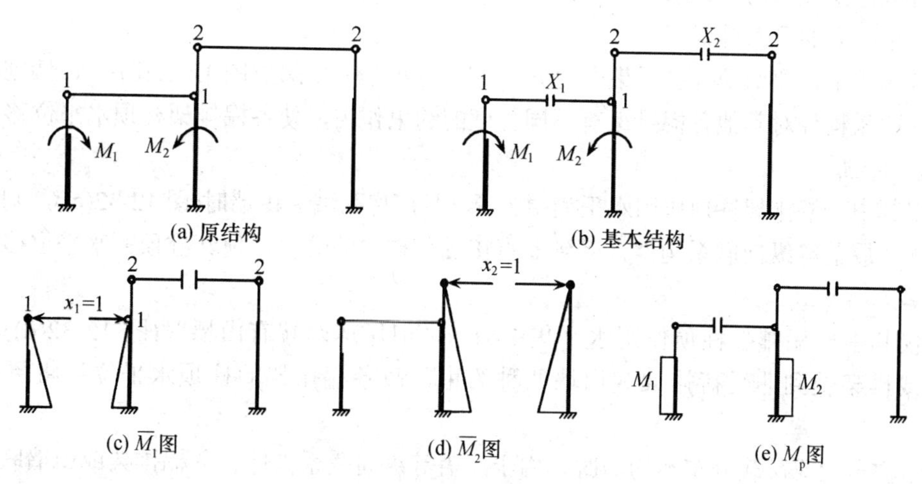

图 12-31 两跨不等高排架内力分析

解力法方程(12-30)，就可求得 X_1，X_2。这样，该两跨不等高排架各柱内力就可用平衡条件求得。

12.4.5 考虑厂房整体空间作用的排架内力分析

1. 厂房整体空间作用的概念

当单层厂房各榀排架之间的刚度不同，或各榀排架所受的荷载不同时，它们各自在荷载作用下的位移就会受到其他排架的制约。这种排架之间相互制约的作用称为单层厂房结构的空间作用。

以图 12-32 为例说明厂房整体空间作用的概念。

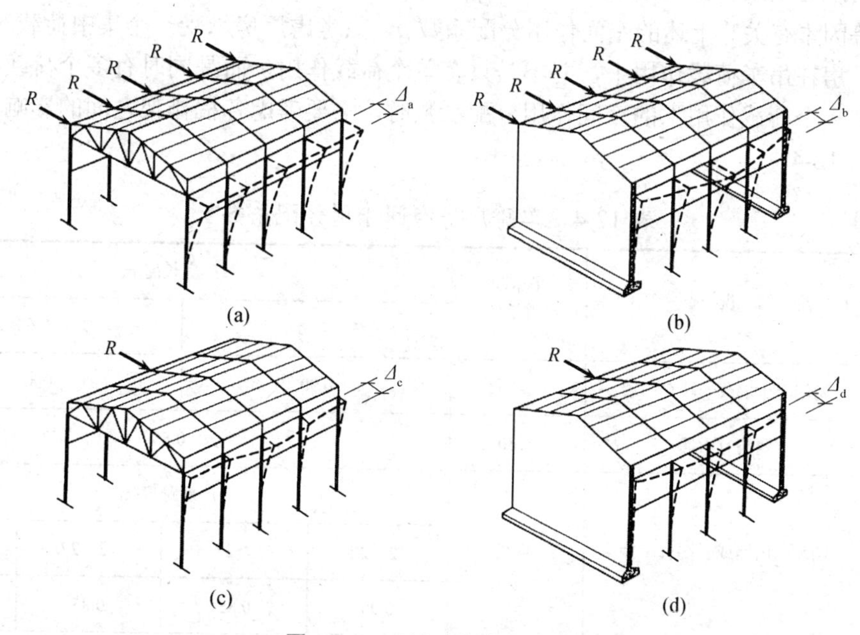

图 12-32 厂房空间作用分析

当各榀排架柱顶均受有水平集中力 R，且厂房两端无山墙时(图 12-32(a))，每一榀排架都相当于一个独立的平面排架。

当各榀排架柱顶均受有水平集中力 R，但厂房两端有山墙时(图 12-32(b))，山墙则通过屋盖等纵向联系构件对其他各榀排架有不同程度的约束作用，使各榀排架柱顶水平位移呈曲线分布，且 $\varDelta_b > \varDelta_c$。

当仅其中一榀排架柱顶作用水平集中力 R，且厂房两端无山墙时(图 12-32(c))，则直接受荷排架通过屋盖等纵向联系构件，受到非直接受荷排架的约束，使其柱顶的水平位移减小，即 $\varDelta_c > \varDelta_a$。

当仅其中一榀排架柱顶作用水平集中力 R，但厂房两端有山墙时(图 12-32(d))，则直接受荷载排架受到非受荷排架和山墙两种约束，故各榀排架的柱顶水平位移将更小，即 $\varDelta_d > \varDelta_c$。

当结构布置或荷载分布不均匀时，由于屋盖等纵向联系构件将各榀排架或山墙联系在一起，故各榀排架或山墙的受力及变形都不是单独的，而是相互制约。这种排架与排架、排架与山墙之间的相互制约作用，称为厂房的整体空间作用。

单层厂房整体空间作用的程度主要取决于屋盖的水平刚度、荷载类型、山墙刚度和间距等因素。

2．单层厂房结构空间工作分配系数

空间作用分配系数可用下式计算：

$$\mu = \Delta k / \Delta p \tag{12-31}$$

式中 Δk——考虑空间作用时直接受荷排架的柱顶位移；

Δp——按平面排架计算时的柱顶位移。

μ 值与屋盖刚度、排架刚度、厂房跨度、厂房长度、温度区段内有无山墙以及吊车的吨位和台数等因素有关。上述的空间作用分配系数 μ，只考虑厂房承受一个集中荷载时的情况。实际上，厂房在吊车荷载作用下，并不是只有单个荷载作用，而是同时有多个荷载作用。因此，在确定多个荷载作用下的空间作用分配系数时，需要考虑各榀排架之间的影响。具体数值可查阅表 12-4。

表 12-4 单跨厂房空间作用分配系数

<table>
<tr><td colspan="2" rowspan="2">厂 房 情 况</td><td rowspan="2">吊车起重量/t</td><td colspan="4">厂房长度/m</td></tr>
<tr><td colspan="2">≤60</td><td colspan="2">>60</td></tr>
<tr><td rowspan="2">有檩屋盖</td><td>两端无山墙或一端有山墙</td><td>≤30</td><td colspan="2">0.90</td><td colspan="2">0.85</td></tr>
<tr><td>两端有山墙</td><td>≤30</td><td colspan="4">0.85</td></tr>
<tr><td rowspan="4">无檩屋盖</td><td rowspan="3">两端无山墙或一端有山墙</td><td rowspan="3">≤75</td><td colspan="4">厂房跨度/m</td></tr>
<tr><td>12～27</td><td>>27</td><td>12～27</td><td>>27</td></tr>
<tr><td>0.90</td><td>0.85</td><td>0.85</td><td>0.80</td></tr>
<tr><td>两端有山墙</td><td>≤75</td><td colspan="4">0.80</td></tr>
</table>

表 12-4 的应用范围如下：

(1) 当屋盖结构为肋高 $h \geq 150$mm 大型屋面板的无檩体系，且板与屋架的连接为三点焊时。

(2) 当屋盖结构为钢筋混凝土或预应力混凝土槽瓦、挂瓦板等有檩体系，且檩条与屋架的连接为焊接做法时。

(3) 在下列情况下，排架计算时不考虑空间作用：

当厂房一端有山墙或两端均无山墙，且厂房的长度小于 36m；天窗架跨度厂房跨度的 1/2，或天窗布置使厂房屋盖沿纵向不连续时；厂房柱距大于 12m 时(包括一般柱距小于 12m，但个别柱距不等，且最大柱距超过 12m 的情况)；当屋架下弦为柔性拉杆时。

(4) 应用表 12-4 时尚应考虑以下要求：

山墙应为实心砖墙，如山墙上有孔洞时，其在山墙水平截面的削弱面积不应大于山墙全部水平截面面积的 50%，否则应视为无山墙情况。

当厂房设有伸缩缝时，表中的厂房长度应按一个伸缩缝区段为单元进行考虑，此时伸缩缝处应视为无山墙情况。

对等高多跨厂房，其空间作用分配系数应按下式计算：

$$\frac{1}{\mu}=\frac{1}{n_{\mathrm{s}}}\left(\frac{1}{\mu_1'}+\frac{1}{\mu_2'}+\dots+\frac{1}{\mu_n'}\right)=\frac{1}{n_{\mathrm{s}}}\sum_{i}^{n}\frac{1}{\mu_i'} \tag{12-32}$$

式中 μ——等高多跨厂房的空间作用分配系数；

n_{s}——排架的跨数；

μ_i'——第 i 跨的单跨空间作用分配系数，按表 12-4 取用。

3. 考虑厂房整体空间作用时排架内力计算步骤

以一单跨单层厂房为例来说明考虑空间作用时的内力计算过程，如图 12-33 所示。

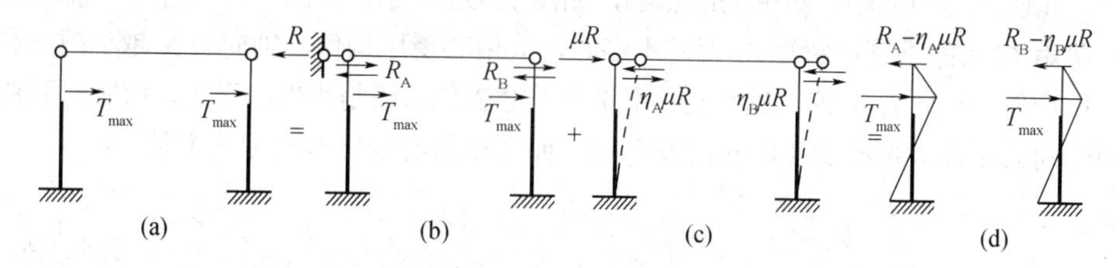

图 12-33 单层厂房结构考虑空间作用时的内力分析

在柱顶加上一支杆，成为排架顶部的不动铰支座，当柱上作用有吊车横向水平荷载 $T_{\max}$ 时，由吊车梁反力影响线求出 $T_{\max}$ 作用下排架柱顶反力 R(或 R_{A}，R_{B})以及相应的剪力(图 12-33(b))。此时，不动铰支座使排架只产生柱子内部的局部变形，柱顶无位移，不产生整体变形。

为使排架柱顶产生和实际情况相同的位移，根据厂房条件查出相应的分配系数，将反力R乘以空间作用分配系数，然后反方向作用于整体厂房的排架柱顶(无链杆支座)，求出各柱顶剪力$\eta_{\mathrm{A}}\mu R$，$\eta_{\mathrm{B}}\mu R$(图12-33(c))。

将上述两项计算求得的柱顶剪力叠加，即为考虑空间作用的柱顶剪力；根据柱顶剪力及柱上实际承受的荷载，可求出各柱的内力(图 12-33(d))。

由图 12-33(d)可见，考虑厂房整体空间作用时，柱顶剪力为

$$V_i' = R_i - \eta_i \mu R \tag{12-33}$$

而不考虑厂房整体空间作用时(μ=1.0)，柱顶剪力为

$$V_i' = R_i - \eta_i R \tag{12-34}$$

由于 $\mu < 1.0$，故$V_i' > V_i$。因此，考虑厂房整体空间作用时，上柱内力将增大；又因为 V_i' 与 T_{max} 方向相反，所以下柱内力将减小。由于下柱的配筋量一般比较多，所以考虑空间作用后，柱的钢筋总用量有所减少。

12.4.6 内力组合

所谓内力组合，就是将排架柱在各单项荷载作用下的内力，按照它们在使用过程中同时出现的可能性，求出在某些荷载共同作用下，柱控制截面可能产生的最不利内力，作为柱和基础配筋计算的依据。

1．柱的控制截面

控制截面是指对截面配筋起控制作用的截面(图 12-34)。一般取上柱柱底截面Ⅰ-Ⅰ为上柱的控制截面；对下柱，在吊车竖向荷载作用下，牛腿顶面处的弯矩最大，在风荷载和吊车横向水平荷载作用下，柱底截面的弯矩最大，因此通常取牛腿顶面Ⅱ-Ⅱ和柱底Ⅲ-Ⅲ这两个截面为下柱的控制截面，另外，截面Ⅲ-Ⅲ的内力值也是设计柱下基础的依据。 截面Ⅰ-Ⅰ与Ⅱ-Ⅱ虽在一处，但截面及内力值却都不同，分别代表上下柱截面。当柱上作用有较大的集中荷载(如悬墙重量等)时，根据其内力大小需将集中荷载作用处的截面作为控制截面。当柱高度较大时，下柱中间某截面也可能为控制截面。

2．最不利内力组合

排架柱是偏心受压构件，其纵向受力钢筋的计算主要取决于轴向压力N和弯矩M，在确定内力组合时，先研究弯矩和轴力对配筋的影响，如图 12-35 所示。从图中可以看出，轴向力N相差不多时，弯矩M大的不利；弯矩M相差不多时，大偏心受压构件，轴向力N越小越不利；对于小偏心受压构件，轴向力N越大越不利。不论大偏心受压，还是小偏心受压，弯矩对配筋总是不利的。而轴向力则在大偏心受压时对配筋有利，而在小偏心受压时对配筋不利。

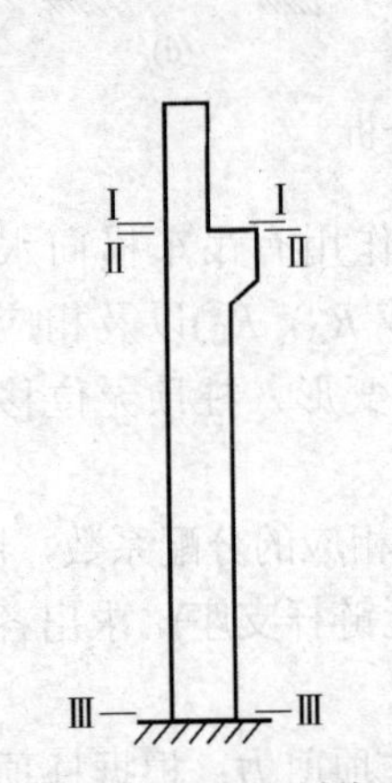

图 12-34 柱的控制截面

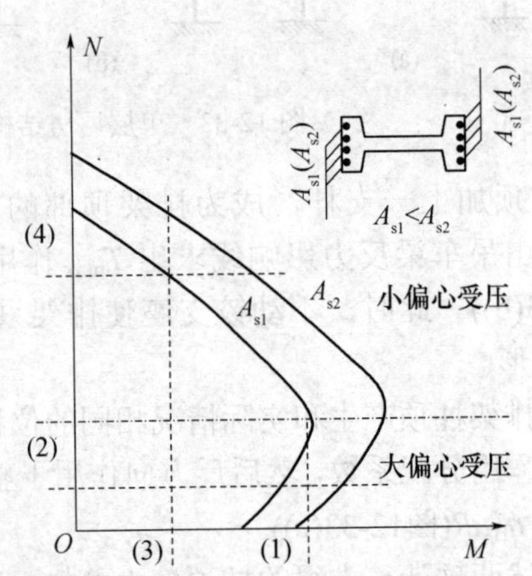

图 12-35 不同配筋条件下柱截面的 N—M 相关关系

因此，可以选取如下的最不利内力组合：

(1) $+M_{max}$及相应的N，V；

(2) $-M_{max}$及相应的N，V；

(3) N_{max}及相应的M，V；

(4) N_{min}及相应的M，V。

通常按上述四种内力组合已能满足设计要求，但在某些情况下，它们可能都不是最不利的。例如，对大偏心受压的柱截面，偏心距$e_0=M/N$越大(即M越大，N越小)时，配筋量往往越大。因此，有时M虽然不是最大值而比最大值略小，而其对应的N小很多，那么这组内力所要求的配筋量反而会更大些。

在进行内力组合时应注意：

(1) 每次内力组合时，都必须包括恒荷载项。

(2) 每次内力组合时，只能以一种内力为目标来决定可变荷载的取舍，并求得与其相应的其余两种内力。

(3) 当取N_{max}或N_{min}为组合目标时，应使相应的M绝对值尽可能的大，因此对于不产生轴力而产生弯矩的荷载项(风荷载及吊车水平荷载)中的弯矩值也组合进去。

(4) 风荷载项中有左风和右风两种，每次组合只能取其中一种。

(5) 在吊车竖向荷载中，同一柱的同一侧牛腿上有D_{max}或D_{min}作用，两者只能选择一种参加组合。如果取用了D_{max}(或D_{min})产生的内力同时要取用T_{max}(多跨时也只取一项)才能取得最不利的内力。因此在吊车"恒荷载+0.9(任意两种或两种以上活荷载)"的内力组合时，要遵守"有T_{max}必有D_{max}(或D_{min})，有D_{max}(或D_{min})也要有T_{max}"的规则。

(6) 吊车横向水平荷载T_{max}同时作用在同一跨内的两个柱子上，向左或向右，组合时只能选取其中一个方向。"恒荷载+任一种活荷载"内力组合中，不能取用T_{max}，因为"有T必有D"。

3. 荷载效应组合

排架内力分析时，各单项荷载同时出现的可能性较大，但是它们都同时达到最大值的可能性却较小。通常将各单项荷载作用下的内力按一定的原则进行组合，取最不利的组合项进行构件设计。

荷载效应组合的设计值S应从下列组合值中取最不利值确定。

由可变荷载效应控制的组合：

$$S=\sum_{i\geqslant 1}\gamma_{G_i}S_{G_{ik}}+\gamma_{Q_1}\gamma_{L1}S_{Q_{1k}}+\sum_{j>1}\gamma_{Q_j}\psi_{cj}\gamma_{Lj}S_{Q_{jk}} \tag{12-35}$$

由永久荷载效应控制的组合：

$$S=\sum_{i\geqslant 1}\gamma_{G_i}S_{G_{ik}}+\gamma_{L}\sum_{j\geqslant 1}\gamma_{Q_j}\psi_{cj}S_{Q_{jk}} \tag{12-36}$$

对排架柱进行裂缝宽度验算时，尚需进行准永久组合，其效应设计值S_q为

$$S_q=\sum_{i\geqslant 1}S_{G_{ik}}+\sum_{j\geqslant 1}\psi_{qj}S_{Q_{jk}} \tag{12-37}$$

上述各式中：

$S_{G_{ik}}$——第i个永久作用标准值的效应；

$S_{Q_{1k}}$ ——第 1 个可变作用(主导可变作用)标准值的效应；

$S_{Q_{jk}}$ ——第 j 个可变作用标准值的效应；

γ_{G_i} ——第 i 个永久作用的分项系数，按式(12-35)计算时取 1.2(不利)或 1.0(有利))，按式(12-36)计算时取 1.35；

γ_{Q_1} ——第 1 个可变作用(主导可变作用)的分项系数；

γ_{Q_j} ——第 j 个可变作用的分项系数；

γ_{L1}，γ_{Lj}——第 1 个和第 j 个关于结构设计使用年限的荷载调整系数，设计使用年限为 50 年时取 1.0，设计使用年限为 100 年时取 1.1；

ψ_{cj}——第 j 个可变作用的组合值系数；

ψ_{qj}——第 j 个可变作用的准永久值系数。

根据排架的内力分析结果，可进行柱的配筋计算。矩形和 I 形截面柱的配筋计算与一般压弯构件相同，按照前述柱中的控制截面以及对配筋起控制作用的内力组合进行配筋计算。

12.5 单层厂房柱的截面设计

12.5.1 柱的形式和截面尺寸

1. 柱的形式

单层厂房中主要有排架柱和抗风柱两类柱。排架柱一般由上柱、下柱和牛腿组成，其结构形式一般分为单肢柱和双肢柱两类。上柱一般为矩形截面或环形截面；下柱的截面形式可分为矩形柱、I 形柱、双肢柱和管柱等，如图 12-36 所示。

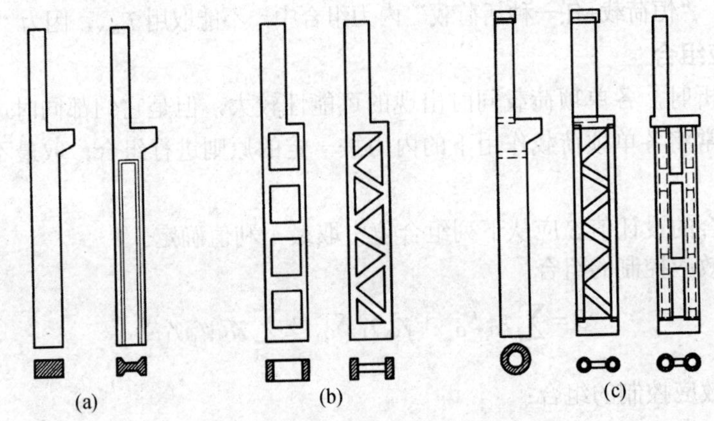

图 12-36 柱的形式

抗风柱一般由上柱和下柱组成，无牛腿，上柱为矩形截面，下柱一般为 I 形截面。

矩形截面柱混凝土用量多、自重大，但构造简单、施工方便，常用于小型工业厂房中，矩形截面柱的截面高度一般在 800mm 以内。

I 形截面柱截面形状合理，能充分利用混凝土的抗压能力，整体性能好，施工简单。I 形截面柱的截面高度一般为 800～1400mm。但是，在设有桥式吊车的厂房中，上柱和牛腿附近的高度内，由于受力较大及构造需要仍应做成实腹矩形截面，下柱中插入基本杯口高度内的一段也宜做成实腹矩形截面。

双肢柱的下柱一般由肢杆、肩梁和腹杆构成。由于杆件布置比较合理，能充分利用混凝土的强度。构件自重轻、用料省。双肢柱的截面高度一般超过 1400mm。平腹杆双肢柱比斜腹杆双肢柱构造简单，制作较方便，腹部整齐的矩形孔洞便于布置工艺管道，但受力性能不如斜腹杆双肢柱好。斜腹杆双肢柱呈桁架形式，杆件内力基本为轴力，弯矩很小，混凝土承载力能得到比较充分的利用。水平荷载较大时宜采用斜腹杆的双肢柱(图 12-36(b))。

管柱有圆管柱和方管柱两种，可制成单肢柱、双肢柱和四肢柱(图 12-36(c))。应用较多的是双肢管柱。管构件一般在离心式制管机上成型，亦可用钢管抽芯或用胶囊成型。管柱的混凝土质量好、机械化程度高、自重轻。但目前受离心制管机械的限制，难以推广。

抗风柱一般由上柱和下柱组成，无牛腿。上柱一般为实心的矩形截面，下柱一般为 I 形截面。

2．柱的截面尺寸

柱的截面尺寸除应满足承载力的要求外，还应保证具有足够的刚度，以免厂房变形过大，造成吊车轮与轨道过早磨损，影响吊车的正常运行，或导致墙体和屋盖产生裂缝，影响厂房的正常使用。如果柱截面满足一定的要求(表 12-5)，厂房的横向刚度能得到保证，不必验算水平位移，如果不能满足要求或者排架承受较大的水平荷载，则应验算排架的水平位移。

表 12-5　6m 柱距实腹柱截面最小尺寸

项目	简图	分项		截面高度 h	截面宽度 b
无吊车厂房		单跨		$\geqslant H/18$	$\geqslant H/30$且$\geqslant$300mm
		多跨		$\geqslant H/20$	
有吊车厂房		$Q\leqslant$10t		$\geqslant H_k/14$	$\geqslant H_l/25$且$\geqslant$300mm
		Q=15～20t	$H_k\leqslant$10m	$\geqslant H_k/11$	
			10m$<H_k\leqslant$12m	$H_k/12$	
		Q=30t	$H_k\leqslant$10m	$\geqslant H_k/10$	
			$H_k>$12m	$H_k/11$	
		Q=50t	$H_k\leqslant$11m	$\geqslant H_k/9$	
			$H_k\geqslant$13m	$H_k/10$	
		Q=75～100t	$H_k\leqslant$12m	$\geqslant H_k/8$	
			$H_k\geqslant$14m	$H_k/8.5$	

(续)

项目	简图	分项		截面高度 h	截面宽度 b
露天栈桥		Q≤12t		$H_k/10$	≥ $H_l/25$ 且 ≥500mm
		Q=15～30t	H_k≤12m	$H_k/8$	
		Q=50t	H_k≤12m	$H_k/7$	

注：(1) 表中 Q 为吊车起吊质量，H 为基础顶至柱顶的总高度，H_k 为基础顶至吊车梁顶的高度，H_l 为基础顶至吊车梁底的高度。

(2) 当采用平腹杆双肢柱时，截面高度 h 应乘以系数 1.1，采用斜腹杆双肢柱时，截面高度 h 应乘系数 1.05。

(3) 表中有吊车厂房的柱截面高度系按吊车工作级别 A6、A7 考虑的，如吊车工作级别为 A1～A5，可乘系数 0.95。

(4) 当厂房柱距为 12m 时，柱的截面尺寸宜乘以系数 1.1。

(5) 柱顶端为不动支点(复式排架如带有贮仓)时，有吊车厂房的柱截面可按下列情况确定：

当 Q≤l0t 时，h 为 $H_l/16$～$H_l/18$，b≥$H/30$，且 b≥300mm；

当 Q>10t 时，h 为 $H_l/14$～$H_l/16$，b≥$H/25$，且 b≥400mm。

(6) 山墙柱、壁柱的上柱截面尺寸(h×b)不宜小于 350mm×300mm，下柱截面尺寸应满足下列尺寸要求：

截面高度 h≥$1/25H_{xl}$，且 h≥600mm(中、轻型厂房中 h 允许适当减小)；

截面宽度 b≥$1/30H_{yl}$，且 b≥350mm。

式中，H_{xl} 为自基础顶面至屋架或抗风桁架与壁柱较低联结点的距离，H_{yl} 为柱宽方向两支点间的最大间距。

壁柱与屋架及基础的联结点均可视为柱宽方向的支点；在柱高范围内，与柱有钢筋拉结的墙梁及与柱刚性连接的大型墙板亦可视为柱宽方向的支点

对于 I 形截面柱，其细部尺寸还应满足表 12-6 的要求。

表 12-6　I 型柱截面的细部尺寸

宽	b_f, b'_f	300～400	400	500	600	
高	h	500～700	700～1000	1000～1500	1500～2000	
腹板厚 b b/h'≥1/14～1/10		60	80～100	100～120	120～150	
	h_f, h'_f	80～100	100～150	150～200	200～250	

柱的截面尺寸除了考虑吊车起重量和柱的类型两个因素外，还应考虑厂房跨数和高度、柱的形式、围护结构的材料和构造、施工和吊装等。

根据工程经验，当厂房柱距为 6～12m，吊车起重量为 50～1000kN 时，柱的形式和截面尺寸可参考表 12-7～表 12-9 确定。

3．柱的侧向变形允许值

设有 A7、A8 级吊车的厂房柱及设有中级和重级工作制吊车的露天栈桥柱，在吊车梁或吊车桁架的顶标高处，由一台最大吊车水平荷载(按荷载规范取值)所产生的侧向变形值，不应超过表 12-10 所规定的水平位移允许值。

表 12-7　6m 柱距厂房钢筋混凝土柱的截面尺寸选用表(mm)

吊车起重量/t	轨顶标高/m	柱截面简图	边柱				中柱			
			上柱		下柱		上柱		下柱	
			无吊车走道	有吊车走道	实腹柱、工字形柱及平腹杆双肢柱	斜腹杆双肢柱	无吊车走道	有吊车走道	实腹柱、工字形柱及平腹杆双肢柱	斜腹杆双肢柱
5	6～8.4	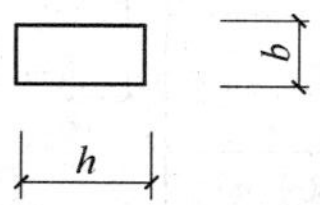 矩形	矩 400×400		$(b\times h)$ 矩 400×600		矩 400×400		$(h\times b)$ 矩 400×600	
10	8.4		矩 400×400		$(b\times h\times h_i\times b_i)$ I400×800×150×120		矩 400×600	矩 400×800	$(b\times h\times h_i\times b_i)$ I400×800×150×120	
	10.2		矩 400×400		I400×800×150×120		矩 400×600	矩 400×800	I400×800×150×120	
	12		矩 500×400		I500×1000×150×120		矩 500×600	矩 500×800	I500×1000×150×120	
15～20	8.4	I 形	矩 400×400		I400×800×150×120		矩 400×600	矩 400×800	I400×800×150×120	
	10.2	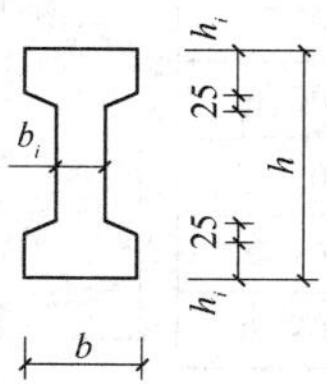	矩 400×400		I400×1000×150×120		矩 400×600	矩 400×800	I400×1000×150×120	
	12		矩 500×400		I500×1000×200×120		矩 500×600	矩 500×800	I500×1000×200×120	
30	10.2		矩 500×500	矩 500×800	I500×1200×150×120		矩 500×600	矩 500×800	I500×1200×150×120	
	12		矩 500×500	矩 500×800	I500×1200×200×120		矩 500×600	矩 500×800	I500×1200×200×120	
	14.4		矩 600×600	矩 600×800	I600×1200×200×120		矩 600×600	矩 600×800	双 600×1400×300	
50	10.2		矩 500×600	矩 500×800	I500×1200×200×120		矩 500×600	矩 500×800	双 500×1600×300	双 500×1600×300
	12		矩 500×600	矩 500×800	I500×1000×200×120		矩 500×600	矩 500×800	双 500×1600×300	双 500×1600×300
	14.4		矩 600×600	矩 600×800	双 600×1400×300		矩 600×600	矩 600×800	双 600×1600×300	双 600×1600×300
75	12	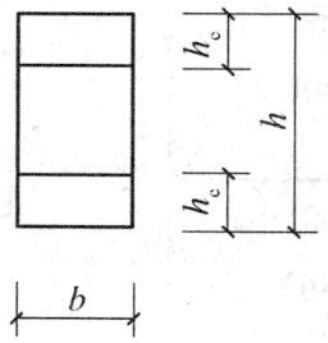 双肢	矩 600×700	矩 600×900	$(b\times h\times h_c)$ 双 600×1600×300	双 600×1600×300	矩 600×700	矩 600×900	$(b\times h\times h_c)$ 双 600×1800×300	双 600×1800×300
	14.4		矩 600×900	矩 600×900	双 600×1800×300	双 600×1600×300	矩 600×700	矩 600×900	双 600×2000×300	双 600×2000×300
	16.2		矩 700×900	矩 700×900	双 700×1800×300	双 700×1800×300	矩 700×700	矩 700×900	双 700×2000×350	双 700×2000×350
100	12		矩 600×900	矩 600×900	双 600×1800×300	双 600×1800×300	矩 600×700	矩 600×900	双 600×2000×300	双 600×2000×300
	14.4		矩 600×900	矩 600×900	双 600×2000×350	双 600×1800×350	矩 600×700	矩 600×900	双 600×2000×350	双 600×2000×350
	16.2		矩 700×900	矩 700×900	双 700×2000×350	双 700×1800×350	矩 700×700	矩 700×900	双 700×2200×350	双 700×2200×350

注：当边柱的上柱设有吊车安全走道人孔时，可将原上柱截面高度加大 400mm 以满足人员通行要求；也可以不加大柱截面高度，设置宽度较柱截面高度达 400mm 安全通行走道板，人员绕柱内侧通行。以上两种做法均应校核吊车轨道中心到柱内边或走道板边的距离，以确保吊车通行。必要时柱网定位可增加插入距

表 12-8　12m 柱距厂房钢筋混凝土柱的截面尺寸选用表(mm)

吊车起重量/t	轨顶高度/m	柱截面简图	边柱				中柱			
			上　柱		下　柱		上　柱		下　柱	
			无吊车走道	有吊车走道	工字形柱及平腹杆双肢柱	斜腹杆双肢柱	无吊车走道	有吊车走道	工字形柱及平腹杆双肢柱	斜腹杆双肢柱
	6～8.4	矩形	($b×h$) 矩 400×400		($b×h×h_i×bi$) 1400×700×150×120		矩 500×600	矩 500×800	1500×1000×150×120	
10	8.4		矩 400×400	400×800	1400×1000×150×120		矩 500×600	矩 500×800	($b×h×h_i×b_i$) 1500×1100×200×120	
	10.2		矩 400×400	400×800	1400×1000×150×120		矩 500×600	矩 500×800	1500×1100×200×120	
	12		矩 500×400	500×800	1500×1000×150×120		矩 500×600	矩 500×800	1500×1200×200×120	
15～20	8.4	I 形	矩 400×400	400×800	1400×1000×150×120		矩 500×600	矩 500×800	双 500×1600×300	双 500×1600×300
	10.2		矩 500×400	500×800	1500×1100×150×120		矩 500×600	矩 500×800	双 500×1600×300	双 500×1600×300
	12		矩 500×500	500×800	1500×1100×200×120		矩 500×600	矩 500×800	双 500×1600×300	双 500×1600×300
30	10.2		矩 500×400	500×800	1500×1100×200×120		矩 500×600	矩 500×800	双 500×1600×300	双 500×1600×300
	12		矩 500×500	500×800	1500×1200×200×120		矩 500×600	矩 500×800	双 500×1600×300	双 500×1600×300
	14.4		矩 600×500	600×900	双 600×1300×300		矩 600×600	矩 600×800	双 600×1600×300	双 600×1600×300
50	10.2		矩 500×600	500×900	双 500×1400×300		矩 600×700	矩 600×900	双 600×1800×300	双 600×1800×300
	12		矩 500×600	500×900	双 500×1400×300		矩 600×700	矩 600×900	双 600×1800×300	双 600×1800×300
	14.4		矩 600×600	600×900	双 600×1600×300	双 600×1600×300	矩 600×700	矩 600×900	双 600×1800×300	双 600×1800×300
75	12	双肢		矩 600×900	($b×h×h_c$) 双 600×1800×300	双 600×1800×300	矩 600×700	矩 600×900	($b×h×h_c$) 双 600×2000×350	双 600×2000×300
	14.4			矩 600×900	双 600×2000×350	双 600×2000×350	矩 600×700	矩 600×900	双 600×2000×350	双 600×2000×350
	16.2			矩 700×900	双 700×2000×350	双 700×2000×350	矩 700×700	矩 700×900	双 700×2200×350	双 700×2200×350
100	12			矩 600×900	双 600×2000×350	双 600×2000×350	矩 600×700	矩 600×900	双 600×2200×350	双 600×2200×350
	14.4			矩 600×900	双 600×2200×350	双 600×2200×350	矩 600×700	矩 600×900	双 600×2200×350	双 600×2200×350
	16.2			矩 700×900	双 700×2200×350	双 700×2200×400	矩 700×700	矩 700×900	双 700×2400×400	双 700×2400×400

注：同表 12.7 注

表 12-9　露天栈桥钢筋混凝土柱截面尺寸选用表(mm)

吊车起重量/t	轨顶标高/m	6m 柱距	9m 柱距	12m 柱距
5	8	I400×800×150×120	I400×800×150×120	I400×1000×150×120
	9	I400×900×150×120	I400×900×150×120	I400×1000×150×120
	10	I400×1000×150×120	I400×1000×200×120	I400×1100×200×120
10	8	I400×900×150×120	I400×1000×150×120	I400×1100×150×120
	9	I400×1000×150×120	I400×1100×200×120	I400×1100×200×120
	10	I400×1000×200×120	I500×1100×200×120	I500×1100×200×120
15	8	I400×1000×150×120	I400×1100×200×120	I500×1100×200×120
	9	I500×1000×200×120	I500×1100×200×120	I500×1100×200×120
	10	I500×1100×200×120	I500×1200×200×120	I500×1200×200×120
	12	双 500×1300×250	双 500×1300×250	双 500×1300×250
20	8	I400×1000×150×100	I500×1100×200×120	I500×1200×200×120
	9	I500×1000×200×120	I500×1100×200×120	I500×1200×200×120
	10	I500×1100×200×120	I500×1200×200×120	双 500×1300×250
	12	双 500×1300×250	双 500×1300×250	双 500×1400×250
30	8	I500×1000×200×120	I500×1100×200×120	I500×1100×200×120
	9	I500×1100×200×120	I500×1200×200×120	双 500×1300×250
	10	I500×1200×200×120	双 500×1300×250	双 500×1400×250
	12	双 500×1300×250	双 500×1600×250	双 500×1600×250
50	10	双 500×1400×250	双 500×1600×300	双 600×1600×350
	12	双 600×1600×300	双 600×1800×300	双 600×1800×350

表 12-10　柱水平位移允许值

项次	变形的种类	按平面结构图形计算	按空间结构图形计算
1	厂房柱的横向位移	$H_c/1250$	$H_t/2000$
2	露天栈桥柱的横向位移	$H_c/2500$	—
3	厂房和露天栈桥柱的纵向位移	$H_c/4000$	—

12.5.2　柱截面配筋计算及构造要求

1．截面配筋计算

1) 考虑二阶效应的弯矩设计值

排架柱是偏心受压构件，在偏心荷载作用下，会产生变形。这个变形增加了原荷载的偏心程度，产生附加的偏心弯矩，这一部分增加的弯矩称为受压构件的二阶效应。

在偏心受压构件设计中通过引入偏心距增大系数来考虑二阶效应的影响。相关计算公式为

$$M = \eta_s M_0 \tag{12-38}$$

$$\eta_s = 1 + \frac{1}{1500 e_i / h_0}\left(\frac{l_0}{h}\right)^2 \zeta_c \tag{12-39}$$

$$\zeta_c = \frac{0.5 f_c A}{N} \tag{12-40}$$

式中 ζ_c——截面曲率修正系数，当 $\zeta_c > 1.0$ 时，取 $\zeta_c = 1.0$；

e_i——初始偏心距，$e_i = e_0 + e_a$；

M_0——一阶弹性分析柱端弯矩设计值；

e_0——轴向压力对截面重心的偏心距，$e_0 = M_0/N$；

e_a——附加偏心距；

l_0——排架柱的计算长度；按表 12-11 取用，即对控制截面Ⅰ-Ⅰ取 $l_0 = 2H_u$，对控制截面Ⅲ-Ⅲ取 $l_0 = H_l$；

h，h_0——所考虑弯曲方向柱的截面高度和截面有效高度；

A——柱的截面面积，对于Ⅰ形截面取 $A = bh + 2(b'_f - b)h'_f$。

由于作用在排架上的荷载比较多，每一种荷载都会使排架柱产生 P-Δ 效应，而且除了屋盖竖向荷载使排架柱顶产生的水平位移稍小以外，其他荷载产生的位移都不能忽略。为了简化计算，《规范》规定，排架柱的 P-Δ 效应按内力组合值计算，详见 12.8 单层厂房设计例题。

2) 柱的计算长度

在对柱进行受压承载力计算或验算时，柱的偏心距增大系数 η_s 或稳定系数 φ 与柱的计算长度有 l_0 关。现行《混凝土结构设计规范》根据单层厂房的支承及受力特点，结合工程经验所给出了柱的计算长度，如表 12-11 所示。

表 12-11 刚性屋盖单层厂房排架柱、露天吊车柱和栈桥柱的计算长度

柱的类型		排架方向	垂直排架方向	
			有柱间支撑	无柱间撑
无吊车厂房柱	单跨	1.5H	1.0H	1.2H
	两跨及多跨	1.25H	1.0H	1.2H
有吊车厂房柱	上 柱	$2.0H_u$	$1.25H_u$	$1.5H_u$
	下 柱	$1.0H_l$	$0.8H_l$	$1.0H_l$
露天吊车柱和栈桥柱		$2.0H_l$	$1.0H_l$	—

注：(1) 表中 H 为从基础顶面算起的柱子全高，H_l 为从基础顶面至装配式吊车梁底面或现浇式吊车梁顶面的柱子下部高度，H_u 为从装配式吊车梁底面或从现浇式吊车梁顶面算起的柱子上部高度；

(2) 表中有吊车厂房排架柱的计算长度，当计算中不考虑吊车荷载时，可按无吊车厂房采用，但上柱的计算长度仍按有吊车厂房采用；

(3) 表中有吊车厂房排架柱的上柱在排架方向的计算长度，仅适用于 $H_l/H_u \geq 0.3$ 的情况；当 $H_l/H_u < 0.3$ 宜采用 2.5H

3) 柱的配筋计算

按照前述柱中的控制截面以及对配筋起控制作用的内力组合进行配筋计算。矩形和Ⅰ形截面柱的配筋计算与一般压弯构件相同。

因柱截面上同时作用弯矩和轴力，且弯矩有正、负两种情况，故这种柱应按对称配筋偏心受压截面进行弯矩作用平面内的受压承载力计算，还应按轴心受压截面进行平面外受压承载力验算。

4) 裂缝宽度验算

《混凝土结构设计规范》规定，对 $e_0/h_0 \leqslant 0.55$ 的偏心受压构件，可不验算裂缝宽度。排架柱是偏心受压构件，当 $e_0/h_0>0.55$ 时，要进行裂缝宽度验算，这时应采用荷载准永久组合的内力值。各种活荷载的准永久值系数可查阅《建筑结构荷载规范》。裂缝宽度的验算方法依照《混凝土结构设计规范》进行。

2. 构造要求

柱的混凝土强度等级不宜低于 C25，纵向受力钢筋直径 d 不宜小于 12mm，全部纵向钢筋的配筋率不宜超过 5%。

柱内纵向钢筋的净距不应小于 50mm；对水平浇筑的预制柱，其上部纵向钢筋的最小净间距不应小于 30mm 和 $1.5d$(d 为钢筋的最大直径)，下部纵向钢筋的最小净间距不应小于 25mm 和 d。

偏心受压柱中垂直于弯矩作用平面的纵向受力钢筋以及轴心受压柱中各边的纵向受力钢筋，其中距不宜大于 300mm。

当偏心受压柱的截面高度 $h \geqslant 600$mm 时，在侧面应设置直径为 10～16mm 的纵向构造钢筋，并相应地设置复合箍筋或拉筋。

柱中的箍筋应为封闭式。箍筋间距不应大于 400 mm，且不应大于构件截面的短边尺寸；同时，在绑扎骨架中不应大于 $15d$，在焊接骨架中不应大于 $20d$，d 为纵向钢筋的最小直径。箍筋直径不应小于 $d/4$，且不应小于 6mm，d 为纵向钢筋的最大直径。当柱中全部纵向受力钢筋的配筋率超过 3%时，箍筋直径不宜小于 8 mm，间距不应大于 $10d$(d 为纵向钢筋的最小直径)，且不应大于 200 mm。柱中箍筋的构造要求见图 12-37。

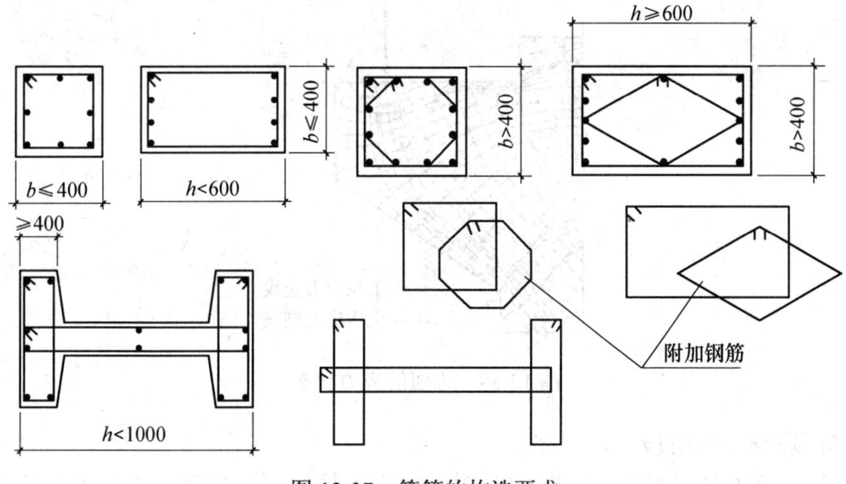

图 12-37 箍筋的构造要求

12.5.3 牛腿设计

在厂房结构钢筋混凝土柱中，常在其支承屋架、托架、吊车梁和连系梁等构件的部位，设置从柱侧面伸出的短悬臂，称为牛腿。

牛腿按承受的竖向力作用点至牛腿根部柱边缘水平距离的不同分为两类(图 12-38)：$a>h_0$ 时为长牛腿，按悬臂梁进行设计；$a\leqslant h_0$ 时为短牛腿，是一个变截面短悬臂深梁，此处，h_0 为牛腿根部的有效高度。本节主要叙述短牛腿的受力性能和计算方法。

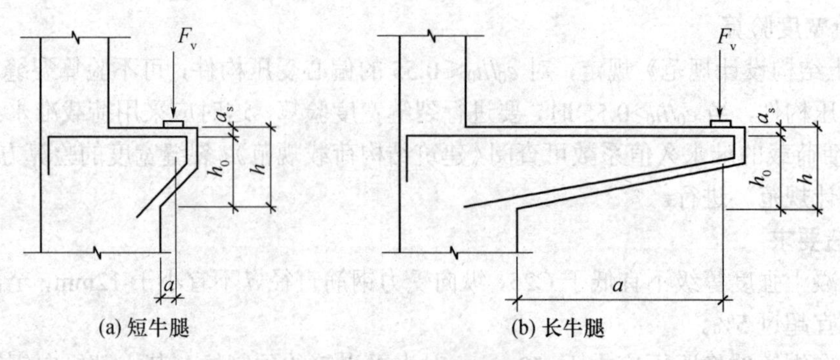

图 12-38　牛腿的类型

牛腿承受很大的竖向荷载，有时也承受地震作用和风荷载引起的水平荷载，所以它是一个比较重要的结构构件，在设计柱时必须重视牛腿的设计。

1．牛腿的受力特点及破坏形态

试验研究表明，从加载至破坏，牛腿大体经历弹性、裂缝出现与开展和最后破坏三个阶段。

1) 弹性阶段

通过 a/h_0=0.5 的环氧树脂牛腿模型的光弹试验，得到了主应力迹线，如图 12-39 所示。由图可见，当荷载 F_v 较小时，牛腿基本处于弹性受力阶段。牛腿上部，主拉应力迹线基本上与牛腿上边缘平行，且牛腿上表面的拉应力沿长度方向比较均匀。牛腿下部主压应力迹线大致与从加载点到牛腿下部与柱的相交点 a 的连线 ab 相平行。

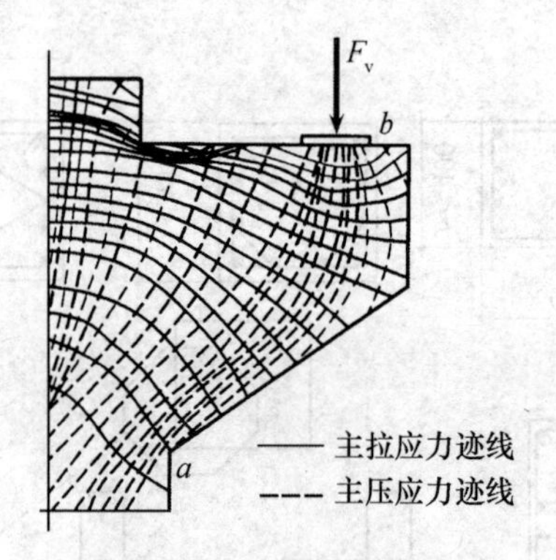

图 12-39　牛腿的应力状态

2) 裂缝出现与开展阶段

当荷载 F_v 达到极限荷载的 20%～40%时，由于上柱根部与牛腿交界处的主拉应力集中现象，在该处首先出现自上而下的竖向裂缝①(图 12-40)，裂缝细小且开展较慢，对牛腿的受力性能影响不大；当荷载达到极限荷载的 40%～60%时，在加载垫板内侧附近出现一条斜裂缝②，其方向大体与主压应力轨迹线平行。此后，随着荷载的增加，除这条斜裂缝不断发展外，几乎不再出现第二条斜裂缝；最后，当荷载加大至接近破坏时(约为破坏荷载的 80%)，突然出现第二条斜裂缝③，预示着牛腿使用过程中，所谓不允许出现斜裂缝均指裂缝②而言，它是确定牛腿截面尺寸的主要依据。

3) 破坏阶段

随 a/h_0 值的不同，牛腿主要有以下几种破坏形态，如图 12-40 所示。

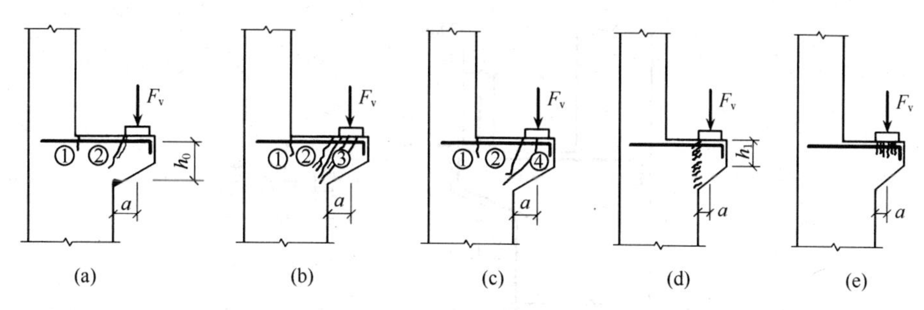

图 12-40　牛腿的破坏形态

当 $0.75<a/h_0\leqslant 1$ 且纵向钢筋配筋率偏低时，发生弯曲破坏。随着荷载增加，斜裂缝②不断向受压区延伸，纵筋应力不断增加并逐渐达到屈服强度，这时斜裂缝②外侧部分绕牛腿下部与柱交接点转动，致使受压区混凝土压碎而引起破坏(图 12-40(a))。设计中用配置足够数量的纵向受拉钢筋来避免出现这种破坏现象。

当 $0.1<a/h_0\leqslant 0.75$ 时，发生斜压破坏。斜压破坏有两种情况。一种是裂缝②出现后，出现裂缝③，随着荷载增加，裂缝②与③间的斜向短柱出现短而细的裂缝(图 12-40(b))；另一种是裂缝②出现后，在承压板下突然出现裂缝④而破坏(图 12-40(c))。

当 $a/h_0<0.1$ 或 a/h_0 虽较大但牛腿的外边缘高度 h_1 较小时，可能发生沿加载板内侧接近竖直截面的纯剪破坏。在牛腿与下柱的交接面上出现一系列短而细的斜裂缝，最后牛腿沿此裂缝从柱上切下而破坏(图 12-40(d))。这时牛腿内纵向钢筋应力较小。这一破坏现象可通过控制牛腿截面尺寸(h_1)和采取必要的构造措施来防止。

另外，当加载板过小、过柔，混凝土强度较低时，会出现局部受压破坏(图 12-40(e))。当竖向荷载太靠近牛腿外边缘，且混凝土保护层过厚时，还可能会出现混凝土保护层撕裂破坏；当牛腿外侧高度过小时，还会出现非根部受拉破坏。

2．牛腿截面尺寸的确定

牛腿的截面宽度通常与柱宽相同，因而牛腿截面尺寸的确定主要是确定截面高度。由试验结果可知，牛腿的破坏都是发生在斜裂缝形成和展开以后，因此，牛腿截面高度的确定，一般以控制其在使用阶段不出现或仅出现细微斜裂缝为准。

牛腿截面尺寸通常以不出现斜裂缝作为控制条件。设计时以下列经验公式作为抗裂控制条件来确定牛腿的截面尺寸：

$$F_{vk}\leqslant\beta\left(1-0.5\frac{F_{hk}}{F_{vk}}\right)\frac{f_{tk}bh_0}{0.5+\dfrac{a}{h_0}}\tag{12-41}$$

式中　F_{vk}、F_{hk}——作用于牛腿顶部按荷载效应标准组合计算的竖向力和水平拉力。

β——裂缝控制系数，对支承吊车梁的牛腿，取 0.65；对其他牛腿，取 0.8。

a——竖向力的作用点至下柱边缘的水平距离，此时应考虑安装偏差 20mm；当考虑 20mm 安装偏差后的竖向力作用点位于下柱截面以内时，取 a=0。

b——牛腿宽度。

h_0——牛腿与下柱交接处的垂直截面有效高度，取 $h_0=h_1-a_s+c\cdot\tan\alpha$，$\alpha$ 为牛腿底面的倾斜角，当 $\alpha>45°$ 时，取 $\alpha=45°$，c 为下柱边缘到牛腿外边缘的水平长度。

牛腿的截面如图 12-41 所示。

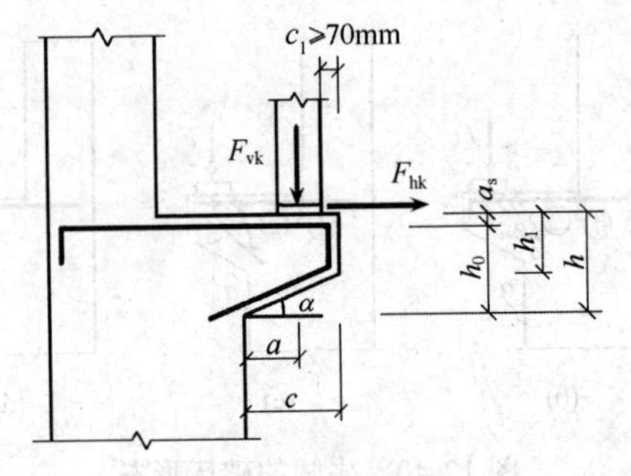

图 12-41　牛腿截面尺寸

为了防止发生非根部受拉破坏，$h_1\geqslant h/3$，且要求 $h_1\geqslant200$mm。

为了防止发生保护层剥落，要求牛腿外边缘至吊车梁外边缘的距离 $c_1\geqslant70$mm。

为了防止发生牛腿顶面加载垫板下混凝土的局部受压破坏，垫板下的局部压应力应满足式(12-42)的要求，否则，应加大局部受压面积、提高混凝土强度或在牛腿中增设钢筋网片。

$$\sigma_c=\frac{F_{vk}}{A}\leqslant0.75f_c \tag{12-42}$$

式中　A——牛腿面上的局部承压面积；

f_c——混凝土轴心抗压强度设计值。

3. 配筋计算与构造

研究表明，在荷载作用下，牛腿中纵向钢筋受拉，在斜裂缝②外侧有一个不很宽的压力带。在整个压力带内，斜压力分布比较均匀，如同桁架中的压杆。破坏时混凝土应力可达其抗压强度。因此，牛腿在竖向力和水平拉力作用下，其受力特征可以用由牛腿顶部水平纵向受力钢筋为拉杆和牛腿内的斜向受压混凝土为压杆组成的三角桁架模型来描述，如图 12-42 所示。

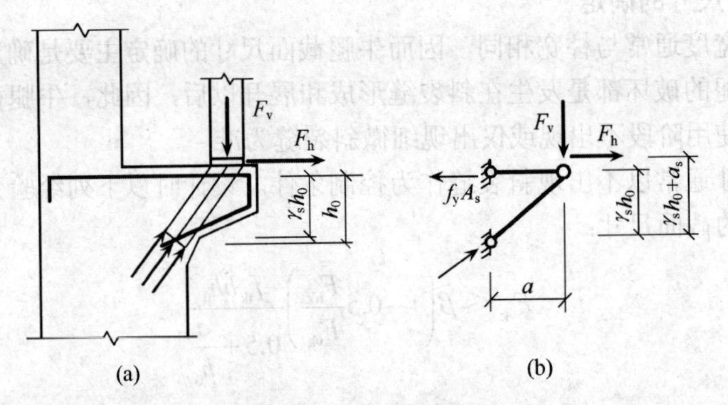

图 12-42　牛腿计算简图

在竖向力设计值 F_v 和水平拉力设计值 F_h 共同作用下，通过力矩平衡可得

$$F_va+F_h(\gamma_sh_0+a_s)\leqslant f_yA_s\gamma_sh_0 \tag{12-43}$$

近似取 $\gamma_s = 0.85$，$(\gamma_s h_0 + a_s)/\gamma_s h_0 = 1.2$，则由上式可得纵向受力钢筋总截面面积 A_s 为

$$A_s \geqslant \frac{F_v a}{0.85 f_y h_0} + 1.2\frac{F_h}{f_y} \tag{12-44}$$

式中 F_v、F_h——作用在牛腿顶部的竖向力设计值和水平拉力设计值；

a——意义同前，当 $a<0.3h_0$ 时，取 $a=0.3h_0$；

f_y——纵向受拉钢筋强度设计值。

纵筋宜采用 HRB400 或 HRB500 级钢筋。承受竖向力的纵向受拉钢筋按全截面计算的最大配筋率为 0.6%，最小配筋率为 0.2%和 $0.45f_t/f_y$ 中的较大者。纵筋不得少于 4 根，直径不应小于 12mm，由于水平纵向受拉钢筋的应力沿牛腿上部受拉边全长基本相同，因此不得将其下弯兼作弯起钢筋，而应全部直通至牛腿外边缘再沿斜边下弯，并伸入下柱内 150mm 后截断。为避免纵向受力钢筋未达到强度设计值就被拔出而降低牛腿的承载能力，其伸入上柱内的锚固长度不应小于受力钢筋的锚固长度 l_a；当上柱尺寸不足时，应伸至上柱外边并向下弯折，其水平投影长度不应小于 $0.4l_a$，竖向投影长度应取为 $15d$，此时锚固长度应从上柱内边算起。

牛腿面上的水平力 F_h，通过预埋件与纵筋焊接直接传给纵筋。抵抗水平力的纵筋不得少于 2 根，钢筋直径不得小于 12mm。

在牛腿的截面尺寸满足斜裂缝控制条件后，可不进行斜截面受剪承载力计算，只需按构造要求设置水平箍筋和弯起钢筋。

水平箍筋的直径应取 6～12mm，间距 100～150mm，且在上部 $2h_0/3$ 范围内的水平箍筋总截面面积不应小于承受竖向力的受拉钢筋截面面积的 1/2。

弯起钢筋对限制斜裂缝展开的效果较显著，当牛腿的剪跨比 $a/h_0 \geqslant 0.3$ 时，宜设置弯起钢筋。弯起钢筋宜采用 HRB400 级或 HRB500 级钢筋，并宜使其与集中荷载作用点到牛腿斜边下端点连线的交点位于牛腿上部 $l/6$～ $l/2$ 之间的范围内，l 为连线的长度，其截面面积不应少于承受竖向力的受拉钢筋截面面积的 1/2，且不应小于 $0.001bh$，根数不少于 2 根，直径不宜小于 12mm。

牛腿的配筋见图 12-43。

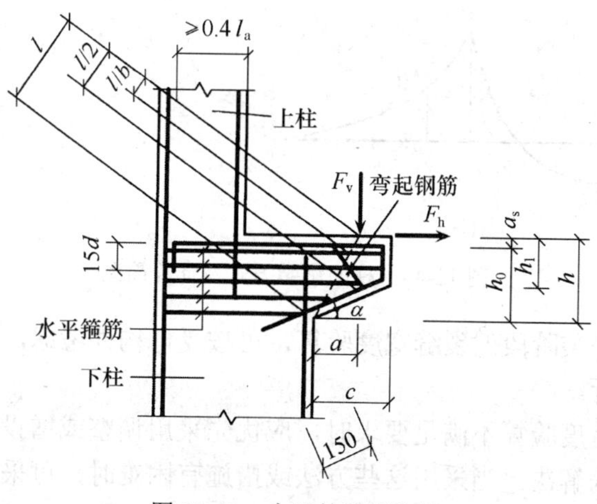

图 12-43　牛腿的配筋构造

12.5.4 柱的吊装验算

排架柱在施工吊装过程中的受力状态与使用阶段不同，因此还应根据柱在吊装阶段的受力特点和材料实际强度，对柱进行承载力和裂缝宽度验算。

验算时应注意下列问题：

(1) 柱身自重应乘以动力系数1.5(根据吊装时的受力情况可适当增减)，柱自重的荷载分项系数取1.35；

(2) 因吊装验算系临时性的，故构件安全等级可较其使用阶段的安全等级降低一级；

(3) 柱的混凝土强度一般按设计强度的70%考虑，当吊装验算要求高于设计强度值的70%方可吊装时，应在施工图上注明；

(4) 当柱变阶处截面吊装验算配筋不足时，可在该局部区段加配短钢筋。

柱的吊装方法有平吊和翻身吊两种。一般采用翻身吊，当采用一点起吊时，吊点设置在牛腿的根部。吊装验算时，柱可看做在其自重作用下的受弯构件，其计算简图和弯矩图如图 12-44 所示，一般取上柱柱底、牛腿根部和下柱跨中三个控制截面进行验算。

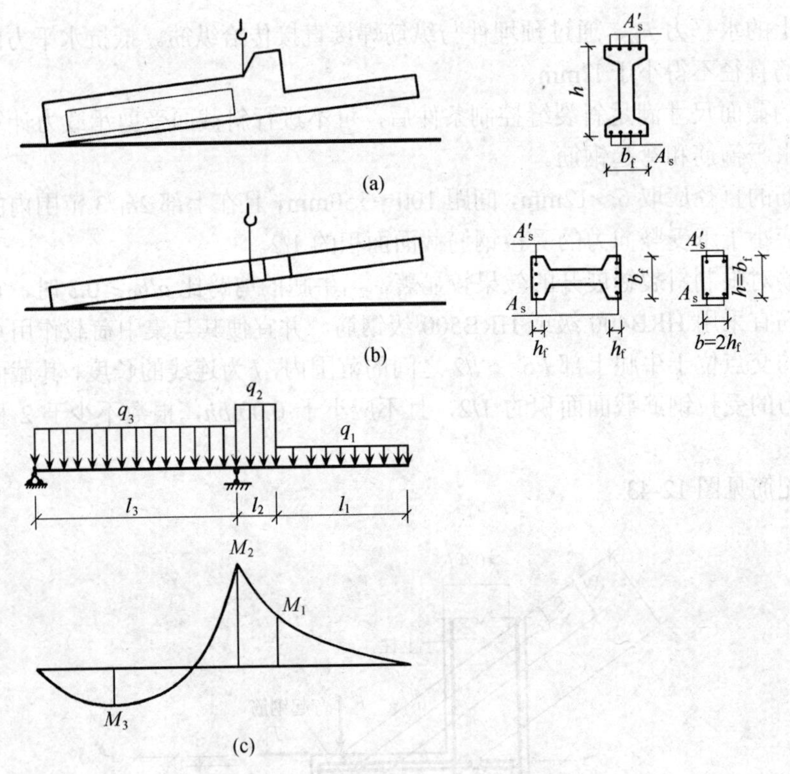

图 12-44 柱的吊装方式及计算简图

钢筋混凝土柱在吊装阶段的裂缝宽度验算，可按受弯构件考虑，并按照使用阶段允许出现裂缝的控制等级进行。

当承载力或裂缝宽度验算不满足要求时，应优先采用调整或增设吊点以减小弯矩的方法或采取临时加固措施来解决。当采用这些方法或措施有困难时，可采用增大混凝土强度等级或增加纵筋数量的方法来解决。

12.5.5 抗风柱的设计

抗风柱承受山墙传来的风荷载，其外边缘与厂房横向封闭轴线重合，离屋架中心线 600mm。为了避免抗风柱与端屋架相碰，应将抗风柱的上部截面高度适当减小，形成变截面柱。

抗风柱除了满足有关截面尺寸的限值外，上柱截面尺寸不宜小于 350mm×300mm，下柱截面高度不宜小于 600mm。抗风柱的柱顶标高应低于屋架上弦中心线 50mm(图 12-45(a))，这样柱顶对屋架的作用力就可以通过弹簧钢板传至上弦中心线，不使屋架上弦杆受扭。同时抗风柱变阶处的标高应低于屋架下弦底边 200mm，避免屋架发生挠度时与抗风柱相碰(图 12-45(a))。

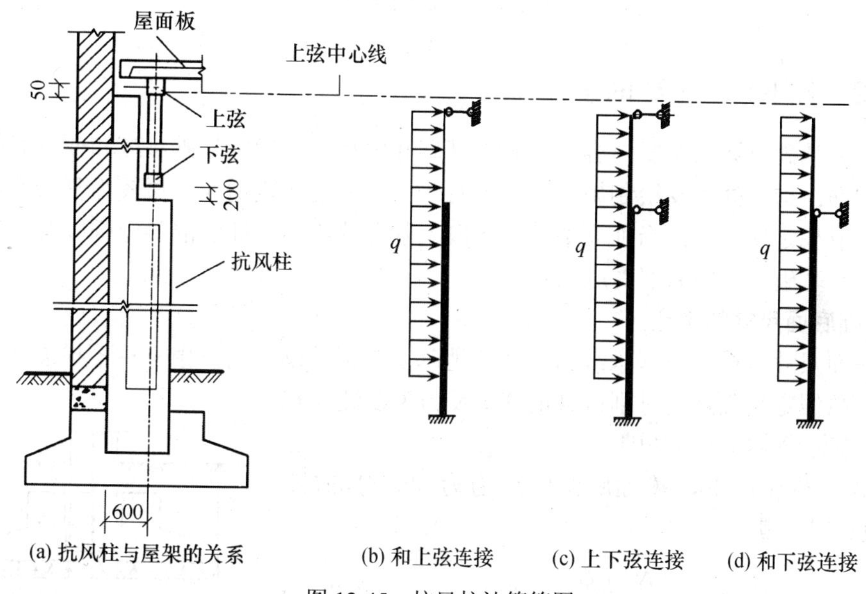

图 12-45 抗风柱计算简图

在图 12-45 抗风柱计算简图中，抗风柱顶部通过弹簧钢板支承在端屋架的上弦节点处，支承点可视为不动铰支座；柱底部固定于基础顶面。

当屋架下弦设有横向水平支撑时，抗风柱亦可与屋架下弦相连接，作为抗风柱的另一个不动铰支座；当在山墙内侧设置水平抗风梁或抗风桁架时，则抗风梁(或桁架)也为抗风柱的一个支座。

由于山墙的重量一般由基础梁承受，故抗风柱主要承受风荷载，若忽略抗风柱自重，则可按变截面受弯构件进行设计。当山墙处设有连系梁时，则抗风柱可按变截面的偏心受压构件进行设计。

12.6 柱下独立基础设计

12.6.1 柱下独立基础的形式

单层厂房的柱下基础一般采用独立基础(也称扩展基础)，有阶梯形和锥形两类。根据其受力性能可分为轴心受压基础和偏心受压基础；按施工方法可分为预制柱下独立基础和现浇柱下独立基础两种。对装配式钢筋混凝土单层厂房排架结构，常见的独立基础形式主要有杯形基础、高杯基础和桩基础等，见图 12-46。

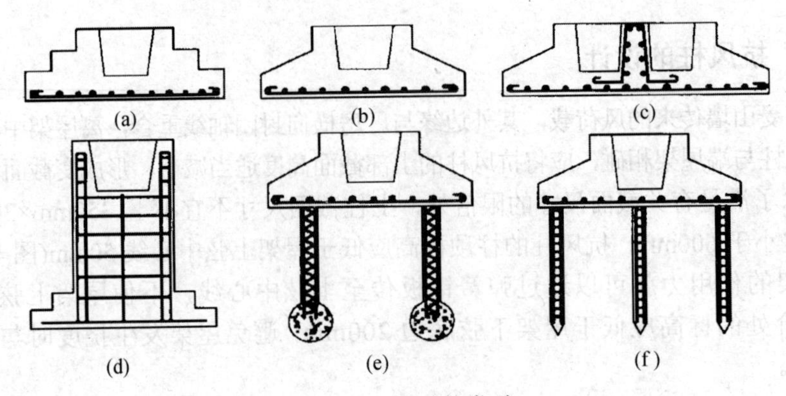

图 12-46　基础的类型

12.6.2　柱下独立基础的设计

柱下扩展基础设计的主要内容为：确定基础底面尺寸；确定基础高度和变阶处的高度；计算底板钢筋；构造处理及绘制施工图等。对一些重要的建筑物或土质较为复杂的地基，尚应进行变形或稳定性验算；当独立基础的混凝土强度等级小于柱的混凝土强度等级时，尚应验算柱下独立基础顶面的局部受压承载力。

1．基础底面尺寸的确定

基础底面尺寸是根据地基承载力条件和地基变形条件确定的。由于柱下扩展基础的底面积不太大，故假定基础是绝对刚性且地基土反力为线性分布。

1) 轴心荷载作用下的基础

在轴心荷载作用下，基础底面的压力为均匀分布(图 12-47)，设计时应满足

$$p_{\mathrm{k}}=\frac{N_{\mathrm{k}}+G_{\mathrm{k}}}{A}\leqslant f_{\mathrm{a}} \tag{12-45}$$

式中　p_{k}——相应于荷载效应标准组合时，基础底面处的平均压力值；

N_{k}——相应于荷载效应标准组合时，上部结构传至基础顶面的竖向力值；

G_{k}——基础及基础上方土的重力标准值；

A——基础底面面积；

f_{a}——经过深度和宽度修正后的地基承载力特征值。

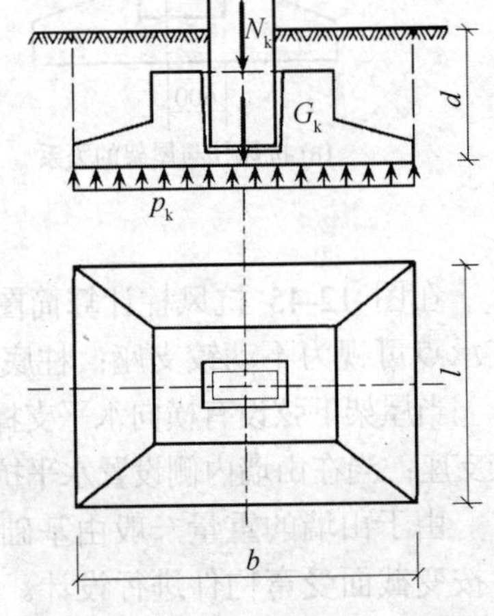

图 12-47　轴心受压基础计算简图

若基础的埋置深度为 d，基础及其上填土的平均重度为γ_{m}，则 $G_{\mathrm{k}}=\gamma_{\mathrm{m}}dA$ ，可得基础底面面积为

$$A\geqslant\frac{N_{\mathrm{k}}}{f_a-\gamma_{\mathrm{m}}d} \tag{12-46}$$

式中　γ_{m}——基础与其上填土的平均重度，可取 $20\mathrm{kN/m^3}$；

d——基础在室内地面标高(±0.000)以下的埋置深度。

设计时先按式(12-46)算得 A，再选定基础底面积的一个边长 b，即可求得另一边长 $l=A/b$，当采用正方形时，$b=l=\sqrt{A}$。

2) 偏心荷载作用下的基础

在偏心荷载作用下，基础底面的压力为线性非均匀分布(图 12-48)，基础底面边缘的压力可按下式计算：

$$\left.\begin{matrix} p_{k,max} \\ p_{k,min} \end{matrix}\right\} = \frac{N_{bk}}{A} \pm \frac{M_{bk}}{W} \tag{12-47}$$

式中 $p_{k,max}$，$p_{k,min}$——相应于荷载效应标准组合时，基础底面的最大、最小压力值；

W——基础底面的抵抗矩；

N_{bk}，M_{bk}——相应于荷载效应标准组合时，基础底面处的轴向压力和弯矩值分别按以下两式计算：

$$N_{bk} = N_k + G_k + N_{wk} \tag{12-48}$$

$$M_{bk} = M_k + V_k h \pm N_{wk} e_w \tag{12-49}$$

式中 M_k、N_k、V_k——相应于荷载效应标准组合时，由上部结构传至基础顶面处的弯矩、轴向压力和剪力值；

N_{wk}、e_w——基础梁传来的竖向力标准值及基础梁中心线至基础底面中心线的距离；

h——基础高度。

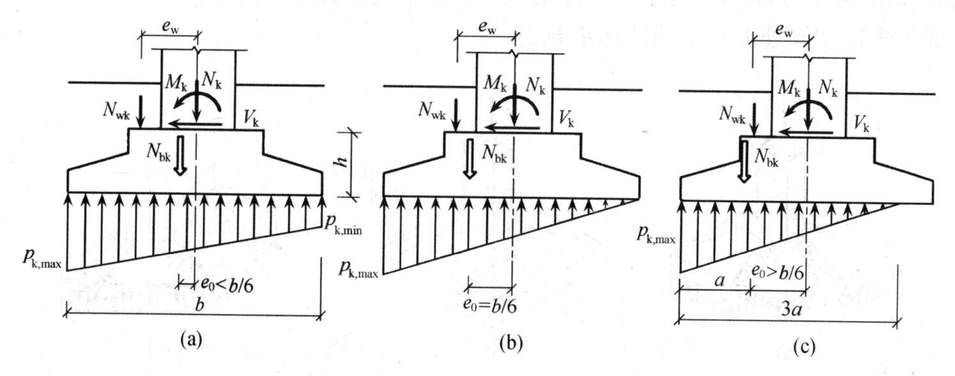

图 12-48　偏心受压基础计算简图

取 $e_0=M_{bk}/N_{bk}$，$A=bl$，并将 $W=lb^2/6$ 代入，则基础底面边缘的压力值写成如下形式：

$$\left.\begin{matrix} p_{k,max} \\ p_{k,min} \end{matrix}\right\} = \frac{N_{bk}}{lb}\left(1 \pm \frac{6e_0}{b}\right) \tag{12-50}$$

式中 b——力矩作用方向的基础底面边长；

l——垂直于力矩作用方向的基础底面边长。

由式(12-50)可知，当 $e_0 \leqslant b/6$ 时，$p_{k,min} \geqslant 0$，基底压力分布为梯形或三角形(图 12-48(a)，(b))，基础底面全截面受压；当 $e_0>b/6$ 时，$p_{k,min}<0$，由于基础底面与地基的接触面间不能承受拉力，说明部分基础底面不与地基土接触，此时基底压力分布为部分三角形(图 12-48(c))，其最大基底压力应按下式计算：

$$p_{k,max} = \frac{2N_{bk}}{3la} \tag{12-51}$$

式中 a——基底压合力作用点(或 N_{bk} 作用点)至基础底面最大压力边缘的距离。

在偏心荷载作用下，基础底面的压力值应符合下式要求：

$$p_{\mathrm{k,max}} \leqslant 1.2 f_{\mathrm{a}} \tag{12-52}$$

$$p = \frac{p_{\mathrm{k,max}} + p_{\mathrm{k,min}}}{2} \leqslant f_{\mathrm{a}} \tag{12-53}$$

在确定偏心荷载作用下基础的底面尺寸时，一般采用试算法。首先按轴心荷载作用下初步估算基础的底面面积；再考虑基础底面弯矩的影响，将基础底面积适当增加 20%～40%，基础底面一般采用矩形，长、短之比一般为 1.5～2，多取 1.5 左右。基础边长应为 100mm 的倍数。初步选定基础底面的边长 l 和 b 后，计算偏心荷载作用下基础底面的轴向压力 N_{bk} 和弯矩 M_{bk} 值以及基底压力值 $p_{\mathrm{k,max}}$ 和 $p_{\mathrm{k,min}}$，然后验算基底压力是否满足要求，如不满足式(12-52)和式(12-53)的要求，应调整基础底面尺寸重新验算，直至满足为止。

2．基础高度的确定

独立基础的高度除应满足构造要求外，还应根据柱与基础交接处以及基础变阶处混凝土的受冲切承载力计算确定。

试验结果表明，当基础高度(或变阶处高度)不够时，柱传给基础的荷载将使基础发生如图 12-49(a)所示的冲切破坏，即沿柱边大致呈 45°方向的截面被拉脱而形成图 12-49(b)、(c)所示的角锥体(阴影部分)破坏。为了防止冲切破坏，必须使冲切面外的地基反力所产生的冲切力 F_l 小于或等于冲切面处混凝土的冲切承载力。

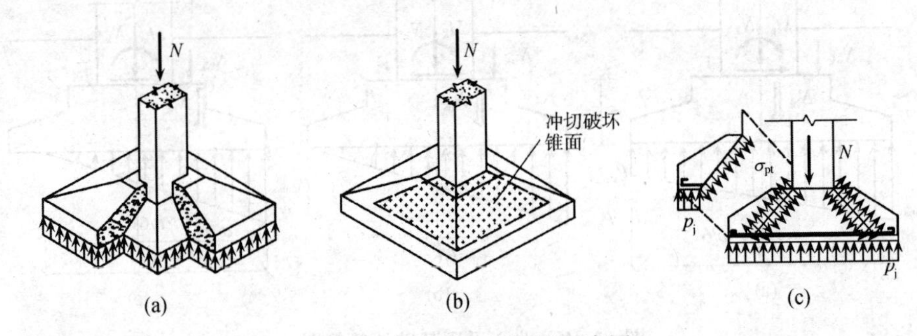

图 12-49　基础冲切破坏示意图

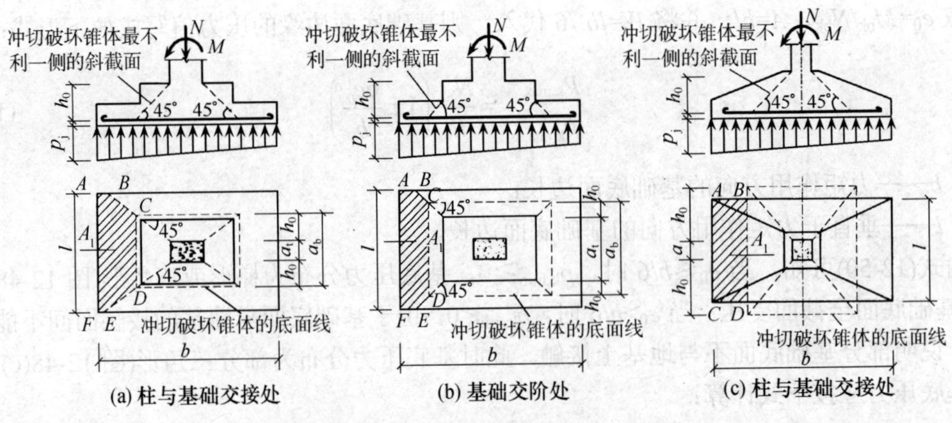

图 12-50　基础的受冲切承载力截面位置

《建筑地基基础设计规范》规定，对矩形截面柱的矩形基础，柱与基础交接处以及基础变阶处的受冲切承载力应按下列公式验算：

$$F_l \leqslant 0.7\beta_{hp} f_t a_m h_0 \tag{12-54}$$

$$F_l = p_j A_l \tag{12-55}$$

$$a_m = (a_t + a_b)/2 \tag{12-56}$$

式中 a_t——冲切破坏锥体最不利一侧斜截面的上边长。当计算柱与基础交接处的冲击力承载力时，取柱宽；当计算基础变阶处的受冲切承载力时，取上宽阶。

a_b——冲切破坏锥体最不利一侧斜截面在基础底面范围内的下边长，当冲切破坏锥体的底面落在基础底面以内，见图 12-50(a)、(b)，计算柱与基础交接处的受冲切承载力时，取柱宽加 2 倍基础有效高度；当计算变阶处的受冲切承载力时，取上阶宽加 2 倍该处的基础有效高度；当冲切破坏锥体的底面在 l 方向落在基础底面以外，即 $a+2h_0 \geqslant l$ 时(图 12-50(c))，取 $a_b=l$。

a_m——冲切破坏锥体最不利一侧计算长度(m)。

h_0——基础冲切破坏锥体的有效高度(m)。

β_{hp}——受冲切承载力截面高度影响系数，当基础高度 $h \leqslant 800$mm 时，取 1.0，当 $h \geqslant 2000$mm 时，取 0.9，其间按线性内插法取用。

f_t——混凝土轴心抗拉强度设计值。

F_l——相应于作用的基本组合时作用在 A_l 上的地基土净反力设计值(kPa)。

p_j——扣除基础自重及其上土重后，相应于荷载效应基本组合时的地基土单位面积上的净反力，对偏心受压基础可取基础边缘处最大地基土单位面积净反力。

A_l——冲切验算时取用的部分基底面积，即图 12-50(a)、(b)的多边形阴影面积 $ABCDEF$，或图 12-50(c)中的阴影面积 $ABCD$。

为了便于应用，下面给出 A_l 的具体计算公式：

当 $l \geqslant a_t+2h_0$ 时(图 12-50(a)、(b))：

$$A_l = \left(\frac{b}{2} - \frac{b_t}{2} - h_0\right)l - \left(\frac{l - a_b}{2}\right)^2 \tag{12-57}$$

当 $l < a_t+2h_0$ 时(图 12-50(c))：

$$A_l = \left(\frac{b}{2} - \frac{b_t}{2} - h_0\right)l \tag{12-58}$$

当不满足式(12-54)时，应增大基础高度，并重新进行验算，直到满足为止。当基础底面落在从柱边或变阶处向外扩散的 45°线以内时，不必验算该处的基础高度。

3．基础底板配筋

在前面计算基础底面地基土的反力时，应计入基础自身重力及基础上方土的重力，但是在计算基础底板受力钢筋时，由于这部分地基土反力的合力与基础及其上方土的自重相抵消，因此这时地基土的反力中不应计及基础及其上方土的重力，即以地基净反力设计值 p_s 来计算钢筋。

基础底板在地基净反力设计值作用下，在两个方向都将产生向上的弯曲，因此需在底板两个方向都配置受力钢筋。配筋计算的控制截面一般取在柱与基础交接处或变阶处(对阶形基础)。计算(两个方向)弯矩时，将基础底板划分为四块没有关系的区块，每个区块都看做固定在柱周边或变阶处(对阶形基础)的四面挑出的倒置悬臂板，见图 12-51。

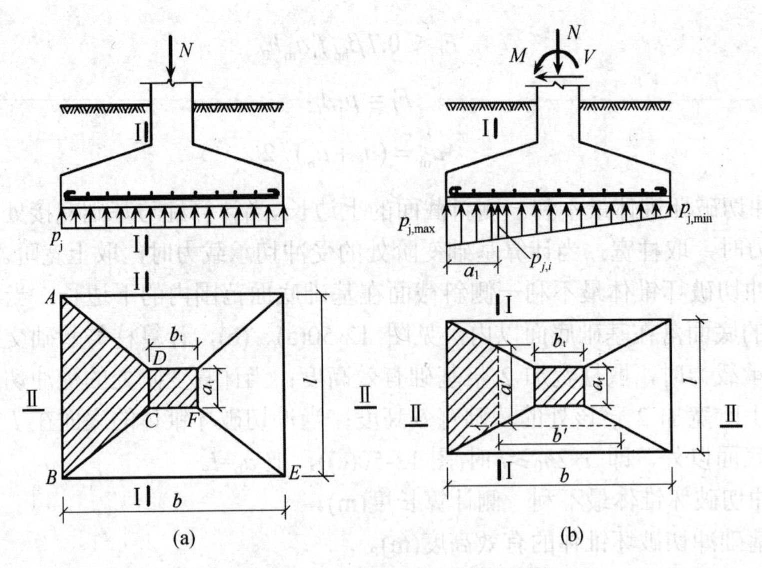

图 12-51　矩形基础底板计算简图

1) 轴心受压基础

对轴心受压基础，沿基础长边 b 方向的截面Ⅰ-Ⅰ处的弯矩值 M_{I} 等于作用在梯形面积 $ABCD$ 形心处的地基净反力设计值 p_{j} 的合力与形心到柱边I-I截面的距离的乘积。如果沿基础短边和长边方向的柱截面尺寸分别为 a_{t}、b_{t}，则由图 12-51(a)有

$$M_{\mathrm{I}} = \frac{p_{\mathrm{j}}}{24}\left(b - b_{\mathrm{t}}\right)^2\left(2l + a_{\mathrm{t}}\right) \tag{12-59}$$

同理，沿短边 l 方向，对柱边截面Ⅱ-Ⅱ的弯矩 M_{II} 为

$$M_{\mathrm{II}} = \frac{p_{\mathrm{j}}}{24}\left(l - a_{\mathrm{t}}\right)^2\left(2b + b_{\mathrm{t}}\right) \tag{12-60}$$

由于长边方向的钢筋一般置于沿短边方向钢筋的下面，故沿长边 b 方向的受力钢筋截面面积，可近似按下式计算：

$$A_{s\mathrm{I}} = \frac{M_{\mathrm{I}}}{0.9h_{0\mathrm{I}}f_{\mathrm{y}}} \tag{12-61}$$

式中　$h_{0\mathrm{I}}$——截面Ⅰ-Ⅰ的有效高度，$h_{0\mathrm{I}}=h-a_{s\mathrm{I}}$，当基础下有混凝土垫层时，$a_{s\mathrm{I}}$=40mm，无混凝土垫层时，取 $a_{s\mathrm{I}}$=70mm。

如果基础底板两个方向受力钢筋直径均为 d，则截面Ⅱ－Ⅱ的有效高度为 $h_{0\mathrm{II}}=h_{0\mathrm{I}}-d$，故沿短边方向的受力钢筋截面面积为

$$A_{s\mathrm{II}} = \frac{M_{\mathrm{II}}}{0.9\left(h_{0\mathrm{I}} - d\right)f_{\mathrm{y}}} \tag{12-62}$$

2) 偏心受压基础

当偏心矩 $e_0 \leqslant b/6$ 时，沿弯矩作用方向在任意截面Ⅰ-Ⅰ处，及垂直于弯矩作用方向在任意截面Ⅱ-Ⅱ处相应于荷载效应基本组合时的弯矩设计值 M_{I}、M_{II} 可分别按下列公式计算：

$$M_{\mathrm{I}} = \frac{1}{12}a_1^2\left[\left(2l + a'\right)\left(p_{\mathrm{j,max}} + p_{\mathrm{j,I}}\right) + \left(p_{\mathrm{j,max}} - p_{\mathrm{j,I}}\right)l\right] \tag{12-63}$$

$$M_{\mathrm{II}}=\frac{1}{48}(l-a')^2(2b+b')(p_{\mathrm{j,max}}+p_{\mathrm{j,min}}) \tag{12-64}$$

式中　　a_1——任意截面Ⅰ-Ⅰ至基底边缘最大反力处的距离；

$p_{\mathrm{j,max}}$、$p_{\mathrm{j,min}}$——相应于荷载效应基本组合时，基础底面边缘的最大和最小地基净反力设计值；

$p_{\mathrm{j,I}}$——相应于荷载效应基本组合时，在任意截面Ⅰ-Ⅰ处基础底面地基净反力设计值。

当偏心距 $e_0>b/6$ 时(图 12-48(c))，在沿弯矩作用方向上，任意截面Ⅰ-Ⅱ处相应于荷载效应基本组合时的弯矩设计值 M_{I} 仍可按式(12-63)计算；在垂直于弯矩作用方向上，任意截面处相应于荷载效应基本组合时的弯矩设计值 M_{II} 应按实际应力分布计算，为简化计算，也可偏于安全地取 $p_{\mathrm{j,min}}=0$，然后按式(12-64)计算。

在基础设计时需注意的是：确定基础底面尺寸时，为了与地基承载力特征值 f_a 相匹配，应采用内力标准值，而在确定基础高度和配置钢筋时，应按基础自身承载能力极限状态的要求，采用内力的设计值。

3．构造要求

基础的混凝土强度等级不应低于 C20。垫层的混凝土强度等级应为 C10。钢筋宜采用 HRB400 级、HRB335 级或 HPB300 级。

基础底板受力钢筋的最小直径不宜小于10mm，间距不宜大于200mm，也不宜小于100mm。当基础底面边长大于或等于2.5m时，底板受力钢筋的长度可取边长的0.9倍，并宜交错布置。短边方向的钢筋应置于长边方向钢筋之上。当有垫层时钢筋保护层厚度不应小于40mm，无垫层时不应小于70mm。垫层的厚度一般为100mm，不宜小于70mm，垫层四周应伸出基础100mm。如图12-52(a)所示。

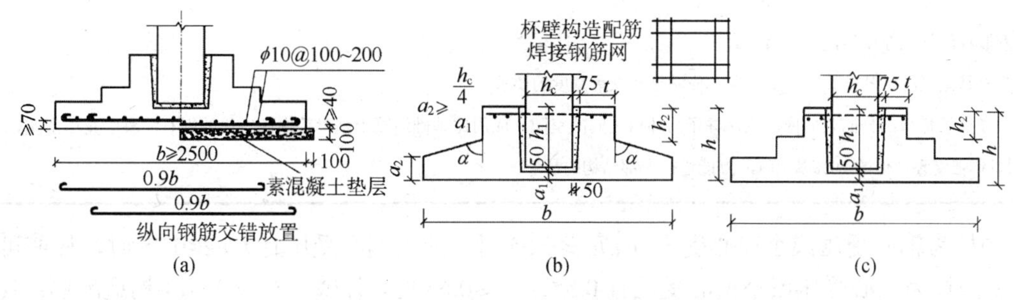

图 12-52　基础外形尺寸和配筋构造

轴心受压基础的底面一般为正方形，偏心受压基础的底面一般为矩形，长边与弯矩作用方向平行，长、短边之比在 1.5～2.0 之间，不应超过 3.0。

基础的截面形状一般可采用对称的阶梯形或锥形。阶形基础的每阶高度宜为 300～500mm。锥形基础的边缘高度一般取 $a_2 \geqslant 200$mm，且 $a_2 \geqslant a_1$ 和 $a_2 \geqslant h_c/4$(h_c 为预制柱的截面高度)；当锥形基础的斜坡处为非支模制作时，坡度角不宜大于 25°，最大不得超过 35°。如图 12-52(b)所示。

为了保证预制柱能嵌固在基础中，柱伸入杯口的深度 h_1 应足够(表 12-12)；杯口的深度等于柱的插入深度 h_1+50mm。h_1 还应满足柱内受力钢筋锚固长度的要求，并应考虑吊装安装时柱的稳定性，即应使 $h_1 \geqslant 0.05$ 倍柱长(指吊装时的柱长)。杯口应大于柱截面边长，其顶部每边留出 75mm，底部每边留出 50mm，以便预制柱安装时进行就位、校正，并二次浇筑细石混凝土，如图 12-52(b)所示。

表 12-12　柱的插入深度 h_1(mm)

矩形或 I 形柱				双肢柱
<500	$500\leqslant h<800$	$800\leqslant h\leqslant 1000$	$h>1000$	
>1.2 h	h	0.9h	0.8h	$(1/3\sim2/3)h_a$
		≥800	≥1000	$(1.5\sim1.8)h_b$

注：

(1) h 为柱截面边长尺寸；h_a 为双肢柱整个截面边长尺寸；h_b 为双肢整个截面短边尺寸；

(2) 柱轴心受压或小偏心受压时，h_1 可适当减小，偏心距大于 2h 时，h_1 应适当加大

杯底应具有足够的厚度 a_1，以防预制柱在安装时发生杯底冲切破坏。基础的杯底厚度 a_1 和杯壁厚度 t 可按表 12-13 选用。

表 12-13　基础的杯底厚度和杯壁厚度

柱截面长边尺寸 h/mm	杯底厚度 a_1/mm	杯壁厚度 t/mm
$h<500$	≥150	150～200
$500\leqslant h<800$	≥200	≥200
$800\leqslant h<1000$	≥200	≥300
$1000\leqslant h<1500$	≥250	≥350
$1500\leqslant h<2000$	≥300	≥400

注：

(1) 双肢柱的杯底厚度值，可适当加大；

(2) 当有基础梁时，基础梁下杯壁厚度，应满足其支承宽度的要求；

(3) 柱子插入杯口部分的表面应凿毛，柱子与杯口之间的空隙，应用比基础混凝土强度等级高一级的细石混凝土充填密实，当达到材料强度设计值的 70%以上时，方能进行上部结构的吊装

当柱为轴心受压或小偏心受压且 $t/h_2\geqslant 0.65$ 时，或大偏心受压且 $t/h_2\geqslant 0.75$ 时，杯壁可不配筋；当柱为轴心受压或小偏心受压且 $0.5\leqslant t/h_2\leqslant 0.65$ 时，杯壁可按表 12-14 构造配筋；其他情况下，应按计算配筋。杯口配筋构造见图 12-52(c)。

表 12-14　杯壁构造配筋

柱截面长边尺寸/mm	$h<1000$	$1000\leqslant h<1500$	$1500\leqslant h<2000$
钢筋直径/mm	8～10	10～12	12～16

注：表中钢筋置于杯口顶部，每边两根

12.7　单层厂房屋盖结构的设计

钢筋混凝土单层厂房结构的结构构件有屋面板、天窗架、屋架、支撑、吊车梁、墙板、连系梁、基础梁、柱和基础等。除柱和基础外，这些构件一般都可以根据工程的具体情况，从工业厂房结构构件标准图集中选用合适的标准构件，不必另行设计。

12.7.1　屋盖结构构件

单层厂房的屋盖结构主要由屋面板、屋面梁或屋架、天窗架和托架组成。这些构件一般都可套用标准图集，不需要进行设计计算。本节简单介绍这些构件的类型和设计要点。

1．屋面板

无檩体系屋盖常采用预应力混凝土大型屋面板，大型屋面板的规格一般为 1.5m×6m。有时也可采用 3m×6m 和 3m×9m 规格的大型屋面板。大型屋面板由面板、横肋和纵肋组成，相当于一小型的肋梁楼盖。它适用于保温或不保温卷材防水屋面，屋面坡度不应大于 1/5。

无檩体系屋盖还可采用预应力 F 形屋面板，用于自防水非卷材屋面，以及预应力自防水保温屋面板、钢筋加气混凝土板等。

有檩体系屋盖常采用预应力混凝土槽瓦、波形大瓦等小型屋面板。

各种形式的屋面板见图 12-53。

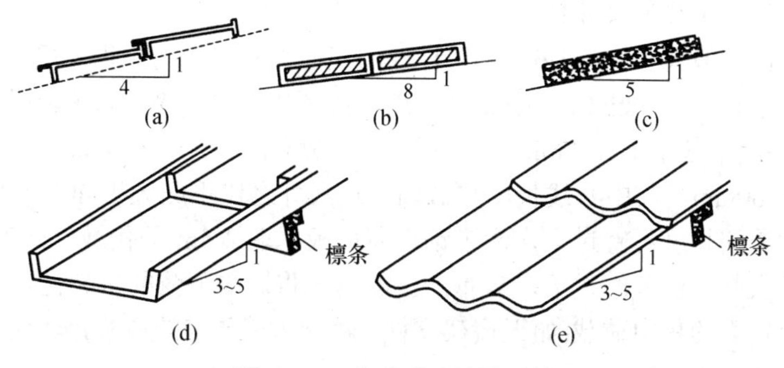

图 12-53　各种形式的屋面板

2．檩条

檩条搁在屋架或屋面梁上，起着支承小型屋面板并将屋面荷载传给屋架的作用。它与屋架间用预埋钢板焊接，并与屋盖支撑一起保证屋盖结构的整体刚度和稳定性。

目前应用较多的是钢筋混凝土和预应力混凝土Γ形截面檩条，跨度一般为 4m 或 6m。檩条搁在屋架上弦，有斜放和正放两种，如图 12-54 所示。斜放时，檩条为双向受弯(图 12-54(a))；正放时，屋架上弦要做水平支托(图 12-54(b))，檩条为单向受弯。

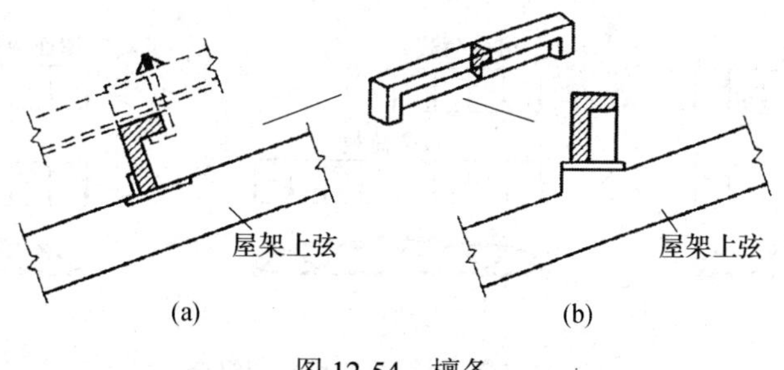

图 12-54　檩条

3．屋面梁和屋架

屋面梁和屋架的种类很多，屋面梁的外形有单坡和双坡两种。屋架有两铰(或三铰)拱屋架和桁架式屋架两大类(图 12-55)。

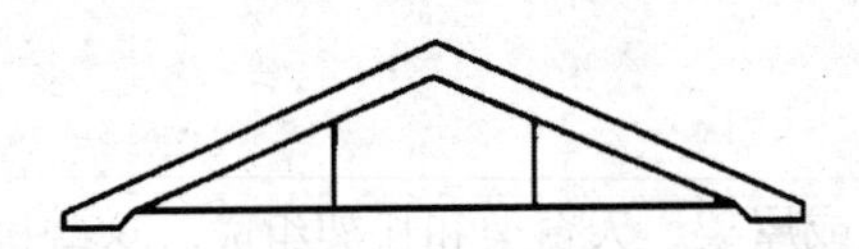
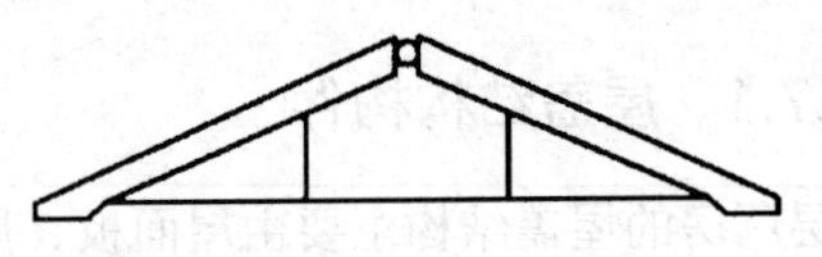

图 12-55　两铰(或三铰)拱屋架

屋面梁一般按简支梁设计。梁端的高度不小于 600mm。上翼缘的宽度一般为 240～350mm，翼缘高度为 100～160mm，使屋面板有足够的支承长度。下翼缘的宽度一般为 240mm，高度为 120mm。梁卧制时腹板的厚度不应小于 60mm，立制时腹板的厚度不应小于 80mm，预应力筋通过的区段不应小于 120mm。

两铰拱屋架的支座节点为铰接，顶节点为刚接；三铰拱的支座节点和顶节点均为铰接。两铰拱的上弦为钢筋混凝土构件，三铰拱的上弦可用钢筋混凝土或预应力混凝土构件。

当厂房跨度较大时，采用桁架式屋架较经济，它在单层厂房中应用非常普遍。桁架式屋架的矢高和外形对屋架受力均有较大影响，一般取高跨比为 1/6～1/8 较为合理，其外形有三角形、拱形、梯形、折线形等几种。

屋架的高跨比一般为 1/10～1/6。屋架杆件的截面形式一般为矩形，受力较大的上弦也可做成 T 形、I 形或管形。屋架的上、下弦及端斜杆应采用相同的宽度以利制作：上弦宽度不应小于 200mm、高度不应小于 180mm。下弦的截面高度不应小于 140mm。腹杆最小截面尺寸不小于 120mm×100mm，其中心线长度与截面短边尺寸之比不应大于 40(拉杆)和 35(压杆)。

屋架上弦的节间长度不宜过大，为了铺设屋面板，取 1.5m 的倍数，一般多取为 3m。下弦的节间长度可大些，但节间过大，自重产生的弯矩将影响下弦的抗裂性，一般为 4～6m。尽可能使屋架上较大的集中荷载(如天窗架立柱、悬挂吊车传来的荷载)作用在节点上，同时要考虑便于布置屋架支撑。

非预应力屋架的混凝土强度等级一般采用 C30，预应力屋架的混凝土强度等级一般采用 C40，如跨度、荷载大时可采用 C50 的混凝土。预应力钢筋以冷拉钢筋为主。非预应力钢筋采用 HPB300 和 HRB335 钢筋。

荷载组合时，屋面活荷载与雪荷载不同时考虑，两者中取较大值；风荷载对屋架一般为吸力，起减小屋架内力的作用，可不考虑。对于屋面活荷载(包括施工荷载)，它们既可以作用于全跨，也有可能作用于半跨；而半跨荷载作用时可能使屋架腹杆内力最大，甚至使内力符号发生改变。因此，设计屋架时应考虑以下三种荷载组合(图 12-56)：

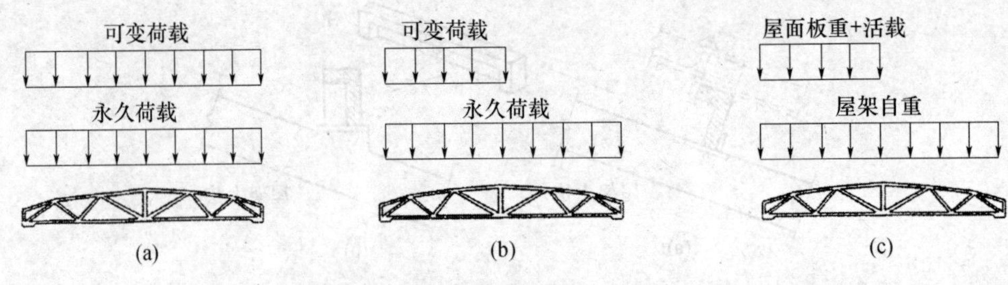

图 12-56　屋架的荷载效应组合

(1) 全跨永久荷载+全跨可变荷载(图 12-56(a))；

(2) 全跨永久荷载+半跨可变荷载(图 12-56(b))；

(3) 屋架自重(包括支撑重)+半跨屋面板自重+半跨屋面活荷载(图 12-56(c)，施工阶段的情况)。

钢筋混凝土屋架属于平面桁架，如图 12-57(a)所示。由于屋面板施加于屋架上弦的集中力不一定作用在节点，故屋架上弦杆一般处于偏心受力状态；屋架的腹杆及下弦杆(忽略自重影响)则为轴心受力杆件。简化计算时，可按下述方法计算内力。

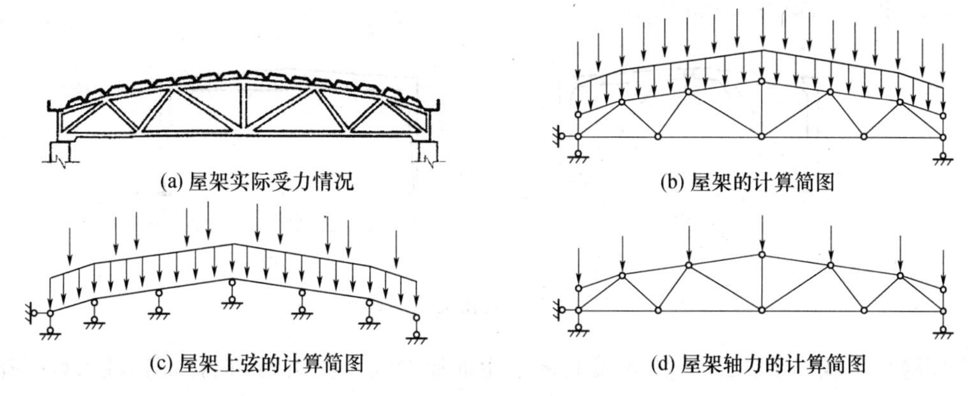

(a) 屋架实际受力情况　(b) 屋架的计算简图

(c) 屋架上弦的计算简图　(d) 屋架轴力的计算简图

图 12-57　屋架的内力计算简图

(1) 按具有不动铰支座的连续梁计算上弦杆的弯矩。屋架上弦杆承受屋面板传来的集中荷载以及均布荷载(上弦自身重力荷载)，屋架各节点为上弦杆的可动铰支座，如图 12-57(b)所示。简化计算时，假定屋架各节点为连续梁的不动铰支座，计算简图如图 12-57(c)所示，可用弯矩分配法或其他方法计算内力。

(2) 按铰接桁架计算各杆件的轴力。桁架的节点荷载即上弦(连续梁)的支座反力，如图 12-57(d)所示。设计时，也可近似地按简支梁求出支座反力。

屋架上弦有节间荷载时，按偏心受压构件设计。屋架上弦无节间荷载时，按轴心受压构件计算。上弦杆的计算长度 l_0 按下述原则确定：屋架平面内取为节间的距离；对有檩体系屋架平面外的计算长度可取横向支撑与屋架上弦连接点之间的距离；对无檩体系的屋盖，如屋面板的宽度大于 3m，计算长度可取为 3m。

下弦杆一般忽略自重产生的弯矩，按拉杆设计，并进行裂缝宽度或抗裂验算。非预应力屋架裂缝的控制等级为三级，预应力屋架的裂缝控制等级为二级。

腹杆为轴心受拉或受压构件。按压杆设计时，计算长度的取法为：平面内，端斜杆 $l_0=l$(l=节点间的距离)，其他腹杆 $l_0=0.8l$；平面外 $l_0=l$。按拉杆设计时，需验算裂缝宽度，要求 $\omega_{max}\leqslant 0.2$mm。

按图 12-57(c)，(d)计算获得的屋架的内力称为屋架的主内力。实际上，各种钢筋混凝土屋架的节点均由混凝土整体浇成，节点具有刚性，与铰节点的假定有出入。对于承受节间荷载的屋架上弦的节点，与连续梁的节点也不完全一样，也有位移。屋架受荷后，因节点的刚性作用产生的内力，以及因节点位移产生的内力都称为次内力或次应力。屋架内力的具体计算方法参考相关资料。

屋架一般平铺浇制，吊装前应先将屋架扶直，此时上弦杆在屋架平面外受力最不利，故扶直验算实际上是验算上弦杆在屋架平面外由于上弦和一半腹杆重力荷载作用下的受弯承载力；对于腹杆，由于其自身重力荷载引起的弯矩很小，一般不必验算。屋架吊装时，受力情况和使用阶段不同，吊点在上弦节点处，因此也应对上弦杆进行轴心受拉承载力和抗裂验算。其他构件可不作验算。

4. 天窗架和托架

天窗架的作用是形成天窗以便采光和通风，同时承受屋面板传来的竖向荷载和作用在天窗上的水平荷载，并将它们传给屋架。天窗架用钢筋混凝土或钢材制作，跨度一般为 6m 或 9m。天窗架的形式如图 12-58 所示。

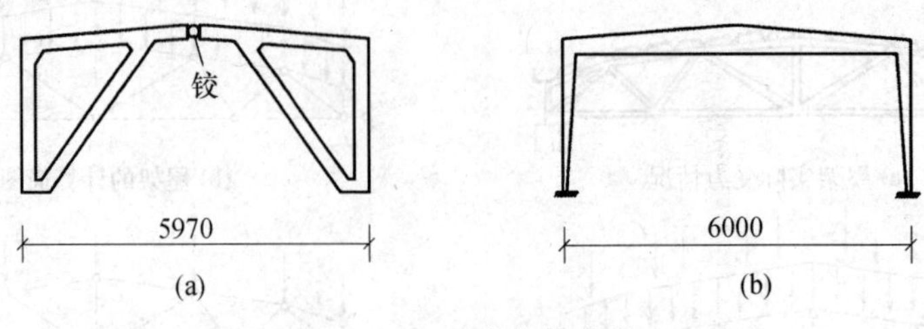

图 12-58 天窗架的形式

当厂房全部或局部柱距为 12m 或 12m 以上而屋架间距仍用 6m 时，需在柱顶设置托架，以承受中间屋架。托架一般为 12m 跨度的预应力混凝土三角形或折线形构件，上弦为钢筋混凝土压杆，下弦为预应力混凝土拉杆，如图 12-59 所示。

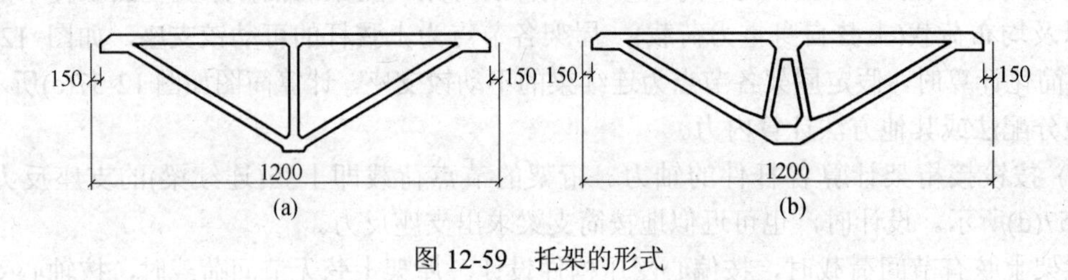

图 12-59 托架的形式

5. 吊车梁

吊车梁除直接承受吊车起重、运行和制动时产生的各种往复移动荷载外，它还具有将厂房的纵向荷载传递至纵向柱列、加强厂房纵向刚度等作用。

吊车梁一般根据吊车的起重量、工作级别、跨度和台数以及排架柱距等因素选用。目前常用的吊车梁类型有钢筋混凝土等截面实腹吊车梁、钢筋混凝土和钢组合式吊车梁、预应力混凝土等截面和变截面吊车梁，如图 12-60 所示。一般来说，跨度为 6m，起重量为 50～100kN(300/50 指吊车起重主钩额定起重量 300kN，副钩额定起重量 50kN，二者不同时出现)的吊车梁采用钢筋混凝土或预应力混凝土等截面构件；跨度为 6m，起重量 300/50kN 以上的吊车梁及 12m 跨度吊车梁一般采用预应力混凝土等截面构件。

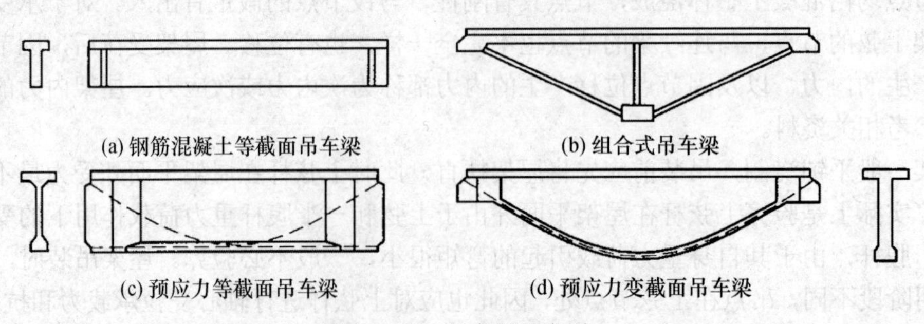

图 12-60 吊车梁的类型

吊车梁除了承受自身及吊车轨道的自重以外，主要承受吊车传来的荷载。吊车荷载及吊车梁的计算需要注意以下问题：

(1) 吊车荷载是重复荷载，当吊车位于所计算的吊车梁上时，梁所受的荷载达最大值；当吊车驶离该梁时，梁上的荷载达最小值。因此，吊车梁有疲劳问题，需对其进行疲劳验算。验算疲劳时，按最大吨位的一台吊车考虑，且不考虑横向水平荷载。

(2) 吊车荷载具有冲击和振动作用。因此，设计吊车梁时相应的荷载应乘以动力系数μ。对悬挂吊车以及A1～A5级软钩吊车，μ=1.05；A6～A8级软钩吊车、硬钩吊车、特种(如磁力)吊车，μ=1.1。

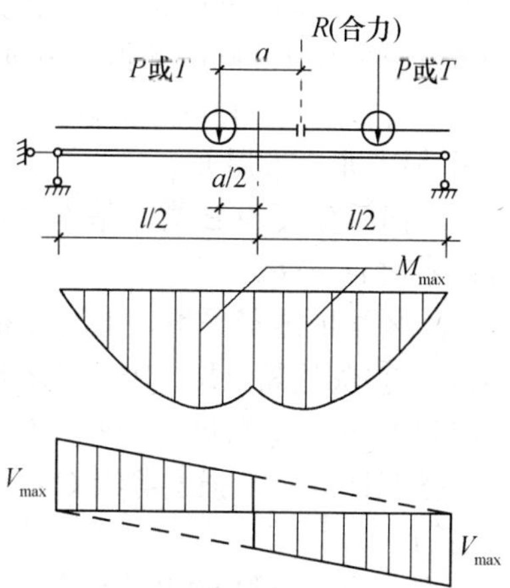

图 12-61　吊车梁的弯矩和剪力包络图

(3) 吊车的荷载是一组移动的集中荷载。这里的“一组”是指可能作用在吊车梁上的吊车轮子。所以既要考虑自重和竖向轮压作用下的竖向弯曲，也要考虑自重、竖向轮压和水平制动力联合作用下的双向弯曲。因此，进行吊车梁的设计时，要考虑荷载移动对其内力的影响。吊车梁中的最大弯矩和最大剪力按影响线法求得。根据该截面的弯矩影响线，考虑4种可能出现的荷载不利位置，求出其最大的弯矩值。将各截面的最大弯矩值连接起来，即得到吊车梁的弯矩包络图，如图12-61所示。图中可看出梁的绝对最大弯矩并不作用在梁的跨中。同理，可以求出吊车梁的剪力包络图。

(4) 当吊车梁的跨度≤12m时，如同一跨内有两台以上的吊车，计算吊车梁承载力、抗裂度、变形及裂缝时，用较大吨位的相邻2台吊车。

吊车荷载使吊车梁产生扭矩。为此，应计算扭矩并按一般弯、剪、扭构件的设计方法，进行吊车梁的配筋设计。

对钢筋混凝土吊车梁，混凝土的强度等级应不小于C30；对预应力混凝土的吊车梁，混凝土的强度等级不应小于C40。非预应力钢筋一般采用HRB400或RRB400。

吊车梁一般设计成I形截面，且上翼缘在吊车水平制动力T作用下受弯。为保证吊车梁具有足够的刚度，吊车梁截面的尺寸按下列原则确定：

$$h=\left(\frac{1}{10}\sim\frac{1}{5}\right)l,\quad b_f'=\left(\frac{1}{15}\sim\frac{1}{10}\right)l,\quad h_f'=\left(\frac{1}{8.5}\sim\frac{1}{7}\right)h,\quad b=\left(\frac{1}{7}\sim\frac{1}{4}\right)h$$

钢筋混凝土吊车梁的梁高一般有600mm、900mm、1200mm和1500mm四种，腹板一般取b=140mm、160mm、180mm，在两端部分逐渐加厚至200mm、250mm、300mm。预应力混凝土I形等截面吊车梁的最小腹板厚度，先张法可为120mm(竖捣)、100mm(卧捣)；后张法应考虑预应力钢筋(束)在腹板中通过时可为140mm，在梁端头均应加厚腹板而渐变成T形截面。上翼缘宽度取梁高的1/3～1/2，不小于400mm，一般用400mm、500mm、600mm。

组合式吊车梁的下弦杆为钢材(竖杆也有用钢材的)。由于焊缝的疲劳性能不易保证，目前一般用于不大于5t的A1～A5级吊车，且无侵蚀气体的小型厂房中。对于外露钢材应做防腐处理，并应注意维护。

12.8 钢筋混凝土单层工业厂房设计实例

12.8.1 设计资料

某仪器仪表车间为单层单跨厂房，车间总长度 66m，柱距 6m，无天窗。跨度为 24m，设有 2 台软钩桥式吊车，额定起重量 150/30kN，工作级别为 A5 级，轨顶标高+10.2m。

厂房围护墙 240mm 厚，外侧贴浅色釉面瓷砖，内侧 20mm 厚混合砂浆抹灰，刷白色涂料。下部窗台标高 1.000m，窗洞尺寸 4.0m×3.6m；中部窗台标高为 5.800m，窗洞口尺寸 4.0m×2.7m；上部窗台标高为 11.000m。室内外高差为 150～250mm。屋面板采用大型屋面板，卷材防水(三毡四油)，非上人屋面。

地面粗糙度为 B 类，基本风压 ω_0=0.4kN/m^2，组合系数 ψ_c=0.6；基本雪压 S_0=0.2kN/m^2，组合系数 ψ_c=0.6。

厂区场地地形平坦。土层分布：①素填土，地表下 1.20～1.50m 厚，稍密，软塑，γ=17.5 kN/m^3；②灰色黏土层，10～12m 厚，层位稳定，呈可塑～硬塑，可作为持力层，f_{ak}=200kN/m^2，γ=19.2kN/m^3；③粉砂，中密，f_{ak}=240kN/m^2。地下水位在自然地面以下 3.5m。

排架柱混凝土强度等级 C30。柱中受力钢筋采用 HRB400 级钢筋，构造钢筋采用 HPB300 级钢筋。

设计使用年限 50 年，结构安全等级为二级，环境类别一类，不考虑抗震设防。厂房建筑平面如图 12-62 所示。

12.8.2 定位轴线

1. 横向定位轴线

横向定位轴线与柱的中心线相重合。

根据《混凝土结构设计规范》(GB50010—2010)规定，装配式钢筋混凝土排架结构伸缩缝最大间距 100m，本厂房纵向长度 66m，可不设伸缩缝。

2. 纵向定位轴线

由于厂房柱距为 6m，吊车起重量 Q≤200kN。因而采用封闭结合，即边柱外缘和墙内缘与纵向定位轴线重合。

12.8.3 结构构件选型

1. 屋面板

屋面板恒荷载标准值：

三毡四油防水层	0.40kN/m^2
20mm 水泥砂浆找平层	0.02×20 kN/m^2=0.4 kN/m^2
小计	0.44kN/m^2

屋面活荷载标准值：

屋面均布活荷载(不上人屋面)	0.5kN/m^2
雪荷载标准值	$s_0\mu_r$ =0.2kN/m^2×1.0=0.2kN/m^2(假定 μ_r=1.0)

屋面活荷载标准值 max(0.5，0.2)kN/m^2=0.5 kN/m^2(雪荷载与屋面均布活荷载不同时考虑，取二者中较大值。)

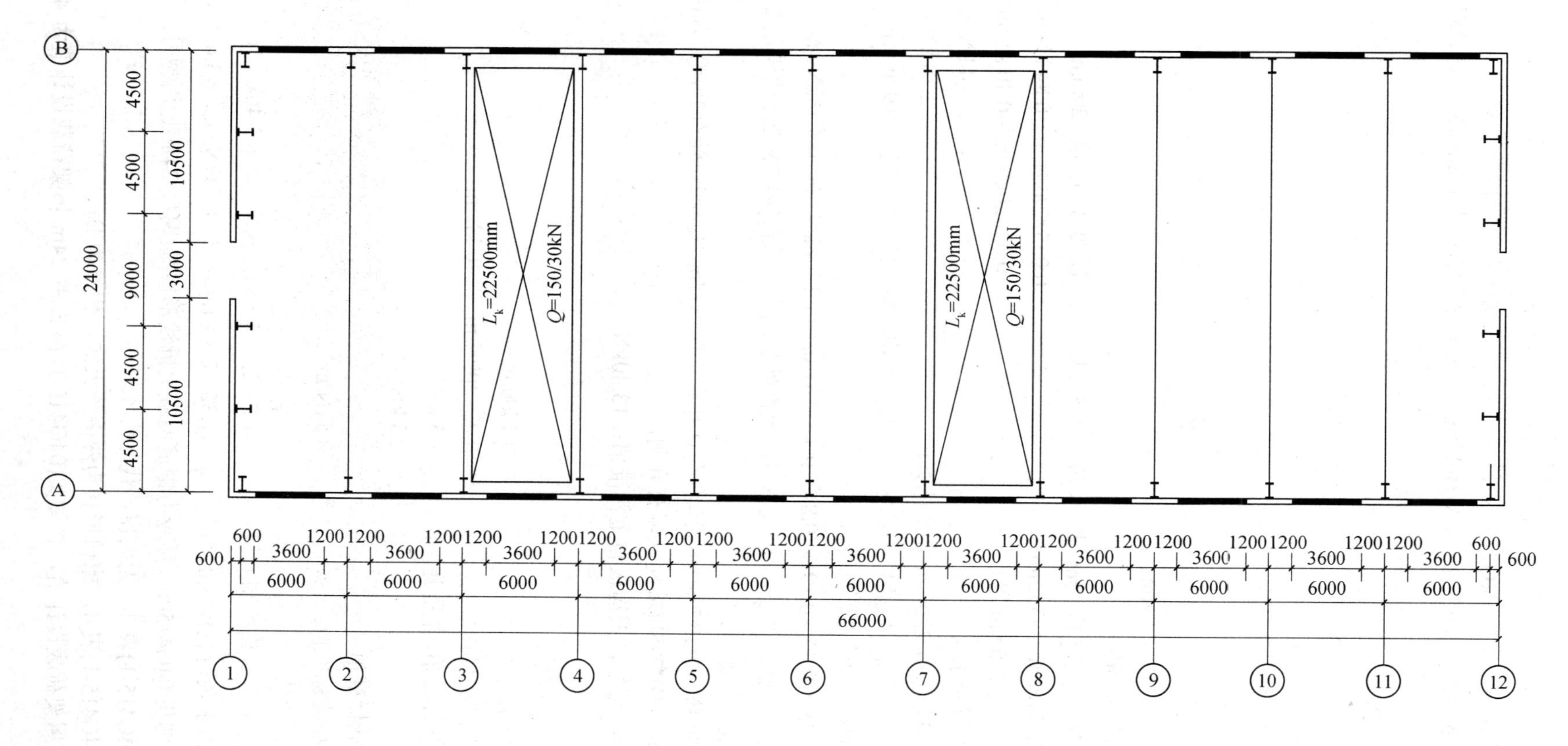

B
A
24000
4500
4500
9000
4500
4500
10500
3000
10500
L_k=22500mm
Q=150/30kN
L_k=22500mm
Q=150/30kN
6000
66000
1
2
3
4
5
6
7
8
9
10
11
12

图12-62 建筑平面图

荷载总设计值 q=(1.35×0.8+1.4×0.5) kN/m^2=1.78 kN/m^2

根据国家建筑标准图集 04G210-1，选用 1.5m×6m 预应力屋面板型号如下：

中间跨：Y-WB-2Ⅱ；端部跨：Y-WB-2ⅡS。允许外加均布荷载：2.5 kN/m^2>1.78 kN/m^2(满足要求)

由 04G210-1 可知：

板自重标准值 1.4 kN/m^2

灌缝自重标准值 0.1 kN/m^2

屋面板自重标准值 ∑=1.5 kN/m^2

2．天沟板

单跨单层厂房屋面采用外天沟有组织排水。根据全国通用标准图集 04G415-1 屋架上弦预埋件图，天沟板宽度取 770mm。

天沟板恒荷载标准值：

素混凝土找坡层(按 6m 排水坡，0.5%坡度，最低处厚度 20mm，平均宽度(20+20+6000×0.5%)mm /2=35mm)　　0.035×24kN/m^2=0.84 kN/m^2

水泥砂浆找平层(20mm 厚)　　0.02×20kN/m^2=0.40 kN/m^2

三油四毡卷材防水层　　0.4 kN/m^2

积水荷载标准值(按 230mm 高度计算)　　2.30 kN/m^2

卷材防水层考虑高、低肋覆盖部分，按天沟平均内宽 b(b=天沟宽度−190mm)的 2.5 倍计算。因此，天沟板均布荷载设计值：

$$q = 1.35\times(0.77-0.19)\times(0.84+0.4+2.5\times0.40+2.30)\text{kN}/\text{m}^2 = 3.56\text{kN}/\text{m}^2$$

由 04G410-2 可知，其 q 小于 TGB77，允许外加均布荷载[q]=4.26 kN/m^2(满足要求)。

选用天沟板型号如下：

TGB77(中间跨)；TGB77a(中间跨右端有开洞)；TGB77b(中间跨左端有开洞)；TGB77Sa(端跨右端有开洞)；TGB77Sb(端跨左端有开洞)

由 04G410-2 可知，天沟板自重标准值：13.40kN。

3．屋架

屋架恒荷载标准值：

三毡四油防水层　　0.4 kN/m^2

20mm 厚水泥砂浆找平层　　0.02×20kN/m^2=0.40 kN/m^2

屋面板自重标准值(含灌缝重)　　1.5 kN/m^2

小计　　2.3 kN/m^2

屋架活荷载标准值：

屋面板活荷载标准值：　　0.5kN/m^2

屋架荷载设计值：

组合 1：由可变荷载控制的组合：$q = (1.2\times2.3+1.4\times0.5)\text{kN}/\text{m}^2 = 3.46\text{kN}/\text{m}^2$

组合 2：由永久荷载控制的组合：$q = (1.35\times2.3+1.4\times0.5\times0.7)\text{kN}/\text{m}^2 = 3.60\text{kN}/\text{m}^2$

根据标准图集 04G415-1，预应力钢筋混凝土折线形屋架(跨度 24m)选用型号：

由图集(04G415-1)表 2，无天窗，代号为 a；

由图集(04G415-1)表 4，檐口形状为两端外天沟，代号为 B；

根据实际屋架荷载设计值，在图集(04G415-1)表 5 中 24m 屋架荷载设计值为 4.0 kN/m^2

一栏中，选择屋架荷载承载力等级为 1 级。

选用 YWJA-24-1Ba 型屋架，允许屋面荷载设计值 4 kN/m^2>3.6 kN/m^2,(满足要求)。每榀框架自重(标准值)112.75 kN/m^2。

4．吊车梁

车间内设置 2 台双钩桥式吊车，工作制级别 A5，额定起重量 150/30kN，L_k=22.5m，根据国家建筑标准设计图集 04G323-2 选用型号：

DL-10Z(中间跨)，自重标准值 39.5 kN/m^2；

DL-10B(端跨)，自重标准值 40.8 kN/m^2；

吊车梁高 h=1200mm。

经验算，吊车梁选用 DL-10 的承载力、疲劳和裂缝均满足要求。

根据吊车梁上螺栓孔间距 A=280mm 和吊车梁的工作级别、额定起重量(150/30kN)和跨度(L_k=22.5 m)，查图集 04G325 选用吊车梁轨道联结型号为 DGL-13。

各种材料用量如下：

钢材：钢轨 0.3873kN/m

联结体 0.0855kN/m

复合橡胶垫板 0.00437kN/m

混凝土找平层 $0.023m^3/m\times20=0.460$ kN/m

吊车梁联结自重合计 0.934kN/m

吊车梁轨道联结高度 h=170mm。

5．基础梁

中跨 240mm 厚墙突出于柱外，有窗、墙高 5.5～18m，根据全国通用标准图集 04G320，钢筋混凝土基础梁选用型号：JL-3(中跨)，自重标准值 16.1kN。

边跨有窗，墙高 4.6～18m，根据全国通用标准图集 04G320，钢筋混凝土基础梁选用型号：JL-17(边跨)，自重标准值 13.1kN。

构件选型汇总于表 12-15。

表 12-15　构件选型一览表

序号	构件名称	标准图集	选用型号	自重标准值
1	屋面板	04G410-1	Y-WB-2II Y-WB-2IIS	1.5kN/m^2
2	天沟板	04G410-2	TGB77 TGB77a TGB77b TGB77Sa TGB77Sb	13.4kN
3	屋架	04G415-1	YWJA-24-1Ba	112.75kN/榀
4	吊车梁	04G323-2	DL-10Z DL-10B	39.5kN 40.8kN
5	吊车梁轨道联结	04G325	DGL-13	0.934kN/m
6	基础梁	04G320	JL-3 JL-17	16.1kN 13.1kN

12.8.4 结构布置

1．屋盖支撑布置

(1) 上弦横向水平支撑。对无檩屋盖体系，当大型屋面板能能保证三点焊接时，可以不设屋架上弦横向水平支撑。

(2) 下弦横向水平支撑。在距厂房端头的第一柱间内设置下弦横向水平支撑 XC。

(3) 纵向水平支撑。屋盖纵向水平支撑可不设置。

(4) 垂直支撑。屋架的端部高度大于 1.2m，应在屋架两端各设置一道垂直支撑 CC-1；考虑到屋架跨度 24m，还应在屋架跨中设置一道垂直支撑 CC-2。

(5) 系杆。在屋架下弦平面内，一般应在跨中设置一道柔性系杆，此外，还要在两端设置刚性系杆。当设置屋架端部垂直支撑时，一般在该支撑沿垂直面内设置通常的刚性系杆。

2．柱间支撑布置

本例设有两台桥式吊车，工作制级别 A5 级，额定起重量 150/30kN(吊车起重量在 100kN 及 100kN 以上)；厂房跨度 24m(在 18m 及 18m 以上)；柱高 12.6m(大于 8m)。所以应设置柱间支撑。

柱间支撑设置在⑥～⑦轴线之间，设置上柱支撑 ZC-1，下柱支撑 ZC-2；同时在①～②、⑪～⑫轴线柱间设置上部柱间支撑 ZC-3，并在柱顶设置通长刚性系杆来传递荷载。

图 12-63 给出了屋盖平面布置图，图 12-64 给出了屋盖支撑布置图，图 12-65 给出了构件平面布置图。

12.8.5 厂房剖面设计

剖面设计是要确定厂房的控制标高，包括牛腿顶标高、柱顶标高和圈梁标高等。

1．柱控制标高

由于工艺要求，轨顶标高为 10.2m，根据吊车起重量查(ZQ1-62)轨顶至吊车顶距离 H=2.15m。

柱顶标高=轨顶标高+H+吊车顶端与柱顶的净空尺寸

=10.20m+2.15m+0.22m=12.57m

由于所选吊车梁高度为 1.20m，轨道联结高度 0.17m。因此，

牛腿顶面标高=轨顶标高−吊车梁高度−轨道联结高度

=10.20m−1.20m−0.17m=8.83m，取 8.70

柱顶标高=牛腿顶面标高+吊车梁高度+轨道联结高度+H+0.22

=8.70m+1.20m+0.17m+2.15m+0.22m=12.44m，取 12.60m

综上，柱顶标高为 12.60m。

柱全高 H=柱顶标高+基础顶至±0.000 高度=12.60m+0.50m=13.10m

上柱高度 H_u=12.60m−8.7m=3.90m

下柱高度 H_l=13.10m−3.90m=9.20m

厂房剖面图见图 12-66。

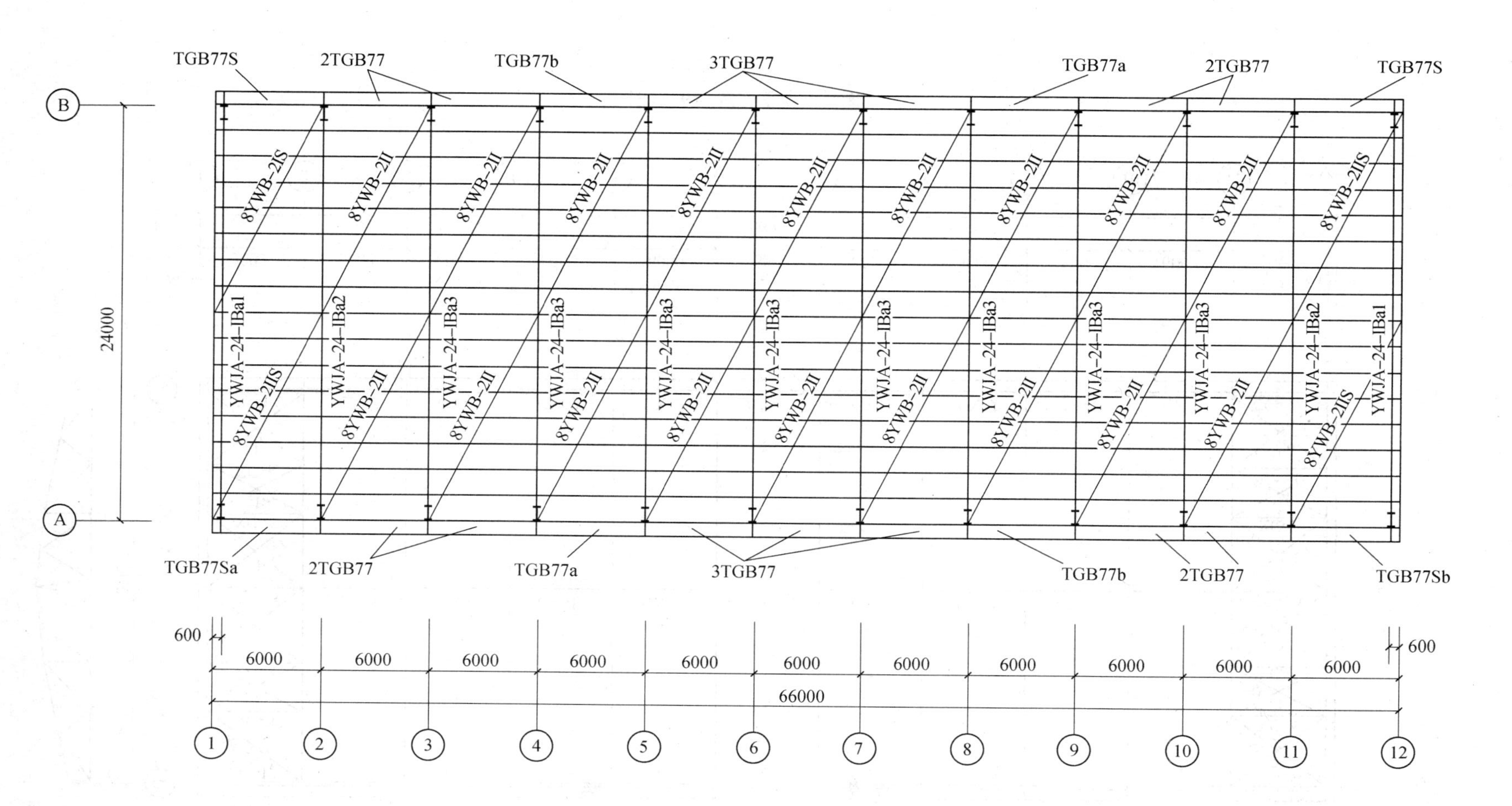

图12-63 屋盖平面布置图

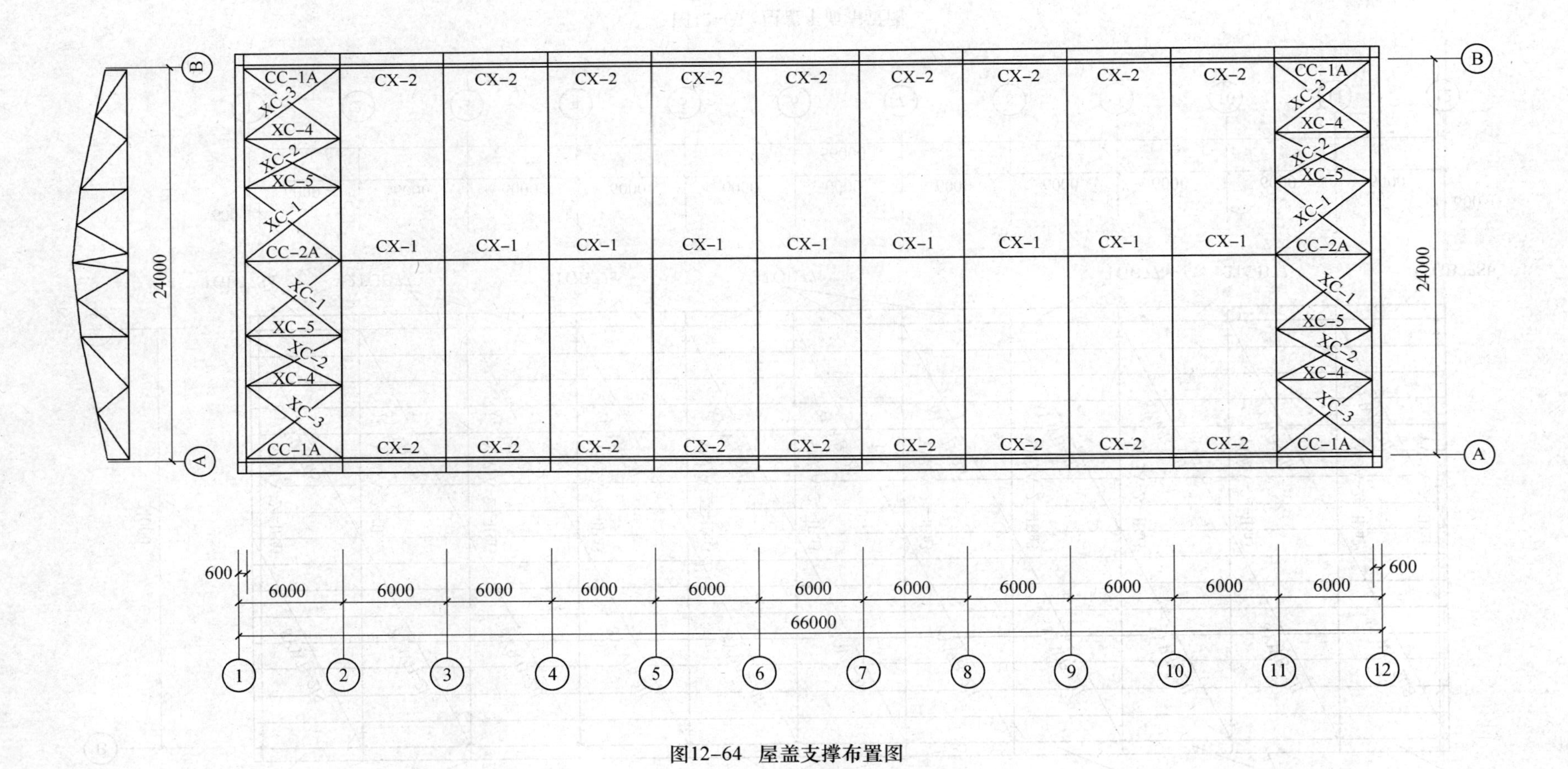

图12-64 屋盖支撑布置图

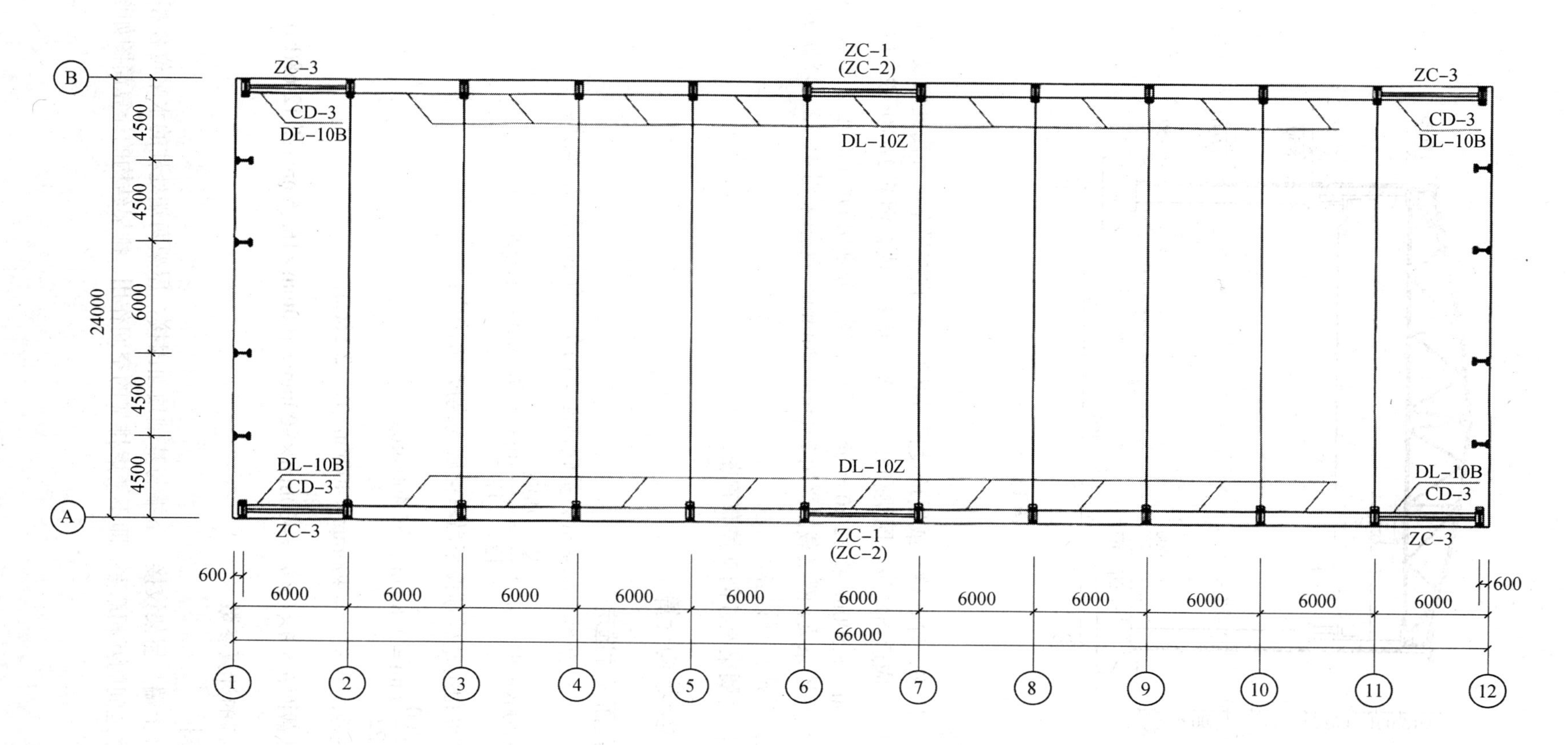

图12-65 柱、吊车梁、柱间支撑布置图

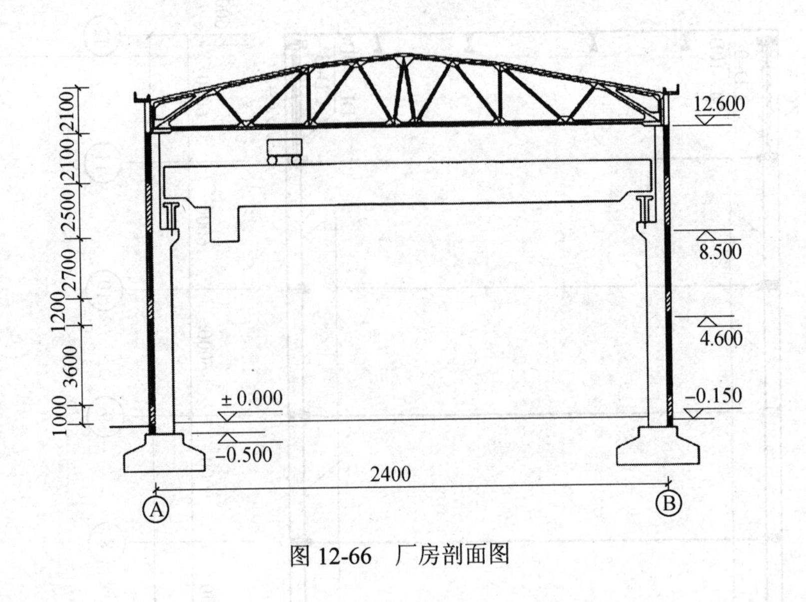

图 12-66 厂房剖面图

2. 圈梁标高

对于有吊车的厂房，除在檐口或屋顶设置圈梁外，尚宜在吊车梁标高处增设一道，外墙高度大于 15m 时，还应适当增设。圈梁和柱的连接一般采用锚拉钢筋 2ϕ10～2ϕ12。

本设计在 4.600m、8.500m 和 12.60 m 处设三道圈梁，分别用 QL-1、QL-2 和 QL-3 表示。其中柱顶圈梁可代替连系梁。圈梁截面采用 240mm×240mm，配筋采用 4ϕ12，ϕ8@200 箍筋。圈梁在过梁处的配筋应另行计算。

图 12-67 为厂房圈梁及柱间支撑布置图。

12.8.6 排架结构计算

1. 排架柱截面尺寸选定

下柱截面高度，根据吊车起重量、基础顶面至吊车梁顶的高度 H_k 确定：

当 Q=150～200kN 时，$h \geqslant \frac{H_l}{12} = \frac{9000}{12}\text{mm} = 766\text{mm}$，取 900mm。

下柱截面宽度根据基础顶面至吊车梁底的高度 H_l 确定：

$b \geqslant \frac{H_l}{22} = \frac{9200}{22}\text{mm} = 418\text{mm}$，取 400mm。

因此，上柱截面取 $b \times h = 400\text{mm} \times 400\text{mm}$ (图 12-68(a))

$$\text{下柱截面}\ b_f \times h \times b \times h_f = 400\text{mm} \times 900\text{mm} \times 100\text{mm} \times 162.5\text{mm}\ (\text{图 12-68(b)})$$

2. 排架结构的计算参数

1) 计算简图

假定排架柱上端与屋架铰接、下端与基础顶面固接；屋架两端处柱的水平位移相等；忽略排架和排架柱之间的互相联系，即不考虑排架的空间作用。排架结构的计算简图如图 12-69 所示。

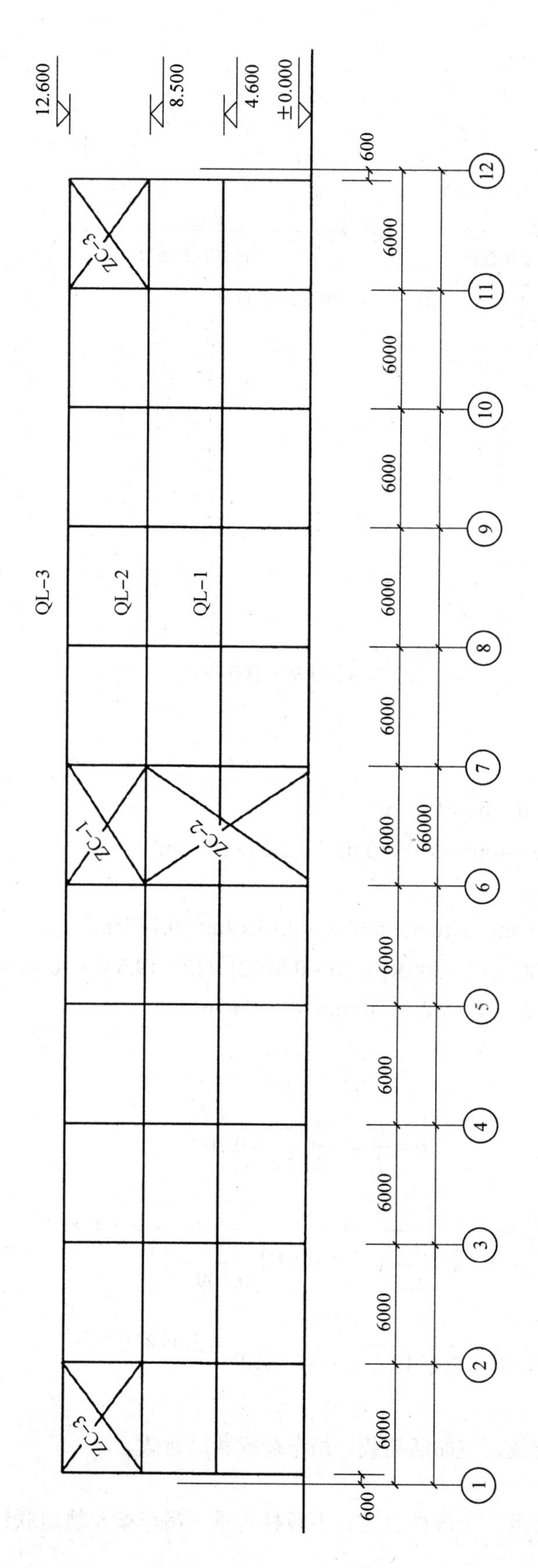

图12-67 厂房圈梁、柱间支撑布置图

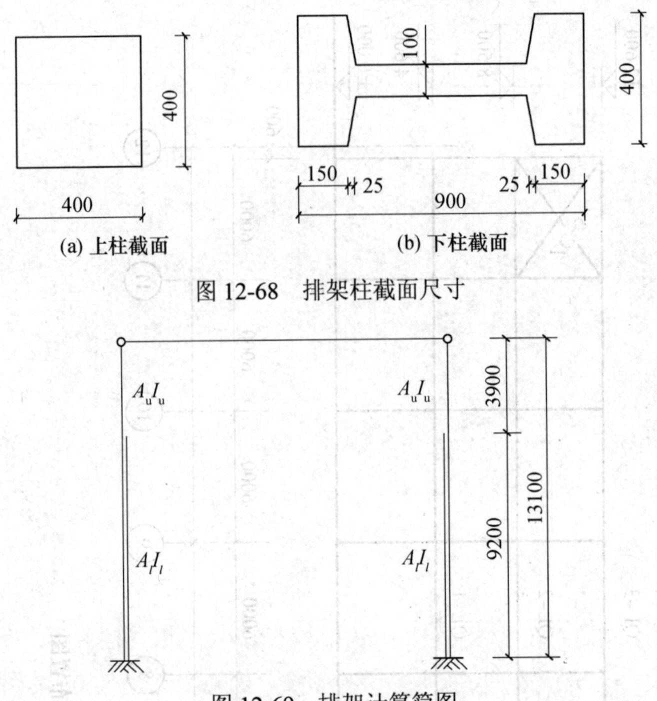

(a) 上柱截面　　(b) 下柱截面

图 12-68　排架柱截面尺寸

图 12-69　排架计算简图

2) 计算参数

上柱：

截面面积　$A_{\mathrm{u}} = 0.4\times0.4\mathrm{m}^2 = 0.16\mathrm{m}^2$

惯性矩　$I_{\mathrm{u}} = bh^3/12 = 400\times400^3/12\mathrm{mm}^4 = 2.13\times10^9\,\mathrm{mm}^4$

下柱：

截面面积　A_l=$0.4\times0.9\mathrm{m}^2-[(0.55+0.6)/2]\times0.15\times2\mathrm{m}^2$=$0.1875\mathrm{m}^2$

惯性矩　$I_l = 400\times900^3/12 - 300\times[(0.55+0.6)/2]^3/12 = 19.547\times10^9\,\mathrm{mm}^4$

翼缘厚度按平均值：$h_{\mathrm{f}} = (25/2+150)\mathrm{mm} = 162.5\mathrm{mm}$

$$\lambda = \frac{H_{\mathrm{u}}}{H} = \frac{3.90}{13.1} = 0.3$$

$$n = \frac{I_{\mathrm{u}}}{I_l} = \frac{2.13}{19.547} = 0.109$$

$$C_0 = \frac{3}{1+\lambda^3\left(\dfrac{1}{n}-1\right)} = \frac{3}{1+0.3^3\left(\dfrac{1}{0.109}-1\right)} = 2.458$$

$$\delta = \frac{H^3}{C_0EI_l} = \frac{H^3}{2.458\times E\times19.547\times10^9} = 2.08\times10^{-11}H^3/E$$

3．荷载计算

排架的荷载包括恒荷载、屋面活荷载、吊车荷载和风荷载。

1) 恒荷载

永久荷载包括屋盖自重、上段柱自重、下段柱自重、吊车梁及轨道联结自重。

(1) 屋盖自重标准值。

三毡四油防水层	0.40kN/m^2
20mm 水泥砂浆找平层	$0.02\times20\ \text{kN/m}^2=0.4\ \text{kN/m}^2$
预应力大型屋面板及灌缝	1.5kN/m^2
天沟板自重	13.4kN
天沟内找平层及防水层	2.64kN/m
屋架自重	112.75kN/榀

作用于每端柱顶的屋盖结构自重标准值：

$$G_{1k}=(0.40+0.40+1.50)\times24.0\times6/2+112.75/2+2.64\times6+13.4=251.22\text{kN}$$

对上柱截面形心的偏心距 $e_1=(400/2-150)\text{mm}=50\text{mm}$ (所选屋架的实际跨度为 23700mm)

上柱对下柱截面形心的偏心距 $e_2=(900/2-400/2)\text{mm}=250\text{mm}$

$$M_{1k}=G_{1k}e_1=251.22\text{kN}\times0.05\text{m}=12.56\text{kN}\cdot\text{m}\ (\text{内侧受拉})$$

$$M'_{1k}=G_{1k}e_2=251.22\text{kN}\times0.25\text{m}=62.81\text{kN}\cdot\text{m}\ (\text{内侧受拉})$$

(2) 柱自重。

上柱自重标准值：

$$G_{2k}=A_uH_u\gamma_{柱容重}=0.16\text{m}^2\times3.9\text{m}\times25\text{kN}/\text{m}^3=15.6\text{kN}$$

$$M'_{2k}=G_{2k}e_2=15.6\text{kN}\times0.25\text{m}=3.9\text{kN}\cdot\text{m}\ (\text{内侧受拉})$$

下柱自重标准值：

$$G_{4k}=(A_lH_l)\gamma_{柱容重}=0.1875\text{m}^2\times0.9\text{m}\times25\text{kN}/\text{m}^3=43.125\text{kN}$$

(3) 吊车梁及轨道联结自重。

$$G_{3k}=(39.5+0.934\times6)\text{kN}=45.10\text{kN}$$

对下柱截面形心的偏心距有

$$e_3=(0.75-0.90/2)\text{m}=0.30\text{m}$$

$$M'_{3k}=G_{3k}e_3=45.10\text{kN}\times0.30\text{m}=13.53\text{kN}\cdot\text{m}\ (\text{外侧受拉})$$

所以，下柱上截面处弯矩：

$$M'_{1k}+M'_{2k}-M'_{3k}=62.81\text{kN}\cdot\text{m}+3.9\text{kN}\cdot\text{m}-13.53\text{kN}\cdot\text{m}=52.55\text{kN}\cdot\text{m}\ (\text{内侧受拉})$$

恒荷载作用下排架的计算简图如图 12-70 所示。

2) 屋面活荷载

屋面活荷载在柱顶产生的集中力标准值：

$$Q_{1k}=0.5\times6\times24/2\text{kN}=36.0\text{kN}$$

$$M_{1k}=Q_{1k}e_1=36.0\text{kN}\times0.05\text{m}=1.8\text{kN}\cdot\text{m}\ (\text{内侧受拉})$$

$$M'_{1k}=Q_{1k}e_2=36.0\text{kN}\times0.25\text{m}=9.0\text{kN}\cdot\text{m}\ (\text{内侧受拉})$$

屋面活荷载标准值作用下排架的计算简图如图 12-71 所示。

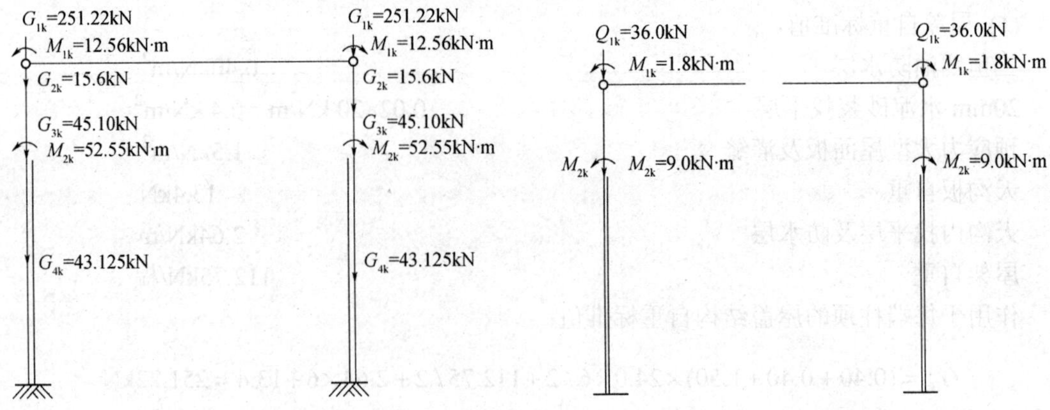

图 12-70 恒荷载标准值作用下排架的计算简图　　图 12-71 屋面可变荷载标准值作用下排架的计算简图

3) 吊车荷载

厂房设有 2 台桥式吊车，中级工作制，额定起重量 150/30kN，其有关参数见表 12-16。

表 12-16 吊车有关参数

起重量 Q/kN	跨度 L_k/m	尺寸/mm				中级工作制/kN			
		宽度 B/mm	轮距 K/mm	轨顶以上高度 H/mm	轨顶中心至端部距离 B_1/mm	最大轮压 P_{max}/kN	最小轮压 P_{min}/kN	吊车总重量 G/kN	小车重量 g/kN
150/30	22.5	5500	4400	2150	260	185	50	321	74

(1) 吊车竖向荷载 $D_{max,k}$、$D_{min,k}$。

吊车梁支座反力的影响线如图 12-72 所示。

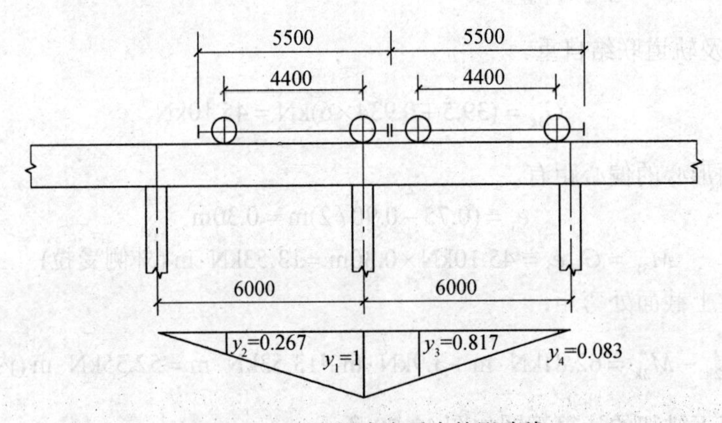

图 12-72 吊车梁支座反力的影响线

影响线的纵坐标：

$$y_1 = 1.0;\quad y_2 = (6-4.4)/6 = 0.267;$$

$$y_3 = [6-(5.5-4.4)]/6 = 0.817;\quad y_4 = (6-5.5)/6 = 0.083$$

则吊车竖向荷载(考虑两台吊车工作)

$$D_{max,k} = \beta\left[p_{1max}(y_1+y_2)+p_{2max}(y_3+y_4)\right]$$
$$=0.9\times\left[185\times(1.0+0.267)+185\times(0.817+0.083)\right]=360.81\text{kN}$$

$$D_{\min,k}=\beta\left[p_{1\min}\left(y_1+y_2\right)+p_{2\min}\left(y_3+y_4\right)\right]$$
$$=0.9\times\left[50\times(1.0+0.267)+50\times(0.817+0.083)\right]=97.52\text{kN}$$

当$D_{\max,k}$作用于A柱(作用位置同永久荷载G_{3k})时

$$M_{Ak}=D_{\max,k}e_3=360.81\text{kN}\times0.3\text{m}=108.24\text{kN}\cdot\text{m}\ (外侧受拉)$$

$$M_{Bk}=D_{\min,k}e_3=97.52\text{kN}\times0.3\text{m}=29.26\text{kN}\cdot\text{m}\ (外侧受拉)$$

当$D_{\max,k}$作用于B柱(作用位置同永久荷载G_{3k})时

$$M_{Ak}=D_{\min,k}e_3=97.52\text{kN}\times0.3\text{m}=29.26\text{kN}\cdot\text{m}\ (外侧受拉)$$

$$M_{Bk}=D_{\max,k}e_3=360.81\text{kN}\times0.3\text{m}=108.24\text{kN}\cdot\text{m}\ (外侧受拉)$$

吊车竖向荷载标准值作用下排架的计算简图如图12-73所示。

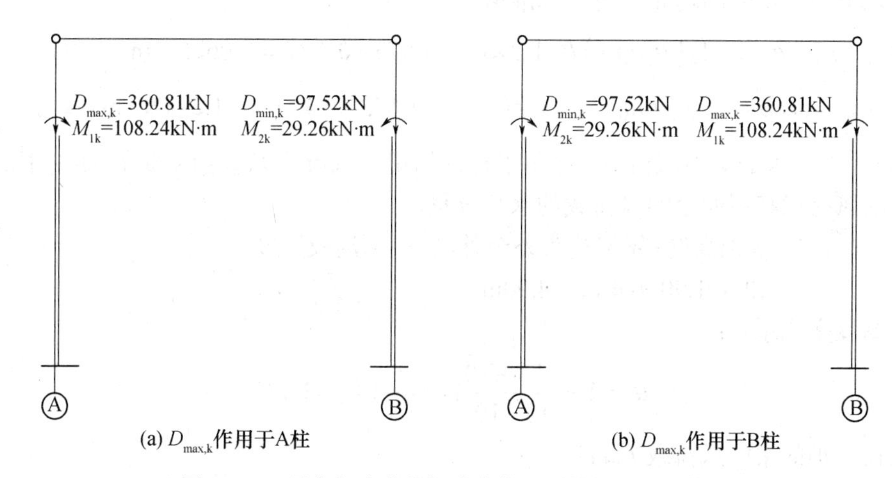

图12-73 吊车竖向荷载标准值作用下排架的计算简图

(2) 吊车横向水平荷载(考虑2台吊车工作)$T_{\max,k}$。

当吊车起重量Q=150～500kN时，α=0.10

$$T=\frac{\alpha}{4}(Q+g)=\frac{0.10}{4}\times(150+74)\text{kN}=5.6\text{kN}$$

$$T_{\max,k}=\beta\left[T_1\left(y_1+y_2\right)+T_2\left(y_3+y_4\right)\right]$$
$$=0.9\times\left[5.6\times(1.0+0.267)+5.6\times(0.817+0.083)\right]\text{kN}=10.92\text{kN}$$

其作用位置距离柱顶：$(3.9-1.2)\text{m}=2.7\text{m}$

吊车横向荷载标准值作用下排架的计算简图如图12-74所示。

4) 风荷载　该地区基本风压$\omega_0=0.4\text{kN}/\text{m}^2$，B类地面粗糙度。单层厂房可不考虑风振系数，取$\beta_z=1.0$，风荷载体形系数$\mu_s$见图12-75。

(1) 作用在柱上的均布荷载。

柱顶标高12.6m，风压高度变化系数μ_z:

柱顶：$\mu_z=1+\dfrac{12.6-10}{15-10}(1.14-1.0)=1.073$

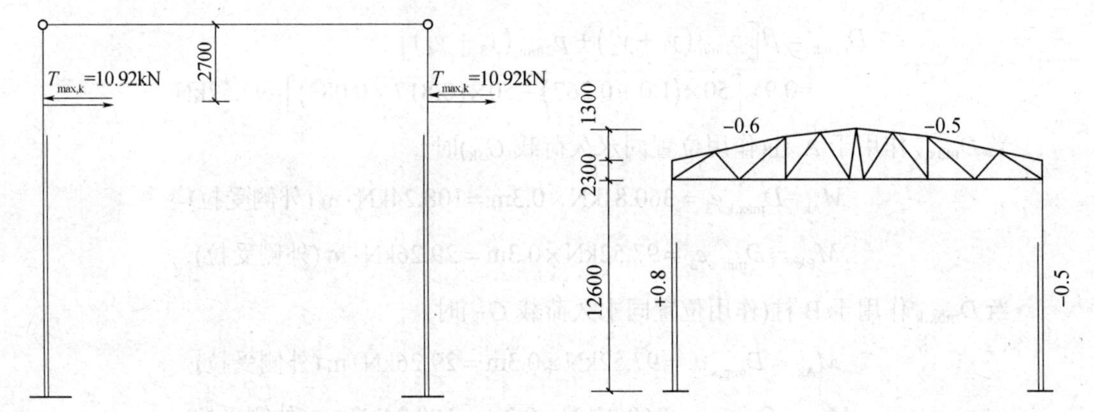

图 12-74　吊车横向荷载标准值作用下排架的计算简图　　　　图 12-75　风荷载体形系数 μ_s(风向→)

柱顶以下墙体承受的均布风荷载标准值：

$$q_{1k}=\omega_{1k}B=\left(\beta_z\mu_s\mu_z\omega_0\right)B=1.0\times0.8\times1.073\times0.4\times6=2.06\text{kN/m}\ (\text{压力})$$

$$q_{2k}=\omega_{2k}B=\left(\beta_z\mu_s\mu_z\omega_0\right)B=1.0\times(-0.5)\times1.073\times0.4\times6=-1.29\text{kN/m}\ (\text{吸力})$$

(2) 作用在柱顶的集中风荷载。作用于柱顶的集中风荷载 F_{wk} 由两部分组成：柱顶至檐口竖直面上的风荷载和屋面上的风荷载的水平分量。

檐口标高：H=柱顶高度+屋架端头外至外高度+天沟板厚度

=(12.6+1.90+0.4)m=14.90m

风压高度变化系数：

$$\mu_z=1+\frac{14.9-10}{15-10}(1.14-1.0)=1.137$$

作用在柱顶的集中风荷载 F_{wk}：

$$F_{wk}=\sum_{i=1}^{n}\left[\left(\beta_z\mu_s\mu_z\omega_0\right)BH_i\right]$$

$$=1.0\times1.137\times0.4\times6\times(0.8\times2.3+0.5\times2.3+0.5\times1.3-0.6\times1.3)\text{kN}=7.80\text{kN}$$

风荷载标准值作用下排架的计算简图如图 12-76 所示。

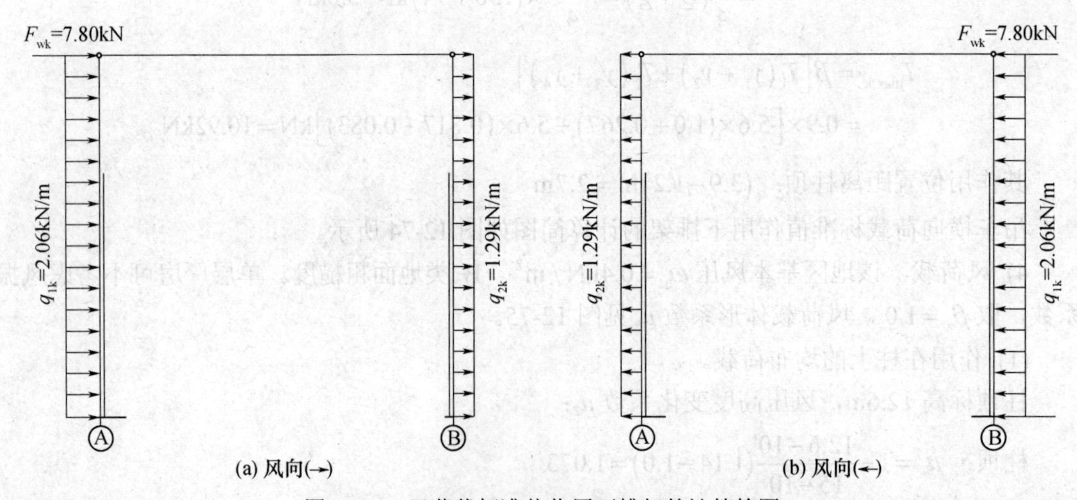

图 12-76　风荷载标准值作用下排架的计算简图

4．内力分析

1) 恒荷载标准值作用下的内力计算

(1) 柱顶反力。

$$C_1=\frac{3}{2}\times\frac{1-\lambda^2\left(1-\dfrac{1}{n}\right)}{1+\lambda^3\left(\dfrac{1}{n}-1\right)}=\frac{3}{2}\times\frac{1-0.3^2\left(1-\dfrac{1}{0.109}\right)}{1+0.3^3\left(\dfrac{1}{0.109}-1\right)}=2.133$$

$$R_1=\frac{M_{1k}}{H}C_1=\frac{12.56}{13.1}\times2.133\text{kN}=2.05\text{kN}\ (\rightarrow)$$

$$C_2=\frac{3}{2}\times\frac{1-\lambda^2}{1+\lambda^3\left(\dfrac{1}{n}-1\right)}=\frac{3}{2}\times\frac{1-0.3^2}{1+0.3^3\left(\dfrac{1}{0.109}-1\right)}=1.118$$

$$R_2=\frac{M_{2k}}{H}C_2=\frac{52.55}{13.1}\times1.118\text{kN}=4.49\text{kN}\ (\rightarrow)$$

$$V=R=R_1+R_2=2.05+4.49=6.54\text{kN}\ (\rightarrow)$$

(2) 内力。

上柱顶端截面(0-0)：

$$M_{0k}=-12.56\text{kN}\cdot\text{m}$$
$$N_{0k}=251.22\text{kN}$$

上柱底端截面(1-1)：

$$M_{1k}=6.54\times3.9-12.56=12.95\text{kN}\cdot\text{m}$$
$$N_{1k}=251.22\text{kN}+15.6\text{kN}=266.82\text{kN}$$

下柱顶端截面(2-2)：

$$M_{2k}=(6.54\times3.9-12.56-52.55)\text{kN}\cdot\text{m}=-39.60\text{kN}\cdot\text{m}$$
$$N_{2k}=266.82\text{kN}+45.10\text{kN}=311.92\text{kN}$$

下柱底端截面(3-3)：

$$M_{3k}=(6.54\times13.1-12.56-52.55)\text{kN}\cdot\text{m}=20.56\text{kN}\cdot\text{m}$$
$$N_{3k}=311.92\text{kN}+43.125\text{kN}=355.05\text{kN}$$

恒荷载标准值作用下排架结构内力图如图 12-77 所示。

2) 屋面活荷载标准值作用下内力计算

(1) 柱顶反力。

$$C_1=2.133,\quad C_2=1.118$$

$$R_1=\frac{M_{1k}}{H}C_1=\frac{1.8}{13.1}\times2.133=0.293\text{kN}\ (\rightarrow)$$

$$R_2=\frac{M_{2k}}{H}C_2=\frac{9.0}{13.1}\times1.118=0.768\text{kN}\ (\rightarrow)$$

$$V=R=R_1+R_2=(0.293+0.768)\text{kN}=1.061\text{kN}\ (\rightarrow)$$

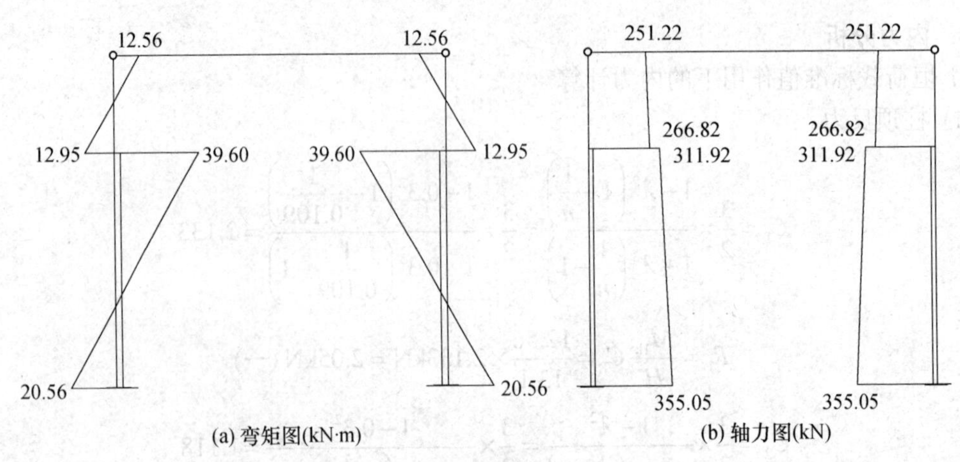

图 12-77　永久荷载标准值作用下排架结构内力图

(2) 内力。

上柱顶端截面(0-0)：

$$M_{0k} = -1.80\text{kN} \cdot \text{m}$$
$$N_{0k} = 36.0\text{kN}$$

上柱底端截面(1-1)：

$$M_{1k} = (1.061 \times 3.9 - 1.8)\text{kN} \cdot \text{m} = 2.24\text{kN} \cdot \text{m}$$
$$N_{1k} = 36.0\text{kN}$$

下柱顶端截面(2-2)：

$$M_{2k} = (1.061 \times 3.9 - 1.80 - 9.0)\text{kN} \cdot \text{m} = -6.66\text{kN} \cdot \text{m}$$
$$N_{2k} = 36.0\text{kN}$$

下柱底端截面(3-3)：

$$M_{3k} = (1.061 \times 13.1 - 1.80 - 9.0)\text{kN} \cdot \text{m} = 3.10\text{kN} \cdot \text{m}$$
$$N_{3k} = 36.0\text{kN}$$

屋面活荷载标准值作用下排架结构内力图如图 12-78 所示。

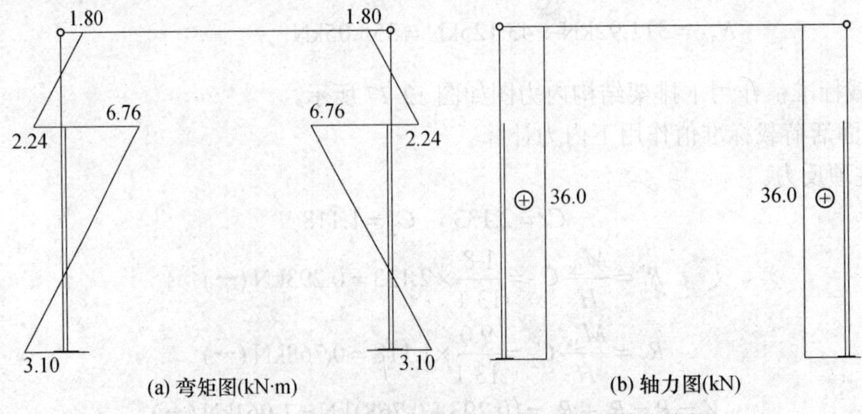

图 12-78　屋面可变荷载标准值作用下排架结构内力图

3) 吊车竖向荷载标准值作用下内力计算

当 $D_{max,k}$ 作用于 A 柱时

$$C_{A2}=1.118$$

$$R_{A2}=\frac{M_{2k}}{H}C_{A2}=\frac{108.24}{13.1}\times1.118=9.24\text{kN}\ (\leftarrow)$$

$$C_{B2}=1.118$$

$$R_{B2}=\frac{M_{2k}}{H}C_{B2}=\frac{29.26}{13.1}\times1.118=2.50\text{kN}\ (\rightarrow)$$

$$V_A=R_{A2}-\left(R_{A2}-R_{B2}\right)/2=9.24-\left(9.24-2.50\right)/2=5.87\text{kN}\ (\leftarrow)$$

$$V_B=R_{B2}+\left(R_{A2}-R_{B2}\right)/2=2.50+\left(9.24-2.50\right)/2=5.87\text{kN}\ (\rightarrow)$$

A 柱：

$$M_{0k}=0$$

$$N_{0k}=0$$

$$M_{1k}=\left(-5.87\times3.9\right)\text{kN}\cdot\text{m}=-22.89\text{kN}\cdot\text{m}$$

$$N_{1k}=0$$

$$M_{2k}=\left(-5.87\times3.9+108.24\right)\text{kN}\cdot\text{m}=85.35\text{kN}\cdot\text{m}$$

$$N_{2k}=360.81\text{kN}$$

$$M_{3k}=\left(-5.87\times13.1+108.24\right)\text{kN}\cdot\text{m}=31.34\text{kN}\cdot\text{m}$$

$$N_{3k}=360.81\text{kN}$$

B 柱：

$$M_{0k}=0$$

$$N_{0k}=0$$

$$M_{1k}=\left(5.87\times3.9\right)\text{kN}\cdot\text{m}=22.89\text{kN}\cdot\text{m}$$

$$N_{1k}=0$$

$$M_{2k}=\left(5.87\times3.9-29.26\right)\text{kN}\cdot\text{m}=-6.37\text{kN}\cdot\text{m}$$

$$N_{2k}=97.52\text{kN}$$

$$M_{3k}=\left(5.87\times13.1-29.26\right)\text{kN}\cdot\text{m}=47.64\text{kN}\cdot\text{m}$$

$$N_{3k}=97.52\text{kN}$$

吊车竖向荷载标准值作用下排架结构内力如图 12-79 所示。

4) 吊车横向水平荷载标准值作用下内力计算

考虑厂房的空间作用，查得空间作用分配系数μ=0.85。

当 y=0.6H_u 时

$$C_5=\frac{2-1.8\lambda+\lambda^3\left(\dfrac{0.461}{n}-0.2\right)}{2\left[1+\lambda^3\left(\dfrac{1}{n}-1\right)\right]}=\frac{2-1.8\times0.3+0.3^3\left(\dfrac{0.461}{0.109}-0.2\right)}{2\left[1+0.3^3\left(\dfrac{1}{0.109}-1\right)\right]}=0.638$$

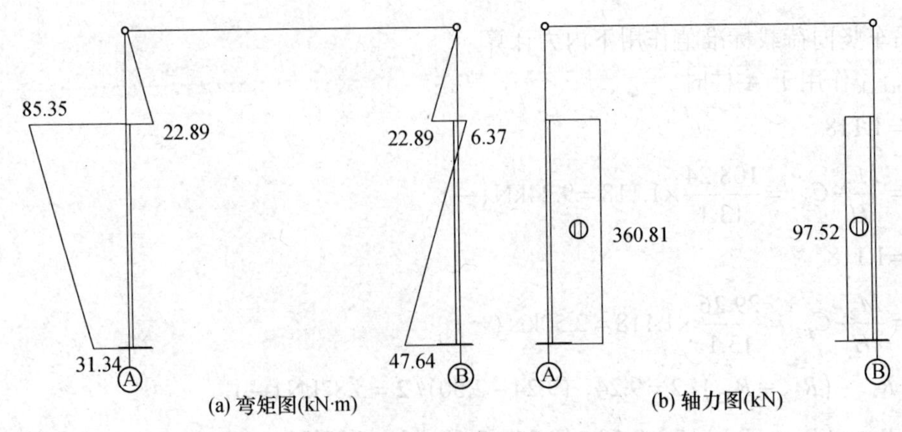

图 12-79　吊车竖向荷载标准值作用下排架结构内力图

当 y=0.7H_u 时

$$C_5=\frac{2-2.1\lambda+\lambda^3\left(\dfrac{0.243}{n}+0.1\right)}{2\left[1+\lambda^3\left(\dfrac{1}{n}-1\right)\right]}=\frac{2-2.1\times0.3+0.3^3\left(\dfrac{0.243}{0.109}+0.1\right)}{2\left[1+0.3^3\left(\dfrac{1}{0.109}-1\right)\right]}=0.587$$

$$y=[(3.9-1.2)/2]H_u=0.6923H_u$$

利用线性内插法得 $C_5=0.626$

$$X_1=(1-\mu)C_5T_{\max}=(1-0.85)\times0.626\times10.92\text{ kN}=1.025\text{ kN}$$

$$X_2=(\mu-1)C_5T_{\max}=(0.85-1)\times0.626\times10.92\text{ kN}=-1.025\text{ kN}$$

$$M'_k=-1.025\times2.7\text{ kN}=-2.768\text{kN}$$

$$M_{1k}=M_{2k}=(-1.025\times0.39+10.92\times1.2)\text{ kN·m}=9.107\text{ kN·m}$$

$$M_{3k}=\left[-1.025\times13.1+10.92\times(13.1-2.7)\right]\text{ kN·m}=100.14\text{kN·m}$$

吊车横向水平荷载标准值作用下排架结构弯矩图如图 12-80 所示。

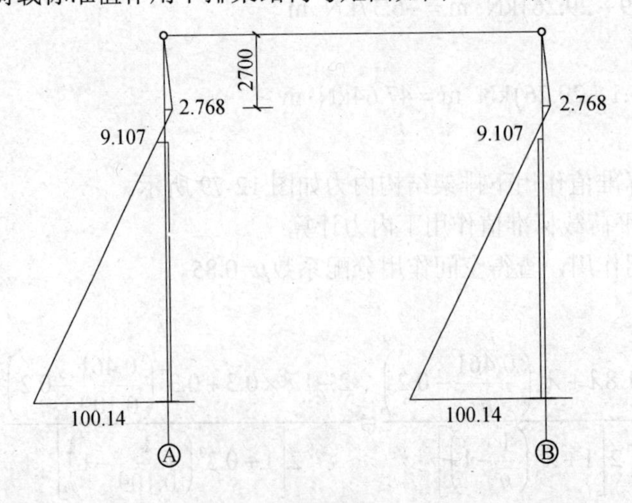

图 12-80　吊车横向水平荷载标准值作用下排架结构弯矩图(kN・m)

5) 风荷载标准值作用下内力计算

$$C_6=\frac{3}{8}\times\frac{1+\lambda^4\left(\frac{1}{n}-1\right)}{1+\lambda^3\left(\frac{1}{n}-1\right)}=\frac{3}{8}\times\frac{1+0.3^4\left(\frac{1}{0.109}-1\right)}{1+0.3^3\left(\frac{1}{0.109}-1\right)}=0.328$$

$$R_{\mathrm{Ak}}=q_{1\mathrm{k}}HC_6=(2.06\times13.1\times0.328)\mathrm{kN}=8.85\mathrm{kN}\ (\leftarrow)$$

$$R_{\mathrm{Bk}}=q_{2\mathrm{k}}HC_6=(1.29\times13.1\times0.328)\mathrm{kN}=5.54\mathrm{kN}\ (\leftarrow)$$

$$R=R_{\mathrm{Ak}}+R_{\mathrm{Bk}}+F_{\mathrm{wk}}=(8.85+5.54+7.80)\mathrm{kN}=22.19\mathrm{kN}$$

A 柱、B 柱的剪力分配系数 $\eta_{\mathrm{A}}=\mu_{\mathrm{B}}=0.5$

$$V_{\mathrm{Ak}}=(22.19/2-8.85)\mathrm{kN}=2.245\mathrm{kN}\ (\rightarrow)$$

$$V_{\mathrm{Bk}}=(22.19/2-5.54)\mathrm{kN}=5.555\mathrm{kN}\ (\rightarrow)$$

A 柱：

$$M_{0\mathrm{k}}=0$$

$$M_{1\mathrm{k}}=\left(\frac{1}{2}\times2.06\times3.9^2+2.245\times3.9\right)\mathrm{kN\cdot m}=24.42\mathrm{kN\cdot m}$$

$$M_{2\mathrm{k}}=M_{1\mathrm{k}}=24.42\mathrm{kN\cdot m}$$

$$M_{3\mathrm{k}}=\left(\frac{1}{2}\times2.06\times13.1^2+2.245\times13.1\right)\mathrm{kN\cdot m}=206.17\mathrm{kN\cdot m}$$

$$V_{3\mathrm{k}}=(2.245+2.06\times131)\mathrm{kN}=29.23\mathrm{kN}$$

B 柱：

$$M_{0\mathrm{k}}=0$$

$$M_{1\mathrm{k}}=\left(\frac{1}{2}\times1.29\times3.9^2+5.555\times3.9\right)\mathrm{kN\cdot m}=31.48\mathrm{kN\cdot m}$$

$$M_{2\mathrm{k}}=M_{1k}=31.48\mathrm{kN\cdot m}$$

$$M_{3\mathrm{k}}=\left(\frac{1}{2}\times1.29\times13.1^2+5.555\times13.1\right)\mathrm{kN\cdot m}=183.46\mathrm{kN\cdot m}$$

$$V_{3\mathrm{k}}=(5.555+1.29\times131)\mathrm{kN}=22.454\mathrm{kN}$$

风荷载标准值作用下排架结构弯矩图如图 12-81 所示。

A 柱各种荷载作用下的内力汇总于表 12-17。

5．柱的内力组合(A 柱)

1) 荷载作用效应的基本组合

按照下列三种组合方式：

(1) 1.2×永久荷载效应标准值+1.4×任一可变荷载效应标准值；

(2) 1.35×永久荷载效应标准值+1.4×ψ_{c}×任一可变荷载效应标准值；

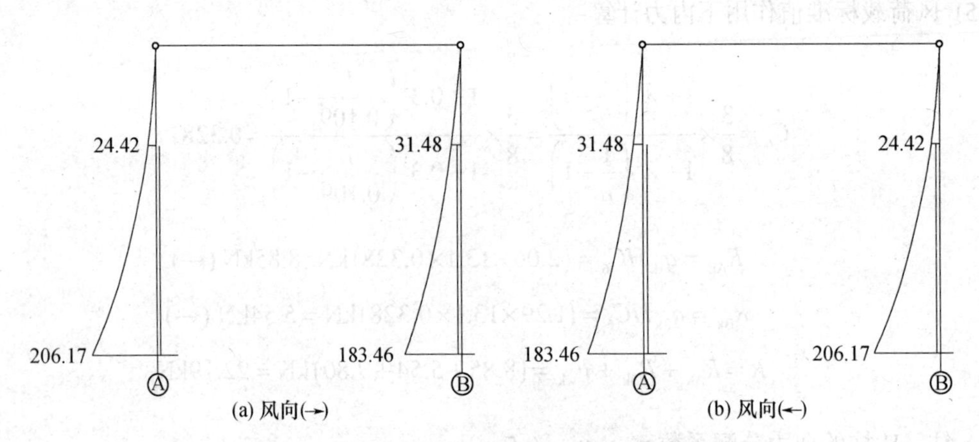

图 12-81　风荷载标准值作用下排架结构弯矩图(kN·m)

表 12-17　A 柱各种荷载作用下的内力一览表

A 柱	截面	内力	永久荷载	屋面可变荷载	吊车竖向荷载 $D_{max,k}$		吊车横向荷载 $T_{max,k}$	风荷载	
			①	②	A 柱③	B 柱④	⑤	左风⑥	右风⑦
	1-1	M_k	12.95	2.24	−22.89	22.89	±9.107	24.42	−31.48
		N_k	266.82	36.0	0	0	0	0	0
	2-2	M_k	-39.60	-6.66	85.35	-6.37	±9.107	24.42	−31.48
		N_k	311.92	36.0	360.81	97.52	0	0	0
	3-3	M_k	20.56	3.10	31.34	47.64	±100.14	206.17	−183.46
		N_k	355.05	36.0	360.81	97.52	0	0	0
		V_k	6.54	1.061	−5.87	5.87	±9.895	29.23	−22.45

注：1. 负号规定：弯矩以柱外侧受拉为正；剪力以使构件产生顺时针方向转动趋势为正；轴力以受压为正。

2. 弯矩单位：kN·m；剪力与轴力单位：kN

(3) 1.2×永久荷载效应标准值+0.9×1.4×(任意两个或者两个以上可变荷载效应标准值之和)。

可变荷载的组合系数：风荷载取 0.6，其他荷载取 0.7。准永久值系数：风荷载取 0，屋面可变荷载取 0(不上人)或 0.4(上人)，吊车荷载取 0。

2) 最不利内力组合

最不利内力组合考虑以下四种情况：

(1) $+M_{max}$ 及相应的 N、V；

(2) $-M_{max}$ 及相应的 N、V；

(3) N_{max} 及相应的 M、V；

(4) N_{min} 及相应的 M、V。

按照上述方法，求得 A 柱各截面内力组合结果详见表 12-18。

表 12-18　A 柱截面内力组合

荷载种类	永久荷载			屋面可变荷载			吊车竖向荷载						吊车水平荷载			风荷载					
荷载编号	①			②			③$D_{max,k}$ 在 A 柱			④$D_{max,k}$ 在 B 柱			⑤			⑥左吹风(右风)			⑦右吹风(左风)		
	M	V	N	M	V	N	M	V	N	M	V	N	M	V	N	M	V	N	M	V	N
内力	12.56 12.95 39.60 20.56	251.22 355.05	266.82 311.92	1.80 2.24 6.66 3.10	⊕ 36.0		85.35 31.34	22.89	⊕ 360.81	6.37 22.89 47.64	97.52		2.768 9.107 100.14	2.768 9.107 100.14	9.895	24.42 206.17		29.23	31.48 183.46		22.45

组合类别	控制截面	组合目标	组合项目	M/(kN·m)	N/kN	V/kN(备注)
基本组合	1-1	$+M_{max}$ 相应 N	1.2① + 1.4⑥	1.2×12.95+1.4×24.42=49.73	1.2×266.82+1.4×0=320.18	弯矩大于 1.2①+1.4×0.9(②+⑥)
		$-M_{max}$ 相应 N	1.2①+1.4×0.9(③ + ⑤ + ⑦)	1.2×12.95+1.4×0.9×(−22.89−9.107−31.48)= −64.44	1.2×266.82+1.4×0.9×(0+0+0)=320.18	
		N_{max} 相应±$M_{max,k}$	1.35①+1.4×0.7(② + ④)	1.35×12.95+1.4×0.7×(2.24+0)=19.68	1.35×266.82+1.4×0.7×(36.0+0)=395.49	轴力大于 1.2① + 1.4②
		N_{min} 相应±$M_{max,k}$	1.2①+1.4×0.9(③ + ⑤ + ⑦)	1.2×12.95+1.4×0.9×(−22.89−9.107−31.48)= −64.44	1.2×266.82+1.4×0.9×(0+0+0)=320.18	③、⑤、⑦荷载不影响轴力值，但可使弯矩增加，因而更不利
	2-2	$+M_{max}$ 相应 N	1.2①+1.4×0.9(③ + ⑤ + ⑥)	1.2×(−39.60)+1.4×0.9×(85.35+9.107+24.42)=102.27	1.2×311.92+1.4×0.9×(360.81+0+0)=320.18	
		$-M_{max}$ 相应 N	1.2①+1.4×0.9(② + ④ + ⑤ + ⑦)	1.2×(−39.60)+1.4×0.9×(−6.66+6.37−9.107−31.48)= −99.03	1.2×311.92+1.4×0.9×(36.0+97.155+0+0)=320.18	弯矩大于 1.2①+1.4⑦=−91.59

(续)

组合类别	控制截面	组合目标	组合项目	M/(kN·m)	N/kN	V/kN(备注)
基本组合	2-2	N_{max} 相应±$M_{max,k}$	1.2①+1.4×0.9(②+③+⑤+⑥)	1.2×(−39.60)+1.4×0.9×(−6.66+85.35+9.107+24.42)=93.87	1.2×311.92+1.4×0.9×(36.0+360.81+0+0)=874.29	⑤、⑥荷载不影响轴力值，但可使弯矩增加，因而更不利
		N_{min} 相应±$M_{max,k}$	1.2①+1.4⑦	1.2×(−39.60)+1.4×(−31.48)= −91.59	1.2×311.92+1.4×0=374.30	
	3-3	$+M_{max}$ 相应 N	1.2①+1.4×0.9(②+③+⑤+⑥)	1.2×20.56+1.4×0.9×(3.10+31.34+100.14+206.17)=454.02	1.2×355.05+1.4×0.9×(36.0+360.81+0+0)=926.04	弯矩大于 1.2①+1.4⑥=313.31 1.2×6.54+1.4×0.9×(1.061−5.87+9.895+29.23)= 65.88
		$-M_{max}$ 相应 N	1.2①+1.4⑦	1.2×20.56+1.4×(−183.46)= −232.17	1.2×355.05+1.4×0=426.06	1.2×6.54+1.4×(−22.454)=−23.59
		N_{max} 相应±$M_{max,k}$、V	1.2①+1.4×0.9(②+③+⑤+⑥)	1.2×20.56+1.4×0.9×(3.10+31.34+100.14+206.17)=454.02	1.2×355.05+1.4×0.9×(36.0+360.81+0+0)=926.04	1.2×6.54+1.4×0.9×(1.061−5.87+9.895+29.23)=65.88
		N_{min} 相应±$M_{max,k}$、V	1.2①+1.4⑥	1.2×20.56+1.4×206.1)=313.31	1.2×355.05+1.4×0=426.06	1.2×6.54+1.4×29.23=−23.59
标准组合	3-3	$\mid M\mid_{max,k}$	①+0.7②+0.7③+0.7⑤+0.6⑥	20.56+0.7×3.10+0.7×31.34+0.7×100.14+0.6×206.17=238.47	355.05+0.7×36.0+0.7×360.81+0.7×0+0.6×0=632.82	6.54+0.7×1.061−0.7×5.87+0.7×9.895+0.6×29.23=27.64
		$\mid N\mid_{max,k}$	①+0.7②+0.7③+0.7⑤+0.6⑥	20.56+0.7×3.10+0.7×31.34+0.7×100.14+0.6×206.17=238.47	355.05+0.7×36.0+0.7×360.81+0.7×0+0.6×0=632.82	6.54+0.7×1.061−0.7×5.87+0.7×9.895+0.6×29.23=27.64

12.8.7 排架柱截面设计

1．计算长度及材料性质

柱子计算长度取值时：

考虑吊车荷载时：

上柱：$l_u = 2.0H_u = 2.0\times3.9\text{m} = 7.8\text{m}$

下柱：$l_l = 1.0H_l = 1.0\times9.2\text{m} = 9.2\text{m}$

不考虑吊车荷载时：

上柱：$l_u = 2.0H_u = 2.0\times3.9\text{m} = 7.8\text{m}$

下柱：$l_l = 1.25H_l = 1.25\times9.2\text{m} = 11.5\text{m}$

C30 混凝土，f_c=14.3N/mm^2，f_t=1.43N/mm^2，α_1=1.0；一类环境，保护层厚度 20mm。纵向钢筋及箍筋选用 HRB400 级钢筋，f_y=360N/mm^2。

2．上柱截面配筋计算

上柱截面尺寸 $b\times h = 400\text{mm}\times400\text{mm}$，$h_0 = (400-40)\text{mm} = 360\text{mm}$，采用对称配筋。上柱的控制截面(1-1)有三组最不利内力：

$$①\begin{cases}M = 49.73\text{kN}\cdot\text{m}\\N = 320.18\text{kN}\end{cases}\quad ②\begin{cases}M = -64.44\text{kN}\cdot\text{m}\\N = 320.18\text{kN}\end{cases}\quad ③\begin{cases}M = 19.68\text{kN}\cdot\text{m}\\N = 395.49\text{kN}\end{cases}$$

$N_b = \alpha_1 f_c b h_0 \xi_b = 1.0\times14.3\times400\times360\times0.518\text{kn} = 1066.67\text{kn}$，均大于上述轴向力设计值，因此，均属于大偏心受压。在大偏心受压构件中，$|M|$ 相近时，N 越小越不利；N 相近时，$|M|$ 越大越不利。因此，可用第②组内力计算配筋，即 $M_0 = 64.44$ kN·m，$N = 320.18$ kN。

$$e_0 = M_0 / N = 64.44\times10^6 / 320.18\times10^3 = 201\,\text{mm}$$

$$\frac{h}{30} = \frac{400}{30}\text{mm=13mm<20mm，取 } e_a\text{ =20mm}$$

$$e_i = e_0 + e_a = 201+20=221\text{mm}$$

$$\zeta_c = 0.5f_c A / N = 0.5\times14.3\times160000 / 320180 = 3.57 > 1\text{，取 } \zeta_c = 1.0$$

$$\eta_s = 1 + \frac{1}{1500e_i h_0}\left(\frac{l_0}{h}\right)^2 \zeta_c = 1 + \frac{1}{1500\times221/360}\times\left(\frac{7.8}{0.4}\right)^2\times1 = 1.413$$

$$M = \eta_s M_0 = 1.413\times64.44 = 91.05\,\text{kN·m}$$

$$e_i = e_0 + e_a = \frac{M}{N} + e_a = \frac{91.05\times10^6}{320.18\times10^3} + 20 = 304\,\text{mm}$$

$$e = e_i + h/2 - a_s = (304 + 400/2 - 40)\,\text{mm} = 464\,\text{mm}$$

$x = \dfrac{N}{\alpha_1 f_c b} = \dfrac{320.18\times10^3}{1\times14.3\times400}$mm=55.98mm< $2a_s'$=80mm，取 $x = 2a_s'$，并对受压钢筋合力点取矩进行计算。

$$e' = e_i - h/2 + a_s' = 304-400/2+40=144\text{mm}$$

$$A_s = A_s' = \frac{Ne'}{f_y(h_0 - a_s')} = \frac{320.18\times10^3\times144}{360\times(360-40)} = 400\text{mm}^2$$

$$>\rho_{\min}bh=0.2\%\times400\text{ mm}\times400\text{mm}=320\text{mm}^2$$

选配 4⏀16($A_s=A_s'=804\text{ mm}^2$)。

箍筋按构造确定，箍筋间距不应大于 400mm 及截面尺寸的短边尺寸，且不大于 $15d$(15×16mm=240mm)；箍筋直径不应小于 $d/4$(16mm/4=4mm)，且不应小于 6mm。配置 ϕ8@200。

3. 下柱截面配筋计算

下柱截面按 I 形截面，采用对称配筋，沿柱全长各截面配筋相同。

截面尺寸 $b_f\times h\times b\times h_f$=400mm×900mm×100mm×150mm，$h_0=(900-40)$ mm=860mm。

I 形截面大小偏心受压可采用下式判别：

当 $x=\dfrac{N}{\alpha_1 f_c b_f'}<h_f'$ 时，中和轴在受压翼缘内，按第一类 I 形截面的大偏心受压截面计算；

当 $h_f'<x=[N-\alpha_1 f_c(b_f'-b)h_f']/(\alpha_1 f_c b)\leqslant\xi_b h_0$ 时，中和轴通过腹板，按第二类 I 形截面的大偏心受压截面计算。

当 $\xi_b h_0<x<h-h_f'$ 时，中和轴通过腹板，按小偏心受压截面计算；

当 $h-h_f'<x<h$ 时，中和轴在受拉翼缘内，按小偏心受压截面计算。

A 柱下柱截面共有 7 组最不利内力，汇总于表 12-19。通过判别可选取其中的三组进行配筋计算。

表 12-19 A 柱 2-2、3-3 截面内力组合值汇总和取舍

组号		1	2	3	4	5	6	7
内力值	M/(kN·m)	102.27	−99.03	93.87	−91.59	454.02	−232.17	313.31
	N/kN	828.93	542.08	847.29	374.30	926.04	426.06	426.06
$x=N/(\alpha_1 f_c b'_f)$ /mm		144.92 $<h_f'$	94.77 $<h_f'$	148.13 $<h_f'$	65.44 $<h_f'$	161.90 $>h_f'$	74.49 $<h_f'$	74.49 $<h_f'$
$x=\dfrac{N-\alpha_1 f_c(b'_f-b)h'_f}{\alpha_1 f_c b}$		—	—	—	—	197.58 $<\xi_b h_0$	—	—
中和轴位置		翼缘内	翼缘内	翼缘内	翼缘内	腹板内	翼缘内	翼缘内
受压类型		大偏压	大偏压	大偏压	大偏压	大偏压	大偏压	大偏压
取舍		×	√	×	×	√	×	√

在三组控制内力作用下，下柱截面的承载力计算见表 12-20。

其中：$\eta_s=1+\dfrac{1}{1500+e_i/h_0}\left(\dfrac{l_0}{h}\right)^2\zeta_c$；$e_a=\max\left(\dfrac{h}{30},20\text{mm}\right)=\max\left(\dfrac{900}{30}\text{mm},20\text{mm}\right)$；

$\zeta_c=\dfrac{0.5f_cA}{N}$，均大于 0，$\zeta_c=1.0$；

$$A=bh+2(b_f-b)h_f=100\times900+2\times(400-100)\times150=18\times10^4\text{ mm}^2；$$

$$e=e_i+\frac{h}{2}-a_s；\quad M=\eta_s M_0；\quad e_i=\frac{M}{N}+e_a=\frac{\eta_s M_0}{N}+e_a。$$

表 12-20　下柱截面的承载力计算

序号	设计内力		e_0 /mm	e_i /mm	l_0/h	ζ_c	η_s	M	e_i/mm	E/mm	x/mm	$A_s=A'_s$ /mm²
	M_0 /(kN·m)	N /(kN)										
1	−99.03	542.08	182.69	212.69	10.22	1.0	1.303	-129.04	268.05	678.10	94.77	<0
2	454.02	926.04	490.28	520.28	10.22	1.0	1.124	510.32	581.07	991.07	197.58	669
3	313.31	426.06	735.37	765.37	12.78	1.0	1.084	339.63	339.63	417.14	74.49<$2\alpha'_s$	602

由表12-20可知，A柱下段的纵向受力钢筋选配4Φ18($A_s=A'_s=1018\text{mm}^2$)>$\rho_{\min}A=0.2\%\times18\times10^4=360\text{mm}^2$。

表 12-20 中 1 组合：$2a'_s<x<h'_f$

$$A_s=A'_s=\frac{Ne-\alpha_1 f_c b'_f x\left(h_0-\dfrac{x}{2}\right)}{f'_y(h_0-a'_s)}$$

$$=\frac{542.08\times10^3\times678.10-1.0\times14.3\times400\times94.77\times(860-\dfrac{1}{2}\times94.77)}{360\times(860-40)}<0$$

表 12-20 中 2 组合：$x>h'_f$

$$A_s=A'_s=\frac{Ne-\alpha_1 f_c b'_f h'_f\left(h_0-\dfrac{x}{2}\right)-\alpha_1 f_c bx\left(h_0-\dfrac{x}{2}\right)}{f_y(h_0-\alpha_s)}$$

$$=\frac{926.04\times10^3\times991.07-1.0\times14.3\times(400-100)\times150\times\left(860-\dfrac{150}{2}\right)-1.0\times14.3\times100\times197.58\times\left(860-\dfrac{197.58}{2}\right)}{360\times(860-40)}$$

$$=669\text{mm}^2$$

表 12-20 中 3 组合：$x<2a'_s$，$e'=e_i-h/2+a'_s$

$$A_s=A'_s=\frac{Ne'}{f_y(h_0-a'_s)}=\frac{426.06\times10^3\times417.14}{360\times(860-40)}=602\text{mm}^2$$

箍筋按构造规定，箍筋间距不应大于400mm及截面尺寸的短边尺寸，且不大于15d(15×18mm=270mm)；箍筋直径不应小于d/4(18mm/4=4.5mm)，且不应小于6mm。A柱下段的箍筋选用ϕ8@200。

4．柱在排架平面外的承载力验算

1）上柱

$$l_0=1.25H_u=1.25\times3.9\text{m}=4.875\text{m}$$

$l_0/b=4.875/0.4=12.19$，查《混凝土结构设计规范》(GB50010-2010)，可得稳定系数

$$\varphi=0.95-\frac{12.19-12}{14-12}\times(0.95-0.92)=0.947$$

$$N_u = 0.9\varphi(f_c A + f_y' A_s')$$
$$= 0.9\times0.947\times(14.3\times160000+300\times2\times402)\text{kN} = 2155.64\text{kN}$$
$$> N_{max} = 395.49\text{kN}\ (安全)$$

2) 下柱

$$l_0 = 0.8H_u = 0.8\times9.2\text{m} = 7.36\text{m}$$

$l_0/b = 7.36/0.4 = 18.4$，查《混凝土结构设计规范》可得稳定系数$\varphi = 0.81 - \frac{18.4-18}{20-18}\times(0.81-0.75) = 0.798$

$$N_u = 0.9\varphi(f_c A + f_y' A_s')$$
$$= 0.9\times0.798\times(14.3\times187500+300\times2\times1017)\text{kN} = 2363.92\text{kN}$$
$$> N_{max} = 926.04\text{kN}\ (安全)$$

5．柱裂缝宽度验算

上柱 1-1 截面：

M_k=①+0.7(③+⑤)+0.6⑦=12.95+0.7×(−22.89−9.107)+0.6×(−31.48)= −28.34(kN·m)

N_k=①+0.7(③+⑤)+0.6⑦=266.82+0.7×(0+0)+0.6×0=266.82(kN)

$$e_0 = M_k / N_k = 28.34\times10^6/(266.82\times10^3) = 106.21\text{mm}$$

$$e_0/h_0 = \frac{106.21}{360} = 0.295；$$

下柱 3-3 截面：

M_k=①+0.7(②+③+⑤)+0.6⑥=20.56+0.7×(3.10+31.34+100.14)+0.6×206.17
=238.47(kN·m)

N_k=①+0.7(②+③+⑤)+0.6⑥=355.05+0.7×(36.+360.81+0)+0.6×0=632.82(kN)

$$e_0 = M_k / N_k = 238.47\times10^6/(632.82\times10^3) = 376.83\text{mm}$$

$$e_0/h_0 = \frac{376.83}{860} = 0.438$$

根据《混凝土结构设计规范》规定，对于偏心受压构件，当$e_0/h_0 \leqslant 0.55$时，不必验算裂缝宽度，因此本例中柱均不必验算裂缝宽度。

6．牛腿设计

1) 截面尺寸验算

牛腿的宽度与排架柱同宽，即 b=400mm；$c_1 \geqslant 70$ mm，可取 $c \geqslant 100$ mm，牛腿的长度应满足吊车梁的搁置要求，取 l=(750−400+150+100)mm=600mm；牛腿高度初选 450mm，牛腿外边缘高度 h_1=350mm，大于 200mm 和 $h/3$=150mm。牛腿截面尺寸如图 12-82 所示。

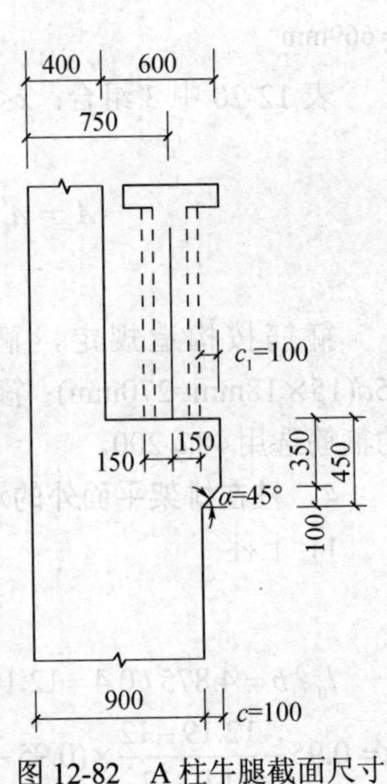

图 12-82　A 柱牛腿截面尺寸

牛腿高度应满足斜截面抗裂度的要求：

$$F_{vk} \leqslant \beta\left(1-0.5\frac{F_{hk}}{F_{vk}}\right)\frac{f_{tk}bh_0}{0.5+a/h_0}$$

式中 F_{hk}——作用于牛腿顶部的水平拉力标准值，本例牛腿顶面无水平荷载，$F_{hk}=0$；

F_{vk}——作用于牛腿顶部的竖向力标准值，有

$$F_{vk}=D_{max,k}+G_{3k}=360.81\text{kN}+45.10\text{kN}=405.91\text{kN}$$

β——裂缝控制系数，支承吊车梁的牛腿，取 β=0.65；

a——竖向力作用点至下段柱边缘的水平距离，a=(750−900+20)mm=−130mm<0，取 a=0；

h_0——牛腿截面有效高度，$h_0=h-\alpha_s$=(450−40)mm=410mm；

b——牛腿宽度，b=400mm；

f_{tk}——混凝土抗拉强度标准值，C30 混凝土，$f_{tk}=2.01\text{N/mm}^2$。

将数据代入可得：$\beta\left(1-0.5\dfrac{F_{hk}}{F_{vk}}\right)\dfrac{f_{tk}bh_0}{0.5+a/h_0}=0.65\times\dfrac{2.01\times400\times410}{0.5+0}\text{kN}$

$$>F_{vk}=405.91\text{kN}(满足要求)$$

2) 配筋及构造

(1) 纵向钢筋。

$A_s=\dfrac{F_v a}{0.85f_y h_0}+1.2\dfrac{F_h}{f_y}$，由于 a=−130<0，因而该牛腿可按构造要求配筋。

$A_s\geqslant\rho_{min}bh=0.2\%\times400\times450=360\text{mm}^2$

选用 4Φ14($A_s=616\text{mm}^2$)。

(2) 水平箍筋。

取 ϕ10@100，其范围不小于 $2h_0/3=2\times410\text{mm}/3=$ 273.33mm

采用 6 根 ϕ10 钢筋，间距 100mm，则 $A_k=6\times78.5\text{mm}^2=471\text{mm}^2>A_s/2=308\text{mm}^2$

3) 弯筋

因 $a/h_0<0.3$，故可以不设弯筋。

7．预埋件设计

每根排架柱都有的预埋件，包括：用于柱子与屋架连接的预埋件 M-1，用于吊车梁与牛腿连接的预埋件 M-2，以及用于吊车梁顶面与排架柱连接的预埋件 M-3。此外，设置柱间支撑的两侧排架柱还有连接上柱支撑的预埋件 M-4 和连接下柱支撑的预埋件 M-5，如图 12-83 所示。

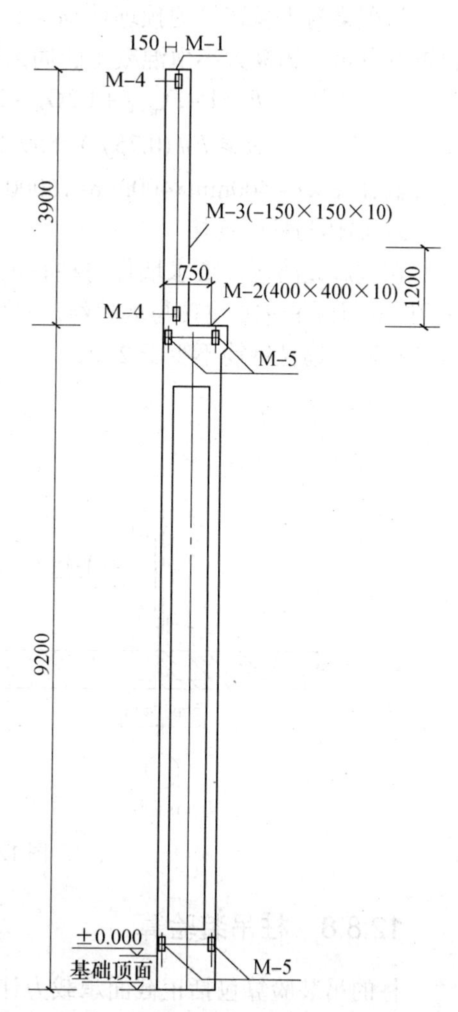

图 12-83　排架柱预埋件示意图

1) 吊车上缘与上柱内侧连接的预埋件

吊车梁顶面与排架柱连接的预埋件 M-3 承受吊车横向水平荷载 T_{max}，属于受拉预埋件，尺寸如图 12-84 所示。

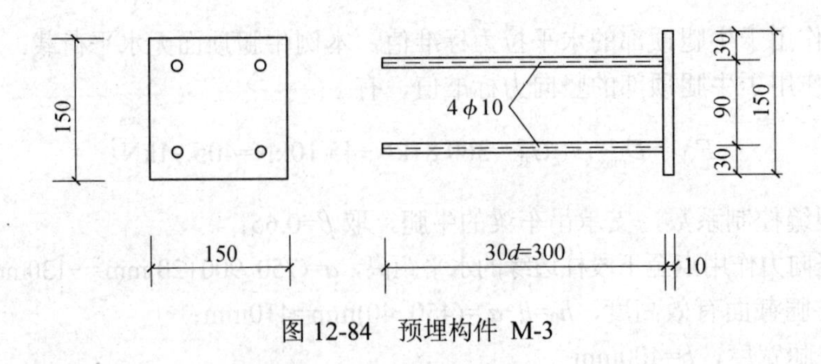

图 12-84　预埋构件 M-3

承受法向拉力的预埋件，应满足

$$N \leqslant 0.8\alpha_b f_y A_s$$

式中　N——法向拉力设计值，$N=1.4\times T_{max,k}=1.4\times10.92\text{kN}=15.29\text{kN}$；

α_b——系数，$\alpha_b=0.6+0.25t/d=0.6+0.25\times10/10=0.85$。

$0.8\alpha_b f_y A_s=0.8\times0.85\times300\times(4\times78.5)\text{N}=64.056\text{kN}>N=15.29\text{kN}$(满足要求)

2) 吊车梁与牛腿的连接预埋件

吊车梁与牛腿连接的预埋件 M－2 属于受压预埋件，承受吊车竖向荷载和吊车梁 D_{max}、轨道等自重，锚板大小由混凝土的局部受压承载力确定。

$$F=1.4D_{max,k}+1.2G_{3k}=1.4\times360.81\text{kN}+1.2\times45.10\text{kN}=559.25\text{kN}$$

$$A\geqslant F/(0.75f_c)=559.25\times10^3/(0.75\times14.3)\text{mm}^2=52144.52\text{ mm}^2$$

取 $A=a\times b=400\text{mm}\times400\text{mm}=160000\text{mm}^2$，厚度取 $\delta=10\text{mm}$。

3) 墙体与柱的连接

在抗震设防区，要求墙体与柱有可靠连接。柱内应伸出预埋的锚拉钢筋，锚拉钢筋通常采用 φ6 每隔 8～10 皮砖与墙拉结，如图 12-85 所示。在圈梁与柱的连接处，柱内也应伸出预埋的拉筋，锚拉钢筋不少于 2φ12。

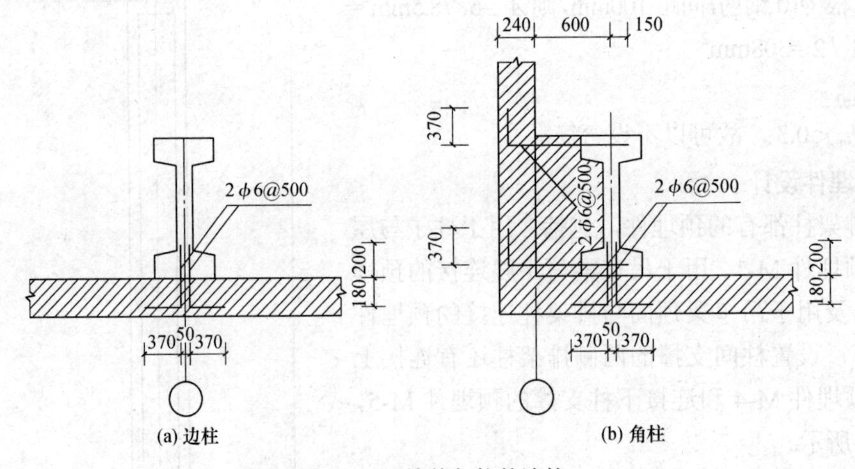

图 12-85　墙体与柱的连接

12.8.8　柱吊装验算

柱的吊装验算包括正截面承载力计算和裂缝宽度计算。当采用单点吊装时，吊点一般设置在牛腿与下柱交界处。起吊时，自重作用下的内力最大，其计算简图如图 12-86 所示。

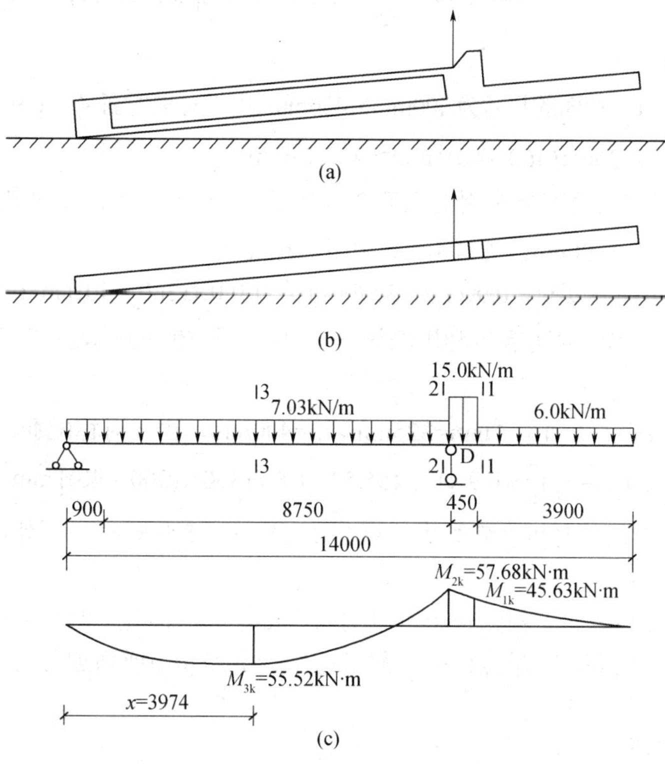

图 12-86　柱吊装验算计算简图

1. 内力计算

取动力系数 1.5；因吊装验算是临时性的，故构件安全等级可比使用阶段的安全等级降低一级，即安全等级为三级 $\gamma_0 = 0.9$；吊装时混凝土强度未达设计值，按照设计强度的 70%考虑。

设柱插入基础杯口深度为 900mm($> 0.9h$)，则柱预制吊装总长度为 3.9+9.2+0.9=14m。

上柱　$q_{1k} = 1.5 \times 25 \times 0.4 \times 0.4\ \text{kN/m} = 6.0\text{kN/m}$

牛腿段　$q_{2k} = 1.5 \times 25 \times (0.4 \times 1.0)\ \text{kN/m} = 15.0\text{kN/m}$

下柱　$q_{3k} = 1.5 \times 25 \times \left[0.4 \times 0.9 - \frac{1}{2}(0.6 + 0.55) \times 0.15 \times 2\right] \text{kN/m} = 7.03\text{kN/m}$

$$M_{1k} = 6.0 \times 3.9^2 / 2\ \text{kN·m} = 45.63\text{kN·m}$$

$$M_{2k} = 6.0 \times (3.9 + 0.45)^2 / 2 + (15.0 - 6.0) \times 0.45^2 / 2\ \ \text{kN·m} = 57.68\text{kN·m}$$

M_{3k} 的计算过程如下：

$$R_D = \left[\frac{1}{2} \times 7.03 \times 9.65^2 - \frac{1}{2} \times 15.0 \times 0.45^2 - 6.0 \times 3.9 \times (3.9/2 + 0.45)\right] / 9.65 \ \ = 27.94\text{kN}$$

$$M_{3k} = R_D x - \frac{1}{2} q_{3k} x^2$$

$$\frac{dM_{3k}}{dx} = R_D - q_{3k} x = 0\text{，得 } x = R_D / q_{3k} = 27.94 / 7.03 = 3.974\text{m}$$

$$M_{3k}=\left(27.94\times3.947-\frac{1}{2}\times7.03\times3.974^2\right)\ \text{kN·m}=55.52\text{kN·m}$$

2．承载力计算

当不翻身起吊时，1-1截面的尺寸为400mm×400mm。由于对称配筋 $A_s=0.9M/\left[f_y(h_0-a_s')\right]=$ $0.9\times1.2\times45.63\times10^6/\left[360\times(360-40)\right]\text{mm}^2=427.78\text{mm}^2$

上柱配有3Φ18，吊装时有效利用的纵筋2Φ18($A_s=509\ \text{mm}^2$)，满足吊装时承载力要求。

2-2截面的宽度 b=1000mm，h=400mm,由于对称配筋，故

$$A_s=0.9M/\left[f_y(h_0-a_s')\right]=0.9\times1.2\times57.68\times10^6/\left[360\times(360-40)\right]\text{mm}^2=540.75\text{mm}^2$$

下柱配有4Φ18，吊装时可有效利用的纵筋2Φ18($A_s=509\ \text{mm}^2$)，不能满足吊装时承载力要求。

3-3截面等效宽度 $b=2\times162.5$ mm=325mm，h=400mm，由于对称配筋，故

$$A_s=0.9M/\left[f_y(h_0-a_s')\right]=0.9\times1.2\times55.52\times10^6/\left[360\times(360-40)\right]\text{mm}^2=520.5\text{mm}^2$$

下柱配有4Φ18，吊装时可有效利用的纵筋2Φ18($A_s=509\ \text{mm}^2$)，不能满足吊装时承载力要求。

上述吊装验算结果表明，根据使用阶段的内力进行配筋，施工时如果不翻身吊则不能满足承载力要求。应该采取调整吊点位置、翻身起吊、多点起吊或增加配筋等措施。采用翻身吊后，经验算承载力满足要求。

3．裂缝宽度验算

最大裂缝宽度计算式为

$$\omega_{max}=\alpha_{cr}\psi\frac{\sigma_{sk}}{E_s}\left(1.9c+0.08\frac{d_{eq}}{\rho_{te}}\right)$$

式中 α_{cr}——构件受力特征系数，对钢筋混凝土受弯构件，$\alpha_{cr}=1.9$；

c——钢筋保护层厚度，c=20mm；

ρ_{te}——按有效受拉混凝土截面面积计算的纵向手拉钢筋配筋率，$\rho_{te}=A_s/A_{te}$；

d_{eq}——受拉区纵向钢筋的等效直径，$d_{eq}=\sum n_i d_i^2/\sum n_i v_i d$；

σ_{sk}——按荷载效应标准组合计算的钢筋等效应力，$\sigma_{sk}=M_k/(0.87h_0A_s)$；

ψ——裂缝间纵向受拉钢筋应变不均匀系数，$\psi=1.1-0.65f_{tk}/(\rho_{te}\sigma_{sk})$；

f_{tk}——混凝土抗拉强度标准值，C30混凝土 $f_{tk}=2.01\ \text{kN/mm}^2$。

1-1、2-2、3-3截面裂缝宽度的验算过程见表12-21，结果满足规范 $\omega_{max}<\omega_{lim}$ 的要求。

表12-21 A柱吊装阶段裂缝宽度验算

截面	M_k /(kN·m)	A_s /mm^2	σ_{sk} / (N / mm^2)	d_{eq} /mm	ρ_{te}	ψ	ω_{max} /mm
1-1	45.63	804	178.72	16	0.010	0.369	0.116
2-2	57.68	1018.0	75.29	18	0.0109	0.2	0.027
3-3	55.52	1018.0	72.47	18	0.0109	0.2	0.026

柱的配筋见图12-87所示。

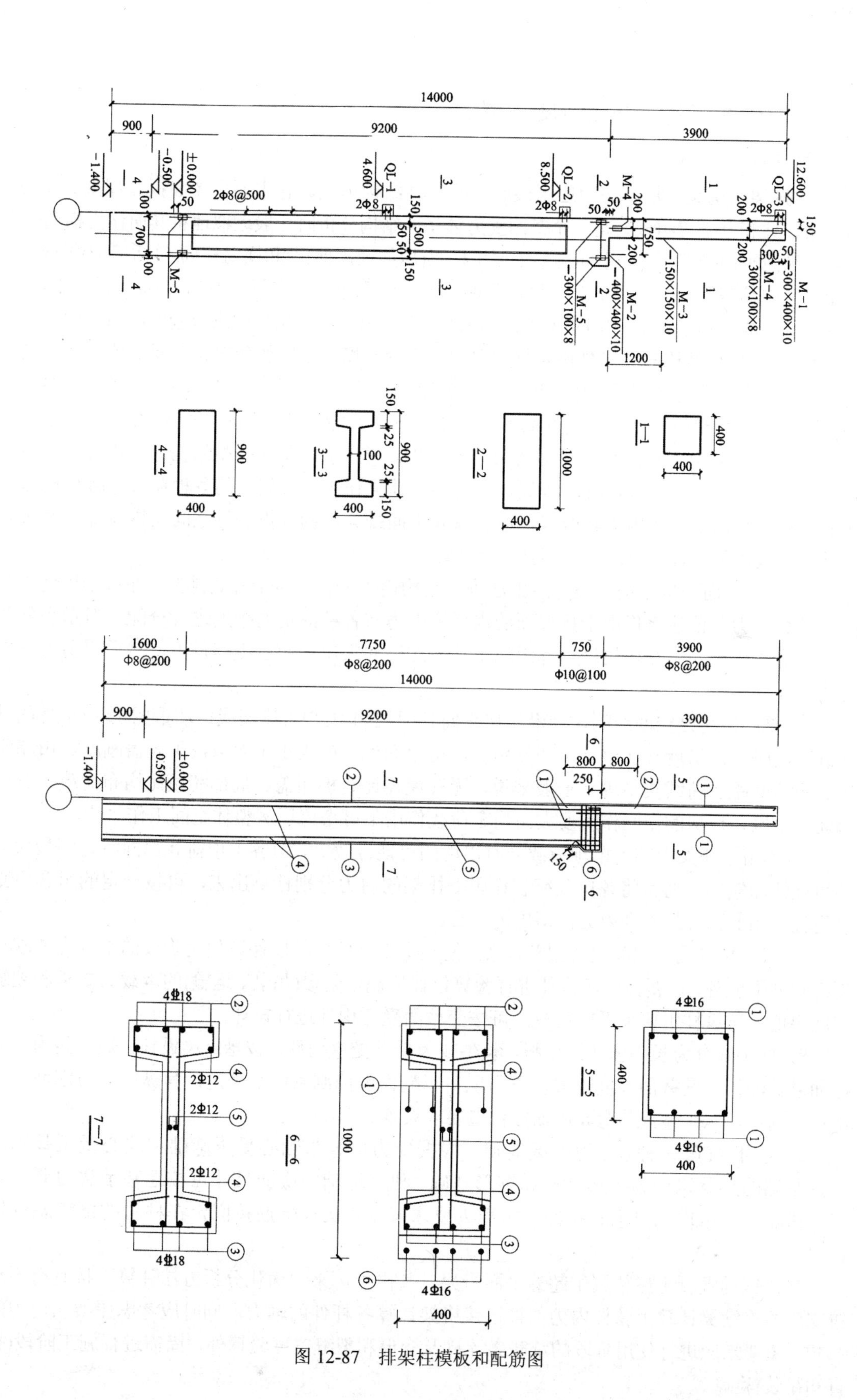

图 12-87　排架柱模板和配筋图

12.8.9　柱下独立基础的设计(略)

【知识归纳】

1．排架结构是单层厂房中应用最广泛的一种结构形式。它主要由屋面板、屋架、支撑、吊车梁、柱和基础等组成，是一个空间受力体系。结构分析时一般近似地将其简化为横向平面排架和纵向平面排架。横向平面排架主要由横梁(屋架或屋面梁)和横向柱列(包括基础)组成，承受全部竖向荷载和横向水平荷载；纵向平面排架由连系梁、吊车梁、纵向柱列(包括基础)和柱间支撑等组成，不仅承受厂房的纵向水平荷载，而且保证厂房结构的纵向刚度和稳定性。

2．单层厂房结构布置包括确定柱网尺寸、厂房高度、设置变形缝、布置支撑系统和围护结构等。对装配式钢筋混凝土排架结构，支撑系统(包括屋盖支撑和柱间支撑)是联系主要受力构件以保证厂房整体刚度和稳定性的重要组成部分，并能有效地传递水平荷载。

3．排架分析包括纵、横向平面排架结构分析。通过横向平面排架结构分析进行排架柱和基础设计，其主要内容包括确定排架计算简图、计算作用在排架上的各种荷载、排架内力分析和柱控制截面最不利内力组合等。通过纵向平面排架结构分析进行柱间支撑设计，非抗震设计时一般根据工程经验确定，不必进行计算。

4．横向平面排架结构一般采用力法进行结构内力分析。对于等高排架，亦可采用剪力分配法计算内力，该法将作用于排架顶的水平集中力按各柱的抗剪刚度进行分配。对承受任意荷载的等高排架，先在排架柱顶部附加不动铰支座并求出相应的支座反力，然后用剪力分配法进行计算。

5．单层厂房是空间结构，当沿厂房纵向各榀抗侧力结构(排架或山墙)的刚度或承受的外荷载不同时，厂房就存在整体空间作用。厂房空间作用的大小主要取决于屋盖刚度、山墙刚度、山墙间距、荷载类型等。一般来说，无檩屋盖比有檩屋盖、局部荷载比均布荷载、有山墙比无山墙，厂房的空间作用要大。吊车荷载作用下可考虑厂房整体空间工作。

6．作用于排架上的各单项荷载同时出现的可能性较大，但各单项荷载都同时达到最大值的可能性却较小。通常将各单项荷载作用下排架的内力分别计算出来，再按一定的组合原则确定柱控制截面的最不利内力，即内力组合。

7．对于预制钢筋混凝土排架柱，除按偏心受压构件计算以保证使用阶段的承载力要求和裂缝宽度限值外，还要按受弯构件进行验算以保证施工阶段(吊装、运输)的承载力要求和裂缝宽度限值。抗风柱主要承受风荷载，可按变截面受弯构件进行设计。

8．柱牛腿分为长牛腿和短牛腿。长牛腿为悬臂受弯构件，按悬臂梁设计；短牛腿为一变截面悬臂深梁，其截面高度一般以不出现斜裂缝作为控制条件来确定，其纵向受力钢筋一般由计算确定，水平箍筋和弯起钢筋按构造要求设置。

9．柱下独立基础也称为扩展基础，根据受力可分为轴心受压基础和偏心受压基础，根据基础的形状可分为阶形基础和锥形基础。独立基础的底面尺寸可按地基承载力要求确定，基础高度由构造要求和抗冲切承载力要求确定，底板配筋按固定在柱边的倒置悬臂板计算。

10．钢筋混凝土屋架属于超静平面桁架，其内力可采用简化分析方法计算，按具有不动铰支座的连续梁计算上弦杆内力，按铰接桁架计算各杆件的轴力，同时应考虑屋架次内力的影响。屋架除应进行使用阶段的承载力计算及变形和裂缝宽度验算外，尚需进行施工阶段(扶直和吊装)验算。

11．吊车梁是一种受力复杂的简支梁，吊车荷载使其受弯、受剪和受扭。对吊车梁除应进行弯、剪、扭承载力计算外，还需进行疲劳强度验算和斜截面抗裂验算等。

【独立思考】

12-1 单层厂房有哪两种结构类型？铰接排架结构是由哪些构件组成的，其中哪些构件是主要承重构件？

12-2 单层厂房中的支撑类型有哪些？它们的主要作用是什么？

12-3 在什么情况下要设置屋架下弦横向水平支撑？

12-4 在什么情况下要设置屋架间垂直支撑与水平系杆？

12-5 排架计算的主要目的是什么？排架计算的基本假定有哪些？

12-6 如何计算作用在排架上的吊车竖向荷载 D_{max}、D_{min} 和吊车横向水平荷载 T_{max}？

12-7 什么是单层厂房的整体空间作用？哪些荷载作用下厂房的整体空间作用最显著？什么情况下排架内力计算不考虑厂房整体空间作用？

12-8 单层厂房排架柱的控制截面有哪些？最不利组合有哪几种？内力组合时要考虑怎样的荷载组合？

12-9 怎样根据 N_u-M_u 相关曲线来评判对称配筋矩形截面偏心受压构件内力的组合值？

12-10 用剪力分配法计算等高排架的基本原理是什么？单阶排架柱的抗剪刚度是怎样计算的？

12-11 如何确定柱下独立基础的底面尺寸、基础高度以及基底配筋？

12-12 为什么在确定基底尺寸时要采用荷载标准效应组合值计算全部地基土反力，而在确定基础高度和基底配筋时又采用荷载基本组合的基底土的净反力(不考虑基础及其台阶及回填土自重)？

12-13 何为牛腿？如何确定牛腿截面尺寸？牛腿配筋的主要构造要求有哪些？

12-14 说明柱下独立基础的设计步骤。

【实战演练】

12-1 已知某单层厂房，柱距 6m，吊车为两台软钩吊车，起重量为 20/5t，即主钩起重量为 20t(G_{3k}=200kN)，副钩起重量为 5t，吊车的最大、最小轮压标准值分别为 $P_{max,k}$=215kN，$P_{min,k}$=45kN，小车的自重标准值为 G_{2k}=75kN，吊车宽度 B=5.55m，轮距 k= 4.40m。求吊车竖向荷载设计值 D_{max} 和 D_{min} 以及吊车横向荷载设计值 T_{max}。

12-2 已知两跨等高排架，柱高 H=12.8m，A、C 柱的 $n=I_u/I_l$=0.109，$\lambda=H_u/H$=0.305；B 柱的 n=0.281，λ=0.305。求如图 12-88 所示风荷载作用下，排架柱的弯矩图。

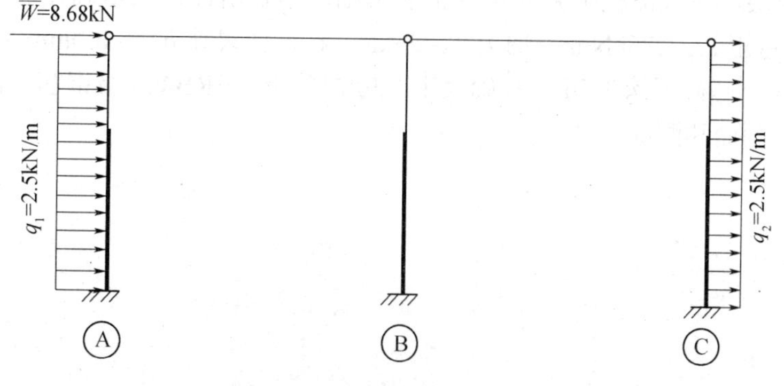

图 12-88　实战演练 12-2 题图

12-3 试用剪力分配法求图 12-89 所示两跨排架在风荷载作用下各柱的内力。已知基本风压 ω_0=0.45kN/m^2，15m 高度处 μ_z=1.14 (10m 高度处 μ_z=10)，体形系数 μ_s 示于图中。柱截面惯性矩：I_1=2.13×10^{9}mm^4、I_2=14.38×10^{9}mm^4、I_3=7.2×10^{9}mm^4、I_4=19.5×10^{9}mm^4。

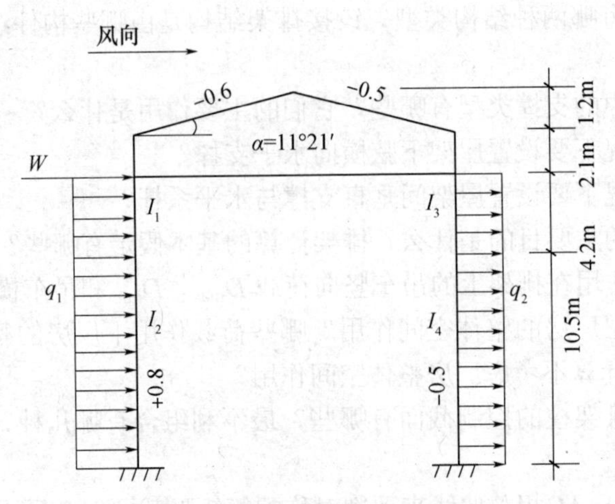

图 12-89　实战演练 12-3 题图

12-4 如图 12-90 所示柱牛腿，已知竖向力设计值 F_{vk}=324kN，水平拉力设计值 F_{hk}=78kN，采用 C20 混凝土和 HRB335 级钢筋。试计算牛腿的纵向受力钢筋(长度单位：mm)。

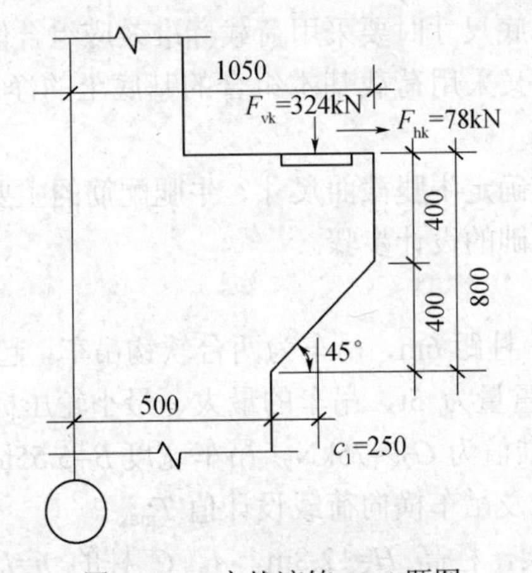

图 12-90　实战演练 12-4 题图

12-5 某单层厂房现浇柱下独立锥形扩展基础，已知由柱传来基础顶面的轴向压力标准值 N_k=920kN，弯矩 M_k=276kN·m，剪力 V_k=25kN。柱截面尺寸 $b×h$=400mm×600mm，地基承载力 f=200kN/m^2，基础埋深 1.5m。基础采用 C30 混凝土，HRB400 级钢筋。试设计此基础并绘出基础平面、剖面和配筋图。

第13章　多层和高层混凝土框架结构设计

课前导读

【内容提要】

混凝土框架结构是多高层民用建筑中广泛应用的结构形式。框架结构是由梁和柱组成的框架，共同抵抗使用过程中出现的水平和竖向荷载作用。本章主要介绍多层和高层混凝土框架结构设计的原理和方法，包括框架结构的特点、框架结构的计算简图、竖向荷载作用下结构内力计算、水平荷载作用下结构内力计算、框架结构的设计内力等。

【能力要求】

通过本章的学习，学生应具备以下能力：

(1) 了解框架结构特点；

(2) 掌握框架结构计算简图要求；

(3) 熟练掌握竖向荷载作用下结构内力的计算方法；

(4) 熟练掌握水平荷载作用下结构内力和侧移的计算方法；

(5) 掌握框架结构的内力组合要点。

13.1　框架结构的特点和计算方法

框架结构是指由梁和柱以刚接相连接而构成承重体系的结构，即由梁和柱组成框架共同抵抗使用过程中出现的水平和竖向荷载作用。此类结构中，房屋墙体不承重，仅起到围护和分隔作用，一般用预制的空心砖、多孔砖等材料砌筑或轻质板材装配而成。混凝土框架结构广泛用于住宅、学校、办公楼等建筑。框架结构整体受力特点类似于竖向悬臂剪切梁，其总体水平位移上大下小，相对于各楼层而言，层间变形上小下大，设计时要考虑提高框架的抗侧刚度及控制结构侧移。对于钢筋混凝土框架，当高度大、层数多时，结构底部各层不但柱的轴力很大，而且梁和柱由水平荷载所产生的弯矩和整体的侧移亦显著增加，从而导致截面尺寸和配筋增大，影响建筑空间的合理使用，在材料消耗和造价方面，也趋于不合理，故钢筋混凝土框架一般应用于建造不超过15层的房屋建筑。

框架结构体系的主要优点：空间分隔灵活，自重轻，节省材料；可以较灵活配合建筑平面布置，利于安排需要较大空间；框架结构的梁、柱构件易于标准化，便于采用装配整体式结构，以缩短施工工期；采用现浇混凝土框架时，结构的整体性、刚度、抗震效果较好。

框架结构体系的主要缺点：框架节点应力集中显著；相对于其他结构体系，框架结构的侧向刚度小，属柔性结构，在强烈地震作用下，结构所产生水平位移较大，易造成严重的非结构性破坏。

在计算机没有普及的年代，实际为空间工作的结构，尤其是框架结构通常被简化成平面结构进行分析，而弯矩分配法、迭代法等方法为分析平面结构提供了力学理论支持。分层分析法、反弯点法、D 值法等近似的分析方法为简化分析提供了有效途径。

计算机及相关技术发展很快，现今结构设计已离不开计算机辅助，结构设计普遍采用空间分析方法。但在初步设计阶段，为确定结构布置方案或估算构件截面尺寸，还是需要采用一些简单的近似计算方法，以更快地解决设计中的关键问题，为计算机辅助分析提供必要参数，减少计算工作量。工程设计中也常利用手算的结果来定性地校核判断电算结果的合理性。此外，近似的平面计算方法虽然计算精度低些，但力学及设计概念明确，能够直观地反映结构的设计特点。特别对于初学者，更便于掌握结构分析的基本方法以及结构受力性能的基本概念。因此，本章仍将重点介绍框架结构的近似计算分析方法，包括竖向荷载作用下的分层法、水平荷载作用下的反弯点法和 D 值法等。

13.2 框架结构的计算简图

13.2.1 计算简图的确定

建筑结构多数都是空间受力体系，框架结构也不例外，它可以看做纵向及横向框架交织而成的空间受力体系。但为了方便分析，常常忽略结构纵向和横向之间的联系，将纵向框架和横向框架分别按平面框架进行分析计算，如图 13-1 所示。实际建筑的每榀框架结构和受力都不完全相同，因此平面分析原则上要分析所有的纵向框架和横向框架。但一般情况下，横向框架的间距相同或相近，作用于各横向框架上的荷载基本相同，框架的抗侧刚度也相同，因此，除端部框架外，各横向框架都将产生近似相同的内力与变形，结构设计时一般取中间有代表性的一榀横向框架进行分析即可；而作用于纵向框架上的荷载可能会差异很大，必要时应分别进行计算。

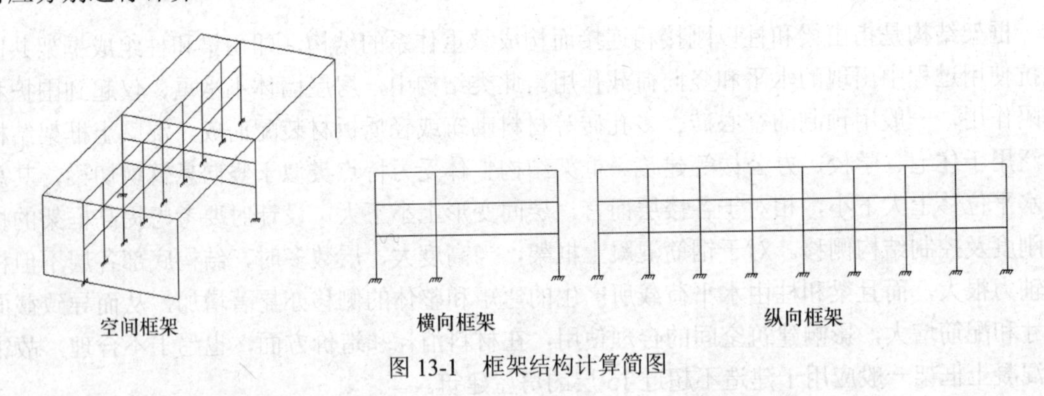

图 13-1 框架结构计算简图

13.2.2 节点的简化

当按平面框架进行结构分析时，框架节点也相应地简化为平面受力。按节点对构件的约束能力，节点可分为刚接节点、铰接节点和半刚接节点，这种分类一般取决于施工方案和构造措施。在现浇钢筋混凝土结构中，梁和柱内的纵向受力钢筋都将穿过节点或锚入节点区，符合刚接节点的特点，如图 13-2 所示。

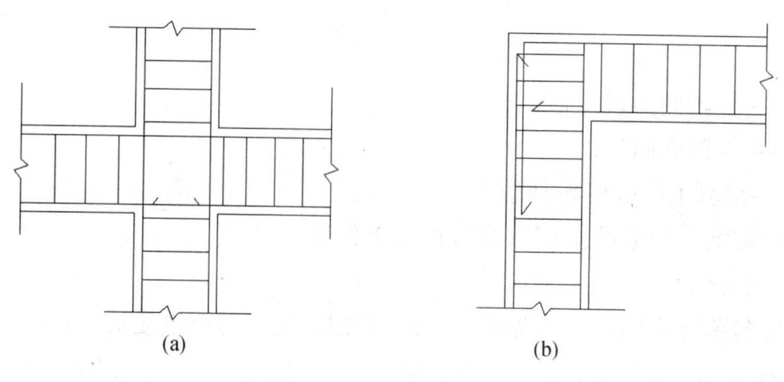

图 13-2　现浇框架节点

装配式框架结构将梁和柱子工厂预制后装配，尽管采用各种固定措施，但难以保证结构受力后梁柱间没有相对转动，因此常把这类节点简化成铰接节点。

装配整体式框架结构梁柱节点采用现浇和装配相结合的方法。节点左右梁端均可传递部分弯矩，这种节点的刚性不如现浇式框架好，但又比较接强，一般定性为半刚性节点，如图 13-3 所示。

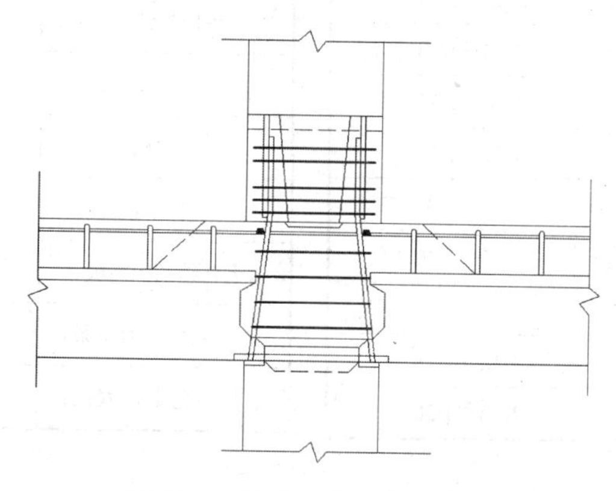
图 13-3　装配整体式框架节点

13.2.3　跨度与层高的确定

在结构计算简图中，杆件用其轴线来表示。框架梁的跨度为柱子轴线间距，当柱截面尺寸有所改变，一般以最小截面的形心来确定。框架的层高(框架柱的长度)即为相应的建筑层高，而底层柱的长度则应从基础顶面算起。

为简化计算工作量，对于非水平横梁，当其坡度较小(小于 1/8)时，可简化为水平直杆。对于不等跨框架，当各跨跨度相差不大时(小于 10%)，可简化为等跨框架，跨度取原框架各跨跨度的平均值。

13.2.4　构件截面尺寸的初步估算

1．柱截面尺寸的估计

柱截面尺寸一般可由轴压比控制来进行初估。轴压比 μ_c 由式(13-1)计算：

$$\mu_c = \frac{N}{A_c f_c} \tag{13-1}$$

式中　N——柱轴向力设计值；

A_c——柱截面面积；

f_c——混凝土压强度设计值。

轴压比限值需结合框架的抗震等级等设计条件确定。

2．梁截面尺寸估计

梁截面高度与跨度之比，可参见表 13-1。梁截面宽度与高度之比一般为 1/2～1/4，且至少比柱宽小 50mm。特殊情况下也可设计宽扁梁，扁梁的宽度不宜大于柱宽。

3．板厚的估计

楼板厚度可按表 13-2 选用。

表 13-1　梁截面高度与跨度之比 h_b/l

梁的种类	h_b/l
单跨梁	1/8～1/12
连续梁	1/12～1/15
扁梁	1/12～1/18
单向密肋梁	1/18～1/22
双向密肋梁	1/22～1/25
悬臂梁	1/6～1/8
井字梁	1/15～1/20
框支墙托梁	1/5～1/7
单跨预应力梁	1/12～1/18
多跨预应力梁	1/18～1/20

表 13-2　楼板厚度与跨度之比 t/l

板的种类	t/l
单向板	1/25～1/30
单向连续板	1/35～1/40
双向板(短边)	1/40～1/45
悬挑板	1/10～1/12
楼梯平台	1/30
无粘结预应力板	1/40
无柱帽无梁板(重载)	1/30
有柱帽无梁板(轻载)	1/35

13.2.5　构件截面抗弯刚度的计算

框架结构中钢筋混凝土结构梁板一般整体浇注成型，其对梁的刚度有显著的增强作用，在设计中应重视楼板对结构的影响。钢筋混凝土框架结构设计时，计算框架梁截面惯性矩 I 应考虑楼板的影响。竖向荷载作用下，框架梁的跨中，梁受正弯矩，楼板处于受压区形成 T 形截面梁，楼板的存在增加了梁的截面抗弯刚度；而在框架梁两端节点附近，梁受负弯矩，顶部的楼板受拉，楼板对梁的截面抗弯刚度影响较小。在水平荷载作用下，由于荷载方向不同，梁端可能承受正、负弯矩，楼板对梁的截面抗弯刚度影响不断变化。因此，在结构内力和位移计算中，现浇楼板和装配整体式楼面中梁的刚度可考虑翼缘的作用予以放大。为简化计算分析，仍假定梁的截面惯性矩 I 沿轴线不变，并在矩形梁截面的基础上乘以放大系数 1.3～2.0。一般而言，填入此系数后，梁的刚度增大，内力也会相应增大。实际设计中，对现浇楼盖，中框架取 $I=2I_0$，I_0 为矩形梁截面的惯性矩，边框架取 $I=1.5I_0$；对装配整体式楼盖，中框架取 $I=1.5I_0$，边框架取 $I=1.2I_0$；对装配式楼盖，则取 $I=I_0$。

13.3 竖向荷载作用下的近似计算

框架结构的计算简图实为多次超静定结构，在竖向荷载作用下其内力计算极其复杂，很难手算进行分析，必须加以简化。分析表明，多层多跨框架在竖向荷载作用下的侧移很小，可近似地按无侧移框架进行分析，而且当某层梁上作用有竖向荷载时，在该层梁及相邻柱子中产生较大内力，而在其他楼层的梁、柱子所产生的内力，在经过柱子传递和节点分配以后，其值将随着传递和分配次数的增加而减小，且梁的线刚度越大，减小越快。因此，在进行竖向荷载作用下的内力分析时，可假定作用在某一层框架梁上的竖向荷载只对本楼层的梁以及与本层梁相连的框架柱产生弯矩和剪力，而对其他楼层框架和隔层的框架柱都不产生弯矩和剪力，这是分层法的重要假定和前提。这样，多层多跨框架在多层竖向荷载同时作用下的内力，可以看成是各层竖向荷载单独作用本层刚架下的内力的叠加，如图 13-4(a)所示。又根据上述假定，当各层梁上单独作用竖向荷载时，仅在图 13-4(b)所示结构的实线部分内产生内力，虚线部分中所产生的内力则忽略不计。这样，框架结构在竖向荷载作用下，可按图 13-4(c)所示各个开口刚架单元进行计算。这里，把虚线部分对实线部分的约束作用看成是固定支座，而实际上，除底层柱子的下端以外，其他各层柱端均有转角产生，即虚线部分对实线部分的约束作用应为介于铰支承与固定支承之间的弹性支承。为了改善由此所引起的误差，在按图 13-4(c)的计算简图进行计算时，应做以下修正：

(1) 除底层以外其他各层柱的线刚度均乘 0.9 的折减系数；

(2) 除底层以外其他各层柱的弯矩传递系数取为 1/3。

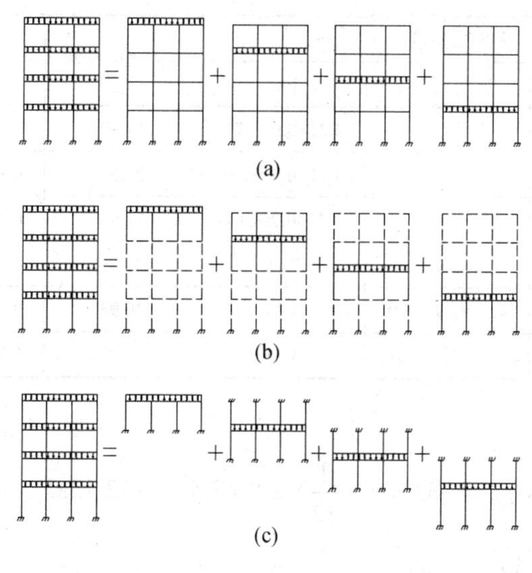

图 13-4　分层法计算简图

图 13-4(c)中各开口刚架虽然仍为超静定结构，但超静定次数大大减少，可采用力矩分配法进行计算。在求得内力以后，则可将相邻两个开口刚架中同层同柱的柱内力叠加，作为原框架结构中柱的内力。而分层计算所得的各层梁的内力，即为原框架结构中相应层次的梁的内力。

由分层法计算所得的框架节点处的弯矩之和常常不等于零。这是由于分层计算单元与实际结构不符所带来的误差。若欲提高精度，可对节点(特别是边节点)不平衡力矩多次分配，予以修正。对于一般框架，弯矩二次分配即可以满足设计要求。

【例 13-1】 用分层法计算图 13-5 所示框架的弯矩图，括号内的数字表示每根杆件的线刚度 $i = EI/l$。

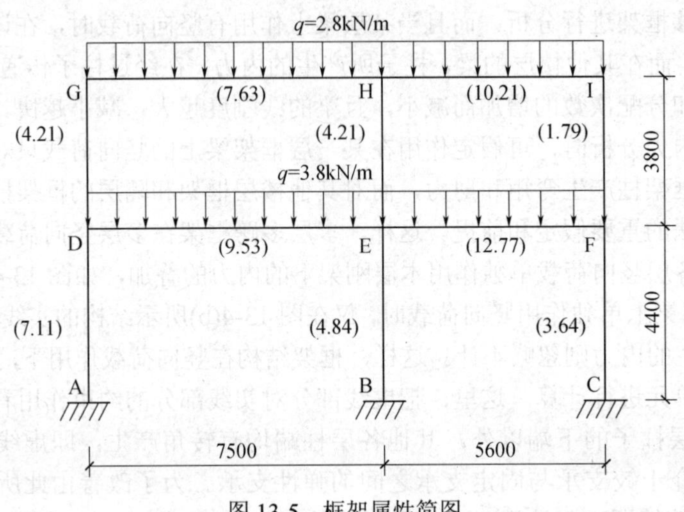

图 13-5 框架属性简图

解：(1) 求个节点的分配系数，如表 13-3 所示。

表 13-3 框架梁刚度计算

层次	节点	相对线刚度				相对线刚度和	分配系数			
		左梁	右梁	上柱	下柱		左梁	右梁	上柱	下柱
顶层	G		7.63		4.21×0.9=3.79	11.42		0.668		0.332
	H	7.63	10.21		4.21×0.9=3.79	21.63	0.353	0.472		0.175
	I	10.21			1.79×0.9=1.61	11.82	0.864			0.136
底层	D		9.53	4.21×0.9=3.79	7.11	20.43		0.466	0.186	0.348
	E	9.53	12.77	4.21×0.9=3.79	4.84	30.93	0.308	0.413	0.123	0.156
	F	12.77		1.79×0.9=1.61	3.64	18.02	0.709		0.089	0.202

(2) 固端弯矩计算。

$$M_{GH} = -M_{HG} = -\frac{1}{12} \times 2.8 \times 7.5^2 = -13.13\text{kN} \cdot \text{m}$$

$$M_{HI} = -M_{IH} = -\frac{1}{12} \times 2.8 \times 5.6^2 = -7.32\text{kN} \cdot \text{m}$$

$$M_{DE} = -M_{ED} = -\frac{1}{12} \times 3.8 \times 7.5^2 = -17.81\text{kN} \cdot \text{m}$$

$$M_{EF} = -M_{FE} = -\frac{1}{12} \times 3.8 \times 5.6^2 = -9.93\text{kN} \cdot \text{m}$$

利用分层法计算各节点弯矩，见图 13-6(a)和图 13-6(b)，结果见图 13-6(c)。

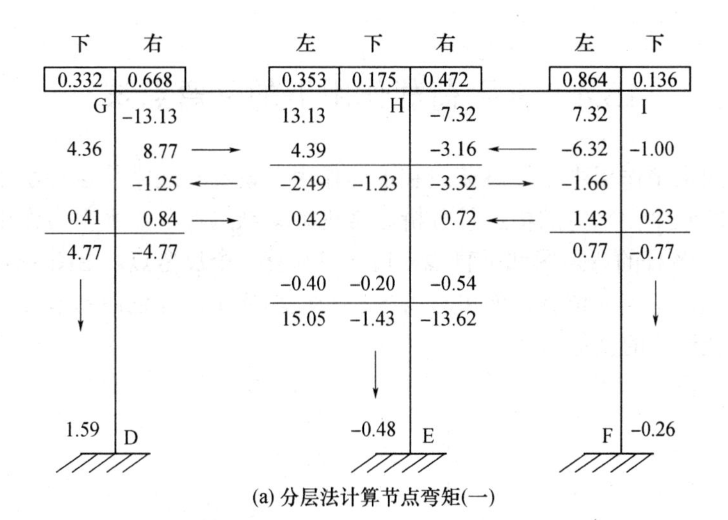

(a) 分层法计算节点弯矩(一)

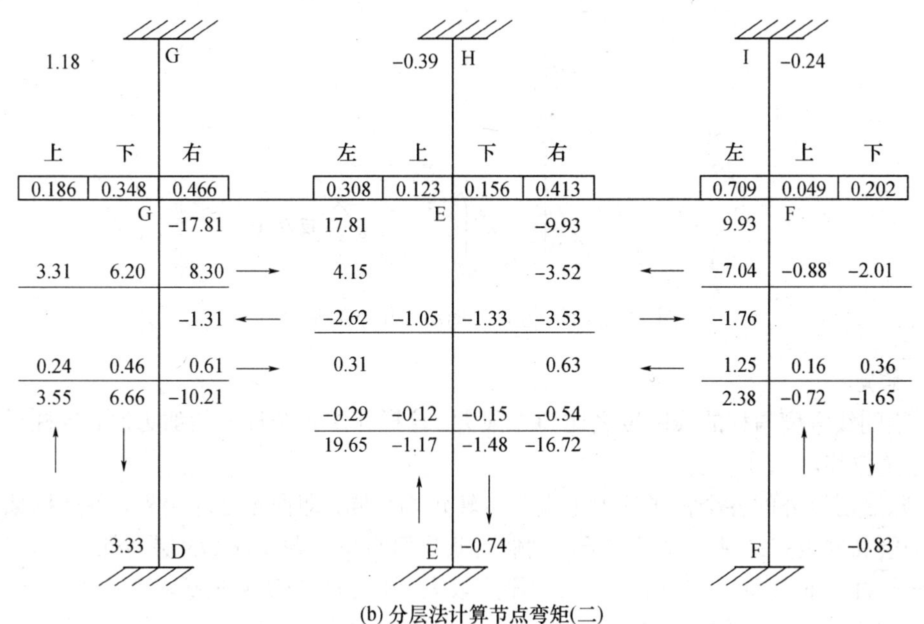

(b) 分层法计算节点弯矩(二)

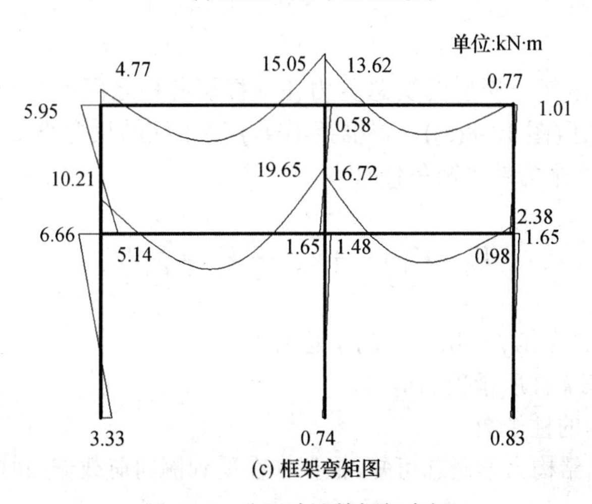

(c) 框架弯矩图

图 13-6 分层法计算框架弯矩

13.4 水平荷载作用下的反弯点法

结构中常见的水平作用主要为风荷载和地震作用。设计时通常将这种水平作用简化为作用于框架节点上的水平力来对结构进行分析。常规框架结构在节点水平力作用下的弯矩图形状如图 13-7 所示。各杆的弯矩图都呈直线，且一般都有一个反弯点。由图 13-7 可知，如能确定各柱内的剪力及反弯点的位置，便可求得各柱的柱端弯矩，并进而由节点平衡条件求得梁端弯矩及整个框架结构的其他内力。

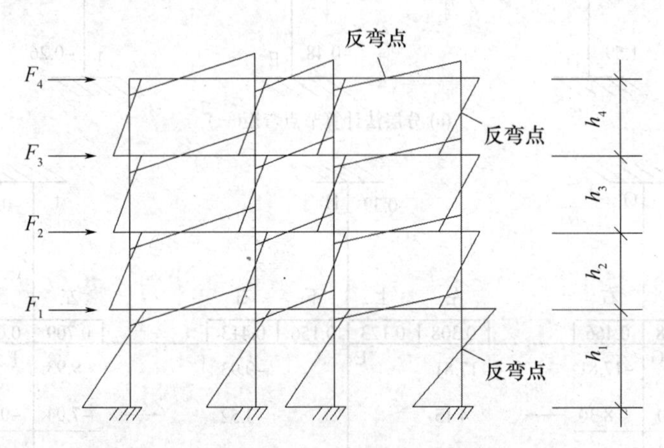

图 13-7 框架在水平荷载作用下的弯矩图

为此假定：

(1) 梁的线刚度与柱的线刚度之比为无限大。这样在求各个柱子的剪力时，各柱子上下端都不发生角位移。

(2) 除底层以外的各个柱子的上下端节点转角均相同，即假定除底层外，各层框架柱的反弯点位于层高的中点；对于底层柱子，则假定其反弯点位于距支座 2/3 层高处。

当框架柱子的截面尺寸较小，而梁的刚度较大，假定(1)与实际情况较为符合。一般认为，当梁的线刚度与柱线刚度之比超过 3 时，由上述假定所引起的误差能够满足工程设计的精度要求。

由假定(1)，可求出任一楼层的层总剪力在该楼层各柱之间的分配。设框架结构共有 n 层，每层内有 m 个柱子(图 13-8(a))，将框架沿第 j 层各柱的反弯点处切开代以剪力和轴力(图 13-8(b))，则由柱水平力的平衡条件有

$$V_{Fj} = V_{j1} + \cdots + V_{jk} + \cdots V_{jm} = \sum_{k=1}^{m} V_{jk} \tag{13-2}$$

式中 V_{Fj}——外荷载 F 在第 j 层所产生的层总剪力；

V_{jk}——第 j 层第 k 柱所承受的剪力；

m——第 j 层内的柱子数。

假定(1)前提下，由结构力学概念可知，框架柱在受到侧向荷载作用时的计算简图如图 13-9 所示：

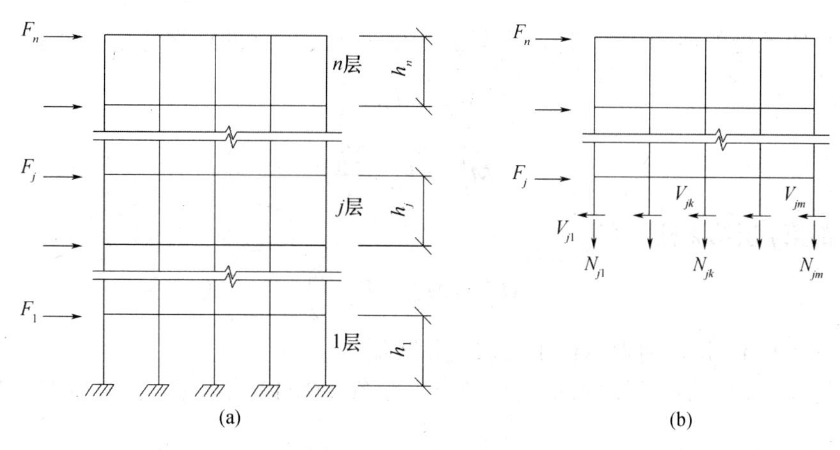

图 13-8　反弯点法推导

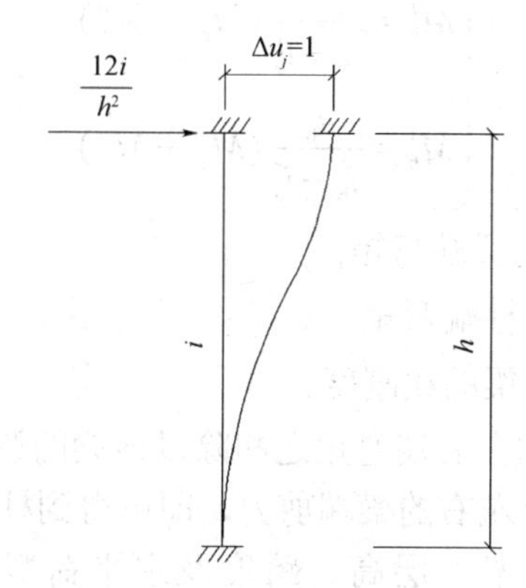

图 13-9　柱的抗侧刚度

框架柱内的剪力为

$$V_{jk}=\frac{12i_{jk}}{h_j^2}\Delta u_j \tag{13-3}$$

式中　i_{jk}——第 j 层第 k 柱的线刚度；

h_j——第 j 层柱子高度；

Δu_j——框架第 j 层的层间侧向位移。

$12i/h^2$ 称为柱的抗侧刚度，它物理意义为使柱上下端产生单位相对水平位移(Δu_j=1)时，需要在柱顶施加的水平力。将式(13-3)代入式(13-2)，忽略梁的轴向变形，则第 j 层的各柱具有相同的层间侧向位移 Δu_j，有

$$\Delta u_j=\frac{V_{Fj}}{\sum_{k=1}^{m}\frac{12i_{jk}}{h_j^2}} \tag{13-4}$$

将式(13-4)代入式(13-3)，得

$$V_{jk}=\frac{i_{jk}}{\sum_{k=1}^{m}i_{jk}}V_{Fj} \tag{13-5}$$

上式表明，外荷载产生的层总剪力是按柱的抗侧刚度分配给该层的各个柱子的。

求得各柱所承受的剪力 V_{jk} 以后，由假定(2)便可求得各柱的杆端弯矩，对于底层柱有

$$M_{c1k}^{t}=V_{1k}\cdot\frac{h_1}{3} \tag{13-6a}$$

$$M_{c1k}^{b}=V_{1k}\cdot\frac{2h_1}{3} \tag{13-6b}$$

对于上部第 j 层第 k 柱，有

$$M_{cjk}^{t}=M_{cjk}^{b}=V_{jk}\cdot\frac{h_1}{2} \tag{13-6c}$$

上式中的上标 t、b 分别表示柱子的顶端和底端。

在求得柱端弯矩以后，梁端弯矩可由节点平衡条件(图13-4)求出，并按节点左右梁的线刚度进行分配。

$$\begin{cases} M_b^l=\dfrac{i_b^l}{i_b^l+i_b^r}(M_c^u+M_c^d) \\ M_b^r=\dfrac{i_b^r}{i_b^l+i_b^r}(M_c^u+M_c^d) \end{cases} \tag{13-6d}$$

式中 M_b^l、M_b^r——节点左右的梁端弯矩；

M_c^u、M_c^d——节点上下的柱端弯矩；

i_b^l 、i_b^r——节点左右的梁的线刚度。

以各个梁为脱离体，将梁的左右端弯矩之和除以该梁的跨长，便得梁内剪力。再以柱子为脱离体自上而下逐层叠加节点左右的梁端剪力，即可得到柱内轴向力。

【例13.2】 某三层平面框架，层高、跨度及水平荷载如图13-10所示，梁截面均为250mm×600mm，柱截面均为400mm×400mm。采用C30混凝土，E_c=3.0×10^4 N/mm^2。不考虑楼板作用，框架梁柱线刚度如图13-11所示。试用反弯点法求弯矩图。

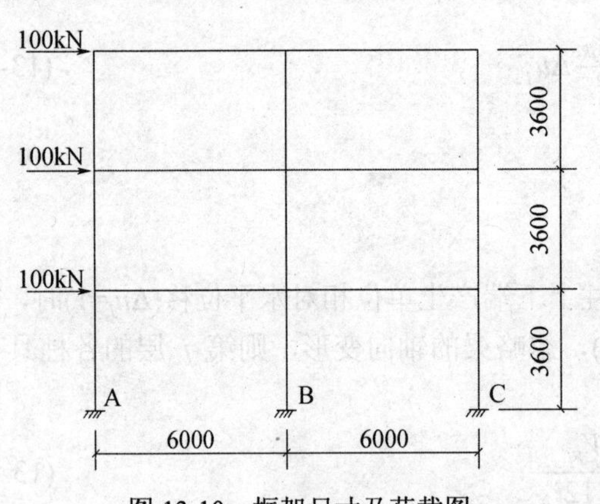

图 13-10 框架尺寸及荷载图

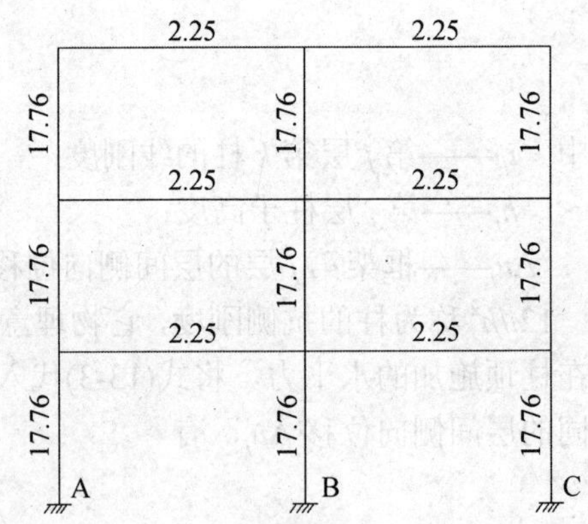

图 13-11 框架线刚度(单位：10^{10} N·mm)

【解】 各层梁的线性刚度计算见表 13-4，其中 $I_b=b_b h_b^3/12$，$i_b=EI_b/L$。

表 13-4 框架梁刚度计算

梁编号	截面尺寸/(mm×mm)	跨度/mm	惯性矩 I_b/(mm^4)	线刚度 i_b/(N·mm)
L_{AB}	250×600	6000	4.5×10^9	2.25×10^{10}
L_{BC}	250×600	6000	4.5×10^9	2.25×10^{10}

各层柱的抗侧刚度计算见表 13-5，其中 $I_c=b_c h_c^3/12$，$i_c=EI_c/h$，$d=12i_c/h^2$。

表 13-5　框架柱刚度计算

层号	柱编号	柱截面尺寸/mm	层高/mm	惯性矩 I_c /mm^4	线刚度 i_c/(N·mm)	抗侧刚度 d /(N/mm^2)	$\sum d$ /(N/mm^2)
2、3	A、C	400×400	3600	2.13×10^9	$5.92\times10^5 E_c$	0.548 E_c	1.644 E_c
	B	400×400	3600	2.13×10^9	$5.92\times10^5 E_c$	0.548 E_c	
1	A、C	400×400	3600	2.13×10^9	$5.92\times10^5 E_c$	0.548 E_c	1.644 E_c
	B	400×400	3600	2.13×10^9	$5.92\times10^5 E_c$	0.548 E_c	

根据式(13-2)、式(13-3)，各层柱剪力计算见表 13-6。

表 13-6　框架柱剪力计算

层号	水平荷载/kN	层剪力 V_i/kN	$d_A/\sum d$	$d_B/\sum d$	$d_C/\sum d$	V_A/kN	V_B/kN	V_C/kN
3	100	100	0.333	0.333	0.333	33.3	33.3	33.3
2	100	200	0.333	0.333	0.333	66.6	66.6	66.6
1	100	300	0.333	0.333	0.333	99.9	99.9	99.9

根据式(13-6)，各层柱端弯矩计算见表 13-7。

表 13-7　框架柱端弯矩计算

层号	Z_A			Z_B			Z_C		
	Y_h/m	$M_{下}$/(kN·m)	$M_{上}$/(kN·m)	Y_h/m	$M_{下}$/(kN·m)	$M_{上}$/(kN·m)	Y_h/m	$M_{下}$/(kN·m)	$M_{上}$/(kN·m)
3	1.80	59.9	59.9	1.80	59.9	59.9	1.80	59.9	59.9
2	1.80	119.9	119.9	1.80	119.9	119.9	1.80	119.9	119.9
1	2.40	239.8	119.9	2.40	239.8	119.9	2.40	239.8	119.9

根据式(13-6)，框架梁端弯矩计算见表 13-8。

表 13-8　框架梁弯矩计算

层号	L_{AB}		L_{BC}	
	M_{AB}/(kN·m)	M_{BA}/(kN·m)	M_{BC}/(kN·m)	M_{CB}/(kN·m)
3	59.9	30.0	30.0	59.9
2	179.8	89.9	89.9	179.8
1	239.8	119.9	119.9	239.8

根据以上计算结果，框架结构弯矩图如图 13-12 所示，剪力图如图 13-13 所示。

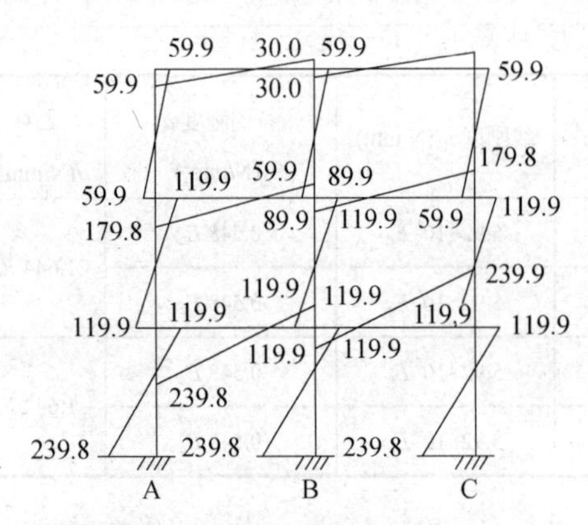

图 13-12　框架弯矩图(单位：kN·m)

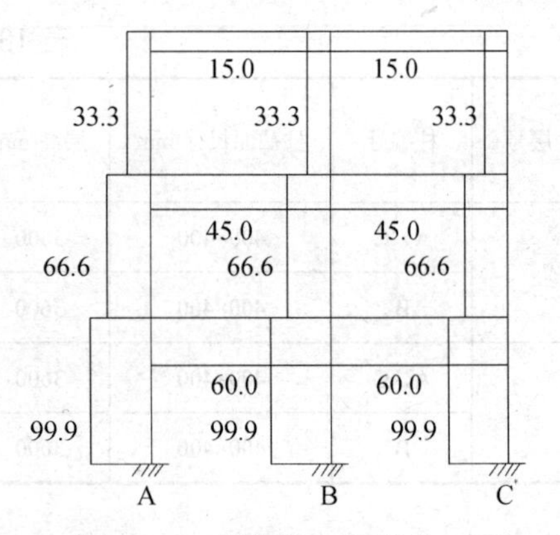

图 13-13　框架剪力图(单位：kN)

13.5　水平荷载作用下的 D 值法

反弯点法计算水平荷载下的结构内力简单快捷，其首先假定梁柱之间的线刚度之比为无穷大，其次又假定柱的反弯点高度。但这些假定在实际应用中难以满足，首先是梁柱之间的线刚度之比大于 3，这种情况一般只出现于层数较少、楼面荷载较大的框架结构。假定反弯点高度也给结构分析带来了一定的误差。当梁柱线刚度较为接近时，特别是在高层框架结构或抗震设计时，梁的线刚度可能小于柱的线刚度，框架节点对柱的约束也很难视为刚接，即柱的抗侧刚度不能按照固端约束推导。此时，柱的抗侧刚度不但与柱的线刚度和层高有关，而且还与相关梁的线刚度等因素有关。此外，柱的反弯点高度也与梁柱线刚度比、上下层横梁的线刚度比、上下层层高的变化等因素有关。因此，有必要对这一方法进行修正。

13.5.1　修正后的柱抗侧刚度 D

为获得一般柱抗侧刚度计算方法，以某多层多跨框架结构中典型柱(第 j 层中的 k 柱 AB)为例(图 13-13)，推导抗侧刚度的计算公式。

为了简化计算，假定：

(1) 柱 AB 及与其上下相邻的柱子的线刚度均为 i_c；

(2) 柱 AB 及与其上下相邻柱的层间位移均为 Δu_j；

(3) 柱 AB 两端节点及与其上下左右相邻的各个节点的转角均为 θ；

(4) 与柱 AB 相交的横梁的线刚度分别为 i_1、i_2、i_3、i_4。

这样，在框架结构受力后，柱 AB 及相邻各构件的变形如图 13-14 所示。图 13-14 中，θ 为节点转角，φ 为框架高度方向的剪切角，$\varphi=\Delta u_j/h_j$。

由节点 A 和节点 B 的力矩平衡条件，分别可得

$$4(i_3+i_4+i_c+i_c)\,\theta+2(i_3+i_4+i_c+i_c)\,\theta-6(i_c\varphi+i_c\varphi)=0$$

$$4(i_1+i_2+i_c+i_c)\,\theta+2(i_1+i_2+i_c+i_c)\,\theta-6(i_c\varphi+i_c\varphi)=0$$

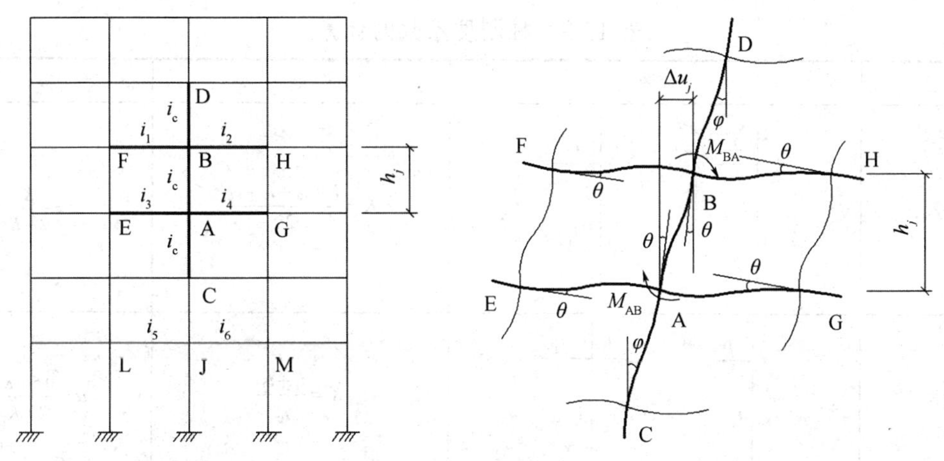

图 13-14　典型框架单元

将以上两式相加，化简后可得

$$\theta = \frac{2}{2+\dfrac{\sum i}{2i_c}}\varphi = \frac{2\varphi}{2+k} \tag{a}$$

式中，$\sum i = i_1 + i_2 + i_3 + i_4$，$k = (\sum i)/2i$。

柱 AB 所受到的剪力 V_{jk} 为

$$V_{jk} = \frac{12i_c}{h_j}(\varphi - \theta) \tag{b}$$

将式(a)代入式(b)，得

$$V_{jk} = \frac{K}{2+K}\frac{12i_c}{h_j}\varphi = \frac{K}{2+K}\frac{12i_c}{h_j^2}\Delta u_i$$

令

$$\alpha = \frac{K}{2+K} \tag{13-7}$$

则

$$V_{jk} = \alpha\frac{12i_c}{h_j^2}\Delta u_j \tag{13-8}$$

柱的抗侧刚度是当柱上下端产生单位相对侧向位移时，柱子所承受的剪力，在考虑柱上下端点的弹性约束作用后，第 j 层第 k 柱的抗侧刚度为

$$D_{jk} = \frac{V_{jk}}{\Delta u_i} = \alpha\frac{12i_c}{h_j^2} \tag{13-9}$$

式中，α 是考虑柱上下端节点弹性约束的修正系数。实际反映了梁柱线刚度比值对柱抗侧刚度的一个影响(降低)系数，按式(13-7)计算，当框架梁的线刚度为无穷大时，$K=\infty$，$\alpha=1$。底层柱的抗侧刚度修正系数 α 可同理推导。表 13.9 列出了各种情况下的 α 值及相应的 K 值的计算公式。

表 13-9　柱刚度系数的计算

楼层	简图	K	α
一般层	i_2　i_c　i_4；i_1　i_2　i_c　i_3　i_4	$K=\dfrac{i_1+i_2+i_3+i_4}{2i_c}$	$\alpha=\dfrac{K}{2+K}$
底层	i_2　i_c；i_1　i_2　i_c	$K=\dfrac{i_1+i_2}{i_c}$	$\alpha=\dfrac{0.5+K}{2+K}$

注：边柱情况下，式中 i_1、i_2 取 0

求得修正后的柱抗侧刚度 D 值以后，与反弯点法相似，由同一层内各柱的层间位移相等的条件，可把层间剪力 V_{Fj} 按下式分配给该层的各个柱：

$$V_{jk}=\frac{D_{jk}}{\sum_{k=1}^{m}D_{jk}}V_{Fj} \tag{13-10}$$

式中　V_{jk}——第 j 层第 k 柱所分配到的剪力；

D_{jk}——第 j 层第 k 柱的抗侧刚度 D 值；

m——第 j 层框架柱数量；

V_{Fj}——外荷载在框架第 j 层所产生的总剪力。

13.5.2　修正后的柱反弯点高度

柱的反弯点位置取决于该柱上下端转角的比值。如果柱上下端转角相同，反弯点就在柱高的中央；如果柱上下端转角不同，则反弯点偏向转角较大的一端，亦即偏向约束刚度较小的一端。总体来讲，柱两端的约束刚度是影响反弯点位置的直接原因。但工程中影响柱两端约束刚度的因素有很多，其中侧向外荷载的形式，梁柱线刚度比，结构总层数及该柱所在的层次，柱上下横梁线刚度比，上、下层层高的变化等影响较为明显。因此，直接假定柱反弯点位置不科学且给结构分析带来很大误差。为分析上述因素对反弯点高度的影响，可对全面的框架结构进行受力分析，并制成相应的表格，以供查用，见附录 E。

(1) 梁柱线刚度比及层数、层次对反弯点高度的影响。

假定框架横梁的线刚度、框架柱的线刚度和层高沿框架高度保持不变，全面分析各种类型框架各层柱的反弯点高度 y_0h(图 13-15(a))；y_0 称为标准反弯点高度比，其值与结构总层数 n、该柱所在的层次 j、框架梁柱线刚度比 K 及侧向荷载的形式等因素有关，可由附录 1 的附表 E-1、附表 E-2 查得。表中 K 值可按表 13-9 中的公式计算。

(2) 上下横梁线刚度比对反弯点高度的影响。

若某层柱的上下横梁线刚度不同，则该层柱的反弯点位置将向横梁刚度较小的一侧偏移，因而必须对标准反弯点进行修正，这个修正值就是反弯点高度的上移增量 y_1h (图 13-15(b))。y_1 可根据上下横梁的线刚度比 I 和 K 由附录 E 的附表 E-3 查得。当 $i_1+i_2<i_3+i_4$ 时，反弯点上移，

由 $I=(i_1+i_2)/(i_3+i_4)$ 查附表 E-3 即得 y_1 值。当 $i_1+i_2>i_3+i_4$ 时，反弯点下移，查表时应取 $I=(i_3+i_4)/(i_1+i_2)$，查得的 y_1 应冠以负号。对于底层柱，不考虑修正值 y_1，即取 $y_1=0$。

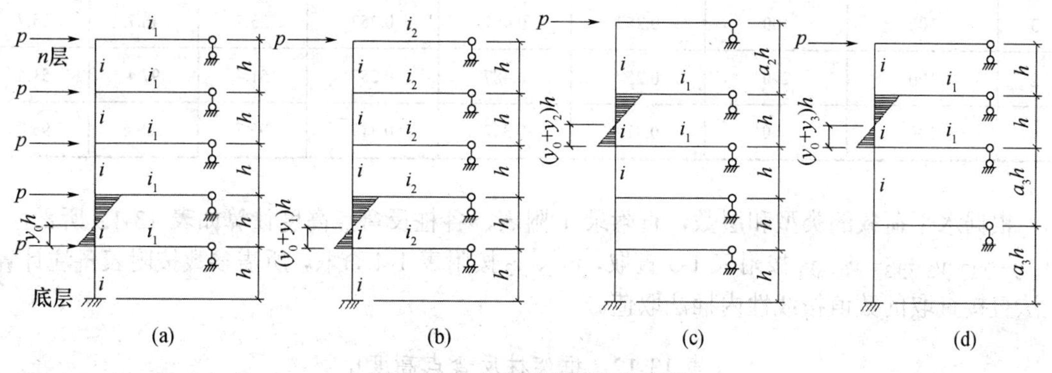

图 13-15　框架柱的反弯点高度

(3) 层高变化对反弯点的影响。

若某柱所在层的层高与相邻上层或下层的层高不同，则该柱的反弯点位置就不同于标准反弯点位置而需要修正。当上层层高发生变化时，反弯点高度的上移增量为 y_2h (图 13-15(c))；当下层层高发生变化时，反弯点高度的上移增量 y_3h (图 13-15(d))。y_2 和 y_3 可由附录 E 的附表 E.4 查得。对于顶层柱，不考虑修正值 y_2，即取 $y_2=0$；对于底层柱，不考虑修正值 y_3，即取 $y_3=0$。

综上所述，经过各项修正后，柱底至反弯点的高度 yh 可由下式求出：

$$yh=(y_1+y_2+y_3+y_0)h \tag{13-11}$$

在按式(13-9)式得框架柱的抗侧刚度 D、按式(13.10)求得各柱的剪力、按式(13-11)求得各柱的反弯点高度 yh 后，与反弯点法一样，就可求出各柱的杆端弯矩。此法称为修正后的反弯点法，也称 D 值法。求得杆端弯矩后，即可根据节点平衡条件求得梁端弯矩，并进而求出各梁端的剪力和各柱的内力。

【例 13-3】 条件同例 13-2。试用修正后的反弯点法(D 值法)求框架弯矩图。

【解】 根据表 13-5，各柱抗侧刚度 D 值计算如表 13-10。

表 13-10　框架柱抗侧刚度计算

层号	柱编号	i_c/(N·mm)	K	α	D/(N·mm)	$\sum D$/(N·mm)
2～3	A	1.78×10^{11}	0.126	0.059	9724	37907
	B	1.78×10^{11}	0.253	0.112	18459	
	C	1.78×10^{11}	0.126	0.059	9724	
1	A	1.78×10^{11}	0.126	0.294	48455	151958
	B	1.78×10^{11}	0.253	0.334	55048	
	C	1.78×10^{11}	0.126	0.294	48455	

根据式(13-10)，各层柱剪力计算见表 13-11。

表 13-11　框架柱剪力计算

层号	水平荷载 F_i/kN	层剪力 V_i/kN	$D_A/\sum D$	$D_B/\sum D$	$D_C/\sum D$	V_A/kN	V_B/kN	V_C/kN
3	100	100	0.257	0.487	0.257	25.7	48.7	25.7
2	100	200	0.257	0.487	0.257	51.4	97.4	51.4
1	100	300	0.319	0.362	0.319	95.7	108.6	95.7

根据水平荷载的类型和层数，查附录 1 附表，各柱反弯点高度计算如表 13-12 所示，其中，$y=y_1+y_2+y_3+y_0$。y_1 按附表 1-3 查取，y_2 、y_3 按附表 1-4 查取，所需参数按附表备注计算，无法直接查取的数值按线性内插法取值。

表 13-12　框架柱反弯点高度比

层号	Z_A						Z_B						Z_C					
	K	y_0	y_1	y_2	y_3	y	K	y_0	y_1	y_2	y_3	y	K	y_0	y_1	y_2	y_3	y
3	0.126	0.163	0	0	0	0.163	0.253	0.200	0	0	0	0.200	0.126	0.163	0	0	0	0.163
2	0.126	0.537	0	0	0	0.537	0.253	0.474	0	0	0	0.474	0.126	0.537	0	0	0	0.537
1	0.126	0.961	0	0	0	0.961	0.253	0.824	0	0	0	0.824	0.126	0.961	0	0	0	0.961

各层柱端弯矩计算见表 13-13，其中 $M_{下}=V_{ij}Y_h$，$M_{上}=V_{ij}(h-Y_h)$。

表 13-13　框架柱端弯矩计算

层号	Z_A			Z_B			Z_C		
	Y_h/m	$M_{下}$/(kN·m)	$M_{上}$/(kN·m)	Y_h/m	$M_{下}$/(kN·m)	$M_{上}$/(kN·m)	Y_h/m	$M_{下}$/(kN·m)	$M_{上}$/(kN·m)
3	0.587	15.1	77.4	0.720	35.1	140.3	0.587	15.1	77.4
2	1.933	99.4	85.7	1.706	166.2	184.5	1.933	99.4	85.7
1	3.460	331.1	13.4	2.966	322.1	68.9	3.460	331.1	13.4

梁端弯矩可根据节点平衡条件由式(13-6)求得，见表 13-14。

表 13-14　框架梁端弯矩计算

层号	L_{AB}		L_{BC}	
	M_{AB}/(kN·m)	M_{BA}/(kN·m)	M_{BC}/(kN·m)	M_{CB}/(kN·m)
3	77.4	70.2	70.2	77.4
2	100.8	109.8	109.8	100.8
1	112.8	117.6	117.6	112.8

根据以上计算结果，框架结构弯矩图如图 13-16 所示，剪力图如图 13-17 所示。

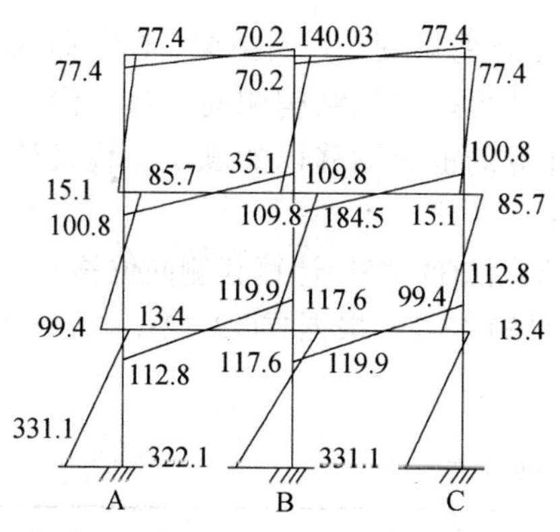

图 13-16　框架弯矩图(单位：kN·m)

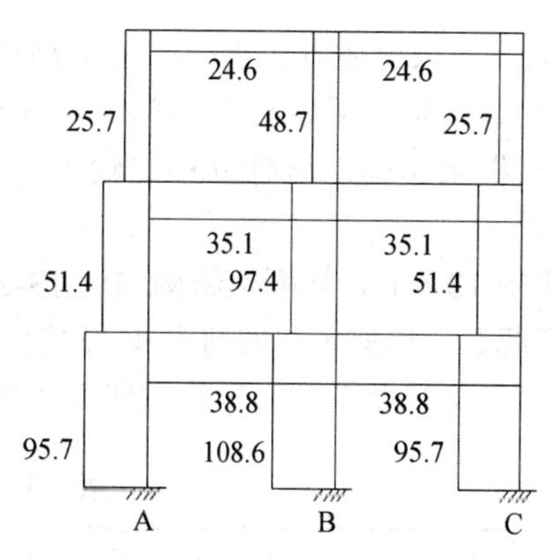

图 13-17　框架剪力图(单位：kN)

13.6　水平荷载作用下位移的近似计算

框架结构主要靠梁柱刚接提供侧向刚度，相对于其他结构刚度很小，水平荷载下结构侧移有时会成为设计控制要素，应该引起重视。

由式(13-9)、式(13-10)可得第 j 层框架层间位移 Δu_j 与层间剪力 V_{Fj} 之间的关系；

$$\Delta u_j = \frac{V_{Fj}}{\sum_{k=1}^{m} D_{jk}} \tag{13-12}$$

式中　D_{jk}——第 j 层第 k 号柱的抗侧刚度；

m——框架第 j 层的总柱数。

这样便可逐层求得各层的层间位移。框架顶点的总位移 u 为各层间位移之和，即

$$u = \sum_{j=1}^{n} \Delta u_j \tag{13-13}$$

式中　n——框架结构的总层数。

由式(13-13)可以看出，当按一般设计框架柱的抗侧刚度沿高度变化不大时，由于层间剪力是自顶层向下逐层累加而显著增大，所以层间位移 Δu_j 是自顶层向下逐层递增的，结构的位移曲线如图 13-18(a)所示，这种位移曲线称为剪切型，而悬臂梁弯矩所引起的曲线呈弯曲型，如图 13-18(b)所示，二者有本质上的区别。

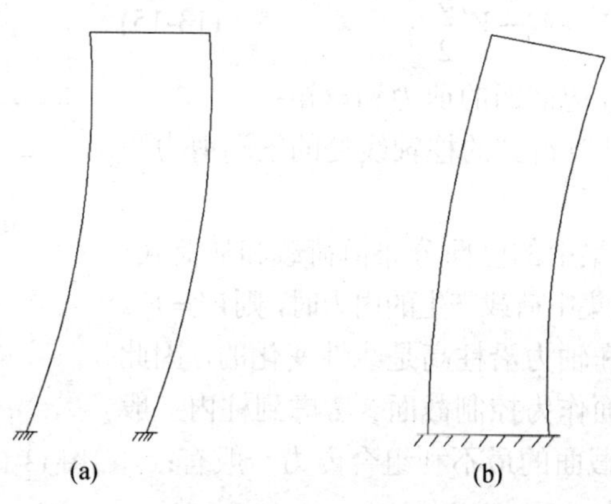

图 13-18　剪切型与弯曲型变形曲线的比较

注意，按上述方法求得的框架结构侧向位移只是整体剪切变形，是由梁、柱弯曲变形所引起的。实际上梁、柱的轴向变形和截面剪切变形同样可以产生结构侧向位移，但对一般的多层框架结构，这种位移比较小，而按式(13-13)计算的框架侧移已能满足工程设计的精度要求。

【例 13-4】 某框架结构同例 13-2，试用修正反弯点法(D 值法)计算其侧向位移。

【解】 框架各层的剪力 V_i 及抗侧刚度 D 的计算见例 13-2。根据式(13-12)、式(13-13)可算得梁、柱弯曲变形引起的框架侧移如表 13-15 所示。

表 13-15 框架侧向位移计算

层号	层剪力 V_i/kN	抗侧刚度 D/(N·mm)	层间位移 Δu/mm	楼层位移 Δu/mm
3	100	37907	2.638	9.888
2	200	37907	5.276	7.250
1	300	151958	1.974	1.974

13.7 框架结构的设计内力

框架结构构件的承载力设计是按梁、柱、节点分别进行的。框架结构内力组合就是把各种工况下的结构构件的内力按一定规律组合，找出各构件的最不利内力组合以供构件设计计算。

13.7.1 梁柱控制截面及最不利内力组合

梁一般取梁端和跨中作为梁承载力设计的控制截面。一般情况下，梁端为抵抗负弯矩和剪力的设计控制截面，但在有地震作用组合时，也要组合梁端的正弯矩，因此，梁的最不利组合内力有

梁端截面：$-M_{max}$，$+M_{max}$，V_{max}

梁跨中截面：$+M_{max}$

梁端最危险截面应在梁端柱边，而不是在结构计算简图中的柱轴线处，见图 13-19。因此，梁端控制截面的组合用内力可按下式取值：

$$V' = V - (g+p)\frac{b}{2} \tag{13-14}$$

$$M' = M - V'\frac{b}{2} \tag{13-15}$$

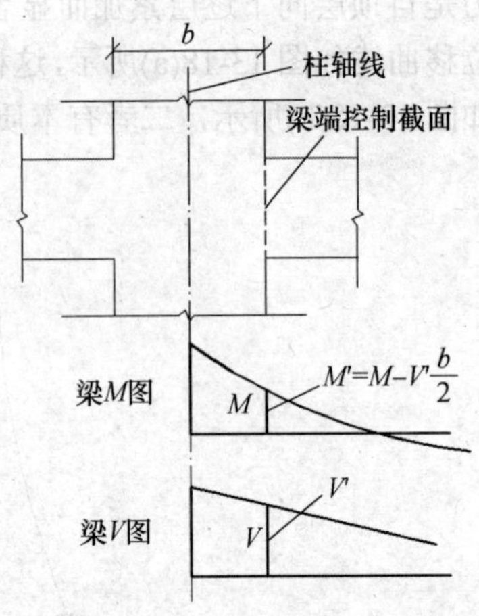

图 13-19 梁端控制截面弯矩及剪力

式中 V'、M'——梁端柱边截面的剪力和弯矩；

V、M——内力计算得到的柱轴线处的梁端剪力和弯矩；

g、p——作用在梁上的竖向分布恒荷载和活荷载。

当计算水平荷载或竖向集中荷载产生的内力时，则 $V'=V$。

框架柱的弯矩、剪力和轴力沿柱高是线性变化的，因此可取各层柱的上、下端截面作为控制截面。考虑到柱内一般采用对称配筋，柱子控制截面的最不利组合内力一般有：

$|M|_{max}$ 及相应的 N、V；

N_{max} 及相应的 M;

N_{min} 及相应的 M。

13.7.2 竖向可变荷载的最不利位置

作用于框架结构上的竖向荷载有永久荷载和可变荷载两种，永久荷载对结构作用的位置和大小是按恒定不变考虑的，结构分析时一般是将所有永久荷载全部作用在结构上一次性求出其内力。而竖向可变荷载的作用位置和大小是可变的，不同的可变荷载布置方式会在结构内产生不同的内力。因此，应该根据不同的截面位置及内力要求，根据最不利的可变荷载布置方式计算内力，方可获得竖向可变荷载作用下的截面最不利内力。

框架结构竖向可变荷载主要是楼面活荷载和屋面活荷载，二者作用性质基本相同。求竖向活荷载最不利布置内力的方法常采用“最不利荷载位置法”，即根据影响线直接确定某最不利内力的活荷载布置后求出结构内力。但是在高层建筑中，按照上述方法的计算工作量十分巨大。考虑到作为一般民用及公共建筑的高层结构，竖向活荷载标准值仅为 1.5～2.5kN/m^2，竖向活荷载所产生的内力在组合后的截面内力中所占的比例很小，因此，在高层建筑结构的设计中可不考虑活荷载的不利布置，而按满布活荷载一次性计算出结构的内力。

13.7.3 梁端弯矩调幅

按照框架结构的合理破坏形式，在梁端出现塑性铰是允许的；为了便于浇筑混凝土，也往往希望节点处梁的负钢筋放得少些；而对于装配式或装配整体式框架，节点并非绝对刚性，梁端实际弯矩将小于其弹性计算值。因此，在进行框架结构设计时，一般均对梁端弯矩进行调幅，即人为地减小梁端负弯矩，减少节点附近梁顶面的配筋量。

梁端弯矩的调幅方法如下所示：

框架梁 AB 在竖向荷载作用下，梁端最大负弯矩分别为 M_{A0}、M_{B0}，梁跨中最大正弯矩为 M_{C0}，则调幅后梁端弯矩可取

$$M_A = \beta M_{A0} \tag{13-16}$$

$$M_B = \beta M_{B0} \tag{13-17}$$

式中 β——弯矩调幅系数。

对于现浇框架，可取 β=0.8-0.9；对于装配整体式框架，由于接头焊接不牢或由于节点区混凝土灌注不密实等原因，节点容易产生变形而达不到绝对刚性，框架梁端的实际弯矩比弹性计算值要小。因此，弯矩调幅系数允许取得低一些，一般取 β=0.7～0.8。

梁端弯矩调幅后，在相应荷载作用下的跨中弯矩必将增加，这时应校核梁的静力平衡条件，即调幅后梁端弯矩 M_A、M_B 的平均值与跨中最大正弯矩 M_C 之和应大于按简支梁计算的跨中弯矩值 M_0。

$$\frac{|M_A + M_B|}{2} + M_{C0} \geqslant M_0 \tag{13-18}$$

弯矩调幅只对竖向荷载作用下的内力进行，即水平荷载作用下产生的弯矩不参加调幅，故弯矩调幅应在荷载效应组合之前进行。框架梁端负弯矩调幅后，梁跨中弯矩应按平衡条件相应增大，即梁截面设计时所采用的跨中截面正弯矩设计值不应小于竖向荷载作用下按简支梁计算的跨中弯矩设计值的 50%。

【知识归纳】

1．框架结构是指由梁和柱以刚接相连接构成承重体系的结构，即由梁和柱组成框架共同抵抗使用过程中出现的水平和竖向荷载作用。

2．节点可分为刚接节点、铰接节点和半刚接节点，一般取决于施工方案和构造措施。在结构计算简图中框架梁的跨度为柱子轴线间距，框架的层高(框架柱的长度)即为相应的建筑层高，而底层柱的长度则应从基础顶面算起。框架梁截面惯性矩应考虑楼板的影响。

3．框架结构在竖向荷载作用下的内力计算采用力矩分配法和分层总和法。

4．框架结构在水平荷载作用下的内力计算可采用反弯点法和 D 值法。

5．反弯点法假定：①梁的线刚度与柱的线刚度之比为无限大；②除底层外，各层框架柱的反弯点位于层高的中点，对于底层柱子，则假定其反弯点位于距支座 2/3 层高处。

6．为简化计算，D 值法假定：①柱及与其上下相邻的柱子的线刚度相等；②柱及与其上下相邻柱的层间位移相等；③柱两端节点及与其上下左右相邻的各个节点的转角相等。

7．柱反弯点高度影响因素：梁柱线刚度比、层数、层次，上下横梁线刚度比，层高变化等。

8. 框架梁控制截面的最不利组合内力一般有：梁端截面：$-M_{\max}$，$+M_{\max}$，$V_{\max}$；梁跨中截面：$+M_{\max}$。

9．框架柱控制截面的最不利组合内力一般有：$|M|_{\max}$ 及相应的 N、V；$N_{\max}$ 及相应的 M；$N_{\min}$ 及相应的 M。

【独立思考】

13-1 简述框架结构的概念和框架结构的优缺点。

13-2 框架结构在竖向荷载作用下的内力计算采用力矩分配法的基本假定有哪些？为什么采用这些假定？

13-3 简述框架结构在水平荷载作用下的内力计算反弯点法和 D 值法的区别和适用范围。

13-4 D 值法计算框架结构在水平荷载作用下的内力时，为何要对柱反弯点高度进行修正？如何修正？

13-5 框架梁、柱控制截面的最不利组合内力一般有哪些？

13-6 高层建筑结构设计中如何考虑竖向可变荷载的最不利布置？

13-7 为什么要对梁端弯矩进行调幅，如何调整？

【实战演练】

以校区内一典型多层教学楼为例：

13-1 按其建筑设计及使用要求布置成框架结构。①注意平面、立面布置要求；②确定柱网、柱截面、梁截面、板厚等；③确定计算的简化模型(选取 1 榀典型框架)；④计算构件(梁、柱)线刚度，$i=EI/l$。

13-2 对演练 13-1③简化模型进行竖向荷载作用下内力(弯矩)计算(可不考虑可变荷载，永久荷载只考虑结构层，混凝土容重 25kN/m^3)。

13-3 对演练 13-1③简化模型进行水平荷载作用下内力(弯矩)计算(可计算风荷载，或假定每层所受集中力)。

附录A　等截面等跨连续梁在常用荷载作用下的内力系数表

1．在均布及三角形荷载作用下

$$M=表中系数\times ql_0^2，V=表中系数\times ql_0$$

2．在集中荷载作用下

$$M=表中系数\times Fl_0，V=表中系数\times F$$

3．内力正负号规定

M——使截面上部受压、下部受拉为正；

V——对邻近截面所产生的力矩沿顺时针方向者为正。

两跨梁～五跨梁见附表A-1～附表A-4。

附表A-1　两跨梁

荷载图	跨内最大弯矩		支座弯矩	剪力		
	M_1	M_2	M_B	V_A	$V_{B左}$ $V_{B右}$	V_C
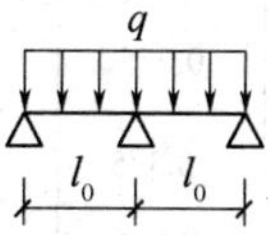 q l_0　l_0	0.070	0.070	−0.125	0.375	−0.625 0.625	-0.375
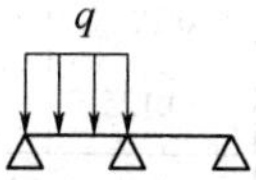 q	0.096	—	−0.063	0.437	−0.563 0.063	0.063
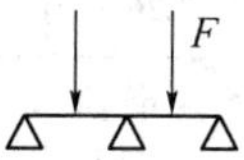 F	0.156	0.156	−0.188	0.312	−0.688 0.688	-0.312
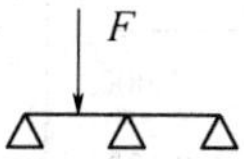 F	0.203	—	−0.094	0.406	−0.594 0.094	0.094
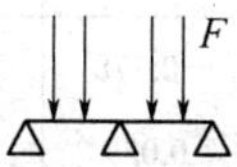 F	0.222	0.222	−0.333	0.667	−1.333 1.333	-0.667
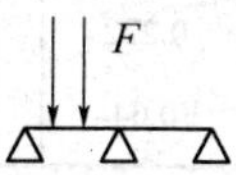 F	0.278	—	−0.167	0.833	−1.167 0.167	0.167

附表 A-2　三跨梁

荷载图	跨内最大弯矩		支座弯矩		剪力			
	M_1	M_2	M_B	M_C	V_A	$V_{B左}$ $V_{B右}$	$V_{C左}$ $V_{C右}$	V_D
q l_0 l_0 l_0	0.080	0.025	−0.100	−0.100	0.400	−0.600 0.500	−0.500 0.600	−0.400
q	0.101	—	−0.050	−0.050	0.450	−0.550 0	0 0.550	−0.450
q	—	0.075	−0.050	−0.050	0.050	−0.050 0.500	−0.500 0.050	0.050
q	0.073	0.054	−0.117	−0.033	0.383	−0.617 0.583	−0.417 0.033	0.033
q	0.094	—	−0.067	0.017	0.433	−0.567 0.083	−0.083 −0.017	−0.017
F	0.175	0.100	−0.150	−0.150	0.350	−0.650 0.500	−0.500 0.650	−0.350
F	0.213	—	−0.075	−0.075	0.425	−0.575 0	0 0.575	−0.425
F	—	0.175	−0.075	−0.075	-0.075	−0.075 0.500	−0.500 0.075	0.075
F	0.162	0.137	−0.175	−0.050	0.325	−0.675 0.625	−0.375 0.050	0.050
F	0.200	—	−0.100	0.025	0.400	−0.600 0.125	0.125 −0.125	−0.025
F	0.244	0.067	−0.267	−0.267	0.733	−1.267 1.000	−1.000 1.267	−0.733
F	0.289	—	−0.133	−0.133	0.866	−1.134 0	0 1.134	−0.866
F	—	0.200	−0.133	−0.133	-0.133	−0.133 1.000	−1.000 0.133	0.133
F	0.229	0.170	−0.311	−0.089	0.689	−1.311 1.222	−0.778 0.089	0.089
F	0.274	—	−0.178	0.044	0.822	−1.178 0.222	0.222 −0.044	−0.044

附表 A-3　四跨梁

荷载图	跨内最大弯矩				支座弯矩			剪力				
	M_1	M_2	M_3	M_4	M_B	M_C	M_D	V_A	$V_{B左}$ $V_{B右}$	$V_{C左}$ $V_{C右}$	$V_{D左}$ $V_{D右}$	V_E
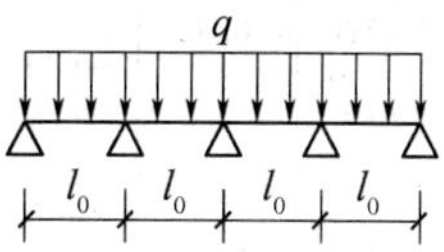	0.077	0.036	0.036	0.077	−0.107	−0.071	−0.107	−0.393	−0.607 0.536	−0.464 0.464	−0.536 0.607	−0.393
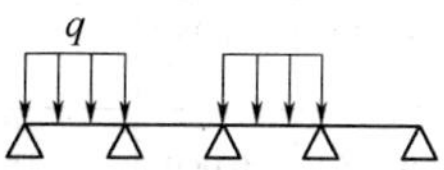	0.100	—	0.081	—	−0.054	−0.036	−0.054	0.446	−0.554 0.018	0.018 0.482	−0.518 0.054	0.054
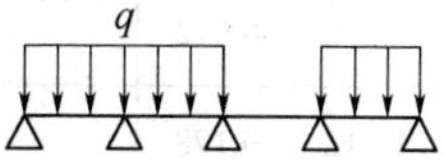	0.072	0.061	—	0.098	−0.121	−0.018	−0.058	0.380	−0.620 0.603	−0.397 0.040	−0.040 0.058	−0.442
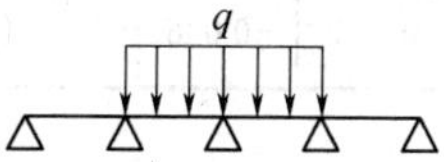	—	0.056	0.056	—	−0.036	0.107	−0.036	−0.036	−0.036 0.429	−0.571 0.571	−0.429 0.036	0.036
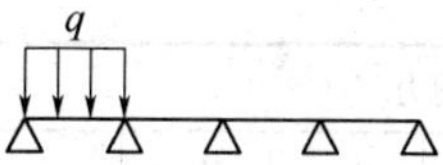	0.094	—	—	—	−0.067	0.018	−0.004	0.433	−0.567 0.085	0.085 −0.022	−0.022 0.004	0.004
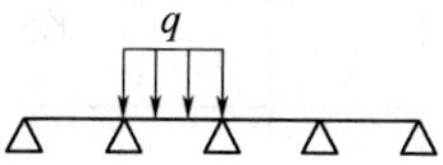	—	0.071	—	—	−0.049	−0.054	0.013	−0.049	−0.049 0.496	−0.504 0.067	0.067 −0.013	−0.013
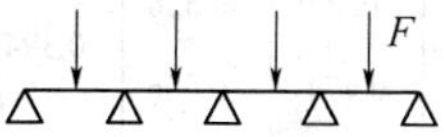	0.169	0.116	0.116	0.169	−0.161	−0.107	−0.161	0.339	−0.661 0.554	−0.446 0.446	−0.554 0.661	−0.339
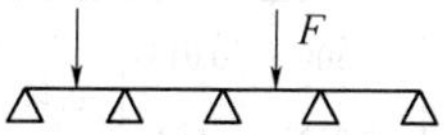	0.210	—	0.183	—	−0.089	−0.054	−0.080	0.420	−0.580 0.027	0.027 0.473	−0.527 0.080	0.080
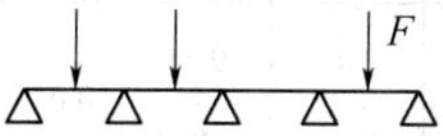	0.159	0.146	—	0.206	−0.181	−0.027	−0.087	0.319	−0.681 0.654	−0.346 −0.060	−0.060 0.587	−0.413
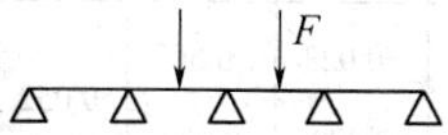	—	0.142	0.142	—	−0.054	−0.161	−0.054	0.054	−0.054 0.393	−0.607 0.607	−0.393 0.054	0.054
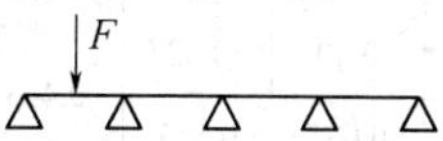	0.200	—	—	—	−0.100	−0.027	−0.007	0.400	−0.600 0.127	0.127 −0.033	−0.033 0.007	0.007
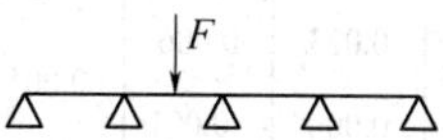	—	0.173	—	—	−0.074	−0.080	0.020	−0.074	−0.074 0.493	−0.507 0.100	0.100 −0.020	−0.020
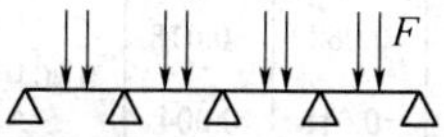	0.238	0.111	0.111	0.238	−0.286	−0.191	−0.286	0.714	1.286 1.095	−0.905 0.905	−1.095 1.286	−0.714
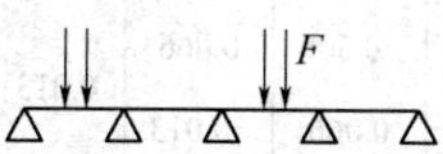	0.286	—	0.222	—	−0.143	−0.095	−0.143	0.857	−1.143 0.048	0.048 0.952	−1.048 0.143	0.143

(续)

荷载图	跨内最大弯矩				支座弯矩			剪力				
	M_1	M_2	M_3	M_4	M_B	M_C	M_D	V_A	$V_{B左}$ $V_{B右}$	$V_{C左}$ $V_{C右}$	$V_{D左}$ $V_{D右}$	V_E
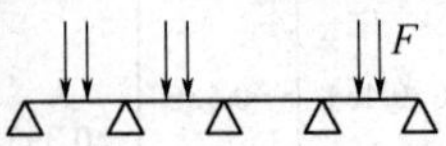	0.226	0.194	—	0.282	−0.321	−0.048	−0.155	0.679	−1.321 1.274	−0.726 −0.107	−0.107 1.155	−0.845
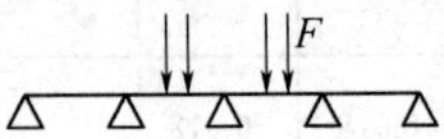	—	0.175	0.175	—	−0.095	−0.286	−0.095	−0.095	−0.095 0.810	−1.190 1.190	−0.810 0.095	0.095
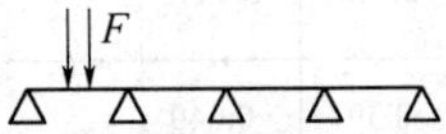	0.274	—	—	—	−0.178	0.048	−0.012	0.822	−1.178 0.226	0.226 −0.060	−0.060 0.012	0.012
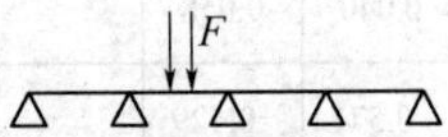	—	0.198	—	—	−0.131	−0.143	0.036	−0.131	−0.131 0.988	−1.012 0.178	0.178 −0.036	−0.036

附表 A-4 五跨梁

荷载图	跨内最大弯矩			支座弯矩				剪力					
	M_1	M_2	M_3	M_B	M_C	M_D	M_E	V_A	$V_{B左}$ $V_{B右}$	$V_{C左}$ $V_{C右}$	$V_{D左}$ $V_{D右}$	$V_{E左}$ $V_{E右}$	V_F
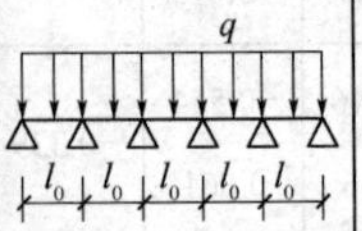	0.078	0.033	0.046	−0.105	−0.079	−0.079	−0.105	0.394	−0.606 0.526	−0.474 0.500	−0.500 0.474	−0.526 −0.606	−0.394
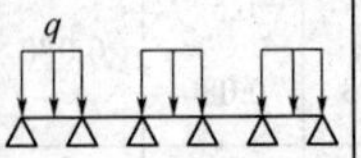	0.100	—	0.085	−0.053	−0.040	−0.040	−0.053	0.447	−0.553 0.013	0.013 0.500	−0.500 −0.013	−0.013 0.553	−0.447
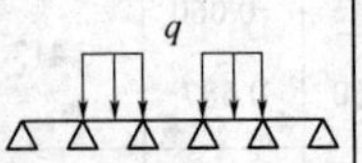		0.079	—	−0.053	0.040	−0.040	−0.053	−0.053	−0.053 0.513	−0.487 0	0 0.487	−0.513 0.053	0.053
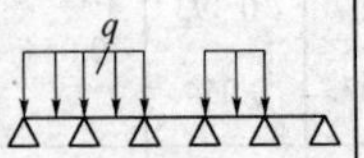	0.073	②0.059/ 0.078	—	−0.119	−0.022	0.044	−0.051	0.380	−0.620 0.598	−0.402 −0.023	−0.023 0.493	−0.507 0.052	0.052
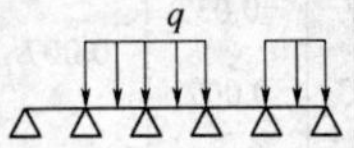	①—/ 0.098	0.055	0.064	−0.035	−0.111	−0.020	−0.057	−0.035	−0.035 0.424	−0.576 0.591	−0.409 0.037	−0.037 0.557	−0.443
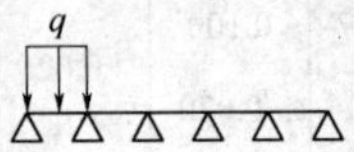	0.094	—	—	−0.067	0.018	−0.005	0.001	0.443	0.567 0.085	0.085 −0.023	0.023 0.006	0.006 −0.001	−0.001
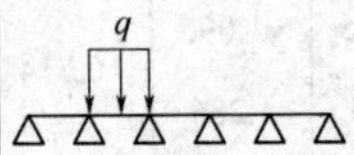	—	0.074	—	−0.049	−0.054	0.014	−0.004	−0.049	−0.049 0.495	−0.505 0.068	0.068 −0.018	−0.018 0.004	0.004
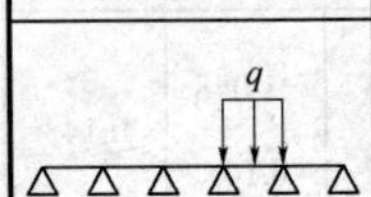	—	—	0.072	0.013	−0.053	−0.053	0.013	0.013	0.013 −0.066	−0.066 0.500	−0.500 0.066	0.066 −0.013	0.013

(续)

荷载图	跨内最大弯矩			支座弯矩				剪力					
	M_1	M_2	M_3	M_B	M_C	M_D	M_E	V_A	$V_{B左}$ $V_{B右}$	$V_{C左}$ $V_{C右}$	$V_{D左}$ $V_{D右}$	$V_{E左}$ $V_{E右}$	V_F
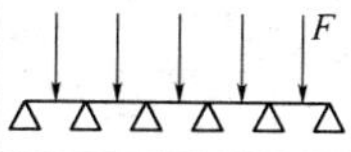 F	0.171	0.112	0.132	−0.158	−0.118	−0.118	−0.158	0.342	−0.658 0.540	−0.460 0.500	−0.500 0.460	−0.540 0.658	−0.342
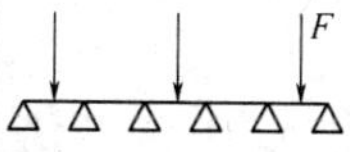 F	0.211	—	0.1910	−0.079	−0.059	−0.059	−0.079	0.421	−0.579 0.020	0.020 0.500	−0.500 −0.020	−0.020 0.579	−0.421
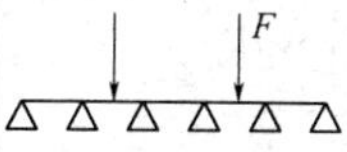 F	—	0.181	—	−0.079	−0.059	−0.079	−0.079	−0.079	−0.079 0.520	−0.480 0	0 0.480	−0.520 0.079	0.079
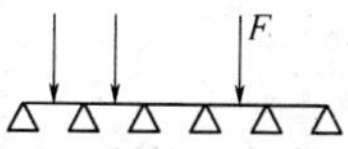 F	0.160	②0.144/ 0.178	—	−0.179	−0.032	−0.066	−0.077	0.321	−0.679 0.647	−0.363 −0.034	−0.034 0.489	−0.551 0.077	0.077
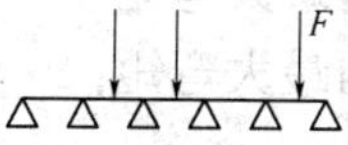 F	①—/ 0.207	0.140	0.151	−0.052	−0.167	−0.031	−0.086	−0.052	−0.052 0.385	−0.615 0.637	−0.363 −0.056	−0.056 0.586	−0.414
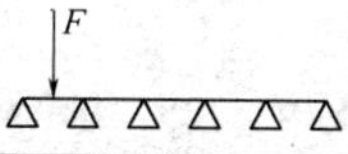 F	0.200	—	—	−0.100	0.027	−0.007	0.002	0.400	−0.600 0.127	0.127 −0.031	−0.034 0.009	0.009 −0.002	−0.002
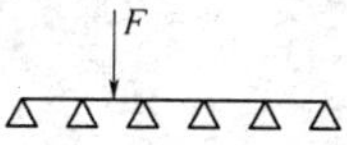 F	—	0.173	—	−0.073	−0.081	0.022	−0.005	−0.073	−0.073 0.493	−0.507 0.102	0.102 −0.027	−0.027 0.005	0.005
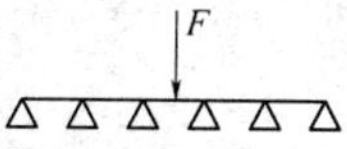 F	—	—	0.171	0.020	−0.079	−0.079	0.020	0.020	0.020 −0.099	−0.099 0.500	−0.500 0.099	0.099 −0.020	−0.020
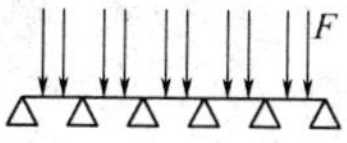 F	0.240	0.100	0.122	−0.281	−0.211	0.211	−0.281	0.719	−1.281 1.070	−0.930 1.000	−1.000 0.930	1.070 1.281	−0.719
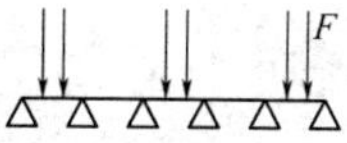 F	0.287	—	0.228	−0.140	−0.105	−0.105	−0.140	0.860	−1.140 0.035	0.035 1.000	1.000 −0.035	−0.035 1.140	−0.860
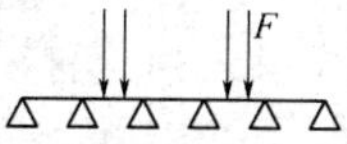 F	—	0.216	—	−0.140	−0.105	−0.105	−0.140	−0.140	−0.140 1.035	−0.965 0	0.000 0.965	−1.035 0.140	0.140
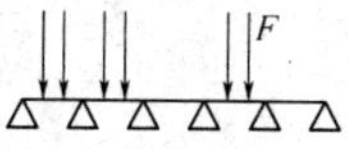 F	0.227	②0.189/ 0.209	—	−0.319	−0.057	−0.118	−0.137	0.681	−1.319 1.262	−0.738 −0.061	−0.061 0.981	−1.019 0.137	0.137
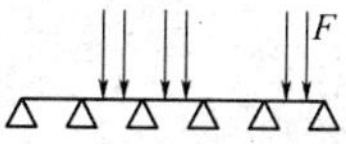 F	①—/ 0.282	0.172	0.198	−0.093	−0.297	−0.054	−0.153	−0.093	−0.093 0.796	−1.204 1.243	−0.757 −0.099	−0.099 1.153	−0.847
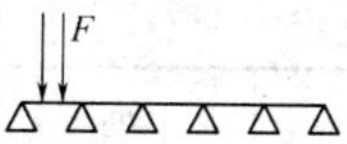 F	0.274	—	—	−0.179	0.048	−0.013	0.003	0.821	−1.179 0.227	0.227 −0.061	−0.061 0.016	0.016 −0.003	−0.003
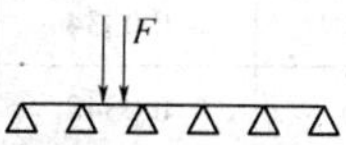 F	—	0.198	—	−0.131	−0.144	0.038	−0.010	−0.131	−0.131 0.987	−1.013 0.182	0.182 −0.048	−0.048 0.010	0.010
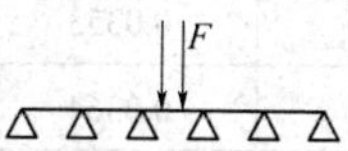 F	—	—	0.193	0.035	−0.140	−0.140	0.035	0.035	0.035 −0.175	−0.175 1.000	−1.000 0.175	0.175 −0.035	−0.035

注：①分子及分母分别为 M_1 及 M_5 的弯矩系数；②分子及分母分别为 M_2 及 M_4 的弯矩系数

附录 B　双向板计算系数表

符号说明：

B_c——板的抗弯刚度，$B_c=\dfrac{Eh^3}{12(1-\mu^2)}$；

E——混凝土弹性模量；

h——板厚；

μ——混凝土泊松比。

f，f_{max}——板中心点的挠度和最大挠度；

m_x，$m_{x,max}$——分别为平行于 l_{0x} 方向板中心点单位板宽内的弯矩和板跨内最大弯矩；

m_y，$m_{y,max}$——分别为平行于 l_{0y} 方向板中心点单位板宽内的弯矩和板跨内最大弯矩；

m'_x——固定边中点沿 l_{0x} 方向单位板宽内的弯矩；

m'_y——固定边中点沿 l_{0y} 方向单位板宽内的弯矩。

----代表简支边；ШШШ代表固定边。

正负号的规定：

弯矩——使板的受荷面受压者为正；

挠度——变形与荷载方向相同者为正。

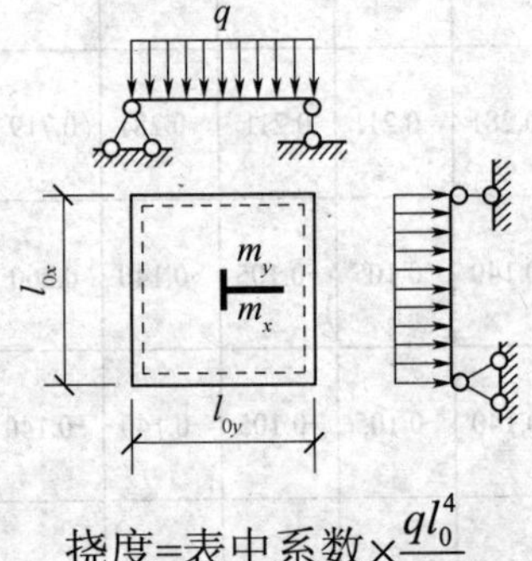

$$挠度=表中系数\times\frac{ql_0^4}{B_c}$$

$$\mu=0，弯矩=表中系数\times ql_0^2；$$

式中，l_0 取用 l_{0x} 和 l_{0y} 中之较小者。

附表 B-1　四边简支

l_{0x}/l_{0y}	f	m_x	m_y	l_{0x}/l_{0y}	f	m_x	m_y
0.50	0.01013	0.0965	0.0174	0.80	0.00603	0.0561	0.0334
0.55	0.00940	0.0892	0.0210	0.85	0.00547	0.0506	0.0348
0.60	0.00867	0.0820	0.0242	0.90	0.00496	0.0456	0.0353
0.65	0.00796	0.0750	0.0271	0.95	0.00449	0.0410	0.0364
0.70	0.00727	0.0683	0.0296	1.00	0.00406	0.0368	0.0368
0.75	0.00663	0.0620	0.0317				

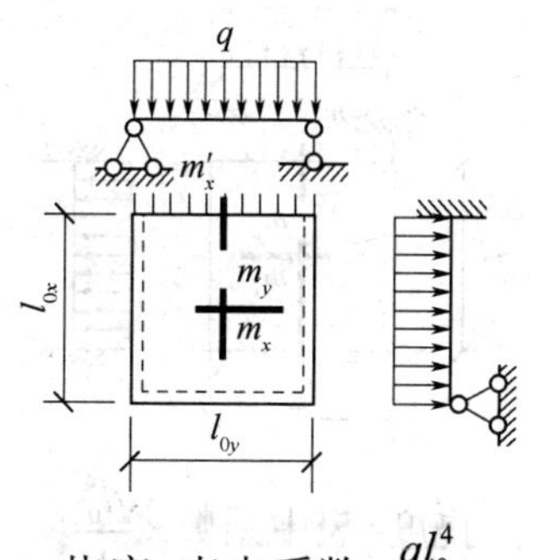

$$\text{挠度}=\text{表中系数}\times\frac{ql_0^4}{B_c}$$

$\mu=0$，弯矩=表中系数$\times ql_0^2$；

式中，l_0 取用 l_{0x} 和 l_{0y} 中之较小者。

附表 B-2　三边简支、一边固定

l_{0x}/l_{0y}	l_{0x}/l_{0y}	f	f_{max}	m_x	$m_{x,max}$	m_y	$m_{y,max}$	m_x'
0.50		0.00488	0.00504	0.0588	0.0646	0.0060	0.0063	−0.1212
0.55		0.00471	0.00492	0.0563	0.0618	0.0081	0.0087	−0.1187
0.60		0.00453	0.00472	0.0539	0.0589	0.0104	0.0111	−0.1158
0.65		0.00432	0.00448	0.0513	0.0559	0.0126	0.0133	−0.1124
0.70		0.00410	0.00422	0.0485	0.0529	0.0148	0.0154	−0.1087
0.75		0.00388	0.00399	0.0457	0.0496	0.0168	0.0174	−0.1048
0.80		0.00365	0.00376	0.0428	0.0463	0.0187	0.0193	−0.1007
0.85		0.00343	0.00352	0.0400	0.0431	0.0204	0.0211	−0.0965
0.90		0.00321	0.00329	0.0372	0.0400	0.0219	0.0226	−0.0922
0.95		0.00299	0.00306	0.0345	0.0369	0.0232	0.0239	−0.0880
1.00	1.00	0.00279	0.00285	0.0319	0.0340	0.0243	0.0249	−0.0839
	0.95	0.00316	0.00324	0.0324	0.0345	0.0280	0.0287	−0.0882
	0.90	0.00360	0.00368	0.0328	0.0347	0.0322	0.0330	−0.0926
	0.85	0.00409	0.00417	0.0329	0.0347	0.0370	0.0378	−0.0970
	0.80	0.00464	0.00473	0.0326	0.0343	0.0424	0.0433	−0.1014
	0.75	0.00526	0.00536	0.0319	0.0335	0.0485	0.0494	−0.1056
	0.70	0.00595	0.00605	0.0308	0.0323	0.0553	0.0562	−0.1096
	0.65	0.00670	0.00580	0.0291	0.0306	0.0627	0.0637	−0.1133
	0.60	0.00752	0.00762	0.0268	0.0289	0.0707	0.0717	−0.1166
	0.55	0.00838	0.00848	0.0239	0.0271	0.0792	0.0801	−0.1193
	0.50	0.00927	0.00935	0.0205	0.0249	0.0880	0.0880	−0.1215

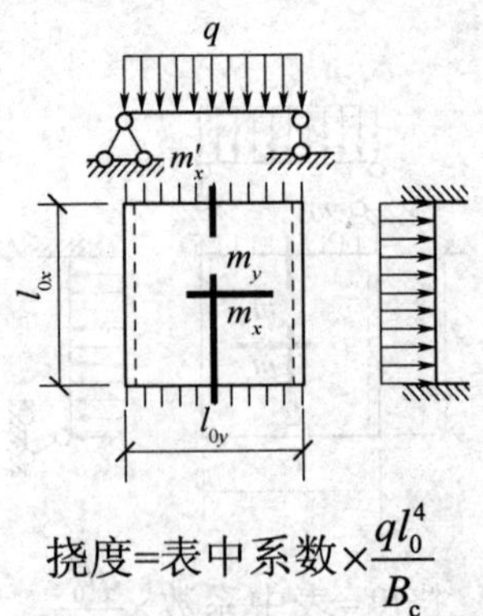

$$挠度=表中系数\times\frac{ql_0^4}{B_c}$$

μ=0，弯矩=表中系数$\times ql_0^2$；

式中，l_0 取用 l_{0x} 和 l_{0y} 中之较小者。

附表 B-3　对边简支、对边固定

l_{0x}/l_{0y}	l_{0x}/l_{0y}	f	m_x	m_y	m_x'
0.50		0.00261	0.0416	0.0017	−0.0843
0.55		0.00259	0.0410	0.0028	−0.0840
0.60		0.00255	0.0402	0.0042	−0.0843
0.65		0.00250	0.0392	0.0057	−0.0826
0.70		0.00243	0.0379	0.0072	−0.0814
0.75		0.00236	0.0366	0.0088	−0.0799
0.80		0.00228	0.0351	0.0103	−0.0782
0.85		0.00220	0.0335	0.0118	−0.0763
0.90		0.00211	0.0319	0.0133	−0.0743
0.95		0.00201	0.0302	0.0146	−0.0721
1.00	1.00	0.00192	0.0285	0.0158	−0.0698
	0.95	0.00223	0.0296	0.0189	−0.0746
	0.90	0.00260	0.0306	0.0224	−0.0797
	0.85	0.00303	0.0314	0.0266	−0.0850
	0.80	0.00354	0.0319	0.0316	−0.0904
	0.75	0.00413	0.0321	0.0374	−0.0959
	0.70	0.00482	0.0318	0.0441	−0.1013
	0.65	0.00560	0.0308	0.0518	−0.1066
	0.60	0.00647	0.0292	0.0604	−0.1114
	0.55	0.00743	0.0267	0.0698	−0.1156
	0.50	0.00844	0.0234	0.0798	−0.1191

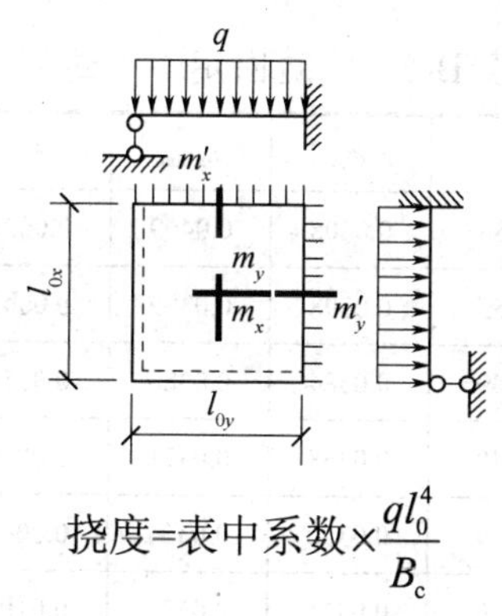

$$挠度=表中系数\times\frac{ql_0^4}{B_c}$$

$\mu=0$，弯矩=表中系数$\times ql_0^2$；

式中，l_0取用l_{0x}和l_{0y}中之较小者。

附表 B-4　邻边简支、邻边固定

l_{0x}/l_{0y}	f	f_{max}	m_x	$m_{x,max}$	m_y	$m_{y,max}$	M_x'	M_y'
0.50	0.00468	0.00471	0.0559	0.0562	0.0079	0.0135	−0.1179	−0.0786
0.55	0.00445	0.00454	0.0529	0.0530	0.0104	0.0153	−0.1140	−0.0785
0.60	0.00419	0.00429	0.0496	0.0498	0.0129	0.0169	−0.1095	−0.0782
0.65	0.00391	0.00399	0.0461	0.0465	0.0151	0.0183	−0.1045	−0.0777
0.70	0.00363	0.00368	0.0426	0.0432	0.0172	0.0195	−0.0992	−0.0770
0.75	0.00335	0.00340	0.0390	0.0396	0.0189	0.0206	−0.0938	−0.0760
0.80	0.00308	0.00313	0.0356	0.0361	0.0204	0.0218	−0.0883	−0.0748
0.85	0.00281	0.00286	0.0322	0.0328	0.0215	0.0229	−0.0829	−0.0733
0.90	0.00256	0.00261	0.0291	0.0297	0.0224	0.0238	−0.0776	−0.0716
0.95	0.00232	0.00237	0.0261	0.0267	0.0230	0.0244	−0.0726	−0.0698
1.00	0.00210	0.00215	0.0234	0.0240	0.0234	0.0249	−0.0667	−0.0677

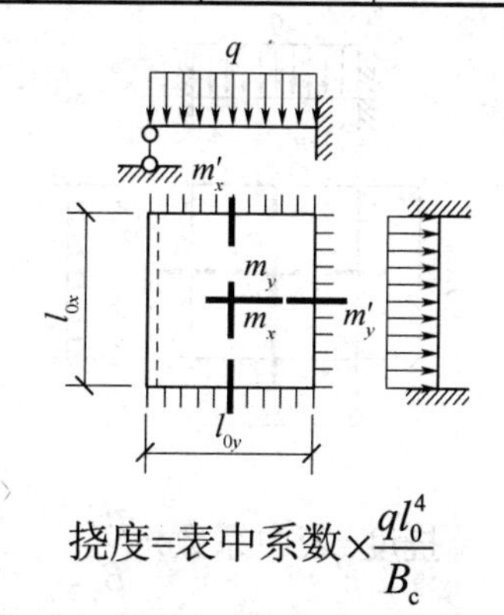

$$挠度=表中系数\times\frac{ql_0^4}{B_c}$$

$\mu=0$，弯矩=表中系数$\times ql_0^2$；

式中，l_0取用l_{0x}和l_{0y}中之较小者。

附表 B-5 三边固定、一边简支

l_{0x}/l_{0y}	l_{0y}/l_{0x}	f	f_{max}	m_x	$m_{x,max}$	M_y	$M_{y,max}$	M'_x	M'_y
0.50		0.00257	0.00258	0.0408	0.0409	0.0028	0.0089	−0.0836	−0.0569
0.55		0.00252	0.00255	0.0398	0.0399	0.0042	0.0093	−0.0827	−0.0570
0.60		0.00245	0.00249	0.0384	0.0386	0.0059	0.0105	−0.0814	−0.0571
0.65		0.00237	0.00240	0.0368	0.0371	0.0076	0.0116	−0.0796	−0.0572
0.70		0.00227	0.00229	0.0350	0.0354	0.0093	0.0127	−0.0774	−0.0572
0.75		0.00216	0.00219	0.0331	0.0335	0.0109	0.0137	−0.0750	−0.0572
0.80		0.00205	0.00208	0.0310	0.0314	0.0124	0.0147	−0.0722	−0.0570
0.85		0.00193	0.00196	0.0289	0.0293	0.0138	0.0155	−0.0693	−0.0567
0.90		0.00181	0.00184	0.0268	0.0273	0.0159	0.0163	−0.0663	−0.0563
0.95		0.00169	0.00172	0.0247	0.0252	0.0160	0.0172	−0.0631	−0.0558
1.00	1.00	0.00157	0.00160	0.0227	0.0231	0.0168	0.0180	−0.0600	−0.0550
	0.95	0.00178	0.00182	0.0229	0.0234	0.0194	0.0207	−0.0629	−0.0599
	0.90	0.00201	0.00206	0.0228	0.0234	0.0223	0.0238	−0.0656	−0.0653
	0.85	0.00227	0.00233	0.0225	0.0231	0.0255	0.0273	−0.0683	−0.0711
	0.80	0.00256	0.00262	0.0219	0.0224	0.0290	0.0311	−0.0707	−0.0772
	0.75	0.00286	0.00294	0.0208	0.0214	0.0329	0.0354	−0.0729	−0.0837
	0.70	0.00319	0.00327	0.0184	0.0200	0.0370	0.0400	−0.0748	−0.0903
	0.65	0.00352	0.00365	0.0175	0.0182	0.0412	0.0446	−0.0762	−0.0970
	0.60	0.00386	0.00403	0.0153	0.0160	0.0454	0.0493	−0.0773	−0.1033
	0.55	0.00419	0.00437	0.0127	0.0133	0.0496	0.0541	−0.0780	−0.1093
	0.50	0.00449	0.00463	0.0099	0.0103	0.0534	0.0588	−0.0784	−0.1146

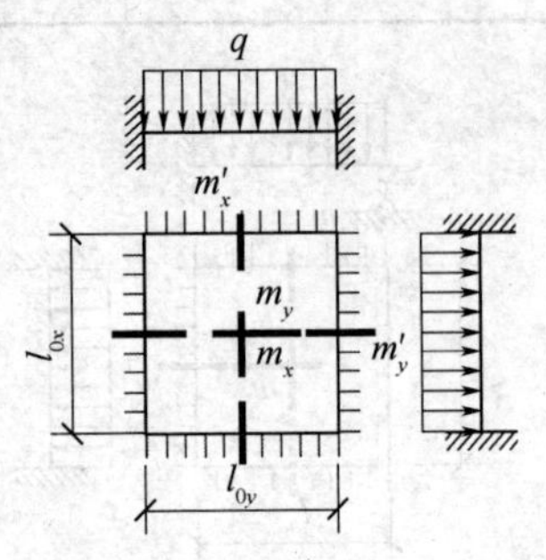

$$挠度=表中系数\times\frac{ql_0^4}{B_c}$$

μ=0，弯矩=表中系数$\times ql_0^2$；

式中，l_0取用l_{0x}和l_{0y}中之较小者。

附表 B-6　四边固定

l_{0x}/l_{0y}	f	m_x	m_y	m'_x	m'_y
0.50	0.00253	0.0400	0.0038	−0.0829	−0.0570
0.55	0.00246	0.0385	0.0056	−0.0814	−0.0571
0.60	0.00236	0.0367	0.0076	−0.0793	−0.0571
0.65	0.00224	0.0345	0.0095	−0.0766	−0.0571
0.70	0.00211	0.0321	0.0113	0.0735	−0.069
0.75	0.00197	0.0296	0.0130	0.0701	−0.0565
0.80	0.00182	0.0271	0.0144	−0.0664	−0.0559
0.75	0.00168	0.0246	0.0156	−0.0626	−0.0551
0.90	0.00153	0.0221	0.0165	−0.0588	−0.0541
0.95	0.00140	0.0198	0.0172	−0.0550	−0.0528
1.00	0.00127	0.0176	0.0176	−0.0513	−0.0513

附录 C　等效均布荷载 q_1

序号	1	2	3	4	5	6
荷载草图	F; $l_0/2$, $l_0/2$	F, F; $l_0/3$, $l_0/3$, $l_0/3$	F, F, F; $l_0/4$, $l_0/4$, $l_0/4$, $l_0/4$	F, F, F; $l_0/6$, $l_0/3$, $l_0/3$, $l_0/6$	F, F, F, F; $l_0/8$, $l_0/4$, $l_0/4$, $l_0/4$, $l_0/8$	F, F, F, F; $a/2$, a, a, a, $a/2$; $l_0=na$
q_1	$\frac{3}{2}\frac{F}{l_0}$	$\frac{8}{3}\frac{F}{l_0}$	$\frac{15}{4}\frac{F}{l_0}$	$\frac{19}{6}\frac{F}{l_0}$	$\frac{33}{8}\frac{F}{l_0}$	$\frac{(2n^2+1)}{2n}\frac{F}{l_0}$
序号	7	8	9	10	11	12
荷载草图	q; b, a, b; $a/l_0=\alpha$	q; $l_0/4$, $l_0/2$, $l_0/4$	q; a, b, a; $a/l_0=\alpha$, $b/l_0=\beta$	q, q; $l_0/3$, $l_0/3$, $l_0/3$	F, F, F, F; $l_0/5$, $l_0/5$, $l_0/5$, $l_0/5$, $l_0/5$	F, F, F, F, F; a, a, a, a, a, a; $l_0=na$
q_1	$\frac{\alpha(3-\alpha^2)}{2}q$	$\frac{11}{16}q$	$\frac{2(2+\beta)a^2}{l^2}q$	$\frac{14}{27}q$	$\frac{24}{5}\frac{F}{l_0}$	$\frac{n^2-1}{n}\frac{F}{l_0}$
序号	13	14	15	16	17	18
荷载草图	F, F; $l_0/4$, $l_0/2$, $l_0/4$	q	q, q	q; a; $a/l_0=\alpha$	q, q; a, b, a; $a/l_0=\alpha$	F; a, b; l_0; $a/l_0=\alpha$, $b/l_0=\beta$
q_1	$\frac{9}{4}\frac{F}{l_0}$	$\frac{5}{8}q$	$\frac{17}{32}q$	$\frac{\alpha}{4}\left(3-\frac{\alpha^2}{2}\right)q$	$(1-2\alpha^2+\alpha^3)q$	$q_{1左}=4\beta(1-\beta^2)\frac{F}{l_0}$ $q_{1右}=4\alpha(1-\alpha^2)\frac{F}{l_0}$

附录 D　单阶柱柱顶反力与水平位移系数值

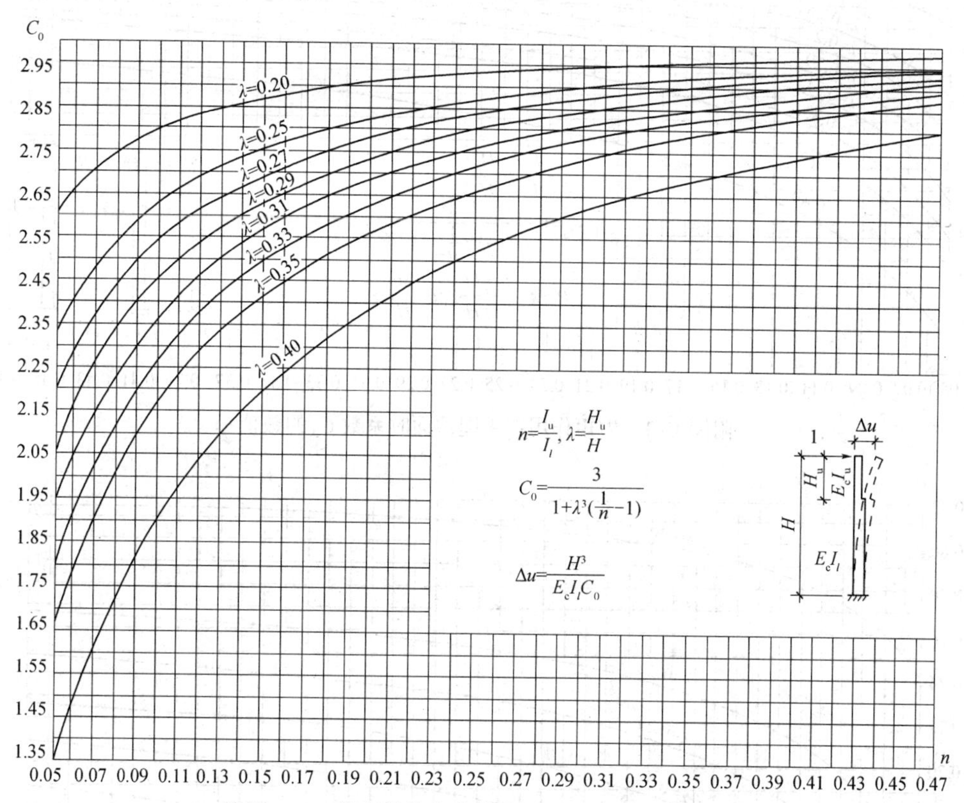

附图 D-1　柱顶单位集中荷载作用下系数 C_0 的数值

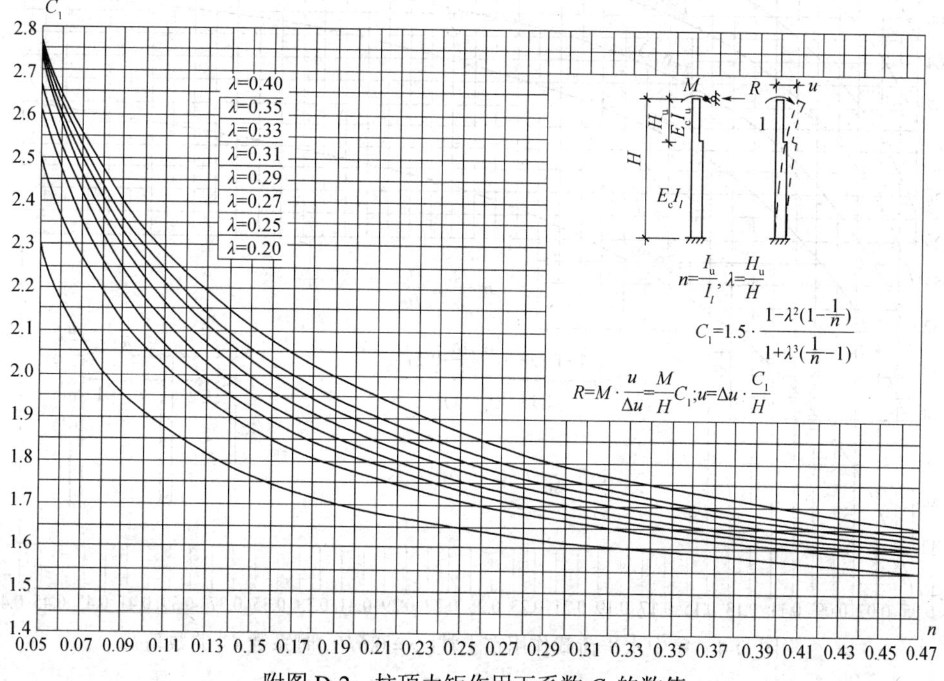

附图 D-2　柱顶力矩作用下系数 C_1 的数值

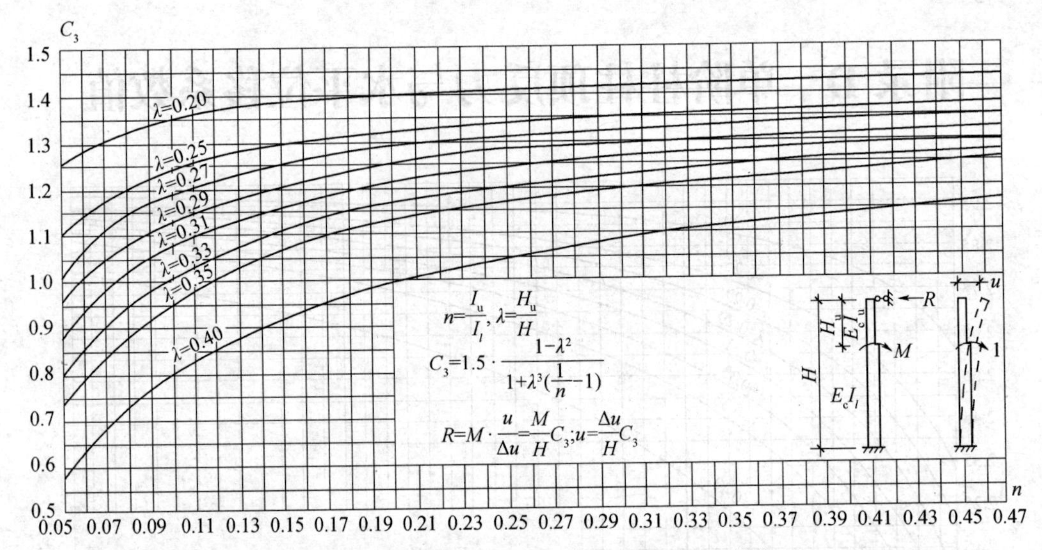

附图 D-3　力矩作用在牛腿顶面时系数 C_3 的数值

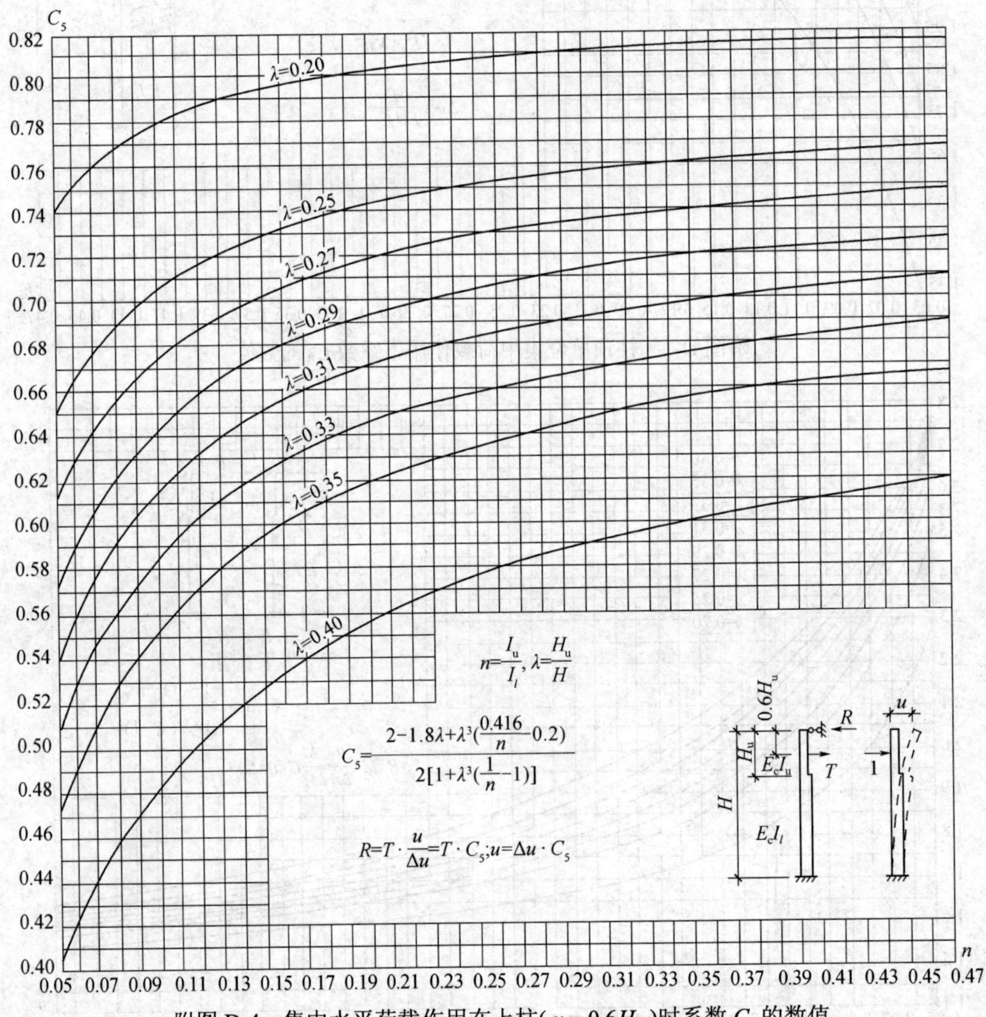

附图 D-4　集中水平荷载作用在上柱($y=0.6H_u$)时系数 C_5 的数值

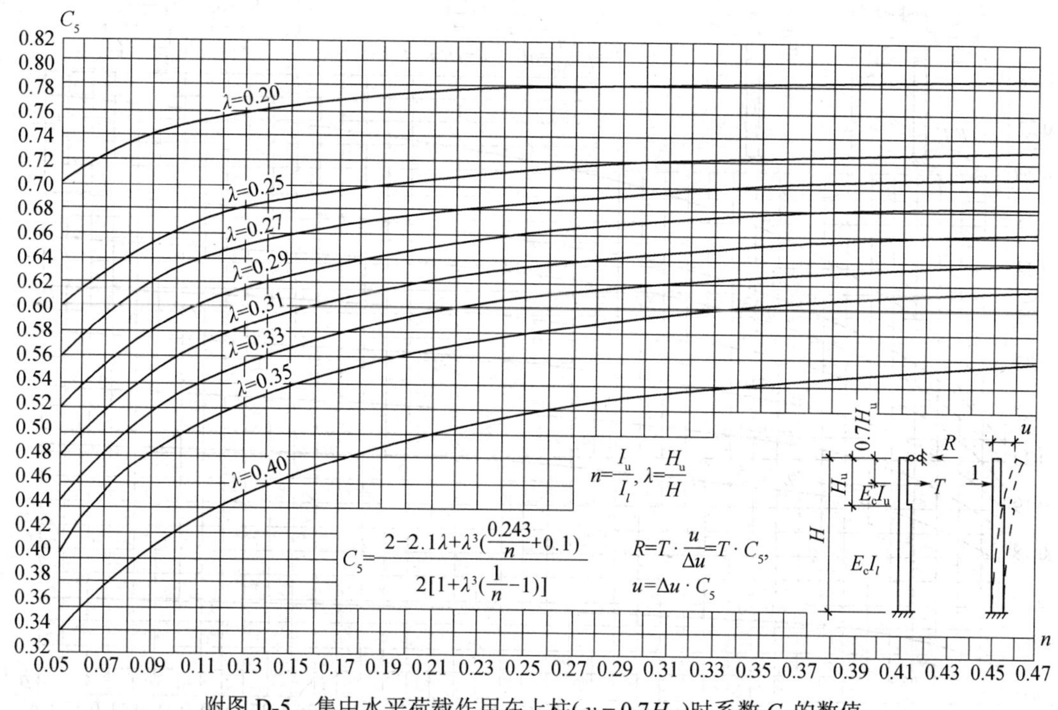

附图 D-5 集中水平荷载作用在上柱($y=0.7H_u$)时系数 C_5 的数值

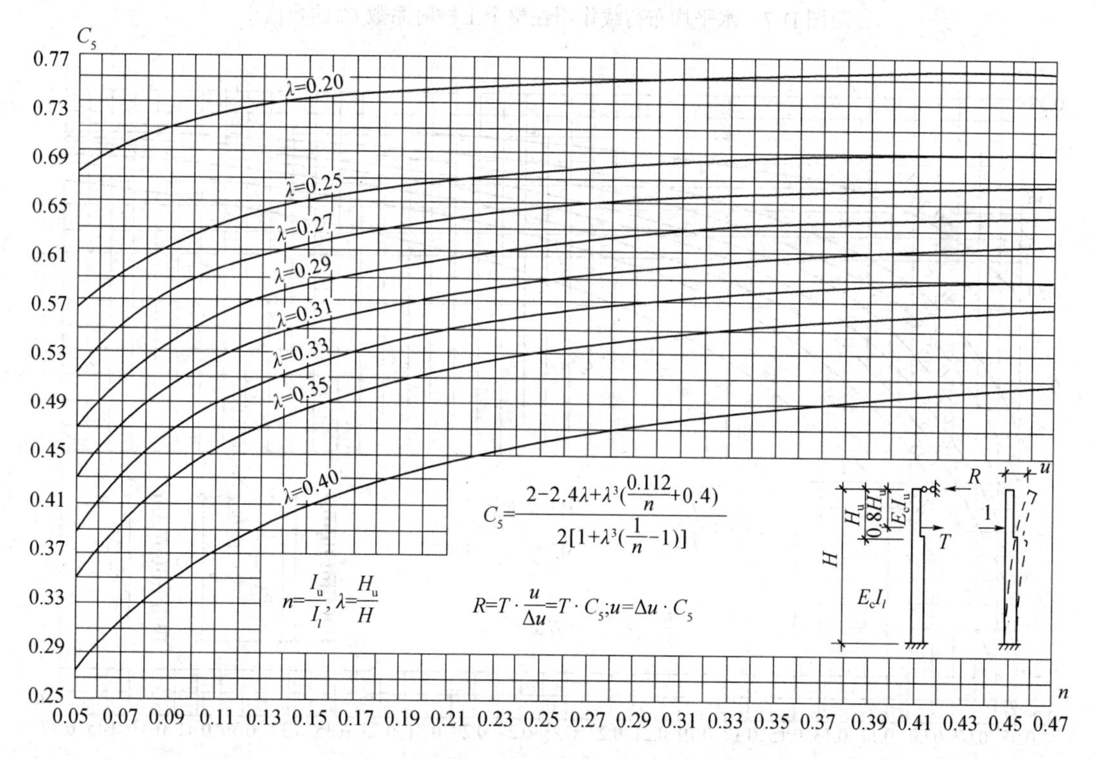

附图 D-6 集中水平荷载作用在上柱($y=0.8H_u$)时系数 C_5 的数值

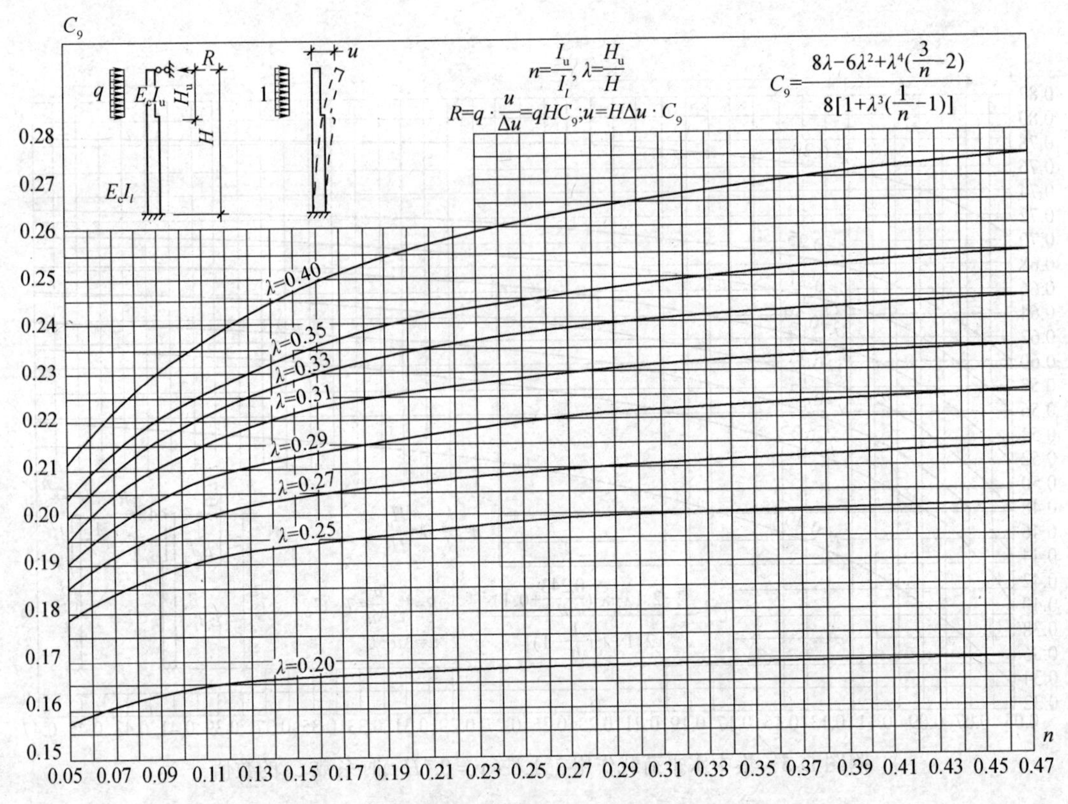

附图 D-7　水平均布荷载作用在整个上柱时系数 C_9 的数值

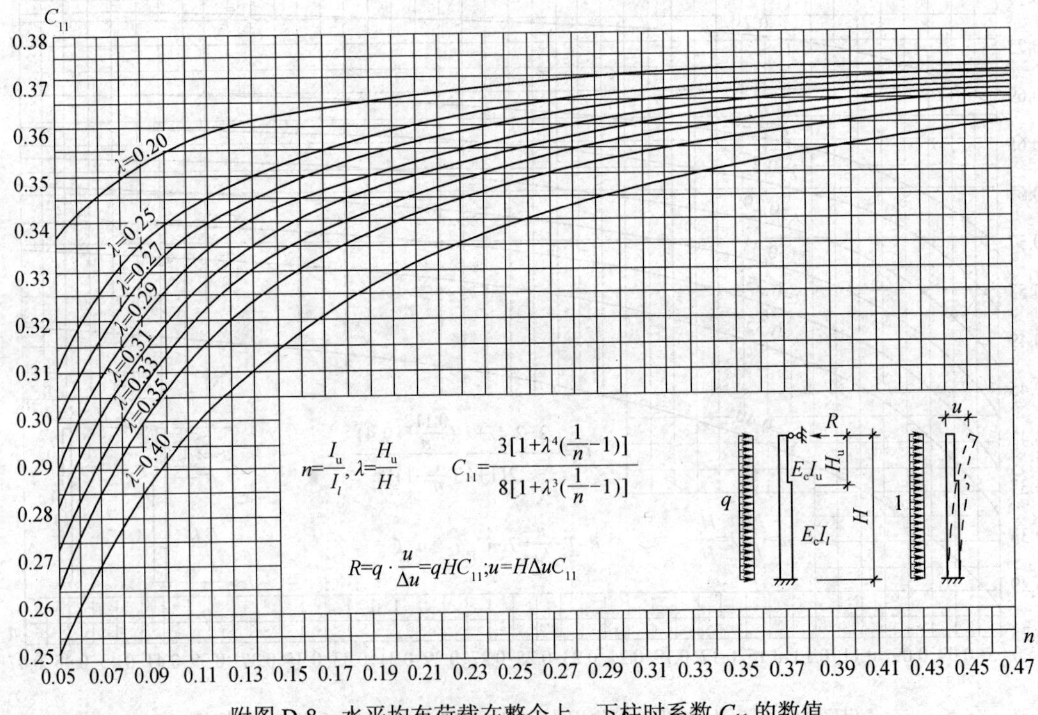

附图 D-8　水平均布荷载在整个上、下柱时系数 C_{11} 的数值

附录 E 规则框架承受均布及倒三角分布水平力作用时反弯点的高度比

附表 E-1 规则框架承受均布水平力作用时标准反弯点高度比 y_0 表

总层数	层号	K													
m	n	0.1	0.2	0.3	0.4	0.5	0.6	0.7	0.8	0.9	1.0	2.0	3.0	4.0	5.0
1	1	0.80	0.75	0.70	0.65	0.65	0.60	0.60	0.60	0.60	0.55	0.55	0.55	0.55	0.55
2	2	0.45	0.40	0.35	0.35	0.35	0.35	0.40	0.40	0.40	0.40	0.45	0.45	0.45	0.45
	1	0.95	0.80	0.75	0.70	0.65	0.65	0.65	0.60	0.60	0.60	0.55	0.55	0.55	0.50
3	3	0.15	0.20	0.20	0.25	0.30	0.30	0.30	0.35	0.35	0.35	0.40	0.45	0.45	0.45
	2	0.55	0.50	0.45	0.45	0.45	0.45	0.45	0.45	0.45	0.45	0.45	0.50	0.50	0.50
	1	1.00	0.85	0.80	0.75	0.70	0.70	0.65	0.65	0.65	0.60	0.55	0.55	0.55	0.55
4	4	−0.05	0.05	0.15	0.20	0.25	0.30	0.30	0.35	0.35	0.35	0.40	0.45	0.45	0.45
	3	0.25	0.30	0.30	0.35	0.35	0.40	0.40	0.40	0.40	0.45	0.45	0.50	0.50	0.50
	2	0.60	0.55	0.50	0.50	0.45	0.45	0.45	0.45	0.45	0.45	0.50	0.50	0.50	0.50
	1	1.10	0.90	0.80	0.75	0.70	0.70	0.65	0.65	0.65	0.60	0.55	0.55	0.55	0.55
5	5	−0.20	0.00	0.15	0.20	0.25	0.30	0.30	0.30	0.35	0.35	0.40	0.45	0.45	0.45
	4	0.10	0.20	0.25	0.30	0.35	0.35	0.40	0.40	0.40	0.40	0.45	0.45	0.50	0.50
	3	0.40	0.40	0.40	0.40	0.40	0.45	0.45	0.45	0.45	0.45	0.50	0.50	0.50	0.50
	2	0.65	0.55	0.50	0.50	0.50	0.50	0.50	0.50	0.50	0.50	0.50	0.50	0.50	0.50
	1	1.20	0.95	0.80	0.75	0.75	0.70	0.70	0.65	0.65	0.65	0.55	0.55	0.55	0.55
6	6	−0.30	0.00	0.10	0.20	0.25	0.25	0.30	0.30	0.35	0.35	0.40	0.45	0.45	0.45
	5	0.00	0.20	0.25	0.30	0.35	0.35	0.40	0.40	0.40	0.40	0.45	0.45	0.50	0.50
	4	0.20	0.30	0.35	0.35	0.40	0.40	0.40	0.45	0.45	0.45	0.45	0.50	0.50	0.50
	3	0.40	0.40	0.40	0.45	0.45	0.45	0.45	0.45	0.45	0.45	0.50	0.50	0.50	0.50
	2	0.70	0.60	0.55	0.50	0.50	0.50	0.50	0.50	0.50	0.50	0.50	0.50	0.50	0.50
	1	1.20	0.95	0.85	0.80	0.75	0.70	0.70	0.65	0.65	0.65	0.55	0.55	0.55	0.55
7	7	−0.35	−0.05	0.10	0.20	0.20	0.25	0.30	0.30	0.35	0.35	0.40	0.45	0.45	0.45
	6	−0.10	0.15	0.25	0.30	0.35	0.35	0.35	0.40	0.40	0.40	0.45	0.45	0.50	0.50
	5	0.10	0.25	0.30	0.35	0.40	0.40	0.40	0.45	0.45	0.45	0.45	0.50	0.50	0.50
	4	0.30	0.35	0.40	0.40	0.40	0.45	0.45	0.45	0.45	0.45	0.50	0.50	0.50	0.50
	3	0.50	0.45	0.45	0.45	0.45	0.45	0.45	0.45	0.45	0.45	0.50	0.50	0.50	0.50
	2	0.75	0.60	0.55	0.50	0.50	0.50	0.50	0.50	0.50	0.50	0.50	0.50	0.50	0.50
	1	1.20	0.95	0.85	0.80	0.75	0.70	0.70	0.65	0.65	0.65	0.55	0.55	0.55	0.55

(续)

总层数	层号	K													
m	n	0.1	0.2	0.3	0.4	0.5	0.6	0.7	0.8	0.9	1.0	2.0	3.0	4.0	5.0
8	8	−0.35	−0.05	0.10	0.15	0.25	0.25	0.30	0.30	0.35	0.35	0.40	0.45	0.45	0.45
	7	−1.00	0.15	0.25	0.30	0.35	0.35	0.40	0.40	0.40	0.40	0.45	0.50	0.50	0.50
	6	0.05	0.25	0.30	0.35	0.40	0.40	0.40	0.45	0.45	0.45	0.45	0.50	0.50	0.50
	5	0.20	0.30	0.35	0.40	0.40	0.40	0.45	0.45	0.45	0.45	0.50	0.50	0.50	0.50
	4	0.35	0.40	0.40	0.45	0.45	0.45	0.45	0.45	0.45	0.45	0.50	0.50	0.50	0.50
	3	0.50	0.45	0.45	0.45	0.45	0.45	0.45	0.45	0.50	0.50	0.50	0.50	0.50	0.50
	2	0.75	0.60	0.55	0.55	0.55	0.50	0.50	0.50	0.50	0.50	0.50	0.50	0.50	0.50
	1	1.20	1.00	0.85	0.80	0.80	0.75	0.70	0.65	0.65	0.65	0.55	0.55	0.55	0.55
9	9	−0.40	−0.05	0.10	0.20	0.25	0.25	0.30	0.30	0.35	0.35	0.45	0.45	0.45	0.45
	8	−0.15	1.05	0.25	0.30	0.35	0.35	0.35	0.40	0.40	0.40	0.45	0.45	0.50	0.45
	7	0.05	0.25	0.30	0.35	0.40	0.40	0.40	0.45	0.45	0.45	0.45	0.50	0.50	0.50
	6	0.15	0.30	0.35	0.40	0.40	0.45	0.45	0.45	0.45	0.45	0.50	0.50	0.50	0.50
	5	0.25	0.35	0.40	0.40	0.45	0.45	0.45	0.45	0.45	0.45	0.50	0.50	0.50	0.50
	4	0.40	0.40	0.40	0.45	0.45	0.45	0.45	0.45	0.45	0.45	0.50	0.50	0.50	0.50
	3	0.55	0.45	0.45	0.45	0.45	0.45	0.45	0.45	0.50	0.50	0.50	0.50	0.50	0.50
	2	0.80	0.65	0.55	0.55	0.50	0.50	0.50	0.50	0.50	0.50	0.50	0.50	0.50	0.50
	1	1.20	1.00	0.85	0.80	0.75	0.70	0.70	0.65	0.65	0.65	0.55	0.55	0.55	0.55
10	10	−0.40	−0.05	0.10	0.20	0.25	0.30	0.30	0.30	0.35	0.40	0.40	0.45	0.45	0.45
	9	−0.15	0.15	0.25	0.30	0.35	0.35	0.40	0.40	0.40	0.45	0.45	0.45	0.50	0.50
	8	0.00	0.25	0.30	0.35	0.40	0.40	0.40	0.45	0.45	0.45	0.45	0.50	0.50	0.50
	7	0.10	0.30	0.35	0.40	0.40	0.45	0.45	0.45	0.45	0.50	0.50	0.50	0.50	0.50
	6	0.20	0.35	0.40	0.40	0.45	0.45	0.45	0.45	0.45	0.50	0.50	0.50	0.50	0.50
	5	0.30	0.40	0.40	0.45	0.45	0.45	0.45	0.45	0.45	0.50	0.50	0.50	0.50	0.50
	4	0.40	0.40	0.45	0.45	0.45	0.45	0.45	0.45	0.45	0.50	0.50	0.50	0.50	0.50
	3	0.55	0.50	0.45	0.45	0.45	0.50	0.50	0.50	0.50	0.50	0.50	0.50	0.50	0.50
	2	0.80	0.65	0.55	0.55	0.55	0.50	0.50	0.50	0.50	0.50	0.50	0.50	0.50	0.50
	1	1.30	1.00	0.85	0.80	0.75	0.70	0.70	0.65	0.65	0.60	0.60	0.55	0.55	0.55
11	11	−0.40	−0.05	−0.10	0.20	0.25	0.30	0.30	0.30	0.35	0.35	0.40	0.45	0.45	0.45
	10	−0.15	0.15	0.25	0.30	0.35	0.35	0.40	0.40	0.40	0.40	0.45	0.45	0.50	0.50
	9	0.00	0.25	0.30	0.35	0.40	0.40	0.40	0.45	0.45	0.45	0.45	0.50	0.50	0.50
	8	0.10	0.30	0.35	0.40	0.40	0.45	0.45	0.45	0.45	0.45	0.50	0.50	0.50	0.50
	7	0.20	0.35	0.40	0.45	0.45	0.45	0.45	0.45	0.45	0.45	0.50	0.50	0.50	0.50
	6	0.25	0.35	0.40	0.45	0.45	0.45	0.45	0.45	0.45	0.45	0.50	0.50	0.50	0.50
	5	0.35	0.40	0.40	0.45	0.45	0.45	0.45	0.45	0.45	0.50	0.50	0.50	0.50	0.50
	4	0.40	0.45	0.45	0.45	0.45	0.45	0.45	0.50	0.50	0.50	0.50	0.50	0.50	0.50

(续)

总层数 *m*	层号 *n*	*K* 0.1	 0.2	 0.3	 0.4	 0.5	 0.6	 0.7	 0.8	 0.9	 1.0	 2.0	 3.0	 4.0	 5.0
11	3	0.55	0.50	0.50	0.50	0.50	0.50	0.50	0.50	0.50	0.50	0.50	0.50	0.50	0.50
	2	0.80	0.65	0.60	0.55	0.55	0.50	0.50	0.50	0.50	0.50	0.50	0.50	0.50	0.50
	1	1.30	1.00	0.85	0.80	0.75	0.70	0.70	0.65	0.65	0.65	0.60	0.55	0.55	0.55
12 以上	1	−0.40	−0.05	0.10	0.20	0.25	0.30	0.30	0.30	0.35	0.35	0.40	0.45	0.45	0.45
	2	−0.15	0.15	0.25	0.30	0.35	0.35	0.40	0.40	0.40	0.40	0.45	0.45	0.50	0.50
	3	0.00	0.25	0.30	0.35	0.40	0.40	0.40	0.45	0.45	0.45	0.50	0.50	0.50	0.50
	4	0.10	0.30	0.35	0.40	0.40	0.45	0.45	0.45	0.45	0.45	0.50	0.50	0.50	0.50
	5	0.20	0.35	0.45	0.40	0.45	0.45	0.45	0.45	0.45	0.45	0.50	0.50	0.50	0.50
	6	0.25	0.35	0.40	0.45	0.45	0.45	0.45	0.45	0.45	0.45	0.50	0.50	0.50	0.50
	7	0.30	0.40	0.40	0.45	0.45	0.45	0.45	0.45	0.50	0.50	0.50	0.50	0.50	0.50
	8	0.35	0.40	0.45	0.45	0.45	0.45	0.45	0.50	0.50	0.50	0.50	0.50	0.50	0.50
	中间	0.40	0.40	0.45	0.45	0.45	0.45	0.50	0.50	0.50	0.50	0.50	0.50	0.50	0.50
	4	0.45	0.45	0.45	0.45	0.50	0.50	0.50	0.50	0.50	0.50	0.50	0.50	0.50	0.50
	3	0.60	0.50	0.50	0.50	0.50	0.50	0.50	0.50	0.50	0.50	0.50	0.50	0.50	0.50
	2	0.80	0.65	0.60	0.55	0.55	0.50	0.50	0.50	0.50	0.50	0.50	0.50	0.50	0.50
	↑1	1.30	1.00	0.85	0.80	0.75	0.70	0.70	0.65	0.65	0.65	0.55	0.55	0.55	0.55

注：

i_1 i_2

i_c

i_3 i_4

$$K=\frac{i_1+i_2+i_3+i_4}{2i_c}$$

附表 E-2　规则框架承受倒三角分布水平力作用时反弯点高度比 y_0 表

总层数 *m*	层号 *n*	*K* 0.1	 0.2	 0.3	 0.4	 0.5	 0.6	 0.7	 0.8	 0.9	 1.0	 2.0	 3.0	 4.0	 5.0
1	1	0.80	0.75	0.70	0.65	0.65	0.60	0.60	0.60	0.60	0.55	0.55	0.55	0.55	0.55
2	2	0.50	0.45	0.40	0.40	0.40	0.40	0.40	0.40	0.40	0.45	0.45	0.45	0.45	0.50
	1	1.00	0.85	0.75	0.70	0.70	0.65	0.65	0.65	0.60	0.60	0.55	0.55	0.55	0.55
3	3	0.25	0.25	0.25	0.30	0.30	0.35	0.35	0.35	0.40	0.40	0.45	0.45	0.45	0.50
	2	0.60	0.50	0.50	0.50	0.50	0.45	0.45	0.45	0.45	0.45	0.50	0.50	0.50	0.50
	1	1.15	0.90	0.80	0.75	0.75	0.70	0.70	0.65	0.65	0.65	0.60	0.55	0.55	0.55

(续)

总层数	层号	K													
m	n	0.1	0.2	0.3	0.4	0.5	0.6	0.7	0.8	0.9	1.0	2.0	3.0	4.0	5.0
4	4	0.10	0.15	0.20	0.25	0.30	0.30	0.35	0.35	0.35	0.40	0.45	0.45	0.45	0.45
	3	0.35	0.35	0.35	0.40	0.40	0.40	0.40	0.45	0.45	0.45	0.45	0.50	0.50	0.50
	2	0.70	0.60	0.55	0.50	0.50	0.50	0.50	0.50	0.50	0.50	0.50	0.50	0.50	0.50
	1	1.20	0.95	0.85	0.80	0.75	0.70	0.70	0.70	0.65	0.65	0.55	0.55	0.55	0.55
5	5	−0.05	0.10	0.20	0.25	0.30	0.30	0.35	0.35	0.35	0.35	0.40	0.45	0.45	0.45
	4	0.20	0.25	0.35	0.35	0.40	0.40	0.40	0.40	0.40	0.45	0.45	0.50	0.50	0.50
	3	0.45	0.40	0.45	0.45	0.45	0.45	0.45	0.45	0.45	0.45	0.50	0.50	0.50	0.50
	2	0.75	0.60	0.55	0.55	0.50	0.50	0.50	0.50	0.50	0.50	0.50	0.50	0.50	0.50
	1	1.30	1.00	0.85	0.80	0.75	0.70	0.70	0.65	0.65	0.65	0.65	0.55	0.55	0.55
6	6	−0.15	0.05	0.15	0.20	0.25	0.30	0.30	0.35	0.35	0.35	0.40	0.45	0.45	0.45
	5	0.10	0.25	0.30	0.35	0.35	0.40	0.40	0.40	0.45	0.45	0.45	0.50	0.50	0.50
	4	0.30	0.35	0.40	0.40	0.45	0.45	0.45	0.45	0.45	0.45	0.50	0.50	0.50	0.50
	3	0.50	0.45	0.45	0.45	0.45	0.45	0.45	0.45	0.45	0.50	0.50	0.50	0.50	0.50
	2	0.80	0.65	0.55	0.55	0.55	0.50	0.50	0.50	0.50	0.50	0.50	0.50	0.50	0.50
	1	1.30	1.00	0.85	0.80	0.75	0.70	0.70	0.65	0.65	0.65	0.60	0.55	0.55	0.55
7	7	−0.20	0.05	0.15	0.20	0.25	0.30	0.30	0.35	0.35	0.35	0.45	0.45	0.45	0.45
	6	0.05	0.20	0.30	0.35	0.35	0.40	0.40	0.40	0.40	0.45	0.45	0.50	0.50	0.50
	5	0.20	0.30	0.35	0.40	0.40	0.45	0.45	0.45	0.45	0.45	0.50	0.50	0.50	0.50
	4	0.35	0.40	0.40	0.45	0.45	0.45	0.45	0.45	0.45	0.45	0.50	0.50	0.50	0.50
	3	0.55	0.50	0.50	0.50	0.50	0.50	0.50	0.50	0.50	0.50	0.50	0.50	0.50	0.50
	2	0.80	0.65	0.60	0.55	0.55	0.55	0.50	0.50	0.50	0.50	0.50	0.50	0.50	0.50
	1	1.30	1.00	0.90	0.80	0.75	0.70	0.70	0.70	0.65	0.65	0.60	0.55	0.55	0.55
8	8	−0.20	0.05	0.15	0.20	0.25	0.30	0.30	0.30	0.35	0.35	0.45	0.45	0.45	0.45
	7	0.00	0.20	0.30	0.35	0.35	0.40	0.40	0.40	0.40	0.45	0.45	0.50	0.50	0.50
	6	0.15	0.30	0.35	0.40	0.40	0.45	0.45	0.45	0.45	0.45	0.50	0.50	0.50	0.50
	5	0.30	0.40	0.40	0.45	0.45	0.45	0.45	0.45	0.45	0.45	0.50	0.50	0.50	0.50
	4	0.40	0.45	0.45	0.45	0.45	0.45	0.45	0.45	0.50	0.50	0.50	0.50	0.50	0.50
	3	0.60	0.50	0.50	0.50	0.50	0.50	0.50	0.50	0.50	0.50	0.50	0.50	0.50	0.50
	2	0.85	0.65	0.60	0.55	0.55	0.55	0.50	0.50	0.50	0.50	0.50	0.50	0.50	0.50
	1	1.30	1.00	0.90	0.80	0.75	0.70	0.70	0.70	0.70	0.65	0.60	0.55	0.55	0.55
9	9	−0.25	0.00	0.15	0.20	0.25	0.30	0.30	0.35	0.35	0.40	0.45	0.45	0.45	0.45
	8	0.00	0.20	0.30	0.35	0.35	0.40	0.40	0.40	0.40	0.45	0.45	0.50	0.50	0.50
	7	0.15	0.30	0.35	0.40	0.40	0.45	0.45	0.45	0.45	0.45	0.50	0.50	0.50	0.50
	6	0.25	0.35	0.40	0.40	0.45	0.45	0.45	0.45	0.45	0.50	0.50	0.50	0.50	0.50
	5	0.35	0.40	0.45	0.45	0.45	0.45	0.45	0.45	0.50	0.50	0.50	0.50	0.50	0.50

(续)

总层数	层号	K													
m	*n*	0.1	0.2	0.3	0.4	0.5	0.6	0.7	0.8	0.9	1.0	2.0	3.0	4.0	5.0
9	4	0.45	0.45	0.45	0.45	0.45	0.50	0.50	0.50	0.50	0.50	0.50	0.50	0.50	0.50
	3	0.60	0.50	0.50	0.50	0.50	0.50	0.50	0.50	0.50	0.50	0.50	0.50	0.50	0.50
	2	0.85	0.65	0.60	0.55	0.55	0.55	0.55	0.50	0.50	0.50	0.50	0.50	0.50	0.50
	1	1.35	1.00	0.90	0.80	0.75	0.75	0.70	0.70	0.65	0.65	0.60	0.55	0.55	0.55
10	10	−0.25	0.00	0.15	0.20	0.25	0.30	0.30	0.35	0.35	0.40	0.45	0.45	0.45	0.45
	9	−0.10	0.20	0.30	0.35	0.35	0.40	0.40	0.40	0.40	0.45	0.45	0.50	0.50	0.50
	8	0.10	0.30	0.35	0.40	0.40	0.40	0.45	0.45	0.45	0.45	0.50	0.50	0.50	0.50
	7	0.20	0.35	0.40	0.40	0.45	0.45	0.45	0.45	0.45	0.50	0.50	0.50	0.50	0.50
	6	0.30	0.40	0.40	0.45	0.45	0.45	0.45	0.45	0.45	0.50	0.50	0.50	0.50	0.50
	5	0.40	0.45	0.45	0.45	0.45	0.45	0.45	0.50	0.50	0.50	0.50	0.50	0.50	0.50
	4	0.50	0.45	0.45	0.45	0.50	0.50	0.50	0.50	0.50	0.50	0.50	0.50	0.50	0.50
	3	0.60	0.55	0.50	0.50	0.50	0.50	0.50	0.50	0.50	0.50	0.50	0.50	0.50	0.50
	2	0.85	0.65	0.60	0.55	0.55	0.55	0.55	0.50	0.50	0.50	0.50	0.50	0.50	0.50
	1	1.35	1.00	0.90	0.80	0.75	0.75	0.70	0.70	0.65	0.65	0.60	0.55	0.55	0.55
11	11	−0.25	0.00	0.15	0.20	0.25	0.30	0.30	0.30	0.35	0.35	0.45	0.45	0.45	0.45
	10	−0.05	0.20	0.25	0.30	0.35	0.40	0.40	0.40	0.40	0.45	0.45	0.50	0.50	0.50
	9	0.10	0.30	0.35	0.40	0.40	0.40	0.45	0.45	0.45	0.45	0.50	0.50	0.50	0.50
	8	0.20	0.35	0.40	0.40	0.45	0.45	0.45	0.45	0.45	0.50	0.50	0.50	0.50	0.50
	7	0.25	0.40	0.40	0.45	0.45	0.45	0.45	0.45	0.45	0.50	0.50	0.50	0.50	0.50
	6	0.35	0.40	0.40	0.45	0.45	0.45	0.45	0.50	0.50	0.50	0.50	0.50	0.50	0.50
	5	0.40	0.45	0.45	0.45	0.45	0.50	0.50	0.50	0.50	0.50	0.50	0.50	0.50	0.50
	4	0.50	0.50	0.50	0.50	0.50	0.50	0.50	0.50	0.50	0.50	0.50	0.50	0.50	0.50
	3	0.65	0.55	0.60	0.50	0.50	0.50	0.50	0.50	0.50	0.50	0.50	0.50	0.50	0.50
	2	0.85	0.65	0.60	0.55	0.55	0.55	0.55	0.50	0.50	0.50	0.50	0.50	0.50	0.50
	1	1.35	1.05	0.90	0.80	0.75	0.75	0.70	0.70	0.65	0.65	0.60	0.55	0.55	0.55
12 以上	↓1	−0.30	0.00	0.15	0.20	0.25	0.30	0.30	0.30	0.35	0.35	0.40	0.45	0.45	0.45
	2	−0.10	0.20	0.25	0.30	0.35	0.40	0.40	0.40	0.40	0.40	0.45	0.45	0.45	0.50
	3	0.05	0.25	0.35	0.40	0.40	0.40	0.45	0.45	0.45	0.45	0.45	0.50	0.50	0.50
	4	0.15	0.30	0.40	0.40	0.45	0.45	0.45	0.45	0.45	0.45	0.45	0.50	0.50	0.50
	5	0.25	0.35	0.50	0.45	0.45	0.45	0.45	0.45	0.45	0.45	0.50	0.50	0.50	0.50
	6	0.30	0.40	0.50	0.45	0.45	0.45	0.45	0.50	0.45	0.50	0.50	0.50	0.50	0.50
	7	0.35	0.40	0.55	0.45	0.45	0.45	0.50	0.50	0.50	0.50	0.50	0.50	0.50	0.50
	8	0.35	0.45	0.55	0.45	0.50	0.50	0.50	0.50	0.50	0.50	0.50	0.50	0.50	0.50
	中间	0.45	0.45	0.55	0.45	0.50	0.50	0.50	0.50	0.50	0.50	0.50	0.50	0.50	0.50
	4	0.55	0.50	0.50	0.50	0.50	0.50	0.50	0.50	0.50	0.50	0.50	0.50	0.50	0.50
	3	0.65	0.55	0.50	0.50	0.50	0.50	0.50	0.50	0.50	0.50	0.50	0.50	0.50	0.50
	2	0.70	0.70	0.60	0.55	0.55	0.55	0.55	0.50	0.50	0.50	0.50	0.50	0.50	0.50
	↑1	1.35	1.05	0.90	0.80	0.75	0.70	0.70	0.70	0.65	0.65	0.60	0.55	0.55	0.55

附表 E-3　上、下层横梁线刚度比对 y_0 的修正值 y_1

	0.1	0.2	0.3	0.4	0.5	0.6	0.7	0.8	0.9	1.0	2.0	3.0	4.0	5.0
0.4	0.55	0.40	0.30	0.25	0.20	0.20	0.20	0.15	0.15	0.15	0.05	0.05	0.05	0.05
0.5	0.45	0.30	0.20	0.20	0.15	0.15	0.15	0.10	0.10	0.10	0.05	0.05	0.05	0.05
0.6	0.30	0.20	0.15	0.15	0.10	0.10	0.10	0.10	0.05	0.05	0.05	0.05	0	0
0.7	0.20	0.15	0.10	0.10	0.10	0.10	0.05	0.05	0.05	0.05	0.05	0	0	0
0.8	0.15	0.10	0.05	0.05	0.05	0.05	0.05	0.05	0.05	0	0	0	0	0
0.9	0.05	0.05	0.05	0.05	0	0	0	0	0	0	0	0	0	0

注：

i_1　i_2 / i_c / i_3　i_4

$I=\dfrac{i_1+i_2}{i_3+i_4}$，当 $i_1+i_2>i_3+i_4$ 时取 $I=\dfrac{i_3+i_4}{i_1+i_2}$，且 y_1 取负号；底层柱不考虑此修正

$K=\dfrac{i_1+i_2+i_3+i_4}{2i_c}$

附表 E-4　上、下层高变化对 y_0 的修正值 y_2 和 y_3

α_2	α_1 \ K	0.1	0.2	0.3	0.4	0.5	0.6	0.7	0.8	0.9	1.0	2.0	3.0	4.0	5.0
2.0		0.25	0.15	0.15	0.10	0.10	0.10	0.10	0.10	0.05	0.05	0.05	0.05	0	0
1.8		0.20	0.15	0.10	0.10	0.10	0.05	0.05	0.05	0.05	0.05	0.05	0	0	0
1.6	0.4	0.15	0.10	0.10	0.05	0.05	0.05	0.05	0.05	0.05	0.05	0	0	0	0
1.4	0.6	0.10	0.05	0.05	0.05	0.05	0.05	0.05	0.05	0.05	0	0	0	0	0
1.2	0.8	0.05	0.05	0.05	0	0	0	0	0	0	0	0	0	0	0
1.0	1.0	0	0	0	0	0	0	0	0	0	0	0	0	0	0
0.8	1.2	−0.05	−0.05	−0.05	0	0	0	0	0	0	0	0	0	0	0
0.6	1.4	−0.10	−0.05	−0.05	−0.05	−0.05	−0.05	−0.05	−0.05	0	0	0	0	0	0
0.4	1.6	−0.15	−0.10	−0.10	−0.05	−0.05	−0.05	−0.05	−0.05	−0.05	−0.05	0	0	0	0
	1.8	−0.20	−0.15	−0.10	−0.10	−0.10	−0.05	−0.05	−0.05	−0.05	−0.05	−0.05	0	0	0
	2.0	−0.25	−0.15	−0.15	−0.10	−0.10	−0.10	−0.10	−0.10	−0.05	−0.05	−0.05	−0.05	0	0

注：$\alpha_2=h_{上}/h$，$\alpha_3=h_{下}/h$，h 为计算层号，$h_{上}$ 为上一层层高，$h_{下}$ 为下一层层高；y_2 按 K 及 α_2 查表，上层较高时为正值，对顶层不考虑该项修正；y_3 按 K 及 α_3 查表，对底层不考虑此项修正

参 考 文 献

[1] 中华人民共和国住房和城乡建设部. GB50010—2010 混凝土结构设计规范[S]. 北京：中国建筑工业出版社，2010.

[2] 中华人民共和国住房和城乡建设部. GB50009—2012 建筑结构荷载规范[S]. 北京：中国建筑工业出版社，2012.

[3] 中华人民共和国住房和城乡建设部. JGJ3—2010 高层建筑混凝土结构技术规程[S]. 北京：中国建筑工业出版社，2010.

[4] 沈蒲生，梁兴文. 混凝土结构设计原理[M]. 4 版. 北京：高等教育出版社，2012.

[5] 王振东，邹超英. 混凝土及砌体结构(上册)[M]. 2 版. 北京：中国建筑工业出版社，2014.

[6] 刘立新，叶燕华. 混凝土结构原理[M]. 2 版. 武汉：武汉理工大学出版社，2012.

[7] 沈蒲生，梁兴文. 混凝土结构设计[M]. 4 版. 北京：高等教育出版社，2012.

[8] 吕西林. 高层建筑结构[M]. 3 版. 武汉：武汉理工大学出版社，2011.